# Auto-Reparaturanleitung Band 1353

# VW Touareg I

**Baureihe 7L**
**Allradantrieb**

**Motoren**
2,5 l TDI Dieselmotor
3,0 l TDI Dieselmotor

Modelljahre 2003 bis 2010



bucheli verlag

**IMPRESSUM**

ISBN 978-3-7168-2328-6
Auto-Reparaturanleitung
Band 1353



**Text und redaktionelle Bearbeitung:**
Christoph Pandikow

**Bilder/Zeichnungen:**
Silke Pandikow; Christoph Pandikow; autoaid GmbH; Hella KGaA Hueck & Co; Bosch Presseabteilung, VW Presseabteilung, PCI-Diagnosetechnik GmbH & Co. KG, Forum VW Touareg-Freunde

**Herstellung:** Silke Pandikow, 65554 Limburg/Lahn

**Druck und Bindung:**
DZS GRAFIK d.o.o,
1210 Ljubljana, Slovenia


Lizenznehmer ist der Motorbuch Verlag, Postfach 103743, 70032 Stuttgart.
Ein Unternehmen der Paul Pietsch Verlage GmbH & Co. KG.

Sie finden uns im Internet unter
www.motorbuch.de und
www.bucheli-verlag.de

1. Auflage 2025

# Inhalt

TOUAREG

# Inhalt

**Folgende Symbole** verdienen im Laufe der Arbeit besondere Beachtung:

**Sichtprüfung**
*Teil genau ansehen; besonders beachten.*

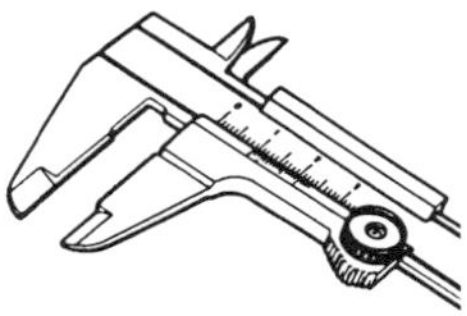

**Messen**
*Schieblehre oder anderes Messwerkzeug nötig.*

**Achtung**
*Besondere Vorsicht geboten; Sicherheitshinweise beachten!*

**Tipp**
*Wertvoller Hinweis für einfacheres Schrauben; Erläuterung von Bauteilen und Begriffen.*

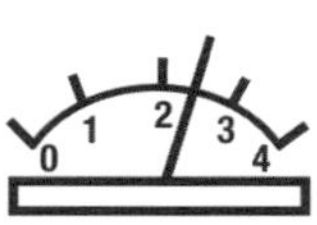


**Messen mit elektr. Messgeräten**
*Multimeter- oder Diagnosegeräte-Einsatz erforderlich.*

# 1 Einleitung

## Arbeiten mit diesem Buch

Ein Reparaturhandbuch ist dann ein Reparaturhandbuch, wenn es bei Reparaturen zur Hand gehen kann. Es soll also helfen, Ihren VW Touareg wieder »in die Gänge« zu bringen. Ganz klar, als blutiger Laie werden Sie nur mit einiger Hilfe gezielt arbeiten können. Bedenken Sie, dass Ihr Fahrzeug in jedem (oder zumindest in fast jedem) Teil etwas mit Sicherheit im Straßenverkehr zu tun hat. Jede einzelne Sekunde, in der Ihr Fahrzeug in Betrieb ist. Nehmen Sie die Fehler deshalb immer ernst. Gerade Anfänger übersehen oft Kleinigkeiten, die nachher durchaus größere oder zumindest schwer aufzufindende Fehler ergeben. Bei einer Fehlersuche am eigenen Fahrzeug unterhielten sich zwei angehende Kfz-Mechatroniker: »... was hast du denn zuletzt repariert?«, letztendlich fand sich dort dann auch der Fehler. Diese Anekdote zeigt sehr deutlich, dass zum einen die eigene Arbeit, zum anderen der Ablauf der Arbeiten, die Kenntnisse über den Funktionszusammenhang der Systeme und natürlich auch über die Informationsquellen, die zur Verfügung stehen, immer hinterfragt werden müssen. Dieses Buch eignet sich aber auch, um die Details Ihres VW Touareg einmal genauer unter die Lupe zu nehmen.

Wir haben den Aufbau so gestaltet, dass die Informationen praxisgerecht auf- und umgearbeitet wurden.

In den einzelnen Kapiteln wird der Umgang mit den Test- und Messgeräten genauer vorgestellt. Es handelt sich um getestete Übungen, die Sie problemlos nachvollziehen können. »An modernen Autos kann man gar nichts mehr selber machen!«, das ist ein typischer Satz, der weder richtig ist noch die motivierten Schrauber unter den Lesern von der Reparatur abhalten sollte. Betrachtet man sich die Probleme genauer, die mit der Fehlerdiagnose entstehen, stellt sich ein einfaches Prinzip heraus. Grundsätzlich sind Bauteile, deren Funktionsabläufe nachvollzogen und im wahrsten Sinne des Wortes »begriffen« werden können, leicht zu prüfen.

**Elektrisches Messen**

Leuchtet eine Glühlampe nicht, wird sie in der Regel demontiert und der Zustand des Glühfadens gegen das Licht kontrolliert. Über die Glühlampe, beziehungsweise ihren Aufbau, ist jedem bekannt, dass sie ohne den Glühfaden nicht funktionieren kann. Könnte man in alle Bauteile hineinsehen und den Funktionsablauf und den Aufbau auf diese Art kontrollieren, würde kaum ein Mechaniker über die immer komplizierter werdende Technik schimpfen. Hier kommt die Messtechnik zum Zuge. Es ist nämlich möglich, die Funktionsabläufe und die Funktion optisch zu überprüfen. Es ist auch möglich, das Bauteil selbst zu prüfen. Auch dafür werden keine teuren Spezialgeräte gebraucht. Sie oder Ihr Mechaniker müssen sich lediglich bereit erklären, die Technik und dazugehörige Prüfmethoden anzunehmen und gelegentlich auch etwas dazuzulernen.

Ganz klar gibt es Einschränkungen für Arbeiten, die aus Sicherheitsgründen nicht durchgeführt werden sollten. Dazu zählen Arbeiten z. B. an der Klimaanlage und am Airbagsystem.

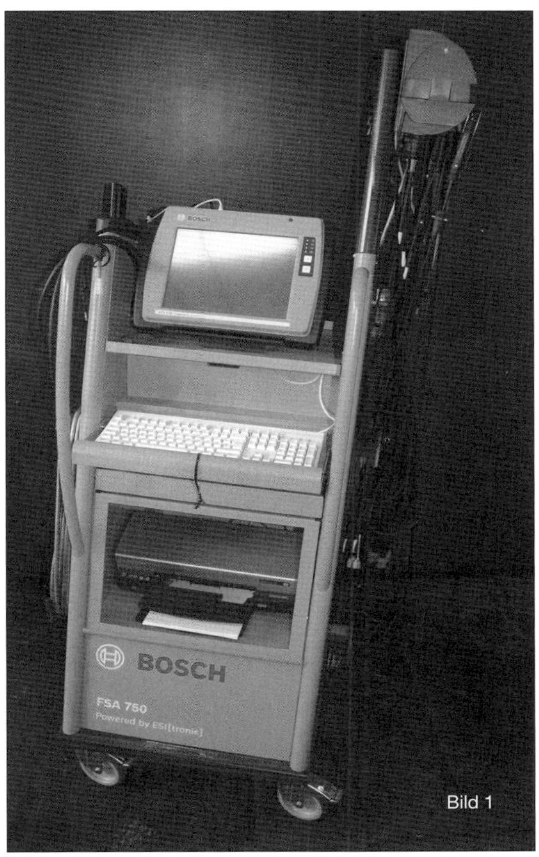


Bild 1
Bosch KTS 650/670 mit FSA 750-Modul und Abgastester.

Sichtprüfung Messen

»Die Tester kann sich keiner leisten!«, ist auch eine These, die wir widerlegen werden. Anhand der Beschreibungen der Spezialwerkzeuge und deren ungefähren Preise lassen sich hier die Kosten leicht überschauen. Die notwendige Ausrüstung ist bei den meisten Schraubern oftmals schon vorhanden. Andere Teile sind gar nicht so teuer und lassen sich sinnvoll als Geburtstagsgeschenkidee an die Lieben weitergeben. Die Aufgabe dieses Reparaturhandbuches ist es, eine Hilfestellung für Wartungsarbeiten und Reparaturen am VW Touareg zu geben. Das Buch wendet sich an die ambitionierten Schrauber, die mit ihrer Erfahrung Reparaturen, Wartungsarbeiten und Einstellungen an ihrem Fahrzeug vornehmen wollen. Da zu allen diesen Arbeiten ein OBD-Diagnosetester dazugehört und dieser für deutlich unter 100 Euro im günstigsten Fall erhältlich ist, wird die Arbeit anhand eines »Beispiel«-Testers dargestellt. Sie halten ein Buch in der Hand, das Lernstoff, Informationsquelle und Nachschlagewerk ist. Es soll die praktische Arbeit am Fahrzeug erleichtern, und Sie ermutigen sich »Know-how« anzueignen, auch als Ungeübter den ersten Schritt zu machen oder als Erfahrener sich recht tiefgehend mit der Diagnose auseinanderzusetzen.

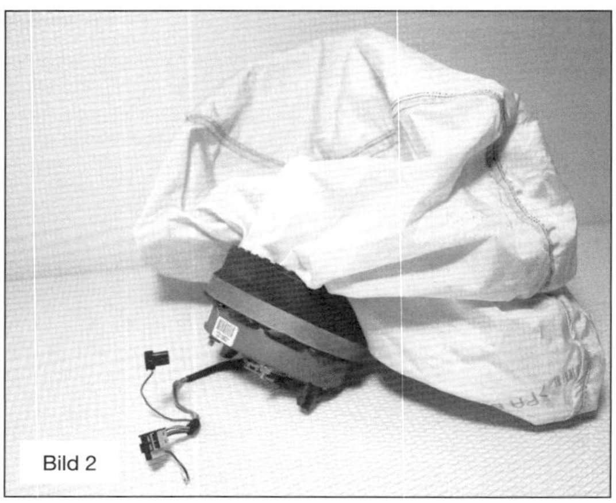

Bild 2
EXPLOSIV: gezündeter Airbag.

Bild 3
»Self-made«-Beulendoktor.

Um einen möglichst schnellen Zugriff auf die Informationen in diesem Buch zu ermöglichen, sind die technischen Daten, die zur Einstellung, Reparatur und Wartung benötigt werden, in einem separaten Kapitel zusammengefasst. Alle technischen Angaben, die speziell bei den Arbeiten benötigt werden, finden Sie natürlich auch an den entsprechenden Stellen. Die Montagearbeiten werden auf gängige Reparaturen beschränkt. Sie sollten aber immer sicherstellen, dass Sie in der Lage sind, die Reparaturen selbst durchzuführen. Ungeeignete Messgeräte oder auch fehlerhafte Handhabung eines Messgerätes können nicht nur finanzielle Folgen haben. Für die Arbeiten an Airbagsystemen ist eine spezielle Ausbildung erforderlich, die mit einem Sachkundenachweis abgeschlossen wird.

⚠ Unterlassen Sie es zu Ihrer eigenen Sicherheit, an Sitzen oder anderen Bauteilen Hand anzulegen, ohne diese spezielle Ausbildung abgeschlossen zu haben. Arbeiten an diesem System ohne Sachkunde sind GROB fahrlässig und gefährden Ihr Leben. Sollten Probleme an diesem System auftauchen, suchen Sie immer eine Werkstatt auf und erkundigen Sie sich auch darüber, inwieweit die »Airbag-Sachkunde« besteht.

⚠ In den einzelnen Airbageinheiten befinden sich zwar »kleine«, aber nicht ungefährliche Mengen an Sprengstoff. Nicht umsonst sind der Transport, der Umgang und die Lagerung gesetzlich im Sprengstoffgesetz geregelt. Die Arbeiten am Airbagsystem werden aus diesem Grunde nicht beschrieben. Es gibt aber auch so noch genügend Arbeiten, die Sie durchaus in Eigenregie angehen können.

Natürlich beschäftigt sich dieses Buch nicht nur mit Elektronik oder der reinen Montagearbeit. Auch einige Arbeiten mit den Diagnosegeräten wurden mit Praxisbezug ausgewählt und im Detail dargestellt.

## Sicherheit geht immer vor

Sicherheit hat beim Heimwerken absolute Priorität. Sie sollten nur Arbeiten anpacken, die Sie wirklich beherrschen. Handwerkliche Tätigkeiten, mit denen man in der Praxis bislang wenig oder gar keine Erfahrung hatte, sollte man niemals auf die leichte Schulter nehmen. Unsachgemäß ausgeführte Arbeiten können früher oder später fatale Folgen haben (Bilder 4-12).

**Umgang mit Pyrotechnik-Bauteilen**

⚠ Der Sicherheitsaspekt gilt insbesondere für pyrotechnische Bauteile. Diese enthalten einen Treibstoff, bei dessen Abbrand ein Gas erzeugt wird. In manchen Fällen steht für die Gaserzeugung noch zusätzlich in einem Druckbehälter gespeichertes Druckgas zur Verfügung.
Die Zündung erfolgt über elektrische/mechanische Anzünder. Bei unsachgemäßer Handhabung von Komponenten dieser Systeme kann es zu schweren Unfällen kommen. Deshalb keine Schraub- oder gar Reparaturversuche an der Sicherheitsausstattung vornehmen, sondern bei notwendigen Instandsetzungen an eine Fachwerkstatt mit Fehler-Auslesegeräten, Diagnose-Einrichtungen und geschultem Personal wenden!

⚠ Mechaniker, die an Rückhaltesystemen arbeiten, müssen spezielle Schulungen nachweisen und bei den zuständigen Behörden gemeldet sein.
Pyrotechnische Bauteile dürfen auch nur im eingebauten Zustand und mit vom Hersteller frei gegebenen Diagnosesystemen geprüft werden, keinesfalls mit Prüflampe, Voltmeter oder Ohmmeter.
Nach dem Berühren von gezündeten pyrotechnischen Bauteilen: Hände waschen!
Bauteile, die auf eine harte Unterlage herabgefallen sind oder Beschädigungen zeigen, dürfen nicht mehr verbaut werden.

⚠ Lagerung, Transport und Entsorgung von Airbag-, Gurtstraffer- und Batterieabtrennungseinheiten (pyrotechnische Bauteile) unterliegen der jeweiligen nationalen Gesetzgebung.

Bild 4

Bild 5

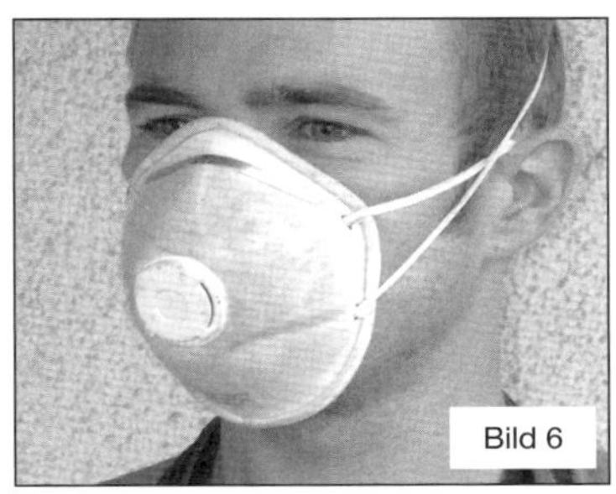
Bild 6

Bild 7

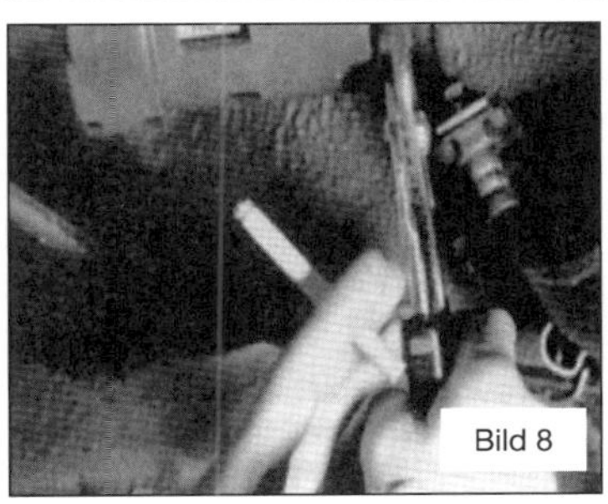
Bild 8

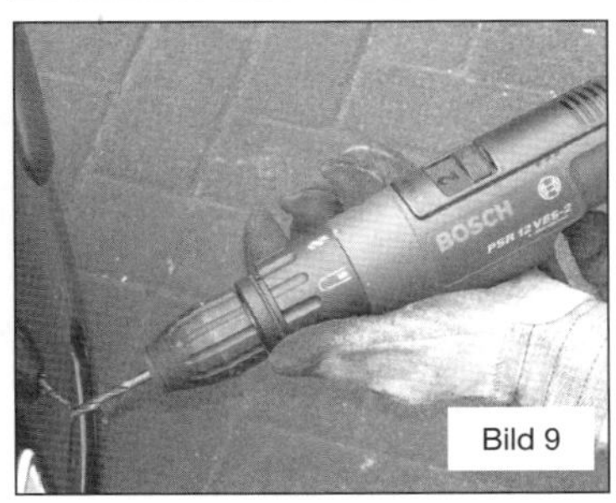

Bild 9

Bild 10

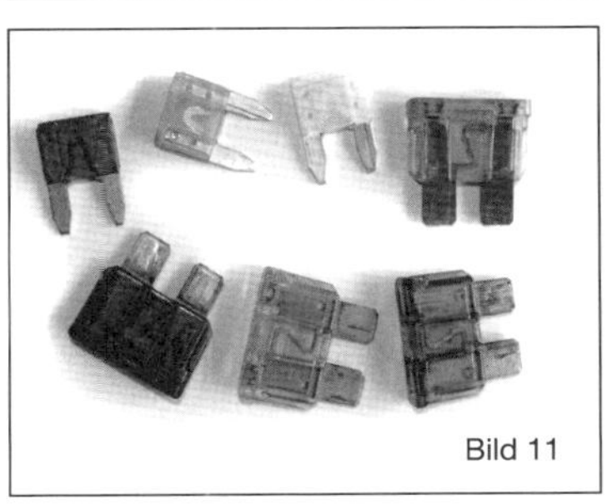
Bild 11

Bild 12

Bild 4
Gehörschutz: Bei Blecharbeiten mit Winkelschleifer u. Ä. notwendig.

Bild 5
Schutzbrille: Besonders beim Bohren, Schleifen und Meißeln tragen.

Bild 6
Atemschutzmaske mit auswechselbaren Filterelementen: Bei Arbeiten mit atemgängigen Stäuben unerlässlich.

Bild 7
Bei Arbeiten in der Grube: Unbedingt für Frischluft sorgen.

Bild 8
Nicht rauchen: Das sollte eigentlich bei Arbeiten gerade an der Kraftstoffanlage die Regel sein.

Bild 9
Arbeitshandschuhe: Bei vielen Arbeiten angebracht, beim Umgang mit Bohrmaschinen jedoch sehr gefährlich.

Bild 10
Leere Sprühdosen, Altöl, Bremsflüssigkeit u. Ä. als Sondermüll entsorgen.

Bild 11
Durchgebrannte Sicherungen niemals mit Alufolie, Büroklammern o. Ä. flicken.

Bild 12
Hochspannung: Vorsicht bei laufendem Motor oder eingeschalteter Zündung.

### Umgang mit Bauteilen der Klimaanlage

Für das Kfz-Gewerbe sind z. B. auf europäischer Ebene zahlreiche relevante Gesetze erlassen worden. National ist z. B. in der BRD zusätzlich zur Präzisierung der europäischen Gesetzgebung ab dem 1. August 2008 die Chemikalien-Klimaschutzverordnung in Kraft getreten.

- Verordnung (EG) Nr. 1005/2009
- Verordnung (EG) Nr. 842/2006
- Verordnung (EG) Nr. 706/2007
- Verordnung (EG) Nr. 307/2008
- Richtlinie 2006/40/EG
- Chemikalien-Klimaschutzverordnung, Kreislaufwirtschafts- und Abfallgesetz (für die BRD)

Alle Personen, die an Kraftfahrzeug-Klimaanlagen Wartungs- und Reparaturarbeiten durchführen, müssen eine Schulung oder ein Trainingsprogramm besucht haben und die Sachkunde nachweisen (Sachkunde-Nachweis).

⚠ Beim unkontrollierten Druckablassen besteht Gefahr durch Vereisung. Hieraus können schwerwiegende Verletzungen entstehen (Gefrierbrand ist nicht nur bei Grillfleisch unschön!). Bei nicht entleertem Kältemittelkreislauf tritt Kältemittel aus. Das Kältemittel ist vor dem Öffnen des Kältemittelkreislaufs abzusaugen. Wird der Kältemittelkreislauf nach dem Absaugen innerhalb 10 Minuten nicht geöffnet, kann durch Nachverdampfung Druck im Kältemittelkreislauf entstehen. Das Kältemittel muss dann nochmals abgesaugt werden. Alle geöffneten Bauteile des Kältemittelkreislaufs sind gegen Eintritt von Luftfeuchtigkeit mit geeigneten Verschlussstopfen zu verschließen. Es ist verboten beim Betrieb, bei Instandsetzungsarbeiten und bei Außerbetriebnahme von Erzeugnissen, die Kältemittel enthalten, entgegen dem Stand der Technik, die in ihnen enthaltenen Stoffe in die Atmosphäre entweichen zu lassen.

Bild 13
Achtung Stromschlag! Restladungen und Induktionsspannungen können gesundheitsgefährdend sein.

### Verletzungsgefahr durch automatischen Motorstart bei Fahrzeugen mit Start-Stopp-System

Bei Fahrzeugen mit aktiviertem Start-Stopp-System (erkennbar an einer Meldung im Schalttafeleinsatz) kann der Motor bei Bedarf automatisch starten.

☞ Deshalb sicherstellen, dass bei Arbeiten am Fahrzeug das Start-Stopp-System deaktiviert ist (Zündung ausschalten, bei Bedarf Zündung wieder einschalten).

### Verletzungsgefahr bei Arbeiten an der elektrischen Anlage

In diesem Band werden zwar keine Ottomotoren behandelt. Einige Arbeiten passen aber auch aus diesem Band. Deshalb weisen wir darauf hin, dass die Zündanlage der Ottomotoren einige Überraschungen bergen kann, die Sie in ungünstigen Situationen oder bei körperlichen Vorschäden leicht in Lebensgefahr bringen können. Im Gegensatz zur Hauselektrik sind keine »Personenschutzschalter« vorgesehen. Ziehen Sie grundsätzlich nicht leitende Handschuhe an, wenn Sie an Bauteilen arbeiten, deren Ladungszustand Sie nicht kennen.

### Elektrischer Antrieb im VW Touareg

In der Baureihe 7L (2003-2010) wurde noch kein elektrischer Antrieb verbaut. Erst im Nachfolgemodell, dem 7P, gab es eine Hybrid-Variante, die zusammen mit einen V6 verbaut wurde. Eine reinelektrische Variante gibt es für den Touareg bisher nicht. Zu finden sind diese Modelle auf dem freien Markt noch sehr selten.

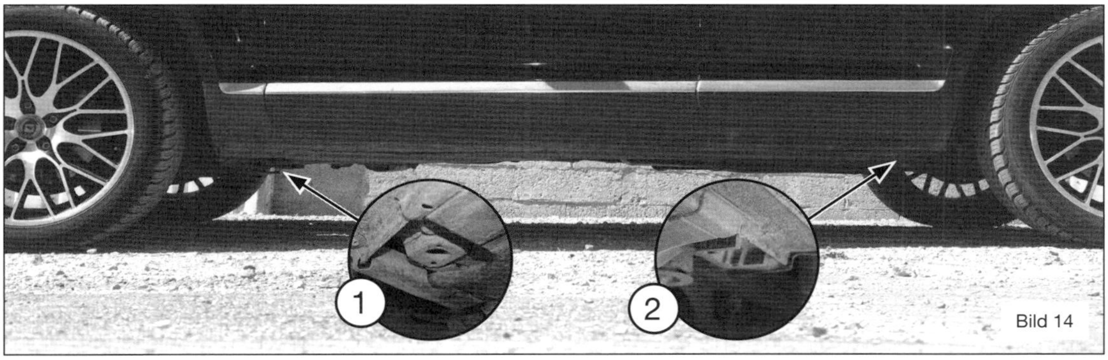


Bild 14
Aufnahmepunkte an der Karosserie für Wagenheber und Hebebühne.
1 Wagenheberaufnahme am Schweller vorne
2 Wagenheberaufnahmepunkt am Schweller hinten

## Richtiges Aufbocken

Im Bordwerkzeug des VW Touareg ist, wie bei vielen Fahrzeugen heute, kein Wagenheber mehr vorhanden. Spindelwagenheber sind für das Fahrzeuggewicht weniger geeignet. Wenn Sie einen Werkstattwagenheber einsetzen, sollte grundsätzlich eine geeignete Gummi- oder Holzzwischenlage verwendet werden, um Schäden an der Karosserie oder auch am Korrosionsschutz der Karosserie zu vermeiden. Die im Bordwerkzeug vorhandenen Unterlegkeile sichern gegen Wegrollen.

Das Fahrzeug darf keinesfalls an der Motorölwanne, am Getriebe, an der Hinterachse, der Vorderachse oder an den Unterholmen angehoben werden, da sonst schwerwiegende Schäden eintreten können.

Es darf nur an den auf den Abbildungen gezeigten Aufnahmepunkten angehoben werden. Andere Bereiche sind nicht in der Lage, das Fahrzeuggewicht auf der Hebebühne sicher und ohne Schäden aufzunehmen.

**Wichtige Grundregeln:**

Aufgrund der Unfallgefahr niemals bei angehobenem Fahrzeug den Motor anlassen.

Wenn unter dem Fahrzeug gearbeitet werden soll, muss es mit geeigneten Unterstellböcken sicher abgestützt werden.

Wenn möglich, sollten Sie das Fahrzeug niemals beladen anheben. Beachten Sie, dass das angehobene Fahrzeug nicht kippt oder abrutschen kann.

Bei Arbeiten auf der Hebebühne müssen Sie das Fahrzeug zusätzlich mit Spanngurten an der Hebebühne gegen Abrutschen sichern.

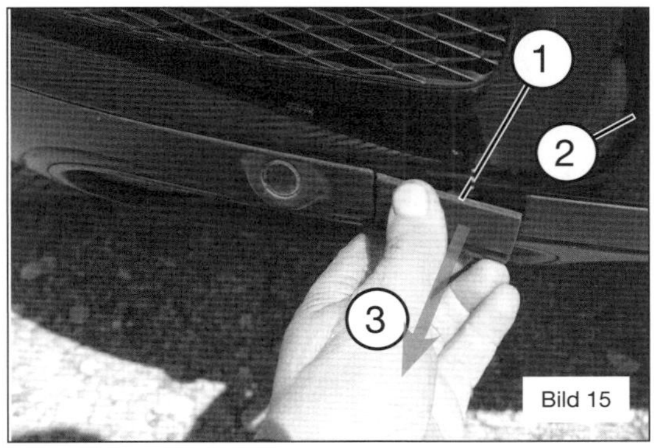


Bild 15
Abdeckung der Abschleppöse vorne im Stoßfänger.
1 Abdeckung
2 Stoßfänger
3 Zugrichtung

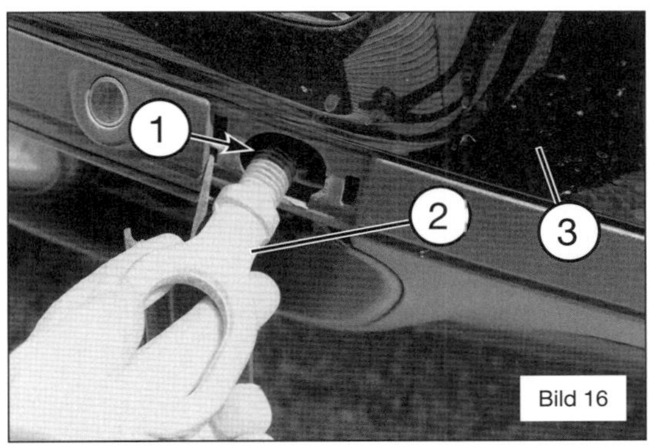


Bild 16
Einschrauben der Abschleppöse vorne.
1 Gewinde im Rahmenträger
2 Abschleppöse
3 Stoßfänger

## An- und Abschleppen

Bei manchen Pannen muss das Fahrzeug abgeschleppt werden. Anschleppen, weil der Motor nicht anspringen will, sollte man nur, wenn keine Möglichkeit besteht, den Motor mit Starthilfekabeln zu starten.

Fahrzeuge ohne Schmiermittel im Schaltgetriebe oder mit Automatikgetriebe dürfen nur mit angehobenen Antriebsrädern abgeschleppt werden.

Das Anschleppen von Fahrzeugen mit automatischem Getriebe zum Starten des Motors ist aus technischen Gründen nicht möglich. Beim Abschleppen von Fahrzeugen mit automatischem Getriebe muss der Wählhebel in Position »N« sein, und es darf nicht weiter als 50 km und nicht schneller als 50 km/h geschleppt werden, da sonst das Getriebe zerstört wird. Grundsätzlich ist es natürlich auch hier besser, zumindest die Antriebsachse anzuheben.

Zum An- und Abschleppen sollten Kunstfaserseile oder Seile aus ähnlich elastischem Material verwendet werden. Sicherer ist eine Abschleppstange. Beim Abschleppen dürfen keine unzulässigen Zugkräfte und keine stoßartigen Belastungen auftreten. Seil oder Stange dürfen nur an den vorgesehenen Abschleppösen vorn oder hinten angebracht werden. Die einschraubbare Öse befindet sich im Bordwerkzeug, die Einschraubgewinde werden nach Entfernen einer kleinen Abdeckung in den Stoßfängerverkleidungen vorn und hinten zugänglich. Von Hand eindrehen, mit durchgestecktem Radschraubenschlüssel festziehen.

Bei Schleppmanövern abseits regulärer Straßen besteht die Gefahr, dass die Befestigungsteile überlastet werden. Wird ein Abschleppseil verwendet, muss der Fahrer des ziehenden Wagens beim Anfahren und Schalten besonders weich einkuppeln.

Der Fahrer des gezogenen Wagens hat darauf zu achten, dass das Seil straff gehalten wird. An beiden Fahrzeugen die Warnblinkanlage einschalten. Die Zündung muss eingeschaltet sein, damit das Lenkrad nicht blockiert ist und Blinkleuchten, Hupe und Scheibenwischer bei Notwendigkeit eingeschaltet werden können. Da der Bremskraftverstärker nur bei laufendem Motor arbeitet, muss ggf. das Bremspedal kräftiger getreten werden. Beim Anschleppen von Fahrzeugen mit Schaltgetriebe ist Folgendes zu beachten:

- Vor dem Anschleppen 2. oder 3. Gang einlegen, Kupplung halten.
- Zündung einschalten, damit das Lenkrad nicht blockiert und Blinkleuchten, Hupe sowie Wisch-/Waschanlage benutzt werden können.
- Kupplungspedal loslassen, wenn beide Fahrzeuge in Bewegung sind.
- Sobald der Motor angesprungen ist, Kupplung treten und Gang herausnehmen, um Auffahren auf das Zugfahrzeug zu vermeiden.

## Einige Kniffe für Schrauber

Eine unlösbare Verschraubung oder eine abgerissene Schraube haben schon manchen Heimwerker von seinem Reparaturvorhaben wieder abgebracht. Unsere Hinweise sollen helfen, ungewohnte Arbeiten durchzuführen.

**Passendes Werkzeug**

Achten Sie gerade dann, wenn Verschraubungen schlecht zugänglich sind oder schon erkennbare Korrosionsschäden haben, auf passgenaues Werkzeug. Nichts ist ärgerlicher, als eine unnötige Mehrarbeit selbst verschuldet zu haben.

**Verrostete Verschraubungen lösen**

- Die freiliegenden Gewindegänge des Gewindebolzens von Rost und Schmutz befreien.
- Gewinde mit einer Drahtbürste säubern und anschließend mit Rostlöser besprühen.
- Bei Schnell-Rostlösern die Mutter sofort losdrehen.
- Bei anderen Rostlösern etwas warten.
- Wenn die Kanten einer Mutter bereits rund gedreht sind, oder wenn Rost die Anlageflächen deformiert hat, helfen nur noch Hitze oder Gewalt.
- Erwärmen Sie die Verschraubung.
- Gripzange verwenden. Damit lässt sich die Mutter fest greifen und oft losdrehen.
- Hilft das nicht weiter, wird ein scharfer Meißel angesetzt und die Mutter aufgemeißelt.
- Eine gut zugängliche Mutter kann auch entlang des Gewindes mit einer Metallsäge aufgesägt werden. Werkstätten benutzen einen Muttersprenger.

**Innensechskant- und Innenvielzahnschrauben lösen**

- Das Schraubenloch muss von jeglichem Schmutz gesäubert sein, ehe das Werkzeug angesetzt wird.
- Am besten eignen sich Steckeinsätze mit langem Sechskant oder Vielzahn (Torx).
- Im Gegensatz zu Winkelschlüsseln, bei denen die Kraft schräg ansetzt, vertragen die Steckeinsätze einen Hammerschlag auf der Adapterseite mit dem Vierkant. Der Schlag lockert den Sitz der Schraube und erleichtert merklich das Lösen.

### Schlitz- und Kreuzschlitzschrauben lösen

Schrauben können so fest sitzen, dass sie sich nicht mehr mit dem Schraubendreher herausdrehen lassen. Bei Kreuzschlitzschrauben dreht sich der Schraubendreher auch bei starkem Druck auf den Griff aus dem Kreuzschlitz heraus. Nach einigen erfolglosen Versuchen ist der Schlitz vermurkst, die Schraube ist praktisch unlösbar.

- Stabilen Schraubendreher ansetzen und mit kräftigem Hammerschlag auf das Griffende versuchen die Schraubverbindung zu lösen. Meistens bricht die mit dem Kopf fest korrodierte Schraube los. Sie lässt sich dann normal herausdrehen.
- Hilft der kräftige Hammerschlag nichts, muss ein Schlagschrauber her. Bei jedem Schlag auf dessen Griffoberseite wird der Schraubendrehereinsatz unter Druck ein wenig weitergedreht.

### Blechschrauben ausbohren

Lässt sich in einem Schraubenkopf kein Werkzeug mehr ansetzen, hilft nur noch Ausbohren.

- Erst entfernt man mit einem passenden Bohrer den Schraubenkopf, eventuell mit einem kleineren Bohrer vorbohren.
- Das Gewindeteil lässt sich jetzt entweder durchstoßen oder mit einer Zange von der Rückseite abnehmen. Andernfalls mit einem dünnen Bohrer das Gewindeteil ausbohren. Den Bohrerdurchmesser nicht zu groß wählen, sonst hält später nur eine dickere Blechschraube.

### Stehbolzen lösen und festdrehen

- Anlagefläche für Schraubenschlüssel schaffen.
- Auf dem freien Gewindeteil zwei Muttern fest gegeneinander drehen (kontern).
- An den blockierten Muttern den Schraubenschlüssel ansetzen und den Bolzen lösen.

### Abgerissene Schrauben ausbohren

Das Gegengewinde, in dem die abgerissene Schraube steckt, sollte möglichst wenig Schaden nehmen.

- Körnerschlag auf Schraubenrest Mitte.
- Bis Schraubengröße M8 mit einem Kernlochbohrer arbeiten. Das ist der Durchmesser einer Schraube ohne Gewindeflanken.

Bild 17

Bild 17
Genaues Bohren ist erforderlich, um die Bauteile nicht zu beschädigen.

Bild 18

Bild 18
Gewindeschneiden mit Vorsicht und Bedacht.

Faustregel: Gewindedurchmesser multipliziert mit 0,8.

- Schrauben größer als M8 mit einem dünneren Bohrer vorbohren.
- Wenn sich die Metallreste nicht mit einer Reißnadel aus den Gewindegängen entfernen lassen, Gewinde nachschneiden.

### Gewinde schneiden

Hat das Metall noch genug Substanz, kann ein größeres Gewinde eingeschnitten werden. Andernfalls muss eine Gewindebuchse eingesetzt werden.

Das Nach- oder Neuschneiden von Gewinden geht in drei Stufen vor sich. Die entsprechenden Gewindeschneider heißen Vorschneider (mit einem Ring am Schaft gekennzeichnet), Mittelschneider (zwei Ringe am Schaft) und Fertigschneider (drei Ringe oder ohne Kennzeichnung).

- Gewindeschneider nacheinander unter ständigem Ölen in das vorgebohrte Kernloch hinein- und wieder herausdrehen.
- Beim Hineindrehen ab und zu absetzen und ein Stück zurückdrehen, sonst werden die Metallspäne zu lang und klemmen.

Sichtprüfung Messen

Bild 1
Abmessung Frontansicht.
A Fahrzeughöhe
B Spurweite vorne
C Breite ohne Spiegel
D Breite mit Spiegeln

Die Abmessungen können je nach Ausstattung, Fahrwerksausführung und Rad/Reifenkombinationen unterschiedlich ausfallen!

Bild 2
Abmessung Heckansicht.
E Höhe bei geöffneter Heckklappe
F Lichte Höhe der Kofferraumöffnung
G Ladekantenhöhe
H Lichte Breite der Kofferraumöffnung
I Spurweite hinten

Die Abmessungen können je nach Ausstattung, Fahrwerksausführung und Rad/Reifenkombinationen unterschiedlich ausfallen!

Bild 3
Abmessung Seitenansicht.
J Überhang vorne
K Radstand
L Überhang hinten
M Fahrzeuglänge

Die Abmessungen können je nach Ausstattung, Fahrwerksausführung und Rad/Reifenkombinationen unterschiedlich ausfallen!

# 2 Modell

## Modellvorstellung

Der VW Touareg wurde im Herbst 2002 auf dem deutschen Markt eingeführt. Die Plattform des Touareg wurde gemeinsam mit Porsche entwickelt. Porsche präsentierte zeitgleich zum VW Touareg den Porsche Cayenne. Der VW Touareg gehört in die Fahrzeugklasse der SUV (**S**port-**U**tility-**V**ehicles). Die Fahrzeugklasse umfasst Pkws mit erhöhter Bodenfreiheit, die oftmals an das Erscheinungsbild von Geländewagen angepasst sind. Nicht alle Fahrzeuge dieser Klasse sind wie der Touareg mit einem Allradantrieb ausgestattet. Einige Besonderheiten liegen in der Fahrwerkstechnik. Nicht nur, dass je nach Ausstattung neben den konventionellen Schraubenfedern auch ein Luftfahrwerk verbaut worden ist. Zudem kommen wie im Cayenne entkoppelbare Stabilisatoren zum Einsatz, die im offenen Zustand eine bessere Achsverschänkung im Gelände zulassen und im gekoppelten (gesperrten) Zustand die Seitenneigung der Karosserie für den Straßenbetrieb vermindern.

**Vorsichtige Veränderungen**

Die Veränderung zum Facelift im Jahre 2006 sind zuerst im Frontbereich an leicht geschärften Linien, veränderten Lampen und Leuchten sichtbar, aber vielen kleinen Verbesserungen bis zu den Sitzen ergeben dann doch recht umfangreiche Veränderungen. Für die Abmessungen haben sich keine nennenswerten Veränderungen ergeben.

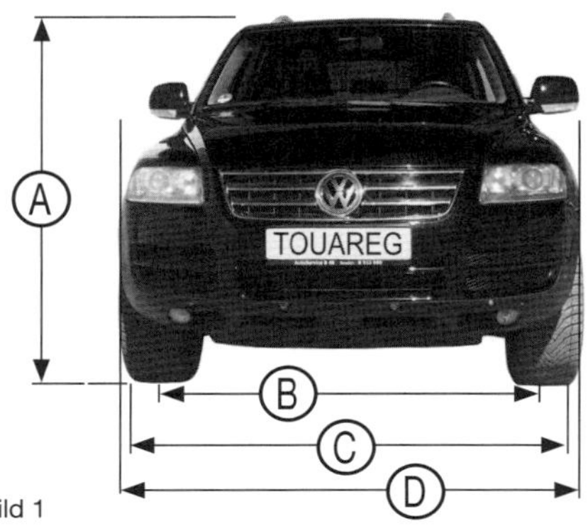

Bild 1

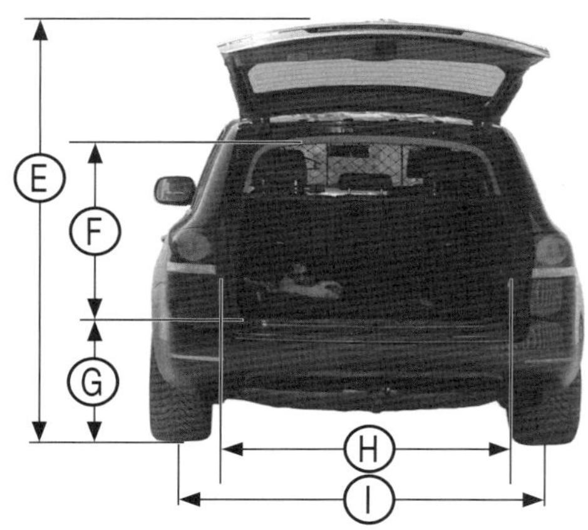

Bild 2

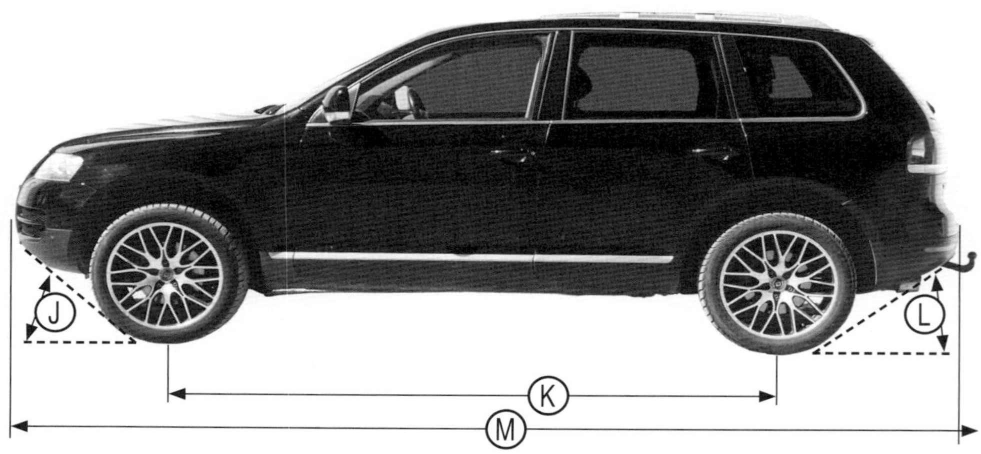

Bild 3

**Abmessungen**
Die Abmessungen können je nach Ausstattung und Fahrwerksausführung abweichen.

| *Kürzel* | *Bezeichnung* | *Abmessung* |
|---|---|---|
| A | Fahrzeughöhe | 1801 mm |
| B | Spurweite vorne | 1649 mm |
| C | Karosseriebreite | 1928 mm |
| D | Fahrzeugbreite mit Spiegel | 2217 mm |
| E | Höhe bei geöffnetem Kofferraumdeckel | 2182 mm |
| F | Lichte Höhe der Kofferraumöffnung | 1580 mm |
| G | Ladekantenhöhe | 630 mm |
| H | Lichte Breite der Kofferraumöffnung | 1160 mm |
| I | Spurweite hinten | 1661 mm |
| J | Überhangwinkel vorne | 29° |
| K | Radstand | 2855 mm |
| L | Überhangwinkel hinten ohne Anhängekupplung | 29,7° |
| M | Fahrzeuglänge | 4754 mm |

**Ausstattungsvarianten**
Die Ausstattung des Touareg ist in der Grundausstattung von der Motorisierung abhängig. Die Ausstattung konnte aber bei der Fahrzeugbestellung durch Hinzufügen oder Auslassen von Zubehör und Zubehörpaketen individualisiert werden. Welche Ausstattung bei Auslieferung des Fahrzeugs verbaut wurde, lässt sich am besten über die Fahrgestellnummer durch den freundlichen VW-Partner oder aber über den Datenträger im Service-Heft oder im Kofferraum auslesen. Genaueres zu den Fahrzeugdatenträgern erfahren Sie in diesem Kapitel unter der Überschrift »Identifizierung« in der Beschreibung zum Fahrzeugdatenträger.

**Ottomotoren (Benzin)**
Aus Gründen des Umfangs dieses Bandes verzichten wir auf die Arbeiten an den Otto-Motoren. Bereits die Gasumrüstungen, die bei den Motoren recht häufig schon aufgrund des recht hohen Kraftstoffverbrauchs durchgeführt wurden, würden einen eigenen Band in dieser Buchreihe rechtfertigen. Zur Übersicht über die unterschiedlichen Motorvarianten stellen wir die Ottomotoren aber zumindest in der folgenden Auflistung vor.

*3,2-l-Otto-Motoren VR6 (MPI):*

| *Leistung/Drehzahl* | *Motorkennbuchstabe* |
|---|---|
| 162 kW / 5400 - 6400 1/min | AZZ, BAA, BKJ |
| 177 kW / 6200 1/min | BMV, BRJ, BMX |

*3,6-l-Otto-Motoren VR6 (FSI):*

| *Leistung/Drehzahl* | *Motorkennbuchstabe* |
|---|---|
| 206 kW / 6200 1/min | BHK, BHL |

*4,2-l-Otto-Motoren V8 (MPI):*

| *Leistung/Drehzahl* | *Motorkennbuchstabe* |
|---|---|
| 228 kW / 6200 1/min | AXQ |

*4,2-l-Otto-Motoren V8 (FSI):*

| *Leistung/Drehzahl* | *Motorkennbuchstabe* |
|---|---|
| 257 kW / 6500 1/min | BAR |

*6,0-l-Otto-Motoren W12 (MPI):*

| *Leistung/Drehzahl* | *Motorkennbuchstabe* |
|---|---|
| 331 kW / 6200 1/min | BJN |

**Dieselmotoren**
Aus Gründen des Umfangs verzichten wir in diesem Band auf die Arbeiten rund um den V10-TDI-Motor. Der Vollständigkeit halber führen wir ihn aber in der folgenden Auflistung auf.

*2,5-l-TDI-Motoren (R5):*

| *Leistung/Drehzahl* | *Motorkennbuchstabe* |
|---|---|
| 120 kW / 3500 1/min | BPD, BLK |
| 128 kW / 3500 1/min | BAC, BPE |

Bild 4

Bild 4
Der V6-TDI-Motor ist die meistgesuchte Antriebseinheit für den Tuareg.

Sichtprüfung   Messen

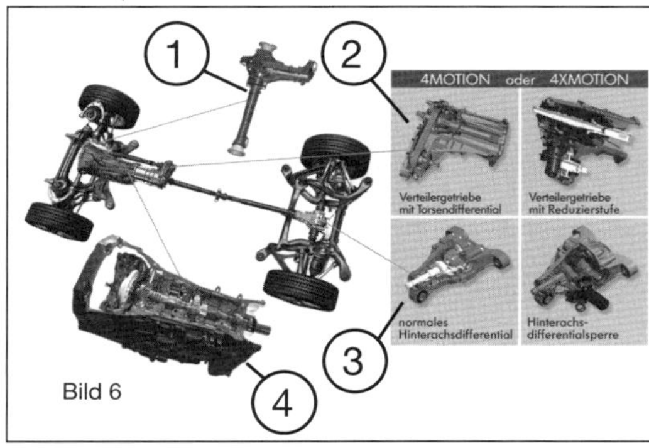


Bild 6

Bild 6
Touareg Allradsystem.
1 Vorderachsdifferenzial
2 Verteilergetriebe
3 Hinterachsdifferenzial
4 Getriebe

*3,0-l-TDI-Motoren (V6):*

| *Leistung/Drehzahl* | *Motorkennbuchstabe* |
|---|---|
| 155 kW / 4000 1/min | BUN |
| 155 kW / 3500 - 4750 1/min | CASB |
| 165 kW / 4500 1/min | CATA |
| 176 kW / 4000 1/min | CASA |
| 176 kW / 4000 - 4400 1/min | CASC |

*4,9-l-TDI-Motoren (V10):*

| *Leistung/Drehzahl* | *Motorkennbuchstabe* |
|---|---|
| 230 kW / 3750 1/min | AYH, BKW, BLE, BWF |
| 258 kW / 3500 1/min | CBWA |

**Getriebevarianten**

Vier unterschiedliche Getriebebauarten stehen für die unterschiedlichen Motorisierungen zur Verfügung. Über die Kennbuchstaben lässt sich nachvollziehen, wo welches Getriebe verbaut worden ist. Trotz Kennnummer ist es wichtig, die Getriebe im Detail zu vergleichen. Die Halslängen fallen für die unterschiedlichen Getriebe unterschiedliche aus.

*6-Gang-Schaltgetriebe (08D):*
Die Getriebekennbuchstaben finden Sie auf der Getriebeglocke rechts und auf dem Fahrzeugdatenträger im Serviceheft oder im Kofferraum.

| *Motor* | *Motorkennbuchstaben* | *Getriebekennbuchstaben* |
|---|---|---|
| 3,2 l MPI 162 kW | AZZ, BAA, BKJ | |
| 3,2 l MPI 177 kW | BMV, BRJ, BMX | FDZ |
| 3,6 l FSI 206 kW | BHK, BHL | |
| 2,5 l TDI 128 kW | BAC, BPE | *FEA* |
| 3,0 l TDI 165 kW | CATA | *GXB* |

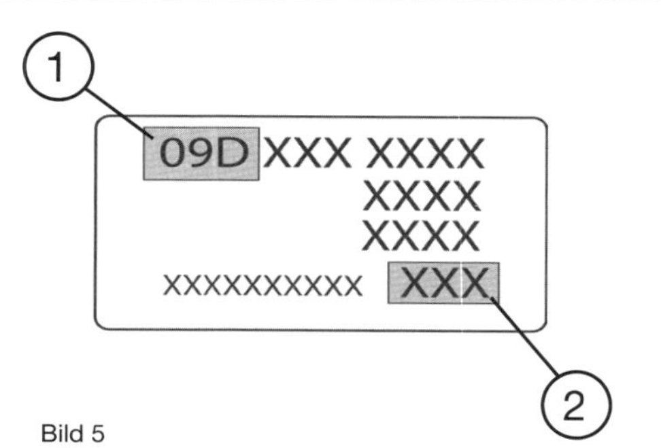


Bild 5

Bild 5
Plakette auf dem automatischen 6-Ganggetriebe (O9D).
1 Getriebetyp
2 Getriebekennnummer

*6-Gang-Automatikgetriebe (09D):*
*Auf einer Plakette auf der linken Getriebeseite finden Sie den Getriebetyp (1 im Bild 5) und die Kennnummer (2).*

| *Motor* | *Motorkennbuchstaben* | *Getriebekennbuchstaben* |
|---|---|---|
| 3,2 l MPI 162 kW | AZZ, BAA, BKJ | EXL, GLJ, HAM |
| 3,2 l MPI 177 kW | BMV, BRJ, BMX | EXP, GLK, HAM, HAP, HZZ |
| 3,6 l FSI 206 kW | BHK, BHL | HPG, HZW, JSN, JXU, KMH, KML |
| 4,2 l MPI 228 kW | AXQ | FCS, GLH, HAU, HZV, HCH, HXA |
| 4,2 l FSI 257 kW | BAR | HPH, JXS, KMF, HXA |
| 6,0 l MPI 331 kW | BJN | HAR, HZU, JXW, KMK |
| 2,5 l TDI 120 kW | BPD, BLK | GLC, GZH, HAN, HZY, JXT, KMG |
| 2,5 l TDI 128 kW | BAC, BPE | EXN, GLC, GZH, HAN, HZY, JXT, KMG |
| 3,0 l TDI 155 kW | BUN, CASB | JXX, KMB, KQZ |
| 3,0 l TDI 165 kW | CATA | GVJ, HXG, JXX, KRK |
| 3,0 l TDI 177 kW | CASA | KMB, KQZ |
| 4,9 l TDI 230 kW | AYH, BKW, BLE, BWF | EXQ, GLD, GTK, HAQ, HZX, JXV, KMJ |
| 4,9 l TDI 258 kW | CBWA | JXV |

*6-Gang-Automatikgetriebe R-GmbH (09D):*
Auch für das Getriebe der R-GbH finden Sie den Getriebetyp (1 im Bild 5) und die Kennnummer (2) auf einer Plakette auf der linken Getriebeseite.

| *Motor* | *Motorkennbuchstaben* | *Getriebekennbuchstaben* |
|---|---|---|
| 4,9 l TDI 258 kW | CBWA | JXW |

*Verteilergetriebe (0AD):*
Die Kennzeichnung ist im hinteren Teil des Getriebeblocks von unten eingefräst. Die Fräsung zeigt den Getriebetyp (1 im Bild 7) und die Kennnummer (2).

| *Motor* | *Motorkenn-buchstaben* | *Getriebekenn-buchstaben* |
|---|---|---|
| 3,2 l MPI 162 kW | AZZ, BAA, BKJ | FKB, FKC,GFH, GJK, GJL, GTN, GTP, HXE |
| 3,2 l MPI 177 kW | BMV, BRJ, BMX | GTN, GTP, HMX, HXE, HXC, JWH |
| 3,6 l FSI 206 kW | BHK, BHL | GTP, JWH, JXJ |
| 4,2 l MPI 228 kW | AXQ | FKA, GFG, GJJ, HXA, JWD |
| 4,2 l FSI 257 kW | BAR | HXA, JWD, JXE |
| 6,0 l MPI 331 kW | BJN | FJZ, GTL, HMW, JXD |
| 6,0 l MPI 316 kW | - | GJH, GTL, HWZ, JWC |
| 2,5 l TDI 120 kW | BPD, BLK | GTN, HCJ, HXC, JWF, JXG |
| 2,5 l TDI 128 kW | BAC, BPE | FKB, GJK, GTN, HCJ, HXC, JWF, JXG |
| 3,0 l TDI 155 kW | BUN, CASB | JWE, JXF |
| 3,0 l TDI 165 kW | CATA | HCH, HTD, HXB, HXC, HXD, JWE, JWF, JWG, JWH, JXF, JXH |
| 3,0 l TDI 177 kW | CASA | HCJ, JWF |
| 4,9 l TDI 230 kW | AYH, BKW, BLE, BWF | FKA, GFG, GJJ, GTM, HCH, HPW, HPX, HXB, JWE, JWE, JXF |
| 4,9 l TDI 258 kW | CBWA | JXW |

*Achsgetriebe vorne (0AA):*
Die Kennnummer für den Vorderachsantrieb ist auf der Unterseite im Gehäuse eingefräst.

| *Motor* | *Motorkenn-buchstaben* | *Getriebekenn-buchstaben* |
|---|---|---|
| 3,2 l MPI 162 kW | AZZ, BAA, BKJ | FKM, FKQ, FLH, FLJ, GFB, GMC, GNM, GNM, FKQ |
| 3,2 l MPI 177 kW | BMV, BRJ, BMX | FKM, FKQ, FLJ, GFB, GMC, GNL, GNM, GNL, GNM, FKQ, JTM, JTM, KDJ |
| 3,6 l FSI 206 kW | BHK, BHL | FKM, FLH, FVZ, GNM, GNM, JTJ, JTK, JTM |
| 4,2 l MPI 228 kW | AXQ | FKK, FKN, GMN, GNM, GNM, JTJ, JTM, JTM |
| 4,2 l FSI 257 kW | BAR | FVZ, JTK |
| 6,0 l MPI 316 kW | - | FKK, GTG |
| 6,0 l MPI 331 kW | BJN | FKK, JTD |
| 2,5 l TDI 120 kW | BPD, BLK | FWD, GNL, GNL, GPP, HDL, HDM, JTC, JTH |
| 2,5 l TDI 128 kW | BAC, BPE | FVY, FVZ, FWD, FWE, GFF, GNL, GNL, GPP, HDL, HDM, JTC, JTH |
| 3,0 l TDI 155 kW | BUN, CASB | HMK, JTG |
| 3,0 l TDI 165 kW | CATA | HDL, HDM, HMK, JTC, JTG, JTH |
| 3,0 l TDI 177 kW | CASA | JTC, JTG |
| 4,9 l TDI 230 kW | AYH, BKW, BLE, BWF | FVX, GFA, GLZ, GNJ, JTB, JVL |
| 4,9 l TDI 258 kW | CBWA | JVL |

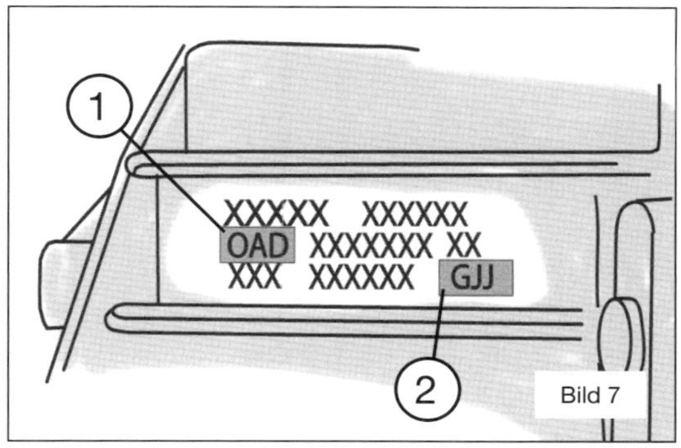


Bild 7
Kennzeichnung am Verteilergetriebe (OAD).
1 Getriebetyp
2 Getriebekennnummer

*Achsgetriebe hinten (0AB/0AC):*
Die Kennnummer für den Achsantrieb der Hinterachse ist auf der Unterseite im Gehäuse im Bereich der Ablassschraube eingefräst.

| *Motor* | *Motorkenn-buchstaben* | *Getriebekenn-buchstaben* |
|---|---|---|
| 3,2 l MPI 162 kW | AZZ, BAA, BKJ | FKU, FKW, FLM, FLP, GFC, GLP, GLR, HLV, |
| 3,2 l MPI 177 kW | BMV, BRJ, BMX | FLA, GLVFKU, GLP, GLR, HLU, HLV |
| 3,6 l FSI 206 kW | BHK, BHL | FKU, GLR, HLV, HMA HMB, JSM, KBR |
| 4,2 l MPI 228 kW | AXQ | GMP, GMQ, HLU, FKS, FKV, FLN, FWG, GLQ |
| 4,2 l FSI 257 kW | BAR | HMB, JMB, JSM, KBR |
| 6,0 l MPI 316 kW | - | FKY, FLR, GTH, GTJ |

| | | |
|---|---|---|
| 6,0 l MPI 331 kW | BJN | HLT, GLT, GTH, GTJ, JVT |
| 2,5 l TDI 120 kW | BPD, BLK | JSF, FLN, GNF, GNG, GNH, HLR, HLS, JSG |
| 2,5 l TDI 128 kW | BAC, BPE | FLN, GNF, GNG, GNH, HLR, HLS, FWF, FWG, GLM, GLN, JSG |
| 3,0 l TDI 155 kW | BUN, CASB | - |
| 3,0 l TDI 165 kW | CATA | GNF, GNG, HLR, HLS, KLH HLW, JSF, JSG, KLJ |
| 3,0 l TDI 177 kW | CASA, | GNG, HEX |
| 4,9 l TDI 230 kW | AYH, BKW, BLE, BWF, | GNN, HLQ FWC, FWH, GFD, GLS, JAJ, JLP, JLQ, JVQ |
| 4,9 l TDI 258 kW | CBWA | - |

**Assistenzsysteme**
Fahrassistenzsysteme gehören heute zu fast jeder Ausstattungsliste der Fahrzeuge in diesen Baujahren. Auch im VW Touareg finden Sie viele Systeme, die ohne Elektronik und vernetzte Systeme im Auto nicht denkbar wären. Je nach Ausstattung unterschiedliche Systeme und Funktionen, die aus Verknüpfungen der Systeme entstehen.

**Sicherheitssysteme**
*Airbagsystem:*
Zur Serienausstattung des Touareg zählen je ein Full-Size-Airbag für Fahrer und Beifahrer sowie Seiten-Airbags auf der Fahrer- und Beifahrerseite. Die Airbags im Lenkrad und in der Instrumententafel werden ausgelöst, wenn ein Aufprall entsprechender Stärke von vorn erfolgt und die Kollisionskräfte innerhalb eines 60°-Winkels wirken. Die Seiten-Airbags werden durch den jeweiligen Crash-Sensor einzeln, je nach Aufprall von links oder rechts, ausgelöst. Hinzu kommen noch die beiden Window-Bags, die über den Türfenstern verbaut sind und den Kopfbereich schützen.

*Reifendruckkontrolle:*
Im Touareg ist ein »aktives« System verbaut, das den Reifendruck jedes Rades über die RDKS-Sensoren erfasst. In den Rädern sind bei diesem System Sensoren verbaut. Das Fahrzeug erfasst den Reifendruck über vier im Fahrzeug verbaute Sender/Empfänger, die die Radsensoren ansprechen und dann die entsprechenden Daten übermittelt bekommen. Bei Luftverlust wird der Druck angezeigt und eine Warnung ausgegeben. Beim Radwechsel werden Originale und Sensoren, die für das Protokoll des Fahrzeugs angepasst werden, selbsttätig erkannt. Neue Sensoren aus dem Zubehör müssen auf das entsprechende Protokoll des Touaregs angelernt werden.

*ISOFIX und Kindersitzbefestigung:*
Im VW Touareg sind nur die hinteren Sitzreihen für die Befestigung eines Kindersitzes über ein ISO-Fixsystem vorgesehen. Die Befestigung auf den Vordersitzen ist möglich. Sie sollten hier unbedingt Ihre Fahrzeugbedienungsanleitung und die Anleitung zu dem Kindersitz beachten.

*Bremssysteme:*
Auch das Bremssystem des Touareg verfügt über EBD (Electronic Brake Force Distribution), die elektronische Bremskraftverteilung auf Vorder- und Hinterräder, ESP (Electronic Stability Program) ist die elektronische Kontrolle der Fahrzeugstabilität und ergänzend der Hill Holder (mit ESP), der das Bremsen und Anfahren auf geneigten Straßen ohne Hilfe der Handbremse erlaubt. Der HBA (Hydraulic Brake Assistance) ist der elektrohydraulische Bremsassistent, der automatisch den Druck des Bremskreises während einer Notbremsung (mit ESP) erhöht.

## Identifizierung

**Fahrgestellnummer**
Über die im Anschluss vorgestellte Aufschlüsselung der Fahrgestellnummer können viele Details zur Fahrzeugproduktion aufgeschlüsselt werden. Die Fahrzeug-Identifizierungsnummer befindet sich im Kofferraum unter der Geräuschabdeckung (1 im Bild 8) und ist durch Aufklappen oder Entfernen der Abdeckung einsehbar. Des Weiteren im Sichtfenster (3 im Bild 9) in der Windschutzscheibe (2) und auf der Fahrerseite sowie auf dem Typenschild (1 im Bild 10) im Motorraum auf der Beifahrerseite an der Spritzwand. Das Typenschild ist nicht für alle Länder montiert worden. Auch der Fahrzeugdatenträger ist mit der Fahrgestellnummer versehen (1 im Bild 11).

*Aufschlüsselung der Fahrzeug-Identifizierungsnummer (FIN):*

| FIN | Bedeutung |
|---|---|
| WVG | Herstellerzeichen |
| ZZZ | Füllzeichen |
| 7L | Fahrzeugtyp |
| U | Füllzeichen |
| 3 | Modelljahr (3 = 2003 bis 9 = 2010, A = 2010) |
| D | Produktionsort (Bratislava) |
| 010000 | Laufende Nummerierung |

**Das Typenschild (1 im Bild 11)**
Das Typenschild findet sich je nach Fahrzeugvariante auf der Spritzwand am Stoßdämpferdom der Beifahrerseite.

**Der Fahrzeugdatenträger (Bild 11)**
Der Fahrzeugdatenträger wird in der Regel einmal im Kofferraum unter der Abdeckung und ein weiteres Mal auf der Innenseite des Deckels des Serviceplans verklebt. Auf ihm können Sie auch die Fahrgestellnummer (1 im Bild 11) ablesen. Zusätzlich finden Sie weitere Angaben aus der Produktion:

*Die Farbnummer:*
Die Farbnummer (4) und die Ausstattungscodenummer (6) sind hier vermerkt. Die Farbnummer kann auch, soweit es sich um den originalen Farbton handelt, leicht über den Fachhandel über die Fahrgestellnummer ausgelesen werden. Diese Informationen können Sie über Ersatzteilprogramme oder im Netz abfragen.

*Die Motornummer:*
Die Motornummer finden Sie als Einschlag oder Fräszahlen auf einer Fläche auf dem Motorblock. Sie ist meist aber schlecht lesbar und bei eingebautem Motor zudem grundsätzlich schlecht zugänglich. Auf dem Fahrzeugdatenträger finden Sie den Motorkennbuchstaben (3), den Sie für die Bestellung der Ersatzteile benötigen.

*Die Getriebekennnummer:*
Wir haben Ihnen die Lage in diesem Kapitel unter der Überschrift »Getriebevarianten« vorgestellt. Natürlich finden Sie die Kennnummer auch auf dem Datenträger (5 im Bild 11).

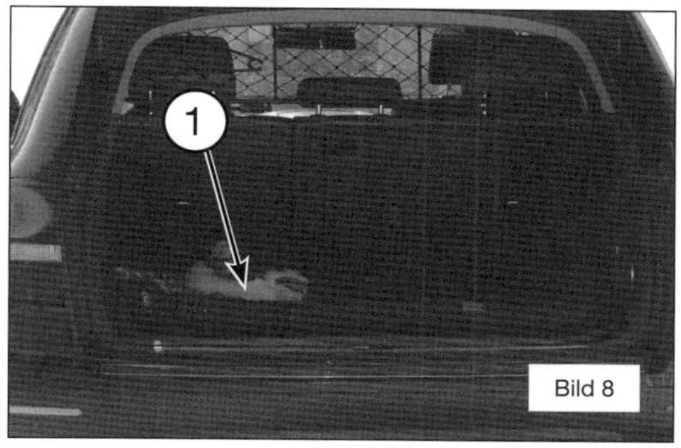


Bild 8
Gravur im Bodenblech des Kofferraums.
1 Geräuschdämmung im Kofferraum

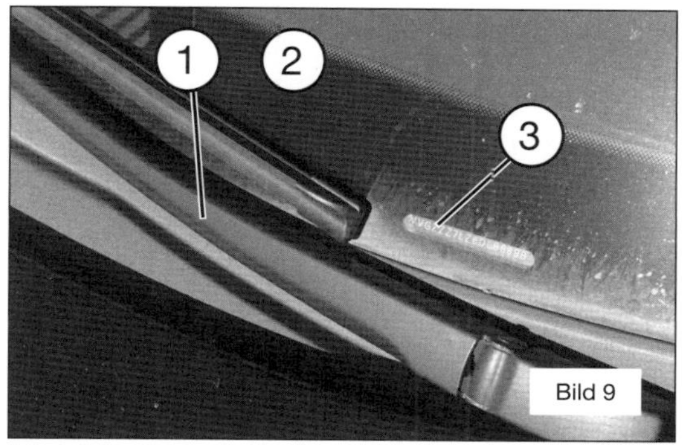


Bild 9
Im Sichtfeld der Frontscheibe unten links.
1 Wischerarm links
2 Frontscheibe
3 Sichtfenster für die Fahrgestellnummer (die Gravur kann abbestellt werden)

Bild 10
Im Motorraum hinter dem Wasserbehälter auf der Beifahrerseite.
1 Fahrzeugtypenschild

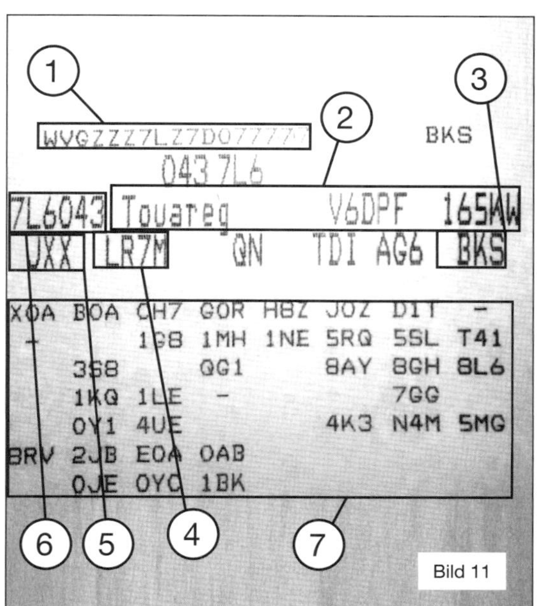


Bild 11
Fahrzeugdatenträger vorne im Serviceheft.
1 Fahrgestellnummer
2 Fahrzeugtyp, Motorisierung
3 Motorkennbuchstabe
4 Farbnummer
5 Getriebekennnummer
6 Innenausstattungscode
7 Ausstattungs- und Ausrüstungscodierung

Sichtprüfung Messen

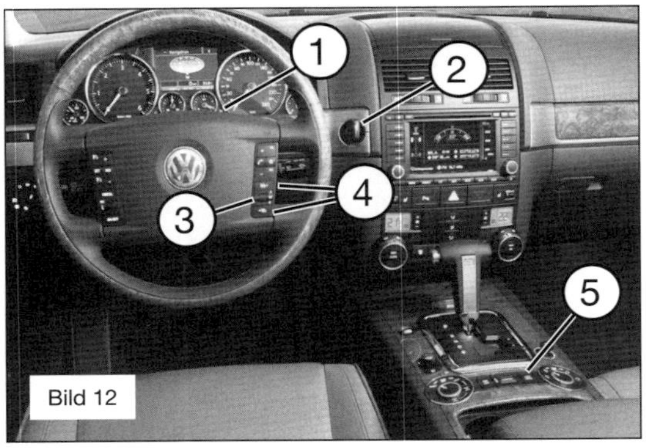

Bild 12

Bild 12
Erforderliche Tasten für die Serviceanzeige SIA.
1 Tachorückstelltaste,
2 Zündschlüssel
3 Scrollrad
4 Menütasten (Auf- und Abblättern)
5 Lock-Taste für die Niveauregulierung

## Servicevorgaben

### SIA (Service-Intervall-Anzeige)

Die SIA wird für eine flexible Wartungsintervallanzeige verwendet. Der nächste Servicetermin wird in Abhängigkeit von der Fahrleistung und der Fahrweise des Fahrers ermittelt. Die Zeit zwischen einzelnen Serviceterminen verlängert sich, wenn das Fahrzeug schonend, bei mittleren Drehzahlen gefahren und Kurzstrecken vermieden wurden, bei denen der Motor die Betriebstemperatur nicht erreicht hat. Kurz vor dem Erreichen des Servicetermins wird bei jedem Einschalten der Zündung die verbleibende Strecke oder die verbleibenden Tage bis zum Service im Tachodisplay angezeigt. Ist der Service fällig, wird »SERVICE« beziehungsweise »Service fällig« im Tachodisplay angezeigt.

### Service-Intervall-Anzeige abfragen

*Abfrage vor dem Facelift:*
In der ersten Generation war die Abfrage des Servicestatus und der Zeitraum oder die Fahrstrecke bis zum Service nicht vorgesehen. Kurz vor dem Erreichen wurde im SIA die Wartung optisch und akustisch über einen Piepton angemahnt.

*Abfrage ab dem Facelift:*
Ab dem Facelift ist die Abfrage dann über die Multifunktionsanzeige möglich. Die Warnungen und der Piepton übernimmen die Mahnung zum Service noch immer.

- Schalten Sie die Zündung ein.
- Wählen Sie über die Funktionstaste (4) das Menü »Einstellungen« an.
- Bestätigen Sie die Anwahl, indem Sie auf das Scrollrad (3) drücken.
- Wählen Sie über das Scollrad (4) das Menü »Service« an.
- Bestätigen Sie die Anwahl, indem Sie auf das Scrollrad (3) drücken.
- Wählen Sie über das Scollrad (4) das Menü »Service Info« an.
- Bestätigen Sie die Anwahl, indem Sie auf das Scrollrad (3) drücken. Nun werden Ihnen die verbleibenden Tage und die verbleibende Fahrtstrecke angezeigt.
- Schalten Sie die Zündung wieder aus. Es sind keine weiteren Schritte erforderlich.

### Rücksetzen der SIA ohne Diagnosetester

Grundsätzlich wird die Serviceanzeige mit dem Diagnosegerät zurückgesetzt. Dies ist auch zwingend nötig, wenn Sie den Longlife-Service aktiviert haben und das auch so bleiben soll. Denn die manuelle Rückstellung der Anzeige hat zur Folge, dass Ihr Touareg auf starre (feste) Intervalle umprogrammiert wird.

Die Rückstellung in der Werkstatt hat zudem einen weiteren Vorteil: Wenn das Fahrzeug sowieso am Diagnoseanschluss (Stecker unter dem Armaturenbrett) hängt, können Sie bei dieser Gelegenheit gleich die Fehlerspeicher der Steuergeräte auslesen (lassen). Das Auslesen des Fehlerspeichers ist übrigens Prüfpunkt bei jedem Kundendienst und sollte nicht vernachlässigt werden.

*Rücksetzen bei »Vorfaceliftmodellen«:*

- Schalten Sie die Zündung aus.
- Drücken Sie die Tachorückstelltaste »00« (1 im Bild 12).
- Schalten Sie die Zündung ein.
- Lassen Sie die Tachorückstelltaste »00« (1 im Bild 12) wieder los.
- Bestätigen Sie die Servicerücksetzung, indem Sie auf das Scrollrad (3) drücken.
- Schalten Sie die Zündung aus und fragen Sie die SIA wie beschrieben erneut ab.

*Rücksetzen bei »Faceliftmodellen«:*

- Schalten Sie die Zündung ein.
- Wählen Sie über die Funktionstaste (4) das Menü »Einstellungen« an.
- Bestätigen Sie die Anwahl, indem Sie auf das Scrollrad (3) drücken.
- Wählen Sie über das Scollrad (4) das Menü »Service« an.
- Bestätigen Sie die Anwahl, indem Sie auf das Scrollrad (3) drücken.
- Wählen Sie über das Scollrad (4) das

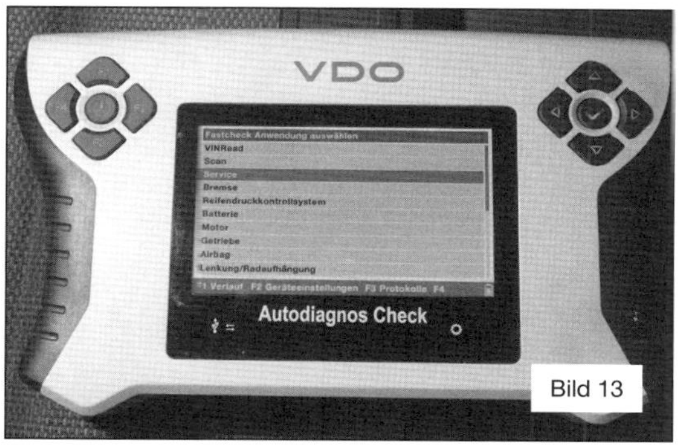

Bild 13

Bild 13
»Fastcheck« -Anwendung als Eingangsmaske beim VDO-Tester. Unter »Service« erfolgt der Zugang zur Wartungsanzeige.

Menü »Service Reset« an.

- Sicherheitshalber wird das SIA nochmals anfragen, ob der Service zurückgesetzt werden soll.
- Wählen Sie über das Scollrad (4) das Feld »OK« an.
- Bestätigen Sie die Rücksetzungswunsch mit dem Druck auf das Scrollrad. Die Rückstellung des Serviceereignisses ist nun erfolgt.

**Rücksetzen mit dem Diagnosetester**

Die Rücksetzung der Wartungsanzeige funktioniert nur mit Testern, die für diese Funktion auch vorgesehen sind.

Grundsätzlich sollten Sie die Inspektionen und Wartungsarbeiten nicht außerhalb der Intervalle zurücksetzen. Da längst keine Ölzettel mit Datum und Fahrleistung mehr im Motorraum zu finden sind, ist die Wartungsanzeige die wichtigste Informationsquelle für den Wartungsstatus Ihres Fahrzeuges.

- Den Tester im Fahrzeug an der OBD-Anschlussdose anschließen.
- Zündung einschalten und den Tester starten. Der VDO-Tester in unserem Beispiel beginnt mit einer »Fastcheck« -Anwendung.
- Die Inspektionsrücksetzung erfolgt im Tachometersteuergerät. Der Zugang wird meist über die »Geführte Funktionen« erleichtert.
- Anschließend muss der Fahrzeughersteller angewählt werden. Die weiteren Details werden vom Tester selbstständig über die Steuergeräte bezogen.
- Wählen Sie mit den Pfeiltasten die Kachel »geführte Funktionen« an und bestätigen Sie diese mit dem Haken.
- Wählen Sie aus den »Beschreibungen« in der nächsten Bildmaske die erforderliche Rücksetzung aus und bestätigen Sie diese mit dem Haken.

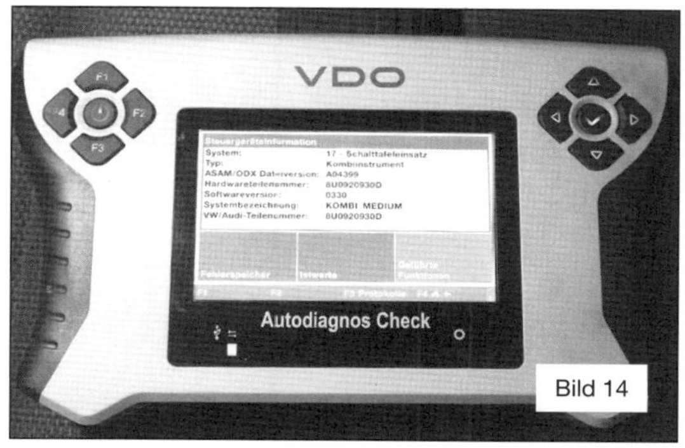

Bild 14

Bild 14
Bildschirmmaske mit Zugang zu den »Geführten Funktionen« beim VDO-Tester.

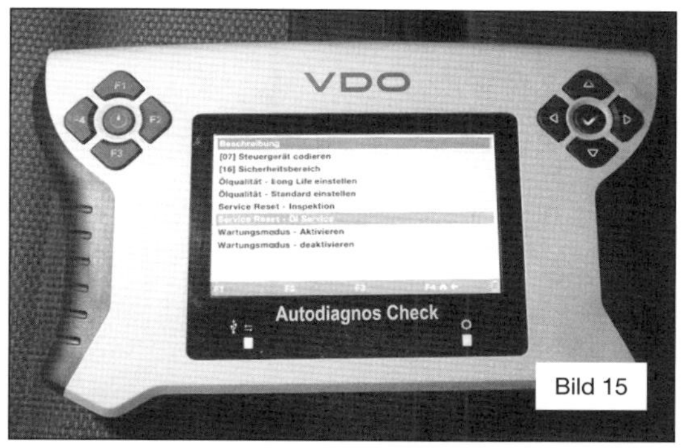

Bild 15

Bild 15
Übersicht der »Geführten Funktionen« beim VDO-Tester.

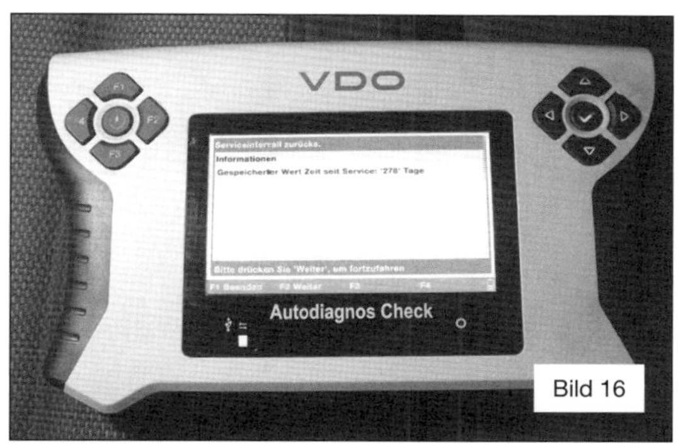

Bild 16

Bild 16
Anzeige des aktuellen abgespeicherten Servicestandes.

Sie können nun die abgelegten Servicedaten einsehen. Um mit der Rücksetzung fortzufahren, werden Sie vom Tester aufgefordert, die Rückstellung zu bestätigen. Folgen Sie den Anweisungen auf dem Bildschirm. Im Anschluss werden Sie aufgefordert, die Zündung auszuschalten und anschließend wieder einzuschalten. Abschließend wird die erfolgte Rückstellung im Display des Testers bestätigt.

**Umcodierung SIA**

Die Rücksetzung (Umcodierung) der Wartungsanzeige von festen Wartungsintervallen auf flexible funktioniert nur mit Testern, die für diese Funktion auch vorgesehen sind.

Der Wechsel von flexiblen Wartungsintervallen zu festen Wartungsinterval-

Sichtprüfung Messen

len erfolgt auch dann, wenn die Servicerückstellung ohne Diagnosetester durchgeführt wurde. Bei der Umprogrammierung wird der Zähler für das Wartungsintervall neu gestartet. Die Umprogrammierung sollte grundsätzlich nur im Rahmen eines Serviceereignisses durchgeführt werden. Im Bild 15 finden Sie unter den »Beschreibungen« der »geführten Funktionen« die Möglichkeit, die Wartungsanzeige auf den flexiblen Service mit »Ölqualität Longlife« umzustellen.

## Regelmäßige Kontrollen

Hier beschreiben wir die Arbeitsschritte, die Sie zwischendrin z. B. beim Tanken oder bei der Fahrzeugreinigung kontrollieren sollten:

| Arbeitsschritte | Bemerkung | OK/Defekt |
|---|---|---|
| Scheibenwaschwasser auffüllen.<br>Scheibenwischer und Waschanlage prüfen. | | |
| Wasserablauf im Wasserkasten prüfen (Blätter u. Blütenreste). | | |
| Motorölstand und Kühlflüssigkeit prüfen, eventuell nachfüllen. | | |
| Kontrollleuchten, Standlicht, Abblend- und Fernlicht prüfen. | | |
| Bremsleuchten, Blinker und Warnblinker sowie das Signalhorn (auch Lichthupe) prüfen. | | |
| Bremsen und Bremsflüssigkeit prüfen, Handbremshebelweg prüfen und eventuelle Einstellung prüfen. | | |
| Reifen (und, falls vorhanden, Reserverad): Zustand, Reifenlaufbild, Fülldruck und Profiltiefe prüfen. Wenn damit ausgestattet: Haltbarkeitsdatum des Reifenreparatur-Sets prüfen (Bild 17). | | |
| Prüfen Sie, ob das Haltbarkeitsdatum des Verbandskastens überschritten ist (Bild 18). | | |

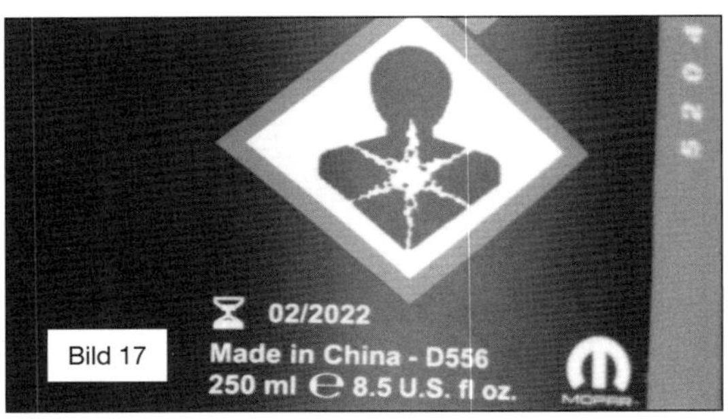

Bild 17

Bild 17
Fälligkeitsdatum für das Reifenfüllset.

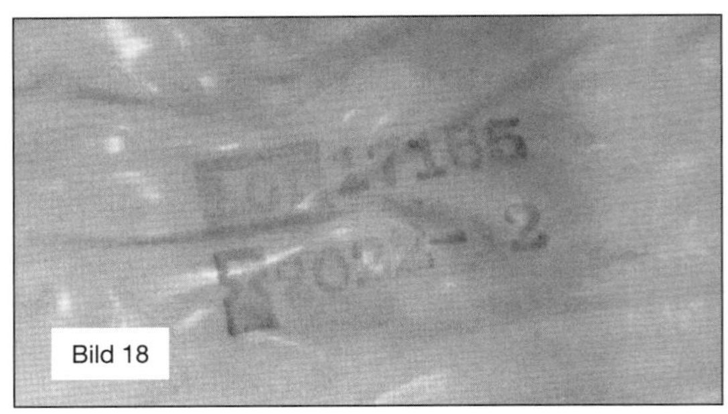
Bild 18

Bild 18
Fälligkeitsdatum für den Verbandskasten.

## Wartung nach Plan

Bei Fahrzeugen, die überwiegend auf Kurzstrecken oder im Anhängerbetrieb eingesetzt werden, sollten die Wartungsintervalle verkürzt werden. Wir haben hier einen eigenen Wartungsplan erstellt, der (angelehnt an den originalen Wartungsplan) die Arbeitsschritte in einen Arbeitsablauf integriert.
In der Spalte Bemerkung können Sie Auffälligkeiten oder auch die Haltbarkeit von Verbandskasten oder Reifenfüllset vermerken.

**Ölservice (»Ö« in den nachfolgenden Tabellen) als kleine Inspektion**
Wir empfehlen diese Wartungsschritte alle 15.000 km oder zumindest einmal im Jahr durchzuführen.

**Wartung (»W« in den nachfolgenden Tabellen) als große Inspektion**
Wir empfehlen diese Wartungsschritte, alle 30.000 km oder zumindest alle zwei Jahre durchzuführen.

**Zusatzarbeiten (»Z« in den nachfolgenden Tabellen) als Zusatzarbeiten**
Für die Zusatzarbeiten finden Sie Anmerkungen im Beschreibungstext oder auch Fälligkeitshinweise. Diese Arbeiten fallen dann je nach Beschreibung zusätzlich an.

**Umfang im Fahrzeuginnenraum**

Hier beschreiben wir die Arbeiten, die im Fahrzeuginnenraum durchgeführt werden sollen (Ö = Ölservice 15.000 km (1 Jahr), W = Wartung 30.000 km (2 Jahre), Z = Zusatzarbeiten):

| Ö | W | Z | Bezeichnung | Bemerkung | Ok/Defekt |
|---|---|---|---|---|---|
| X | X | | Elektrische Fensterheber, Heckscheibenheizung, Sitzheizung, Zigarettenanzünder und Spiegeleinstellung auf Funktion prüfen. | | |
| X | X | | Bedienelemente von Heizung, Lüftung und Klimaanlage auf Funktion prüfen. | | |
| X | X | | Scheibenwischer, Scheibenwaschanlage auf Funktion prüfen. | | |
| X | X | | Leuchten im Kombiinstrument und Innenbeleuchtung prüfen. | | |
| X | X | | Kombiinstrument: Serviceanzeige zurücksetzen. | | |
| | | X | Dieselpartikelfilter prüfen. | ab 180.000 alle 30.000 km | |
| | | X | Verbandskasten prüfen. | Verfallsdatum: | |
| | | X | Reifendichtmittel prüfen. | Verfallsdatum: | |
| | X | | Batterie: Flüssigkeitsstand prüfen. | eventuell korrigieren | |
| | | X | Aktivkohle-Staubfilter Innenraum erneuern (je nach Verschmutzung). | | |
| X | X | | Fehlerspeicher auslesen. | | |
| | X | | Kupplungspedalweg prüfen/nachstellen. | | |
| X | X | | Wartungsintervall zurücksetzen ( ) Manuell / ( ) Tester. | | |

**Umfang an der Fahrzeugaußenseite**

In diesem Abschnitt geht es um die Karosserie und die Anbauteile außen (Ö = Ölservice 15.000 km (1 Jahr), W = Wartung 30.000 km (2 Jahre), Z = Zusatzarbeiten):

| Ö | W | Z | Bezeichnung | Bemerkung | Ok / Defekt |
|---|---|---|---|---|---|
| X | X | | Außenbeleuchtung auf Funktion prüfen. | | |
| | | X | Scheinwerfereinstellung prüfen und einstellen. | | |
| | | | Scheinwerferreinigungsanlage Dichtigkeit, Einstellung und Funktion prüfen. | | |
| X | X | | Karosserie im sichtbaren Bereich auf Lackschäden prüfen. | | |
| X | X | | Zustand der Türdichtungen prüfen. | | |
| X | X | | Frontscheibe auf Beschädigung prüfen. | | |
| | X | | Zentralverriegelung auf Funktion prüfen. | | |
| | X | | Scharniere und Türschlösser und Klappen schmieren. | | |

Sichtprüfung Messen

**Umfang an der Fahrzeugunterseite**

Arbeiten unter dem Fahrzeug sind in diesem Abschnitt als Schwerpunkt anzusehen (Ö = Ölservice 15.000 km (1 Jahr), W = Wartung 30.000 km (2 Jahre), Z = Zusatzarbeiten):

| Ö | W | Z | Bezeichnung | Bemerkung | OK / Defekt |
|---|---|---|---|---|---|
| X | X | | Reifen auf Beschädigung und Rissbildung prüfen. | | |
| X | X | | Alle sichtbaren Teile der Fahrzeugunterseite auf Beschädigungen und Undichtheit prüfen. | | |
| X | X | | Alle Anschlussleitungen und Anschlusskabel auf Beschädigungen und schadhafte Befestigung prüfen. | | |
| X | X | | Motor, Getriebe und Bauteile der Betriebshilfsstoffe auf Undichtheiten und schadhafte Befestigung prüfen. | | |
| X | X | | Alle sichtbaren Teile der Abgasanlage auf Beschädigungen, Undichtheiten und schadhafte Befestigung prüfen. | | |
| X | X | | Hitzeschutzbleche auf Beschädigungen, Befestigung und Korrosion prüfen. | | |
| X | X | | Gummilagerung der Hinterachse und der Stoßdämpfer hinten auf Verschleiß, Rissbildung oder Beschädigungen prüfen. | | |
| X | X | | Alle sichtbaren Teile von Motor und Getriebe auf Beschädigungen, Undichtheiten und schadhafte Befestigung prüfen. | | |
| X | X | | Antriebswellen auf Spiel und den Zustand der Manschetten überprüfen. | | |
| X | X | | Spur- und Lenkstangen Manschetten prüfen. | | |
| X | X | | Keilrippenriemen im sichtbaren Bereich auf Verschleiß prüfen (Dieselmotor). | | |
| | X | | Vorderachsgelenke auf Spiel prüfen, Manschetten prüfen. | | |
| | X | | Spur- und Lenkstangengelenke auf Spiel prüfen (1 x jährlich). | | |
| | X | X | Koppelstangen und Stabilisatoren: Lagerungen und Manschetten prüfen. | | |
| | | X | Keilrippenriemen erneuern | bei Bedarf | |
| | | X | Kühlmittel Hauptkreislauf erneuern (alle 60.000 km) | siehe auch: »Umfang im Motorraum« | |
| | | X | Dichtmanschetten, Radbremszylinder und Bremsnachsteller auf Beschädigung prüfen. | | |
| X | X | | Unterbodenverkleidung auf Beschädigungen, Befestigung und Korrosion prüfen. | | |

### Umfang im Motorraum

Arbeiten, die speziell im Motorraum anfallen, werden hier vorgestellt (Ö = Ölservice 15.000 km (1 Jahr), W = Wartung 30.000 km (2 Jahre), Z = Zusatzarbeiten):

| Ö | W | Z | Bezeichnung | Bemerkung | OK / Defekt |
|---|---|---|---|---|---|
| X | X | | Motorkühlsystem: Kühlmittelstand und Frostschutzgehalt prüfen. | | |
| | | X | Motorkühlsystem: Wechsel (alle 180.000 km) | oder bei Verschmutzung | |
| X | X | | Motor Öl- und Filterwechsel. | | |
| | | X | Getriebeölstand kontrollieren/wechseln. | Schaltgetriebe: Kontrolle alle 60.000 km, Wechsel bei 180.000 km<br>S-tronik: Wechsel bei 60.000 km | |
| | X | | Kraftstoffleitungen auf Dichtheit und Zustand prüfen. | | |
| | | X | Kraftstofffilter wechseln. | TDI alle 90.000 km | |
| | | X | Luftfiltereinsatz erneuern. | alle 90.000 km | |
| | | X | Innenraumfiltereinsatz erneuern. | alle 30.000 km oder 2 Jahre | |
| | | X | Zahnriemen (Nockenwelle). | Kontrolle alle 30.000 km<br>Wechsel bei 210.000 km | |
| X | X | | Scheibenwaschanlage: Flüssigkeitsstand prüfen, richtigstellen. | | |
| X | X | | Bremsanlage: Bremsflüssigkeitsstand prüfen. | | |
| X | X | X | Bremsflüssigkeit Nasssiedepunkt prüfen/erneuern (alle 2 Jahre). | | |

### Umfang rund um das Thema Rad und Bremse

In diesem Abschnitt stellen wir Ihnen die Arbeiten für die Wartung an Rad und Bremse vor (Ö = Ölservice 15.000 km (1 Jahr), W = Wartung 30.000 km (2 Jahre), Z = Zusatzarbeiten):

| Ö | W | Z | Bezeichnung | Bemerkung | OK / Defekt |
|---|---|---|---|---|---|
| X | X | | Bremsentest auf einem Prüfstand durchführen und Ergebnisse notieren. | | |
| | X | | Vorderachse: Bremsbelagstärke prüfen Bremsscheiben auf Zustand prüfen. | | |
| | X | | Hinterachse: Bremsbelagstärke prüfen Bremsscheiben auf Zustand prüfen. | | |
| | X | | Zustand, Einbaulage und Leichtgängigkeit der Bremsseile prüfen. | | |
| X | X | | Reifendruck korrigieren und den korrigierten Reifendruck unter Bemerkungen vermerken. | | |
| | X | | Zustand von Bremsleitungen und Schläuchen prüfen. | | |
| | X | | Befestigungen von Bremsleitungen und Schläuchen prüfen. | | |

# 3 Werkzeug und Ausrüstung

Ob nun reines Hobby oder beruflich: Das Schrauben birgt gewisse Risiken. Vom kleinen Kratzer bis hin zum tödlichen Unfall ist schon alles vorgekommen. Ärgerlich ist es aber auch schon, wenn durch einen unpassenden Schraubenschlüssel eine Schraube so beschädigt wird, dass sie sich nur mit einem erheblichen Aufwand lösen lässt. Einige Arbeiten werden durch Spezialwerkzeug deutlich erleichtert. Sollten Sie bestimmte Tätigkeiten öfter durchführen, scheuen Sie sich nicht, die Preise für das Spezialwerkzeug anzufragen. Gelegentlich sind die Preise so günstig, dass es sich nicht mal lohnt, die Werkzeuge nachzubauen.

Bild 1

Bild 1
Werkbank und Ablage.

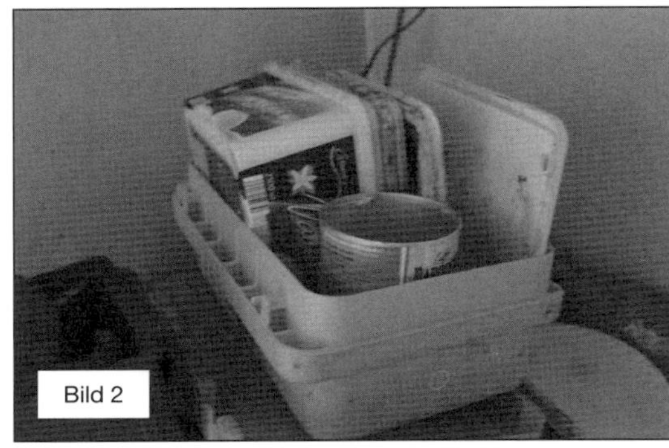

Bild 2

Bild 2
Kistchen und Kästchen – das spart Zeit.

## Standardausrüstung für mechanische Arbeiten

Sicherlich ist es immer besser, auf die Werkzeugsätze der Top-Markenhersteller zurückzugreifen. Als Basis allerdings sind auch schon günstigere Ausführungen recht bekannter Marken erhältlich. Gerade für die Arbeiten an modernen Fahrzeugen müssen neben den üblichen Sechskantnüssen auch Vielzahn- und Torxeinsätze zur Verfügung stehen (Bild 4). Eine günstige Alternative für unsere Zwecke bieten »Snap On«- oder »KS-Tool«-Werkzeugkoffer, die ein sehr komplettes Angebot liefern. Sind die Sätze im Angebot, kann man sein Werkzeugsortiment mit einem solchen Set leicht auch um 100 Euro erweitern.

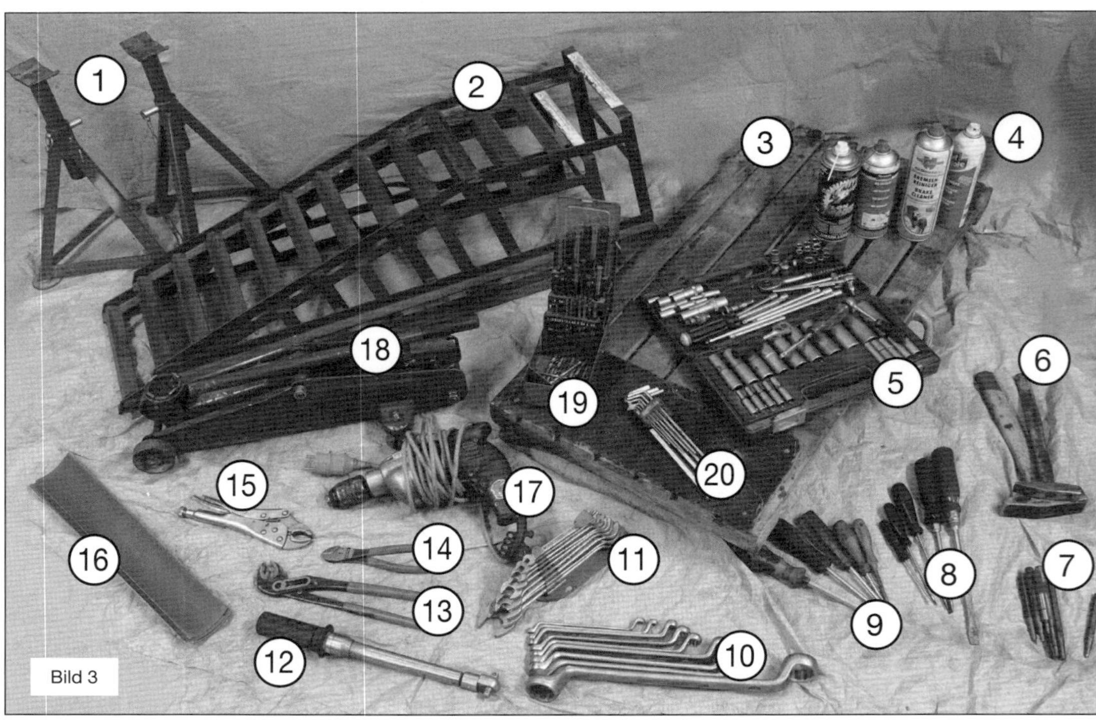


Bild 3

Bild 3
Standardwerkzeug in der Übersicht.
1 Unterstellböcke
2 Auffahrrampen
3 Rollbrett
4 Sprühfett, Rostlöser und Bremsenreiniger
5 Ratschenkasten-Werkzeugset
6 Schlosserhammer 500 g und Schlosserhammer 200 g
7 Durchschlagset und Körner
8 Schlitz-Schraubendreherset
9 Kreuz-Schraubendreherset
10 Ringschlüsselset
11 Gabelschlüsselset
12 Drehmomentschlüssel
13 Wasserpumpenzange
14 Seitenschneider
15 Grip- oder Schnappzange
16 Schleifpapier Korn 120
17 Handbohrmaschine
18 Hydraulischer Wagenheber
19 Bohrerset
20 Innensechskant/Torx/Vielzahnset

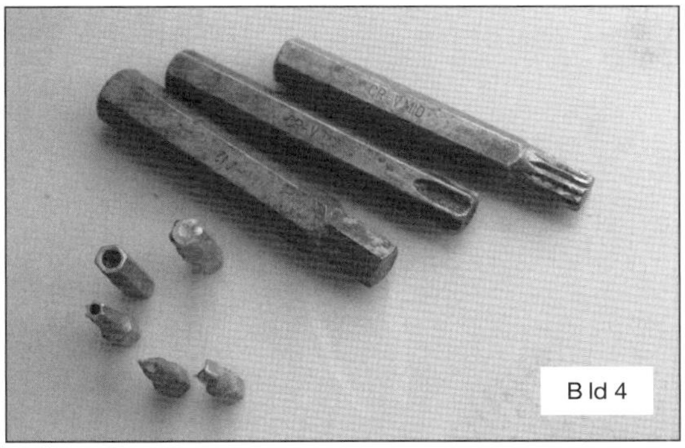
Bild 4

Bild 4
Innensechskant, Torx und Vielzahn bis öfter mal was Neues.

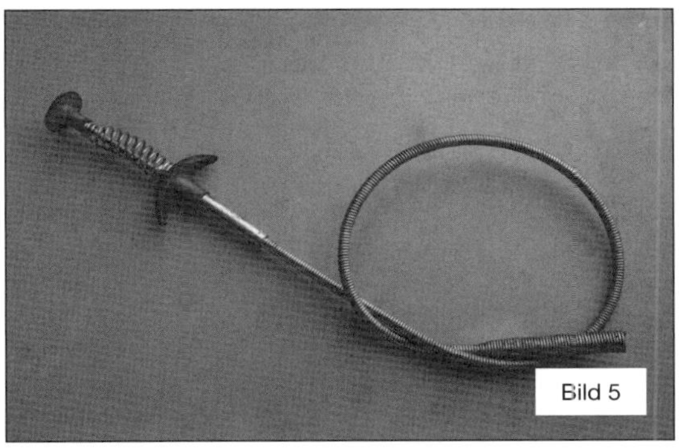
Bild 5

Bild 5
Greifer, um unzugängliche Stellen erreichen zu können.

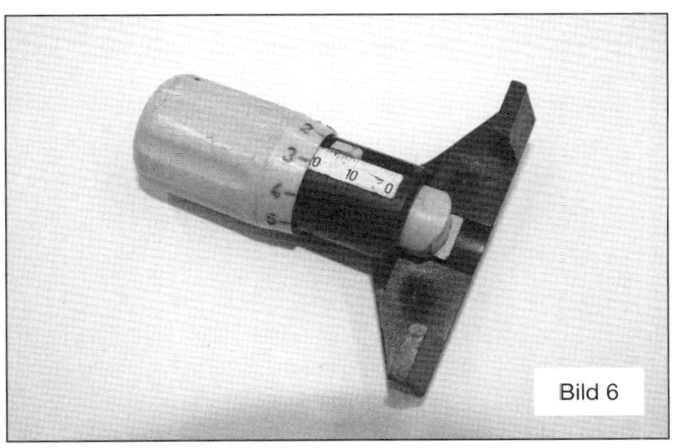
Bild 6

Bild 6
Zahnriemenvorspannungsprüfer.

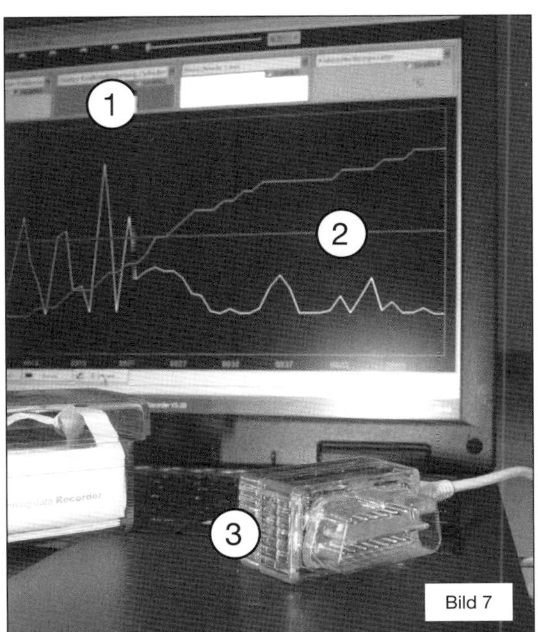

Bild 7

Bild 7
Aufzeichnen während der Fahrt. Alle OBD-Daten bis zu 24 Stunden erfassen.
1 Laptop
2 Kennlinien
3 Datenlogger

An Werkzeug lässt sich leider kein Geld einsparen. Zum einen ist die Lebenserwartung dieses Werkzeuges stark an den Anschaffungspreis gekoppelt und zum anderen ist es extrem wichtig, dass die Maßhaltigkeit genau stimmt.
Wenn es um die Demontage von einzelnen Bauteilen geht oder auch nur zur Ablage von ausgebauten Fahrzeugteilen, ist eine Werkbank sehr hilfreich (Bild 1). Ist sie stabil genug, kann sie bei der Demontage der Motorteile gute Dienste leisten. Bei der Demontage fallen regelmäßig einige Schrauben an. Um diese besser wieder zuordnen zu können und sie sicher und sauber zu lagern, empfiehlt es sich, für die einzelnen Baugruppen jeweils eine, am besten verschließbare Kiste zu verwenden (Bild 2).

**Spezialwerkzeuge (Bild 5)**
Ein hilfreicher Spezialist für enge Stellen ist ein sogenannter Greifer oder auch ein »Magnet am Stiel« (Bild 5). Der Motorraum ist gerade bei heutigen Fahrzeugen recht zugebaut. Fällt eine Schraube oder Klammer hinunter, muss diese natürlich wieder herausgesammelt werden. Oft genug wird es für die Finger zu eng. Der Versuch, mit einem Schraubendreher das Entfallene in erreichbare Nähe zu bekommen, endet meist mit einer noch verzwickteren Lage. Der Greifer oder auch ein Magnet kann helfen, die entflohenen Teile ohne fingerbrecherische Aktionen wieder einzufangen.

**Riemenvorspannungsprüfer (Bild 6)**
Bei allen Motorvarianten ohne automatischen Riemenspanner muss dieser entsprechend den Angaben des Herstellers gespannt werden. Ist er zu lose, können genau wie bei zu fester Spannung Schäden an Riemen oder den Umlenkungen entstehen.

## Standardausrüstung für Arbeiten an der elektrischen Anlage

**Diagnose-Tools und Auslesegeräte**
Unabdingbar ist heutzutage die in jedem Steuergerät eingebauten Fehlerspeicher auszulesen. Es geht schon lange nicht mehr

darum, die großen Fehler abzulegen, sondern eben auch kleine Funktionsstörungen, die vom Steuergerät erkannt werden, für eine Fehlerabfrage bei der Inspektion oder bei der Reparatur zu sichern. Es gibt heute schon Auslesegeräte für die OBD (On Board Diagnose) unter 100 Euro, die zumindest das Auslesen nach Codenummer ermöglichen. Wir verwenden den »Autoaid« (Autoaid GmbH) und den VAG-COM (PCI-Diagnosetechnik), um die Auslese, einige Bauteilprüfungen und Einstellungen im Bordnetz durchzuführen. Diese PC-basierten Diagnosesysteme liegen zwischen 300 und 600 Euro ungefähr beim Preis eines Profiwerkzeugkastens. Zusätzlich wird lediglich ein Notebook mit Windows-Betriebssystem oder ein ausgedienter Desktop-PC benötigt. Regelmäßige, kostenlose Software-Updates halten Sie stets auf dem neuesten Stand (Bild 9). Die Auslesegeräte werden zunehmend vielfältiger und es ergeben sich neue Möglichkeiten. Der »C-Recorder« ermöglicht eine Langzeitüberwachung der Bordelektronik bis zu 24 h Fahrzeit (Nr. 3 in Bild 7). Das ist eine sehr hilfreiche Variante für die Fehlersuche, gerade bei kaum zu ortenden sporadisch auftretenden Fehlern.

## Sinnvolle Anschaffung für die Messtechnik

### Messspitzen

Riesige Probleme bereitet es, eine Messung an einem angeschlossenen Kabel am Bauteil in Funktion zu realisieren. Zumal ja weder die Isolierung noch das Kabel selbst oder der Stecker beschädigt werden sollen. Die Firma Rose Messtechnik in Limburg-Offheim stellt einen Nadelkontaktierer (Bild 8) her, der genau diese Anforderungen erfüllt (www.rose-netztechnik.de). Das Anstichloch im Kabel ist so klein, dass es keine relevanten Löcher in der Isolierung hinterlässt.

### Messbechersatz »kraftstofffest«

Für die Messungen an der Benzinpumpe oder auch nur mal, um den Kraftstoff aufzufangen, werden Behältnisse mit Volumenangaben benötigt. Mit etwas Geduld finden sich in der Haushaltsabteilung des Super-

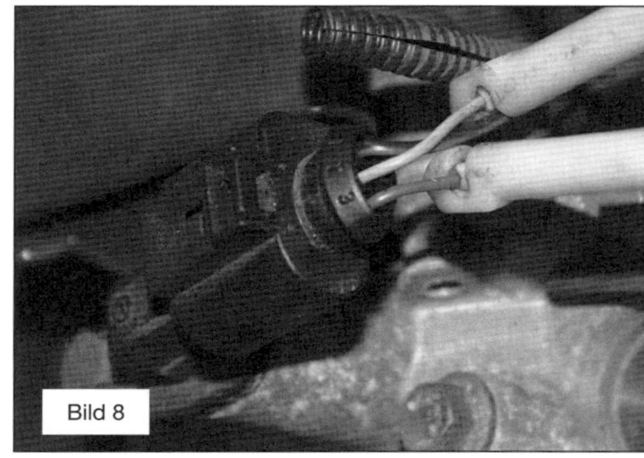

Bild 8

Bild 8
Nadelkontaktierer im Einsatz.

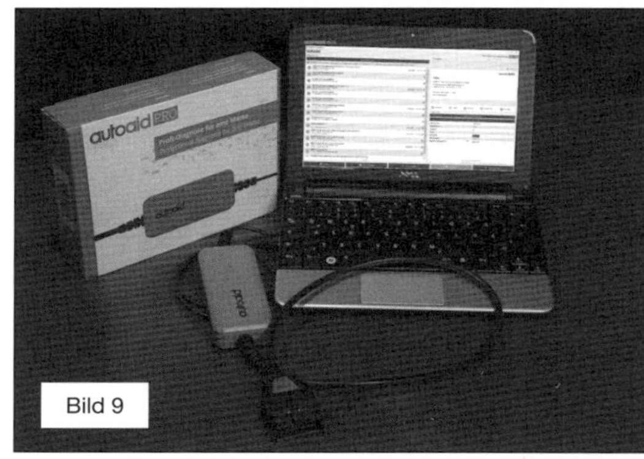


Bild 9

Bild 9
Freier Tester.
Autoaid STARTER, PRO oder EXPERT als Diagnoseset mit Dongel und Software.

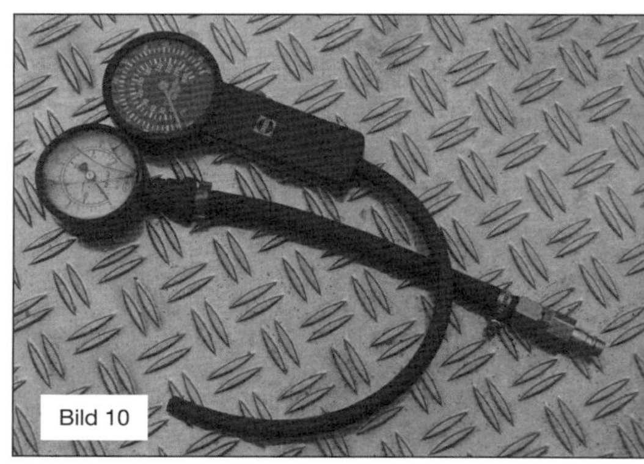

Bild 10

Bild 10
Kraftstoffdruckmanometer. Die Alten sind die besten: Sind die Innereien aus Blech, lassen sich damit nicht nur Luft-, sondern auch der Öl- und der Kraftstoffdruck messen. Anschlüsse und Gewindestücke gibts oft schon beim örtlichen Hydraulik-Händler oder im Werkzeugladen.

marktes recht günstig verwendbare Messbecher oder Schüsseln. Auch ausrangierte Messuhren eignen sich durchaus für die Prüfung des Kraftstoff- oder Öldruckes.

### Zum Selbermachen

Natürlich sind Messwerkzeuge in der Regel teuer. Es sei denn, man zeigt etwas Kreativität und Bastlerspürsinn. Die Profigeräte sind sicherlich deutlich professioneller, der Eigenbau aber ist genauso einsatzfähig und kostet oft nur wenige Euro. Messkabelsätze lassen sich aus passenden Anschlüssen vom Schrottplatz leicht und funktionell selbst herstellen (Bilder 11 bis 13). Neben normalen Labormesskabeln werden unter-

Bild 11

Bild 12

schiedliche Anschlüsse, Stecker und Y-Kabel benötigt, um Bauteile und Funktionen rund um die Motorsteuerung zu prüfen. Im Laufe der Berufsjahre sammeln sich schnell die unterschiedlichen Messadapter an.

### Arbeiten an der Karosserie

Die Standardausrüstung für Arbeiten an der Karosserie haben wir im Bild 14 als Übersicht zusammengestellt. Mit der Ausrüstung lassen sich auch Korrosionsschäden und Kampfspuren, die im Alltagseinsatz entstehen, beseitigen. Korrosionsschutz und Ausbesserung des Unterbodens gehören schließlich auch zu den Wartungsarbeiten. Zumindest zu den erweiterten Arbeiten rund um die Wartung.

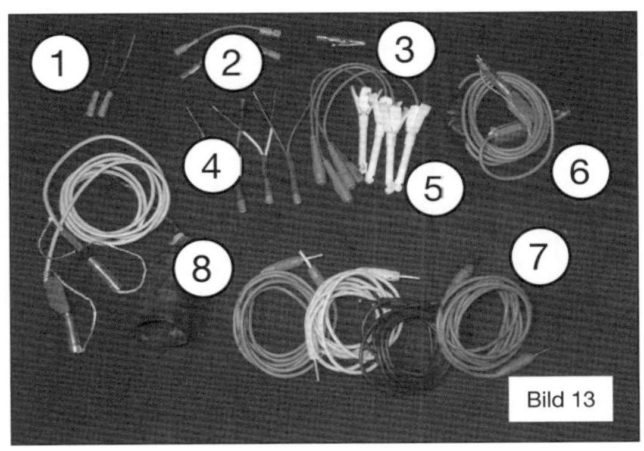

Bild 13

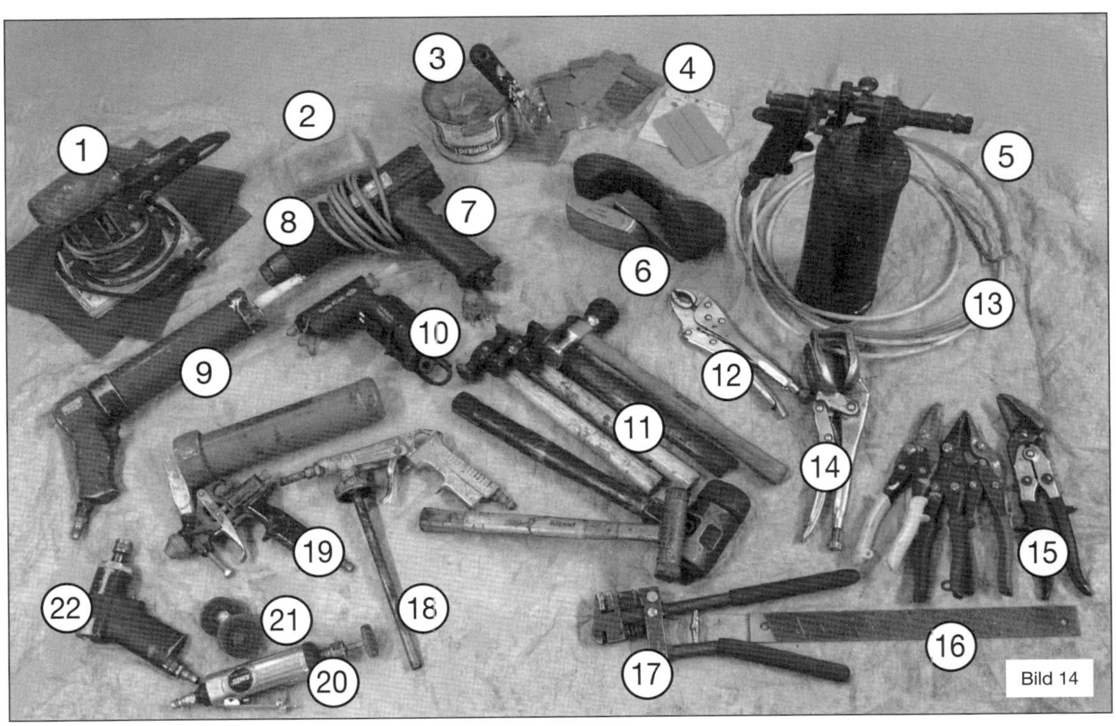

Bild 14

Bild 11
Fernschalter beispielsweise zum Ansteuern der Kraftstoffpumpe.

Bild 12
Die Kabel und Stecker ermöglichen den Test auch außerhalb des Fahrzeuges.

Bild 13
Messkabelsatz.
1 Messspitzen
2 Flachstecker auf Rundstecker für Laborkabel
3 Krokodilklemme
4 Y-Stecker
5 Nadelkontaktierer
6 Anschlusskabel mit Sicherung
7 Laboranschlusskabel
8 Anschlusskabel mit Schalter

Bild 14
Standard-Ausrüstung für Arbeiten an der Karosserie.
1 Schwingschleifer
2 Schleifklotz
3 Spachtelmasse
4 Japanspachtelset
5 Hohlraumpistole
6 Ausbeuleisen
7 Heißluftföhn
8 Schleifpapier
9 Kartuschen-Pistole
10 Heißklebepistole
11 Hammerset
12 Gripzange flach
13 Hohlraumversiegelungssonden
14 Gripzange abgesetzt und breit
15 Scherenset für gerade und kurvige Schnitte
16 Karosseriefeile
17 Absetzzange
18 Unterbodenschutzpistole
19 Nahtabdichtungs-Spritzpistole
20 Luftschleifer gerade
21 Bristol Look-Kunststoffschleifpads
22 Luftschleifer winklig

Sichtprüfung  Messen

Bild 1
Kraftpaket: V6 TDI.

# 4 Motoren

Im Touareg I wurden ausschließlich, gemessen am heutigen Fahrzeugmarkt, relativ großvolumige Motoren verbaut. Der Allradantrieb gepaart mit den kräftigen Antriebsmaschinen machen den Touareg zu sehr beliebten Zugmaschinen. Ausstattung und Fahrverhalten erlauben auch weitere Fahrstrecken. Die Motorvariante mit dem kleinsten Hubraum ist ein Turbodiesel mit 5 Zylindern und 2,5 l Hubraum. Die meistverkaufte Motorvariante ist der V6 TDI. Sowohl der 5-Zylinder, der auch schon aus dem T5 bekannt ist, als auch der 6-Zylindermotor verhelfen dem schwergewichtigen SUV zu beachtlichen Fahrleistungen. Viele der Schäden, die im Laufe der Betriebszeit anliegen können, lassen sich frühzeitig erkennen und oft dann auch einschränken. Ob die »Longlife« Intervallabstände wirklich auch für ein langes Leben des

Bild 1

Motors geeignet sind, sei mal den Technikern des Herstellers überlassen. Ablagerungen bilden sich nun mal beim Dieselmotor recht schnell und das ist auch normal. Schon ein regelmäßiger und nicht zu langfristiger Ölwechsel ist ein wichtiger Beitrag.

## Die Motormerkmale - Technische Daten

### TDI (Dieselmotoren)

| **Bezeichnung** | **2,5-l-TDI R5** | **2,5-l-TDI R5** | **3,0-l-TDI V6** | **3,0-l-TDI V6** |
|---|---|---|---|---|
| Motorkennbuchstabe | BLK (BPD) | BAC (BPE) | BKS | BUN |
| Bauzeitraum | 07/2003 - 11/2006 (01/2006 - 11/2006) | 01/2003 - 01/2006 (01/2006 - 11/2006) | 11/2004 - 11/2006 | 04/2006 - 11/2006 |
| Aufladung | VTG-Turbolader | | | |
| Gemischaufbereitung | PD-Elemente | | Common-Rail | |
| Zylinder / Motorbauart | 5-Zylinder/Reihe | | 6-Zylinder/V-Motor | |
| Ventile je Zylinder | 2 | | 4 | |
| Max. Leistung/Drehzahl | 120 kW/3500 1/min | 128 kW/3500 1/min | 165 kW/4000 1/min | 155 kW/4000 1/min |
| Max. Drehmoment in Nm / Drehzahl in 1/min | 400 Nm / 2000 - 2300 (400/2000) 1/min | | 450/1400 - 3250 | 500/1400 |
| Abgasnorm | Euro 3 oder Euro 4 | | Euro 4 | |
| $CO_2$ Emission | 278 g/km | 265 g/km | 286 g/km | 246 g/km |
| Partikelfilter | Ja | | | |
| Nockenwellenantrieb | Zahnrad | | Steuerketten | |
| Bauform Nockentrieb | 1 oben liegend | | 2 oben liegend | |
| Hubraum | 2461 $cm^3$ | | 2967 $cm^3$ | |
| Bohrung | 81,0 mm | | 83,0 mm | |
| Hub | 95,5 mm | | 91,4 mm | |
| Getriebe und Antrieb | 6-Gang-Schaltgetriebe, 6-Gang-Automatikgetriebe | | | 6-Gang-Automatikgetriebe |

| TDI (Dieselmotoren) | | | | |
|---|---|---|---|---|
| **Bezeichnung** | **3,0-l-TDI V6** | | | |
| Motorkennbuchstabe | CASB | CATA | CASA | CASC |
| Bauzeitraum | 11/2007 - 05/2010 | 05/2009 - 05/2010 | 11/2007 - 05/2010 | 01/2008 - 05/2010 |
| Aufladung | VTG-Turbolader | | | |
| Gemischaufbereitung | Common-Rail | | | |
| Zylinder / Motorbauart | 6-Zylinder/V-Motor | | | |
| Ventile je Zylinder | 4 | | | |
| Max. Leistung/Drehzahl | 155 kW/3500 - 4750 1/min | 165 kW/4500 1/min | 176 kW/4000 1/min | 176 kW/4000 - 4400 1/min |
| Max. Drehmoment / Drehzahl | 550 Nm / 2000 - 2250 1/min | 550 Nm / 2000 1/min | 550 Nm / 2000 - 2250 1/min | 500 Nm / 1500 - 3000 1/min |
| Abgasnorm | Euro 4 | | | |
| $CO_2$ Emission | 246 g/km | 219 g/km | 236 g/km | 236 g/km |
| Partikelfilter | Ja | | | |
| Nockenwellenantrieb | Steuerketten | | | |
| Bauform Nockentrieb | 2 oben liegend | | | |
| Hubraum | 2967 cm³ | | | |
| Bohrung | 83,0 mm | | | |
| Hub | 91,4 mm | | | |
| Getriebe und Antrieb | 6-Gang-Schaltgetriebe, 6-Gang-Automatikgetriebe | | | |

## Arbeiten am Motor

### Maßnahmen für Sicherheit, einwandfreie Funktion und Sauberkeit

Bei Arbeiten am Motor, an der Kraftstoffversorgung (Kapitel 7) und an der Einspritzanlage sind bestimmte Maßnahmen zu treffen und Hinweise zu befolgen. Diese dienen der Arbeitssicherheit und der einwandfreien Funktion aller Systeme. Fehlfunktion oder Schäden durch Verunreinigung sollen durch diese Maßnahmen vermieden werden. Wir stellen sie hier als grundlegend für alle folgenden Arbeiten an Motor und Gemischaufbereitung voran.

### Sicherheit

■ Bei allen Montagearbeiten am Kraftstoffsystem unbedingt Schutzbrille und Schutzhandschuhe tragen. Hautkontakt mit Kraftstoff vermeiden. Abschließend grundsätzlich die Hände waschen.

■ Der Kraftstoff bzw. die Kraftstoffleitungen im Kraftstoffsystem können sehr heiß werden (Verbrühungsgefahr). Das Kraftstoffsystem steht unter Druck. Vor dem Öffnen des Systems deshalb Putzlappen um die Verbindungsstelle legen und durch vorsichtiges Lösen der Verbindung Druck abbauen.

■ Aus Sicherheitsgründen muss vor dem Öffnen des Kraftstoffsystems die Sicherung für die Kraftstoffpumpe aus dem Sicherungshalter entfernt werden, da die Pumpe durch den Türkontaktschalter der Fahrertür aktiviert werden kann.

■ Kraftstoffleitungen sind mit Schnellverschlüssen gesichert. Kraftstoffschläuche dürfen nur mit Federbandschellen gesichert werden. Die Verwendung von Klemm- oder Schraubschellen ist nicht zulässig.

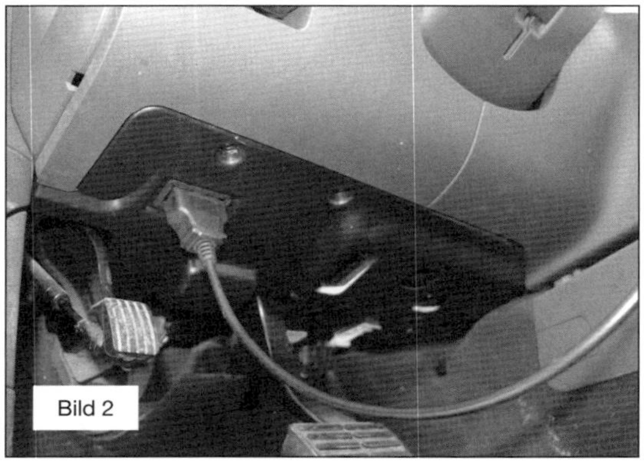

Bild 2
Anschluss eines Diagnose-Dongels an der fahrzeugeigenen OBD-Anschlussdose.

■ Beim Aus- und Einbau des Gebers für Kraftstoffvorratsanzeige oder der Kraftstoffpumpe (Kraftstofffördereinheit) aus gefüllten oder teilweise gefüllten Kraftstoffbehältern muss bereits vor Beginn der Arbeiten in die Nähe der Montageöffnung des Kraftstoffbehälters der Schlauch einer eingeschalteten Abgas-Absauganlage zum Absaugen der frei werdenden Kraftstoffgase gelegt werden.

Bei Diesel-Motoren ist die Einspritzanlage in einen Hochdruckbereich (maximal bis 2000 bar) und in einen Niederdruckbereich (ca. 6 bar) aufgeteilt.

■ Vor dem Öffnen des Hochdruckbereichs, z. B. beim Ausbau der Hochdruckpumpe, des Kraftstoffverteilers, der Einspritzventile, der Kraftstoffrohre oder des Kraftstoffdruckgebers, muss der Kraftstoffdruck im Hochdruckbereich definiert auf einen Restdruck von ca. 6 bar abgebaut werden. Dazu ist ein Werkstatt-Diagnosesystem nötig. Bei Einsatz des Werkstatttesters wird eine »Geführte Funktion: Kraftstoffhochdruck abbauen« nach Testeranweisungen ausgeführt.

■ Grundsätzlich muss die Zündung ausgeschaltet werden und ein sauberer Putzlappen um die Verbindungsstelle gelegt werden. Dann wird die Verbindungsstelle vorsichtig geöffnet und der Druck abgelassen. Der ausfließende Kraftstoff muss aufgefangen werden.

■ Abschließend sollten der Fehlerspeicher abgefragt, alle Einträge gelöscht und ein Readinesscode erzeugt werden.

**Funktionssicherheit**

■ Bei allen Montagearbeiten, insbesondere aufgrund der engen Bauverhältnisse im Motorraum, Leitungen aller Art z. B. für Kraftstoff, Kühl- und Kältemittel, Unterdruck und elektrische Leitungen so verlegen, dass die ursprüngliche Leitungsführung wieder hergestellt wird.

■ Alle Kabelbinder, die beim Ausbau gelöst oder aufgeschnitten werden, sind beim Einbau an der gleichen Stelle wieder zu befestigen.

■ Um Beschädigungen an den Leitungen zu vermeiden, auf ausreichenden Freigang zu allen beweglichen oder heißen Bauteilen achten.

**Sauberkeit (5 Regeln)**

■ Verbindungsstellen und deren Umgebung vor dem Lösen gründlich reinigen.

■ Ausgebaute Teile auf einer sauberen Unterlage ablegen und abdecken. Keine fasernden Lappen benutzen.

■ Geöffnete Bauteile sorgfältig abdecken bzw. verschließen, wenn die Reparatur nicht umgehend ausgeführt wird.

■ Nur saubere Teile einbauen: Ersatzteile erst unmittelbar vor dem Einbau aus der Verpackung nehmen. Keine Teile verwenden, die unverpackt (z. B. im Regal oder in Werkzeugkästen) aufgehoben wurden.

■ Bei geöffneter Kraftstoff- und Einspritzanlage möglichst nicht mit Druckluft arbeiten und das Fahrzeug nach Möglichkeit nicht bewegen.

## Diagnosetester einsetzen

An diesem Kapitel lässt es sich leicht erkennen, dass viele Funktionen über die Elektronik virtuell realisiert worden sind.

Die Anschaffung eines Testers für die Diagnose ist zwingend erforderlich. Nicht einmal der Anbau der Anhängerkupplung oder das Einstellen des Lichtes ist mehr möglich, wenn man eine fachgerechte Arbeit abliefern möchte.

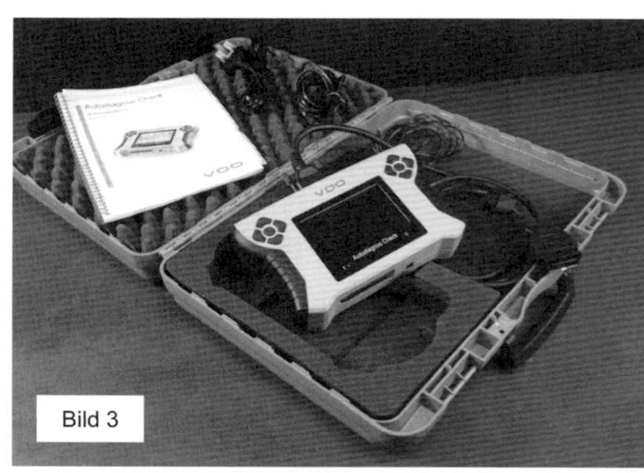


Bild 3
VDO-Diagnosetester. Kleines Handgerät ohne Messfunktionen.

Es geht nicht darum, die Einträge im Fehlerspeicher zu löschen, um dann mal »rumzuraten«, was es denn gewesen sein könnte. Es wäre das Gleiche, wenn Sie die Seiten dieses Buches ungelesen ausreißen und dann raten, was denn dringestanden haben könnte. Die Diagnose über die Fehlerspeicher vereinfacht die Arbeit am Fahrzeug um einiges. Man muss lediglich lernen, mit diesem »Werkzeug« zu arbeiten. Ohne Tester bleibt nur der Weg zum Händler, um den Fehlerstatus zu erfassen oder Einstellungen zu machen.

**VW/Audi-Tester**

Ein großer Teil der Reparaturarbeiten schließt die Diagnose von Fehlern ein. Diese wird durch das Werkstatttestsystem bei den VW-Werkstätten im Zusammenspiel mit den Diagnosegeräten unterstützt. Diese können in der Fachwerkstatt an allen vernetzten Arbeitsplätzen betrieben werden und bieten direkten Zugriff auf aktuelle Werkstattliteratur sowie Unterstützung vom Hersteller über Telediagnose. Bei der Diagnose werden alle Kunden- und Fahrzeugdaten an die angeschlossenen Geräte weitergeleitet und sind automatisch an jedem Arbeitsplatz abrufbar. Während einer Reparatur können technische Problemlösungen nachgeschlagen oder im Servicenetz des Herstellers tagesaktuelle Zusatzinformationen abgerufen werden. Diese Anbindung an das Netzwerk ermöglicht Software-Updates von Steuergeräten, Geheimnis- und Komponentenschutz, Softwareversionsmanagement, Übertragung von Diagnoseprotokollen, die besagte Telediagnose, die softwaregestützte Durchführung von Aktionen und viele weitere Funktionen.

Das System »WIS/ASRA« steht mit aktuellen Daten zur Verfügung. Möglich sind dadurch:

- Datenaustausch zwischen kaufmännischem Bereich und Werkstatt.
- Datenaustausch über Werkstattauslastung und Terminvereinbarung.
- Austausch von Kunden-, Fahrzeug- und Termindaten.
- Rückfluss von Daten über bereits ausgeführte Reparaturen von der Werkstatt auf den Fortschrittsmonitor, sodass der Serviceberater gegebenenfalls in den laufenden Prozess eingreifen kann.
- Datenrückfluss von der Werkstatt für Qualitätskontrolle und Rechnungserstellung.
- Bereitstellung von Daten über benötigte Arbeitszeiten, Arbeitspositionen und Ersatzteile.
- Einbeziehung des Teiledienstes ab Terminvorbereitung in den Service-Prozess.

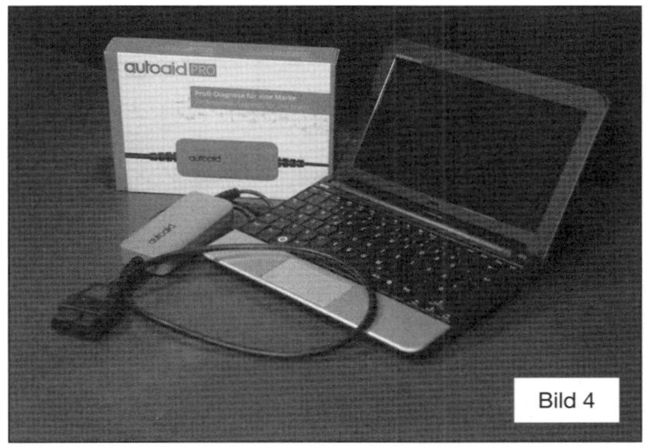


Bild 4
Autoaid.
Dongel mit OBD-Zugang und Software auf Laptop oder PC.

**Testgerät für Mehrmarkenwerkstätten**

Gerade für Mehrmarkenwerkstätten und auch freie Werkstätten ergibt sich durch die Vielzahl der unterschiedlichen Fahrzeugmarken das Problem, den Zugang zu den einzelnen Fahrzeugen mit möglichst wenigen Testern zu realisieren. Schließlich müssen die Tester nicht nur angeschafft, sondern auch auf dem neuesten Stand gehalten werden. Neben den Großen der Branche wie Bosch und Gutmann sind auch günstigere Tester als Komplettlösung wie der »VDO Autodiagnose Check« (Bild 3) als Beispiel für ein unabhängiges Handgerät oder dem »Autoaid« (Bild 4) als Beispiel für einen Laptop-basierten Tester auf dem Markt. Der Schwerpunkt für diese Testerkategorie liegt in typischen Servicearbeiten und der Diagnose rund um den Antrieb.

**Diagnosewerkzeuge für den Schrauber**

Natürlich wählen wir wie auch beim Werkzeug nicht die billigste Variante aus, sondern empfehlen Ihnen die Anschaffung eines Systems, das im Laufe der nächsten Jahre noch einiges an Potenzial liefern wird.

*Beispiel Laptoplösung »Autoaid«:*

Der Fahrzeughersteller Volkswagen ist bei den meisten Testerherstellern für die Diagnose außerhalb des genormten Bereichs der OBD im Fokus. Das verkleinert die Auswahl an Testern erheblich. Die Berliner Firma Autoaid liefert ab etwa 100 Euro ein Diagnosetool, das auch eine schon herausragende

Diagnosetiefe liefert. Gerade diejenigen unter den Lesern, die dem Thema »Diagnose« kritisch gegenüberstehen, werden zumeist nach wenigen Versuchen erkennen, wie einfach der Umgang mit Laptop und Fahrzeug wird. Eine typische Situation im Umgang mit den Fahrzeugen dieser Generation liegt in der schon recht umfangreichen Steuerung und Regelungstechnik. Abgestimmt und eingestellt wird oft nur noch auf der virtuellen Ebene.

### Handgeräte zum Lesen und Löschen

OBD2 ist das Zauberwort, welches den Zugang zumindest zu den Motorsteuergeräten ermöglicht. Die Normung der Diagnose ermöglicht zumindest in diesem Bereich den Zugang zu allen aktuellen Fahrzeugen. Um den Fehlerspeicher auszulesen oder auch Prüffunktionen der Eigendiagnose ausführen zu können, reicht meist schon ein Diagnosetool, welche durchaus schon um 50 Euro in diversen Onlineversteigerungen angeboten werden. Oft noch günstiger sind die kleinen Handgeräte (Bild 5) schon im Baumarkt um die Ecke erhältlich. Wichtig ist, dass die entsprechende Software und zumindest eine Beschreibung auf Deutsch mitgeliefert wird. Normalerweise geht die Diagnosetiefe der günstigen Handgeräte aber nicht über das Motorsteuergerät hinaus.

### Fehlerspeicher abfragen

Schwierig? Kann ich nicht? Ach was! Wer es schafft, E-Mails abzurufen, ohne den

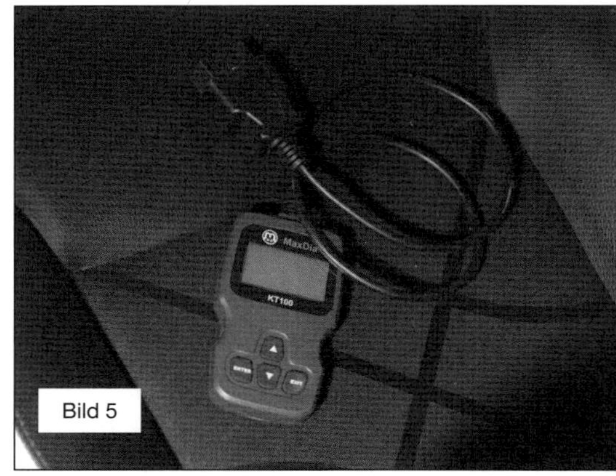


Bild 5

Bild 5
OBD-Handtester zum Lesen und Löschen.

Computer zu zerstören, kann auch diese Arbeiten leicht erlernen. Wir zeigen Ihnen an einigen Beispielen, wie Aufgaben dieser Art angegangen werden können, und möchten Sie animieren, sich zusammen mit Fachforen auch mit der Thematik Tester und Diagnose genauer auseinanderzusetzen. Die Vorgehensweise unterscheidet sich zwischen den einzelnen Testgeräten kaum. Auch dann, wenn Sie ein Handgerät benutzen, werden Sie über die Menüführung eine ähnliche Beschreibung wie die Folgende erhalten. Wir werden diese Beschreibung am »Autoaid PRO« vorstellen.

- Wir gehen davon aus, dass Sie den Diagnosetester ordnungsgemäß nach Handbuch installiert haben.
- Schließen Sie den Diagnosetester an die OBD-Dose im Fahrerfußraum an.

Die Diagnosedose finden Sie unter der Verkleidung links im Kniebereich der

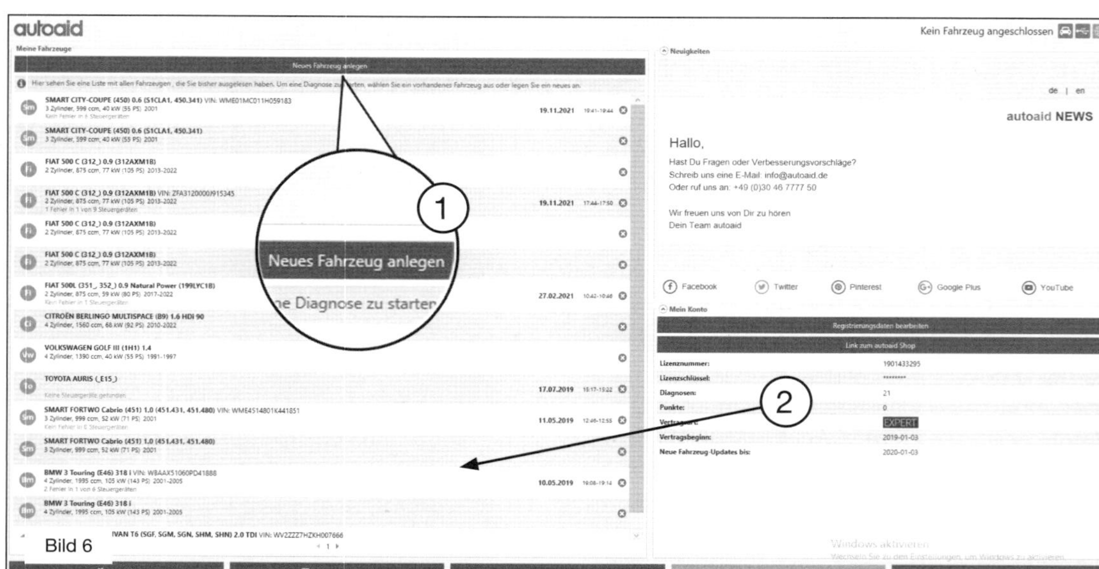


Bild 6

Bild 6
Startmaske des Diagnosetesters.
1 Funktionstaste zum Anlegen eines neuen Fahrzeuges
2 Liste der Fahrzeuge, die bereits angelegt wurden

Armaturentafel (Bild 2). Der Anschluss ist sofort erkennbar. Stecken Sie den OBD-Stecker in die Diagnosedose und den Anschluss in die entsprechende Anschlussdose Ihres Testers.

■ Starten Sie die entsprechende Diagnosesoftware auf Ihrem Laptop oder dem Tester (Bild 6).
■ Schalten Sie die Zündung ein.
■ Starten Sie die Testersoftware. Autoaid hat auf einen klassischen Startbildschirm verzichtet und führt Sie direkt in den Diagnosemodus zur Fahrzeugauswahl.
■ Klicken Sie mit einem Klick auf die Taste »neues Fahrzeug anlegen (1 im Bild 6)«. Die Diagnosesoftware wird nun gestartet und die Bildschirmmaske wechselt zur Auswahl des Fahrzeugherstellers.
■ Wählen Sie den Hersteller »VW« (Bild 7) mit einem Klick an. Die Bildschirmmaske wechselt zur Auswahl des Fahrzeugmodells.
■ Wählen Sie das Modell Ihres VW Touareg (Bild 8) an. Die Bildschirmmaske wechselt nun zur Auswahl der Motorvariante.
■ Wählen Sie die Modellbezeichnung (1 im Bild 8) Ihres Touareg mit der passenden Motorbezeichnung mit einem Klick aus.

Der Tester fragt nun alle Steuergeräte ab und stellt den Fehlerstatus (1 im Bild 9) in einer Übersicht dar.

■ Wählen Sie das Steuergerät für die Zentralelektronik (2) Ihres VW Touareg mit einem Klick an.

Soweit Fehler vorliegen, können Sie hier die Details (3 im Bild 10), Informationen zum Fahrzeug (1) einsehen oder über die Funktionstasten (2) Funktionen und Sensoren prüfen und auch einen abgearbeiteten Fehler löschen.

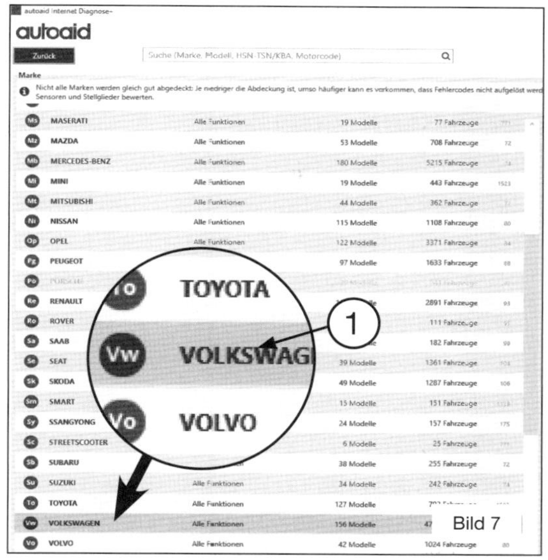


Bild 7
Anwahl des Fahrzeugherstellers.
1 Volkswagen in der umfangreichen Herstellerliste

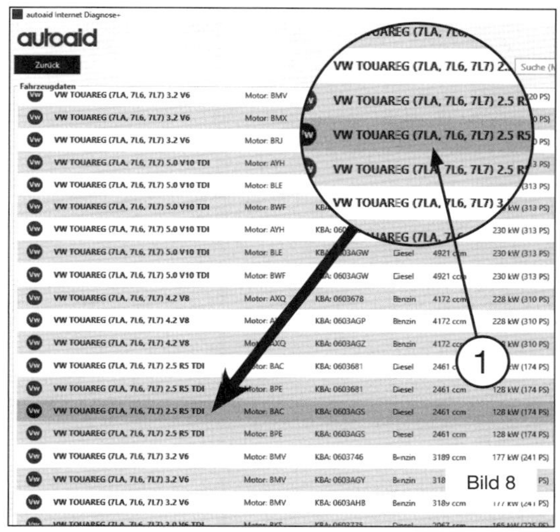


Bild 8
Anwahl des Fahrzeugtyps des Herstellers Volkswagen.
1 Anwahl unseres 2,5-l-TDI-Touaregs

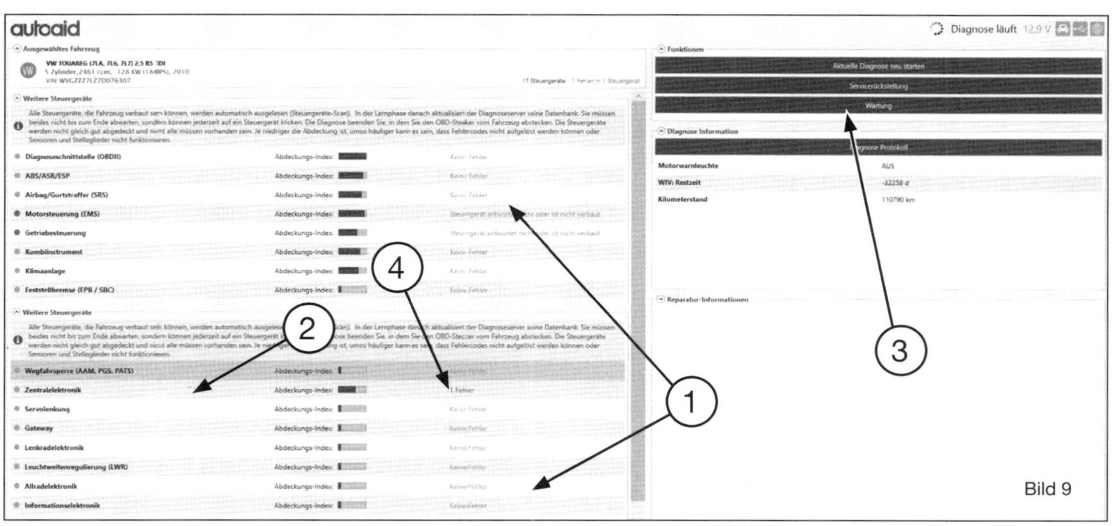


Bild 9
Praktische Übersicht vorliegender Fehler aller verbauten Steuergeräte.
1 Statusübersicht der Steuergeräte
2 Anwahl Zentralelektronik (mit Doppelklick)
3 Anwahl für Wartungsarbeiten und Ähnliches
4 Erkannter Fehlereintrag

Sichtprüfung

Messen

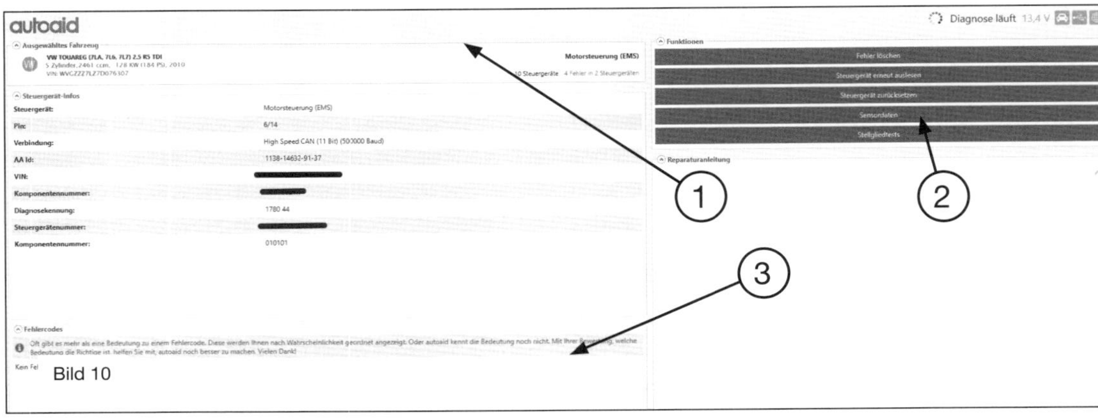

Bild 10

Bild 10
Übersicht für das Motorsteuergerät im Detail.
1 Informationsfeld
2 Funktionstasten
3 Detailinformationen, wenn Fehler im Steuergerät abgelegt sind

Hier stellt sich dann auch ein Unterschied in der Diagnosetiefe der einzelnen Tester heraus. Bei einfachen Testern beschränkt man sich auf die Möglichkeiten, den Fehlerspeicher zu lesen und zu löschen. Je mehr Funktionen sich hinter dem einzelnen Steuergerät verbergen, umso aufwendiger ist die Software des Diagnosesystems.

**Fehlerspeichereinträge drucken**

Wenn Sie die Fehlereinträge speichern oder ausdrucken wollen, wählen Sie die entsprechende Funktion über die Funktionstasten Ihres Computers aus.

**Fehlerspeichereinträge löschen**

Sind Fehler im Fehlerspeicher abgelegt, die bekannt sind und lediglich noch nicht gelöscht wurden, können Sie nun wie im Folgenden beschrieben vorgehen.

- Klicken Sie die Funktionstaste »Fehler löschen« (2 im Bild 10) an.
- Lassen Sie das Fahrzeug einige Minuten laufen.
- Klicken Sie die Funktionstaste »Fehlerspeicher erneut lesen« (2) an und kontrollieren Sie, ob der Fehler nicht erneut vorliegt.

Derselbe Vorgang kann auf dem Handgerät nachvollzogen werden. Lediglich die Anwahl ist deutlich geringer. Für einen Ausdruck muss eigentlich jedes mobile Gerät an einen Computer oder Laptop angeschlossen werden.
Die Anwahl der Funktionen erfolgt meist über die Pfeiltasten. »Enter« betätigt die getroffene Anwahl und »ESC« erlaubt den Rückzug aus der angewählten Maske.

Reine OBD2-Geräte ermöglichen in der Regel nur den Zugang zur Motorelektronik. Die Belegung und die Steuergerätesprache ist nur für den OBD2-Bereich verbindlich auf die abgasrelevanten Bauteile und die Motorelektronik geregelt.

## Motor- und Unterbodenabdeckung aus- und einbauen

Die Motorabdeckung (Geräuschdämmung) ist bei allen Modellen verbaut. Über dem Ventildeckel fallen die Abdeckung aus Kunststoff und die darunter liegende Geräuschdämmmatte unterschiedlich aus. Die Demontage allerdings unterscheidet sich nicht nennenswert.

**Geräuschdämmung oben über dem Ventildeckel demontieren**

Bei Ausführungen der Motorabdeckung oben, bei denen der Ölpeilstab in der Verkleidung sitzt, muss der Ölpeilstab vor der Demontage der Verkleidung herausgezogen werden.

- Demontieren Sie, soweit verbaut, die Abdeckungen 1, 3 und 5 im Bild 11) im Motorraum.
- Ziehen Sie die Abdeckung (2 in den Bildern 11 beziehungsweise 1 im Bild 12) nach oben ab.
- Nehmen Sie die Geräuschdämmung über

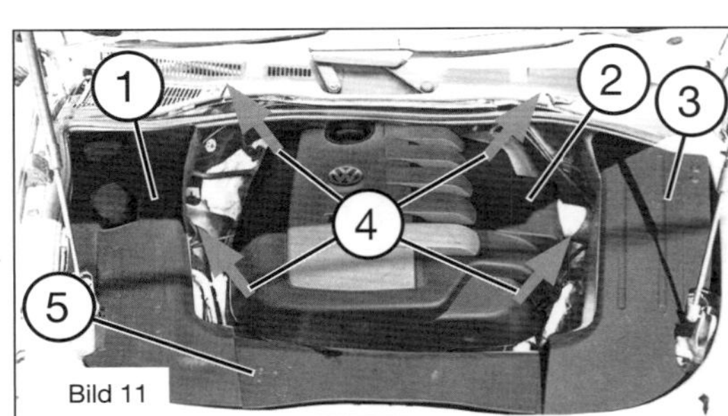

Bild 11

Bild 11
Motorabdeckungen oben bei R5-TDI-Motor.
1 Abdeckung Seite rechts
2 Abdeckung Motor
3 Abdeckung Seite links
4 Demontagerichtung
5 Abdeckung vorne

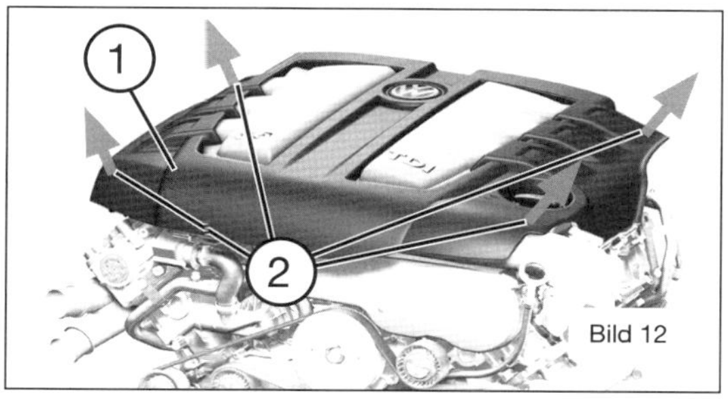

Bild 12

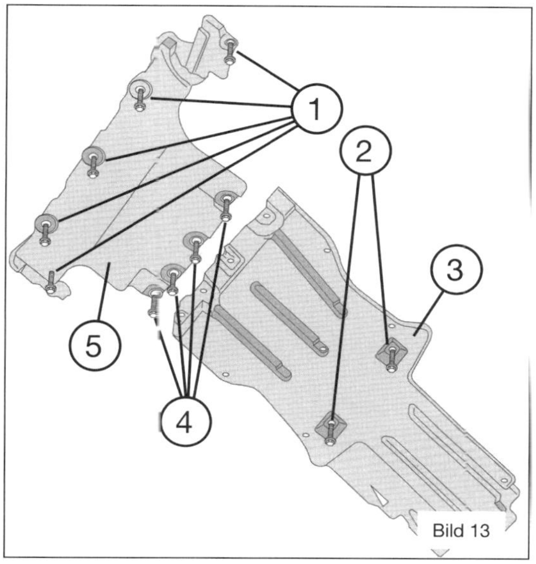

Bild 13

dem Ventildeckel ab (soweit diese lose auf dem Ventildeckel liegt).

Die Montage erfolgt sinngemäß in umgekehrter Reihenfolge.
■ Tragen Sie etwas Fett auf die Rastpunkte und Aufnahmen der oberen Verkleidung auf. Sie lässt sich später deutlich leichter lösen.

**Geräuschdämmung unten demontieren**
Wie für einen Geländewagen üblich, können Sie je nach Ausstattung auch Schutzplatten unter Motor, Antrieb und Achsteilen finden. Im Touareg sind nicht zwingend nur die Schallschutzplatten verbaut. Diverse Offroadzubehörhersteller bieten Unterfahrschutzplatten an, die bis zum Antrieb der Hinterachse im Gelände guten Schutz von unten gewährleisten. Die Montagearbeiten sind entsprechend anders. Wir stellen Ihnen deshalb ein Beispiel für die Demontage der Schalldämmung im vorderen Bereich vor.

*Geräuschdämmung vorne:*
Die Schnellverschlussschrauben verschmutzen im Laufe der Betriebszeit zunehmend. Korrodierte Schnellverschlussschrauben und Gewindeklammern sollten Sie grundsätzlich ersetzen, um den festen Sitz der Geräuschdämmverkleidung sicherzustellen.
■ Drehen Sie die Schnellverschlussschrauben rechts und links in der Unterbodenverkleidung heraus.
■ Drehen Sie die Schraube vorne mittig im Bereich des Stoßfängers (1 im Bild 13) heraus.
■ Drehen Sie die verbliebenen Schrauben hinten (4) heraus.
■ Ziehen Sie die Geräuschdämmverkleidung vorne etwas nach hinten und nehmen Sie sie nach unten ab.

Die Montage erfolgt sinngemäß in umgekehrter Reihenfolge.
■ Drehen Sie die Schrauben zuerst nur leicht an und richten Sie die Geräuschdämpfung spannungsfrei aus.
■ Drehen Sie die Schrauben nacheinander handfest an. Eine Anzugsfolge ist nicht vorgegeben.

*Geräuschdämmung Mitte (soweit verbaut) demontieren:*
■ Schrauben (3 Stück vorn und hinten) herausdrehen und die Geräuschdämpfung Mitte abnehmen.

Die Montage erfolgt sinngemäß in umgekehrter Reihenfolge.
■ Drehen Sie die Schrauben und Muttern zuerst nur handfest an und richten Sie die Geräuschdämpfung spannungsfrei aus.
■ Drehen Sie die Blechschrauben mit jeweils 5 Nm Anzugsdrehmoment fest.
■ Drehen Sie die Maschinenschrauben (M8) mit jeweils 8 Nm Anzugsdrehmoment fest.

## Prüfung auf Undichtigkeiten und Beschädigung

Die Sichtprüfung ist von oben und von unten vorzunehmen, weshalb die Geräuschdämpfung oben und unten abzubauen ist.

**Sichtprüfung wie folgt durchführen:**
■ Motor und Bauteile im Motorraum auf Undichtigkeiten und Beschädigungen prüfen.
■ Leitungen, Schläuche und Anschlüsse des Kraftstoffsystems, des Kühl- und Heiz-

Bild 12
Motorabdeckungen oben bei V6-TDI -Motor.
1 Abdeckung Motor
2 Demontagerichtung

Bild 13
Unterfahrschutz oder Unterbodenverkleidung.
1 Schrauben
2 Schrauben
3 Verkleidung hinten
4 Schrauben
5 Verkleidung vorne

Sichtprüfung    Messen

Bild 14
Riemenspannung prüfen. Grundsätzlich an Stellen, an denen der Riemen frei hängt (A).

Bild 15
Kontrolle der Spannung des Keilrippenriemens.

**Schraubertipp: Einbaulage des Keilrippenriemens**

■ Achten Sie vor dem Einbau des Keilrippenriemens darauf, dass alle Aggregate (Generator, Klimakompressor) festmontiert sind.

■ Beim Einbauen des Keilrippenriemens achten Sie bitte auf die Laufrichtung und auf einen korrekten Sitz des Riemens in den Riemenscheiben.

■ Nach fertiggestellter Arbeit grundsätzlich den Motor starten und Riemenlauf kontrollieren.

systems, des Ölkreislaufs, der Klimaanlage, der Ansauganlage und der Bremsanlage auf Undichtigkeiten, Scheuerstellen, Porosität und Brüchigkeit prüfen.
■ Alle festgestellten Mängel durch Reparatur beseitigen.
■ Bei nicht verbrauchsbedingtem Flüssigkeitsverlust muss grundsätzlich die Ursache ermittelt und der Schaden beseitigt werden.

## Keilrippenriemen prüfen

Der Keilrippenriemen oder auch Flachriemen ist für den Antrieb vieler Nebenaggregate wie der Klimaanlage zuständig. Aber auch Generator und Wasserpumpe werden durch ihn angetrieben. Die unterschiedlichen Einbaulagen des Keilrippenriemens Ihres VW Touareg stellen wir Ihnen auch für die Montagearbeiten am Generator Aus- und Einbau an dieser Stelle vor. In diesem Kapitel werden wir uns neben der Einbaulage auch mit den unterschiedlichen Spannvorrichtungen befassen und den Umgang mit ihnen darstellen.

### Zustand prüfen

Kontrollieren Sie den Keil- und Keilrippenriemen nach folgenden Gesichtspunkten an mehreren Stellen:
■ Unterbaurisse (Anrisse, Kernbrüche, Querschnittsbrüche),
■ Lagentrennung (Deckschicht, Zugstränge),
■ Ausbruch am Unterbau,
■ Ausfransen der Zugstränge,

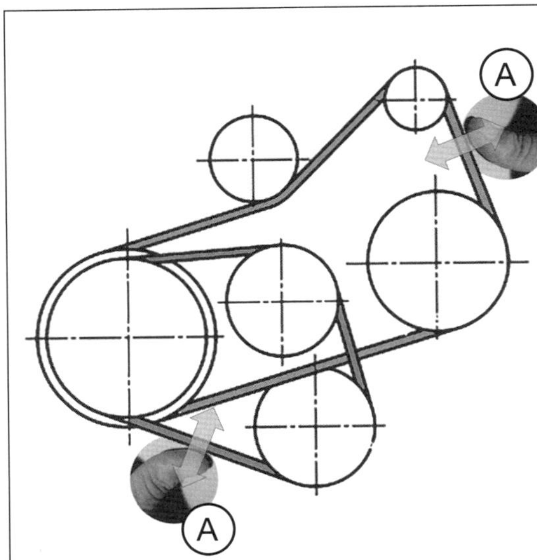

Bild 14

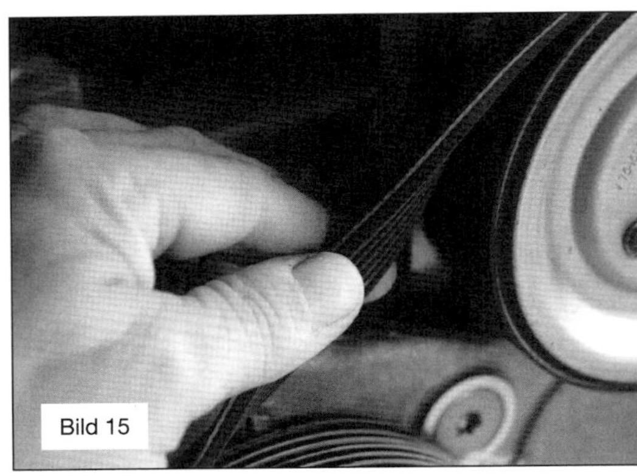
Bild 15

■ Flankenverschleiß (Materialabtrag, Ausfransungen, Flankenverhärtung, Oberflächenrisse),
■ Öl- und Fettspuren.

**Spannung für Keilrippenriemen prüfen (mit automatischer Spannvorrichtung)**
■ Drücken Sie den Keilrippenriemen in einem Bereich, wo er frei hängt (siehe auch Bild 14), mit einem kräftigen Daumendruck nach unten.
Die Spannrollen müssen nun ruckfrei und ohne zu hakeln nachgeben. Wenn Sie den Druck wegnehmen, muss sich die Spannrolle ohne Verzögerung und ruckfrei zurückbewegen und den Antriebsriemen wieder spannen.
■ Verdrehen Sie den Keilrippenriemen in einem Bereich, wo er frei hängt (A im Bild 14). Der Antriebsriemen muss sich etwa 90° leicht verdrehen lassen (Bild 15). So ist die optimale Vorspannung erreicht.

## Keilrippenriemen aus- und einbauen

Der Keilrippenriemen treibt als wichtiger Teil des Kurbeltriebs die Nebenaggregate Drehstromgenerator und Klimakompressor an. Der Aufbau sieht für die Dieselmotoren ähnlich aus, unterscheidet sich aber im Detail. Sehen Sie sich die Einbaulage des Riemens genau an. Zeichen Sie sich dazu eine Skizze oder markieren Sie den Riemenlauf anhand der Abbildungen in diesem Buch.

**Keilrippenriemen beim 2,5 l TDI (5R)**
Beim 2,5 l TDI wurde kein Keilrippenriemen verbaut. Das bedeutet aber nicht, dass der Antrieb verschleißfrei ist. Als Verbindungsstück zwischen Ölpumpe und Klimakompressor und zwischen dem Antriebsrad des Generators und dem Generator ist jeweils eine »torsionselastische Kupplung« (3 im Bild 16) verbaut. Aufgebaut wie ein Zahnriemen bildet sie eine Verbindung, die in der Lage ist Schwingungen zu dämpfen. Verschleißarm ist sie. Das bedeutet aber trotzdem, Sie regelmäßig zu kontrollieren und im Bedarfsfall zu wechseln. Sind Rissbildungen schon erkennbar und Gewebefasern treten aus, sollten Sie die Verbindungsstücke ersetzen.

*Vorbereitende Arbeiten:*

⚠ Fahrzeug zwischen den Hebebühnensäulen ausrichten und die vier Aufnahmeteller an den vom Fahrzeughersteller vorgeschriebenen Hebebühnenaufnahmepunkten platzieren.

■ Die Geräuschdämpfung unten unter dem Motor wie beschrieben ausbauen.
■ Schalten Sie die Zündung aus und ziehen Sie den Zündschlüssel ab.

*Ausbau der torsionselastischen Kupplung am Generator:*
■ Führen Sie die beschriebenen Vorbereitungsarbeiten durch.
■ Klemmen Sie die Batterie unter dem linken Vordersitz ab. Eine detaillierte Arbeitsbeschreibung finden Sie im Kapitel 14.
■ Klemmen Sie die Zweitbatterie (soweit verbaut) im Kofferraum ab.
■ Bauen Sie die Motorabdeckung oben wie bereits beschrieben ab.

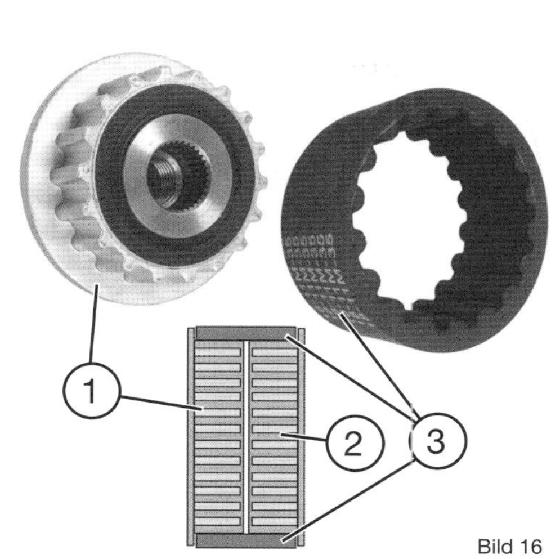

Bild 16

Bild 16
Torsionselatische Kupplung (Beispiel Generator).
1 Generatorfreilaufrad
2 Antriebsrad im Stirnradsatz des Motors
3 Torsionselastische Kupplung

■ Demontieren Sie den Generator. Eine detaillierte Arbeitsbeschreibung zu den erforderlichen Arbeitsschritten finden Sie im Kapitel 14.
■ Nehmen Sie die torsionselastische Kupplung am Generator ab.

*Ausbau der torsionselastischen Kupplung am Klimakompressor:*
■ Führen Sie die beschriebenen Vorbereitungsarbeiten durch.
■ Legen Sie die Anschlussleitungen für den Klimakompressor frei, klemmen Sie aber nicht ab.
■ Drehen Sie die drei Halteschrauben des Klimakompressors heraus.
■ Nehmen Sie den Klimakompressor aus der torsionselastischen Kupplung heraus.
■ Befestigen Sie den Klimakompressor mit Kabelbindern am Aufbau.
■ Nehmen Sie die torsionselastische Kupplung am Klimakompressor ab.

Die Montage erfolgt für beide Kupplungen sinngemäß in umgekehrter Reihenfolge.

**Keilrippenriemen beim 3,0 l TDI (V6)**

⚠ Fahrzeug zwischen den Hebebühnensäulen ausrichten und die vier Aufnahmeteller an den vom Fahrzeughersteller vorgeschriebenen Hebebühnenaufnahmepunkten platzieren.

■ Demontieren Sie wie bereits beschrieben die Motorabdeckung oben.
■ Die Geräuschdämpfung unten unter dem Motor wie beschrieben ausbauen.

Sichtprüfung  Messen

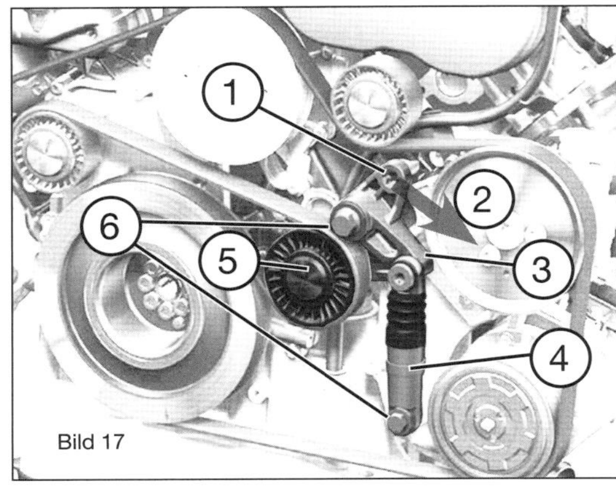

Bild 17

Bild 17
Riemenspanner beim 3,0-l-TDI-Motor (V6).
1 T60 Torxaufnahme
2 Bewegungsrichtung zum Entspannen
3 Riemenspanner
4 Dämpfer und Federelement
5 Spannrolle
6 Schrauben

■ Schalten Sie die Zündung aus und ziehen Sie den Zündschlüssel ab.

Soll der gebrauchte Keilrippenriemen wieder verwendet werden, muss die Laufrichtung auf dem Keilrippenriemen markiert werden.

■ Setzen Sie einen Torx 60 in den Hebel des Riemenspanners (1 im Bild 17) ein.

■ Verdrehen Sie den Hebel des Riemenspanners im Uhrzeigersinn (2) und nehmen Sie den Keilrippenriemen ab.

■ Lassen Sie die Spannvorrichtung langsam wieder in die Ruhestellung los.

Die Montage erfolgt sinngemäß in umgekehrter Reihenfolge.

■ Vor dem Einbau des Keilrippenriemens ist die Spannvorrichtung auf Beschädigungen zu prüfen und ggf. zu erneuern.

■ Vor dem Einbau des Keilrippenriemens darauf achten, dass alle Aggregate (Generator, Klimakompressor, Flügelpumpe) fest angebaut sind.

■ Starten Sie den Motor und kontrollieren Sie den Riemenlauf.

## Demontage des automatischen Riemenspanners

**Austausch von Spanner und Umlenkrolle**

Die Umlenkrolle (5 im Bild 17) sowie der automatische Riemenspanner sind oft einzeln erhältlich.

Spanner und/oder Umlenkrolle sollten dann gewechselt werden, wenn Sie folgende Merkmale feststellen können:

■ Laufspuren oder Schäden sind auf der Rolle erkennbar.

■ Das Lager macht hörbare Geräusche.

■ Das Lager oder die Rolle weist seitliches Spiel auf.

**Demontage des Riemenspanners mit Spannrolle**

■ Bauen Sie wie bereits beschrieben die Motorabdeckung oben ab.

■ Setzen Sie einen Torx 60 in den Hebel des Riemenspanners (1 im Bild 17) ein.

■ Verdrehen Sie den Hebel des Riemenspanners im Uhrzeigersinn (2) und nehmen Sie den Keilrippenriemen ab.

■ Lassen Sie die Spannvorrichtung langsam wieder in die Ruhestellung los.

■ Drehen Sie die beiden Schrauben (6) heraus.

■ Nehmen Sie den Riemenspanner (3) ab.

Die Montage erfolgt sinngemäß in umgekehrter Reihenfolge.

■ Vor dem Einbau des Keilrippenriemens ist die Spannvorrichtung auf Beschädigungen zu prüfen und ggf. zu erneuern.

■ Vor dem Einbau des Keilrippenriemens darauf achten, dass alle Aggregate (Generator, Klimakompressor, Flügelpumpe) fest angebaut sind.

■ Starten Sie den Motor und kontrollieren Sie den Riemenlauf.

## Zahnriemenschutz am 3,0-l-Motor demontieren

Der Zahnriemen für den 3,0-l-Motor übernimmt nur den Antrieb der Hochdruckpumpe. Er unterliegt natürlich auch den Wartungsvorgaben, verursacht aber keinen Motorschaden. Der Ventiltrieb wird über Steuerketten angetrieben.

■ Bauen Sie, wie bereits beschrieben, die Motorabdeckung oben ab.

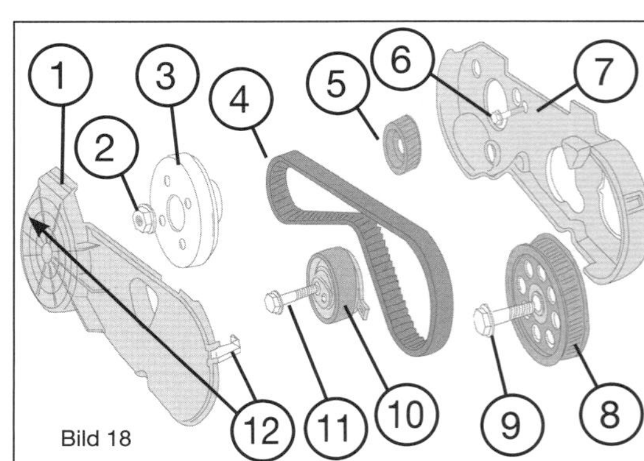

Bild 18

Bild 18
Zahnriemen Hochdruckpumpe 3,0-l-TDI-Motor (V6) (BKS, BUN).
1 Zahnriemenabdeckung vorne
2 Zentralmutter
3 Tilgermasse
4 Zahnriehmen
5 Pumpenrad
6 Schraube
7 Zahnriemenabdeckung hinten
8 Antriebsrad
9 Zentralschraube
10 Zahnriemenspanner
11 Schraube
12 Halteklammern

■ Öffnen Sie die beiden Klammern (12 im Bild 18) und schwenken Sie die Zahnriemenabdeckung oben nach vorne.
■ Nehmen Sie die Zahnriemenabdeckung aus den Haltezapfen an der Unterseite heraus.

Die Montage erfolgt sinngemäß in umgekehrter Reihenfolge.

## Zahnriemen V6-TDI-Motor

**Demontage des Zahnriemens (BKS, BUN)**

Auch beim Zahnriemen gilt: Vor dem Ausbau die Laufrichtung markieren, den Riemen auf Verschleiß prüfen und ihn nicht knicken.
■ Demontieren Sie die Zahnriemenabdeckung wie zuvor beschrieben.
■ Lösen Sie die Schraube (9 im Bild 18).
■ Halten Sie dazu das Antriebsrad (8) mit einem Gegenhalter fest.
■ Lösen Sie die Schraube (1 im Bild 19) etwa zwei Umdrehungen.
■ Entspannen Sie die Spannrolle (im Uhrzeigersinn), bis der Sechskanteinsatz unter der Schraube steht (auf 6 Uhr).
■ Drehen Sie die Zentralschraube (9 im Bild 18) heraus.
■ Nehmen Sie den Zahnriemen zusammen mit dem Antriebsrad ab.

Die Montage erfolgt sinngemäß in umgekehrter Reihenfolge.

Die Einbauposition der Hochdruckpumpe spielt hier keine Rolle.
■ Setzen Sie die Haltenase (4) der Spannrolle in die Nut in der Konsole der Hochdruckpumpe ein.
■ Verdrehen Sie die Spannrolle so weit, dass der Sechskanteinsatz unter der Schraube steht (auf 6 Uhr).
■ Legen Sie den Zahnriemen auf das Pumpenrad und die Spannrolle auf.
■ Stecken Sie gleichzeitig das Antriebsrad auf die Antriebswelle.
■ Ziehen Sie die Schraube (9 im Bild 18) auf 75 Nm fest.
■ Halten Sie dazu das Antriebsrad (8) mit einem geeigneten Gegenhalter fest.
■ Ziehen Sie die Schraube (1 im Bild 20) gerade so weit an, dass sich die Spannrolle mit dem Innensechskantschlüssel noch verdrehen lässt, aber nicht mehr kippt.
■ Verdrehen Sie die Spannrolle so weit, dass der Sechskanteinsatz auf 1 Uhr steht.
■ Entspannen Sie die Spannrolle (im Uhrzeigersinn), bis der Sechskanteinsatz auf 3 Uhr steht.
■ Spannen Sie die Spannrolle. Den Innensechskantschlüssel gegen den Uhrzeigersinn verdrehen, bis die Nut (5 im Bild 20) und die Markierung gegenüber stehen (deckungsgleich).
■ Halten Sie den Innensechskantschlüssel in dieser Position fest und ziehen Sie die Schraube (1) fest (25 Nm).
■ Verdrehen Sie den Motor an der Kurbelwelle (VW-Spezialwerkzeug T40058) in Drehrichtung mindestens eine Umdrehung und kontrollieren Sie die Vorspannung (Bild 20) des Zahnriemens erneut.

**Demontage des Zahnriemens (CASB, CATA, CASA, CASC)**

Auch beim Zahnriemen gilt: Vor dem Ausbau die Laufrichtung markieren, den Riemen auf Verschleiß prüfen und ihn nicht knicken.

Der Aufbau unterscheidet sich zum zuvor Beschriebenen dadurch, dass

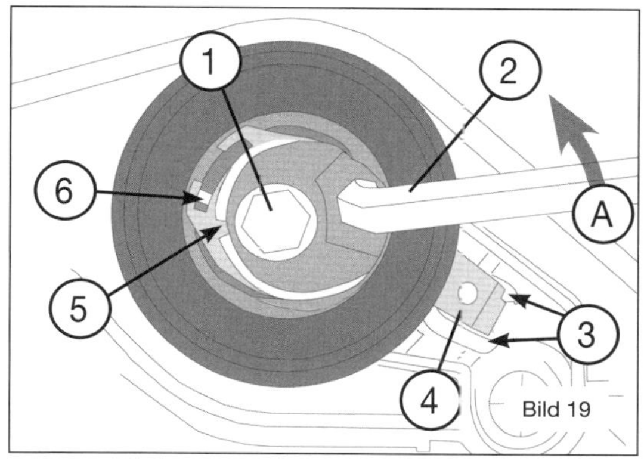

Bild 19
Kontrolle der Spannung des Keilrippenriemens.
1 Schraube
2 Innensechskantschlüssel
3 Passung im Zahnriemenschutz
4 Haltenase
5 Nut
6 Markierung
A Bewegungsrichtung zum Spannen

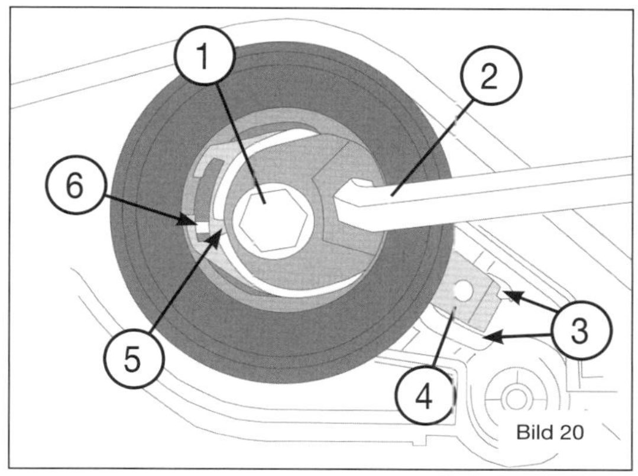

Bild 20
Richtige Spannung des Keilrippenriemens.
1 Schraube
2 Innensechskantschlüssel
3 Passung im Zahnriemenschutz
4 Haltenase
5 Nut
6 Markierung

Sichtprüfung

Messen

Bild 21
Zahnriemen Hochdruckpumpe 3,0-l-TDI-Motor (V6) (CASB, CATA, CASA, CASC).
1 Zahnriemenabdeckung vorne
2 Zahnriehmen
3 Zentralmutter
4 Pumpenrad
5 Schraube
6 Zahnriemenabdeckung hinten
7 Antriebsrad
8 Zentralschraube
9 Zahnriemenspanner
10 Schraube

Bild 22
Absteckbohrung in der Ölwanne.
1 Verschlussschraube Absteckbohrung
2 Ölwannenoberteil
3 Ölwannenunterteil

Bild 23
Absteckbohrung im Zylinderkopf.
1 Verschlussschraube Absteckbohrung
2 Abdeckung auf der Motorrückseite

für diese Motorkennbuchstaben kein Tilgergewicht verbaut worden ist. Nach den Montagevorgaben des Herstellers muss der Motor festgesetzt werden. Der Arbeitsablauf ist somit deutlich aufwendiger.

■ Bauen Sie wie bereits beschrieben die Motorabdeckung oben ab.
■ Schwenken Sie den Zahnriemenschutz nach vorne und nehmen Sie ihn aus den Haltenasen unten heraus.
■ Bauen Sie wie bereits beschrieben die Motorabdeckung unten ab.

■ Drehen Sie den Motor auf Zünd-OT.

Zur Orientierung dienen hier die Markierungen auf der Riemenscheibe.

■ Drehen Sie die Verschlussschraube (1 im Bild 22) in der oberen Ölwanne heraus.
■ Verdrehen Sie den Motor so, dass Sie den Absteckstift (VW 3242) in die Kurbelwelle einstecken und in der Ölwanne einschrauben können.
■ Fixieren Sie die Hochdruckpumpe mit dem Absteckstift (VW T40135).
■ Lösen Sie die Schraube (10 im Bild 21) um eine Umdrehung.
■ Lösen Sie die Schraube (8) um zwei Umdrehungen. Halten Sie dazu das Antriebsrad mit einem Gegenhalter gegen.
■ Setzen Sie den Abzieher (VW T10320) an und drücken Sie das Antriebsrad (7) ab. Lassen Sie das Zahnriemenrad aber weiterhin aufgesteckt.
■ Nehmen Sie den Zahnriemen vom Zahnriemenrad der Hochdruckpumpe (4) ab.
■ Nehmen Sie den Zahnriemen vom Zahnriemenantriebsrad (7) ab.

Die Montage erfolgt sinngemäß in umgekehrter Reihenfolge.

■ Verdrehen Sie die Spannrolle so weit, dass der Sechskanteinsatz unter der Schraube steht (auf 6 Uhr).
■ Legen Sie den Zahnriemen auf.
■ Ziehen Sie die Schraube (1 im Bild 20) gerade so weit an, dass sich die Spannrolle mit dem Innensechskantschlüssel noch verdrehen lässt, aber nicht mehr kippt.
■ Verdrehen Sie die Spannrolle so weit, dass der Sechskanteinsatz auf 1 Uhr steht.
■ Entspannen Sie die Spannrolle (im Uhrzeigersinn), bis der Sechskanteinsatz auf 3 Uhr steht.

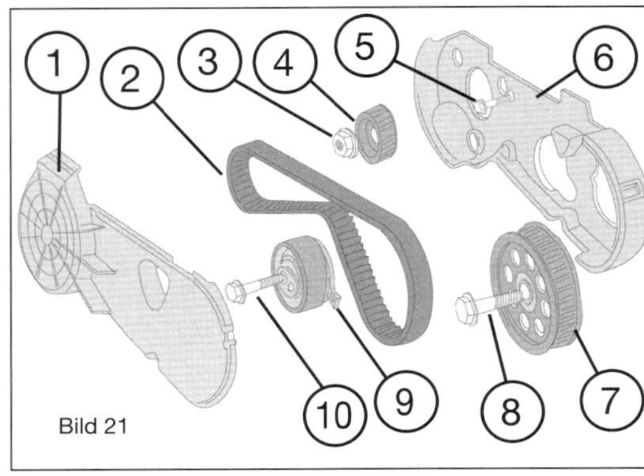

Bild 21

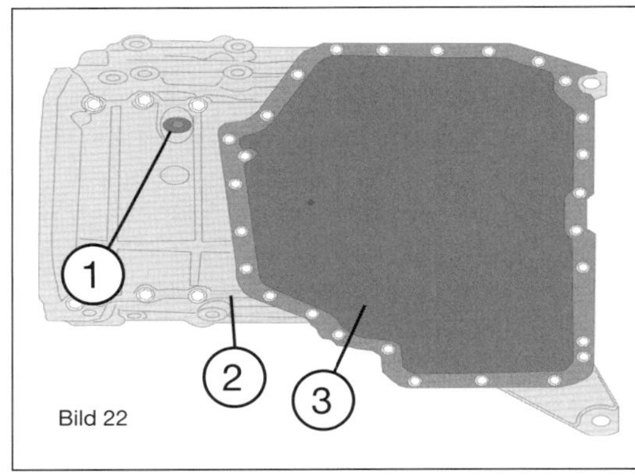

Bild 22

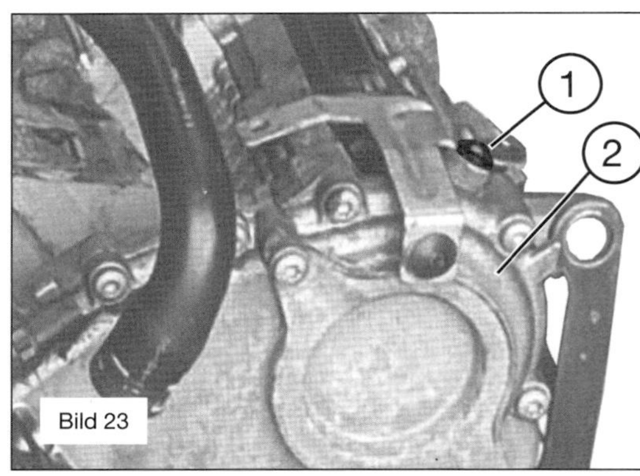

Bild 23

■ Spannen Sie die Spannrolle: (den Innensechskantschlüssel gegen den Uhrzeigersinn verdrehen, bis die Nut (5 im Bild 20) und die Markierung gegenüber stehen (deckungsgleich).
■ Halten Sie den Innensechskantschlüssel in dieser Position fest und ziehen Sie die Schraube (1) fest (23 Nm).
■ Ziehen Sie die Schraube (8 im Bild 21) auf 75 Nm fest.
■ Halten Sie dazu das Antriebsrad (7) mit einem geeigneten Gegenhalter fest.
■ Verdrehen Sie den Motor an der Kurbelwelle (VW-Spezialwerkzeug T40058) in Drehrichtung mindestens eine Umdrehung und kontrollieren Sie die Vorspannung (Bild 20) des Zahnriemens erneut.

**Demontage der Spannrolle (alle V6 TDI)**

■ Bauen Sie den Zahnriemen wie beschrieben aus.

■ Drehen Sie die Schraube (1 im Bild 19) heraus und nehmen Sie die Spannrolle heraus.

Die Montage erfolgt sinngemäß in umgekehrter Reihenfolge.

■ Setzen Sie die Haltenase (4) der Spannrolle in die Nut in der Konsole der Hochdruckpumpe ein.

■ Verdrehen Sie die Spannrolle so weit, dass der Sechskanteinsatz unter der Schraube steht (auf 6 Uhr).

## Motorsteuerung am 2,5 l TDI (5-Zylinder Reihenmotor)

Die Motorsteuerung des 5-Zylinder-Reihenmotors, genauer gesagt: die Verbindung zwischen Kurbelwelle und Nockenwelle, erfolgt über Stirnräder. Diese Zahnräder sind auf der Schwungradseite verbaut. Die Zahnräder sind wartungsfrei. Der Steuergehäusedeckel kann nur demontiert werden, wenn der Motor ausgebaut und Ölwanne und Zylinderkopf demontiert sind.

**Zünd OT-Stellung des Motors:**

Relevant für die Einstellung ist die Einstellung zwischen der Kurbelwelle und der Nockenwelle. Die Kraftstoffeinspritzung erfolgt über die Pumpendüsenelemente, die wiederum durch die Nockenwellen betätigt werden. Die Positionierung erfolgt somit für die Einspritzung über die Nockenwelle.

Die Position der anderen Räder sind für die Einstellung nicht relevant.

■ Bauen Sie wie bereits beschrieben die Motorabdeckung oben ab.

■ Bauen Sie wie bereits beschrieben die Motorabdeckung unten ab.

■ Demontieren Sie die Kunststoffabdeckung auf der Stirnseite des Motors.

■ Drehen Sie die Schrauben (4 im Bild 25) heraus und nehmen Sie den Halter (5) ab.

■ Ziehen Sie den Dichtdeckel (2 und 3) aus der Bohrung im Zylinderkopf beziehungsweise von der Kurbelwelle ab.

Die Abdichtungen müssen für die Montage erneuert werden.

■ Setzen Sie das Verdrehwerkzeug (VW T10225) in die Bohrungen in der Kurbelwelle ein und ziehen Sie es mit der mitgelieferten Schraube fest.

Das Verdrehwerkzeug passt nur in einer Position.

■ Verdrehen Sie die Kurbelwelle so weit, dass die beiden Markierungen (6 und 7) sich gegenüberstehen.

■ Versuchen Sie das Nockenwellenfixier-

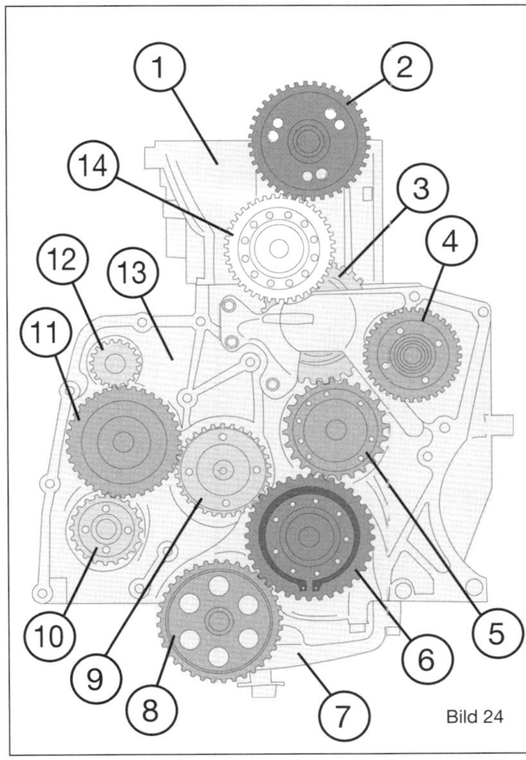


Bild 24
Stirnräder beim 5-Zylinder-TDI-Reihenmotor.
1 Zylinderkopf
2 Nockenwellenrad
3 Zwischenrad
4 Antriebsrad Kühlmittelpumpe
5 Zwischenrad
6 Kurbelwellenrad
7 Ölpumpe
8 Antriebsrad Ölpumpe
9 Zwischenrad
10 Antriebsrad Servopumpe und Klimakompressor
11 Verspannrad
12 Antriebsrad Drehstromgenerator
13 Motorblock
14 Einstellbares Zwischenrad

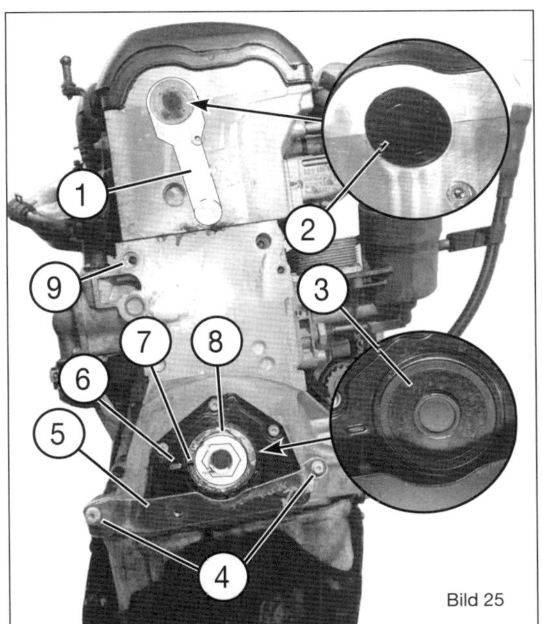


Bild 25
Abstecken der Nockenwelle und der Kurbelwelle beim 5-Zylinder-TDI-Reihenmotor.
1 Absteckwerkzeug »VW T10193«
2 Dichtdeckel Nockenwellenbohrung
3 Dichtdeckel Kurbelwelle
4 Schrauben
5 Halter
6 Markierung Deckel
7 Markierung auf dem Absteckwerkzeug
8 Verdrehwerkzeug »VW T10225«
9 Verschraubungspunkt für die Kurbelwellenfixierung »VW T10226«

Sichtprüfung

Messen

werkzeug »VW T10193« (1 im Bild 25) in den Zylinderkopf einzusetzen.

Die Montage der Nockenwellenfixierung ist nur in einer Position möglich. Lässt sich die Nockenwellenfixierung nicht einsetzen, steht der Motor im »Überschneidungs-OT« und muss um eine Kurbelwellenumdrehung (360°) weiter gedreht werden.

- Bauen Sie das Verdrehwerkzeug wieder ab und montieren Sie die Kurbelwellenfixierung »VW T10226«.

**Einstellbares Zwischenrad (14 im Bild 24):**

Wird der Zylinderkopf demontiert, kann sich das Laufspiel zwischen dem Zwischenrad (3) und dem verstellbaren Zwischenrad (14) verändert haben. Über das verstellbare Zwischenrad kann das ausgeglichen werden.

Diese Arbeit fällt auch beim Ausbau der Nockenwelle an.

- Bauen Sie die Ladeluftrohre zwischen dem Ladeluftkühler und dem Ansaugstutzen aus.
- Demontieren Sie die Motorabdeckung oben.
- Demontieren Sie den Ventildeckel.
- Bauen Sie die Tandempumpe ab.
- Drehen Sie die drei Schrauben aus dem Deckel unterhalb der Tandempumpe heraus.
- Nehmen Sie den Deckel ab.
- Setzen Sie den Verdrehschlüsseleinsatz »VW T10234« mit einem Drehmomentschlüssel auf den Exzenter auf.

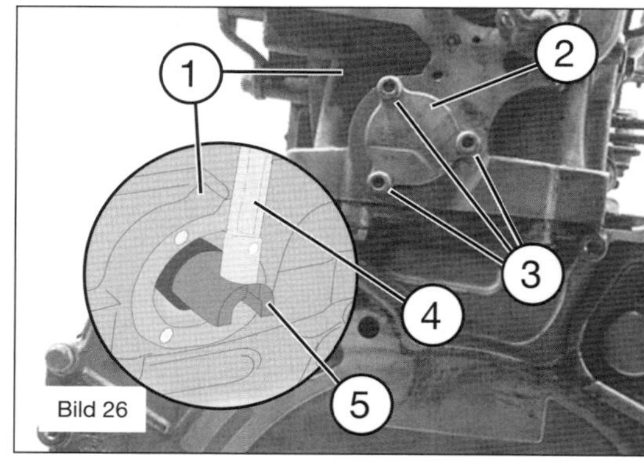


Bild 26

Bild 26
Einstellbares Zwischenrad zur Nockenwelle.
1 Zylinderkopf
2 Deckel
3 Schrauben
4 Drehmomentschlüssel
5 Verdrehschlüsseleinsatz VW T10234

- Lösen Sie die Sicherungsschraube des Exzenterbolzens.
- Drehen Sie den Exzenter im Uhrzeigersinn etwas zurück.
- Drehen Sie den Exzenter gegen den Uhrzeigersinn, bis der Exzenter spürbar anliegt.
- Halten Sie den Exzenter mit einem Drehmoment von 0,5 Nm fest.
- Ziehen Sie die Sicherungsschraube des Exzenterbolzens mit 20 Nm +90° an.

## Motorsteuerung am 3,0 l TDI (6-Zylinder V-Motor)

**Steuerkastendeckel:**

Der Steuerkastendeckel besteht aus drei Teilen und ist auf der Rückseite des Motors verschraubt. Für die Demontage muss der Motor ausgebaut werden. Der Deckel des Kurbelgehäuses (11) nimmt den Kurbelwellensimmerring (12) auf.

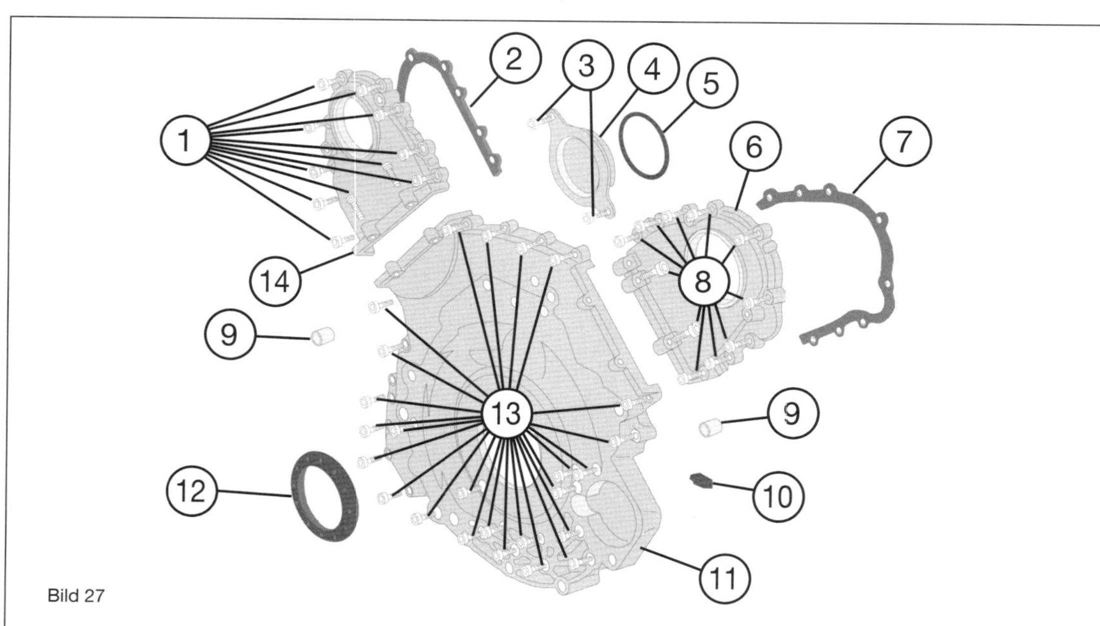


Bild 27

Bild 27
Steuergehäusedeckel am 3,0-l-TDI-Motor (V6).
1 Schrauben Stirndeckel linker Zylinderblock
2 Dichtung Stirndeckel
3 Schrauben
4 Deckel
5 O-Ring
6 Stirndeckel rechter Zylinderblock
7 Dichtung
8 Schrauben
9 Passhülse
10 Dichtung
11 Stirndeckel
12 Wellendichtring
13 Schrauben
14 Stirndeckel linker Zylinderblock

**Demontage der Steuerkastendeckel:**

Für diverse Montagearbeiten am Motor ist es erforderlich, den Motor aus Zünd-OT abzustecken. Die Demontage der Steuerkastendeckel ist hierfür erforderlich.

■ Lassen Sie das Motoröl ablaufen.

■ Bauen Sie den Motor zusammen mit dem Getriebe aus. Eine detaillierte Arbeitsbeschreibung dazu stellen wir Ihnen am Ende des Kapitels zur Verfügung.

■ Demontieren Sie die Mitnehmerscheibe und die Ausgleichsscheibe dahinter.

■ Bauen Sie das Ladeluftrohr zusammen mit dem Verbindungsschlauch für die Kurbelgehäuseentlüftung ab.

■ Entsichern Sie die Steckverbindungen am Turbolader und ziehen Sie die Steckkontakte ab.

■ Entsichern Sie die Steckverbindungen am Wassertemperaturfühler und ziehen Sie die Steckkontakte ab.

■ Demontieren Sie den Kabelhalter.

■ Lösen Sie die Schlauchschellen und ziehen Sie das Kühlmittelrohr hinter dem Turbolader vom Kühlmittelschlauch ab.

■ Demontieren Sie die Ölvorlaufleitung zum Turbolader und verschließen Sie die Bohrung mit einem passenden Stopfen.

■ Bauen Sie die Zwischenrohre zwischen Turbolader und Abgaskrümmer aus.

■ Bauen Sie den Turbolader ab. Die Arbeiten hierzu stellen wir Ihnen im Kapitel 9 »Abgasanlage« genauer vor.

■ Bauen Sie die Unterdruckpumpe von dem linken Stirndeckel ab.

■ Drehen Sie die Schrauben (1 im Bild 27) heraus und hebeln Sie den linken Stirndeckel (14) vorsichtig ab.

■ Drehen Sie die Schrauben (8) heraus und hebeln Sie den rechten Stirndeckel (6) vorsichtig ab.

■ Drehen Sie die Schrauben (13) heraus und hebeln Sie den Stirndeckel (11) vorsichtig ab.

■ Achten Sie auf den Verbleib der beiden Passhülsen (9).

Die Montage erfolgt sinngemäß in umgekehrter Reihenfolge.

■ Reinigen Sie die Dichtflächen gründlich.

Tipp: Recht gut gelingt das mit einer Kunststoffbürste und einer Akkubohrmaschine.

■ Ersetzen Sie den Wellendichtring (12).

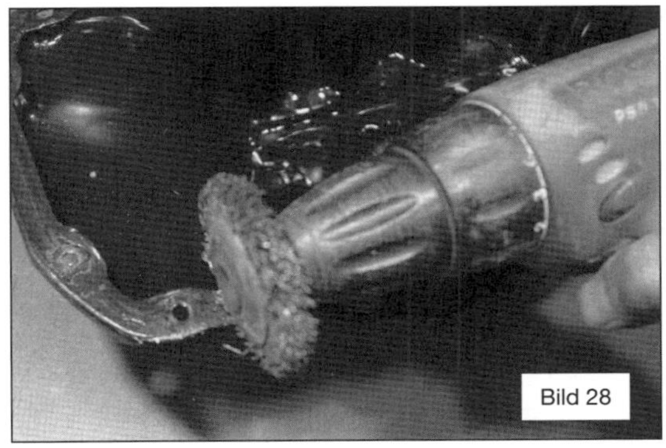

Bild 28

Bild 28
Reinigung mit einem Bürstenaufsatz auf einer Bohrmaschine.

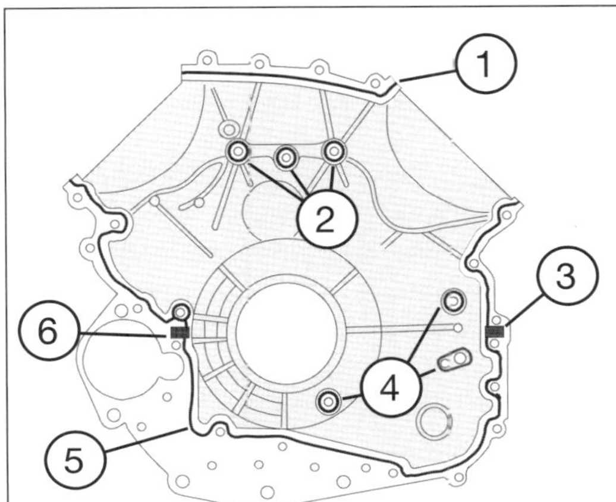


Bild 29

Bild 29
Dichtmittelnaht auf dem Steuerkastendeckel.
1 Dichtmittelnaht 1,5 mm bis 2 mm Überstand
2 Dichtmittelnaht 1,5 mm bis 2 mm Überstand
3 Dichtstück
4 Dichtmittelnaht 1,5 mm bis 2 mm Überstand
5 Dichtmittelnaht 1,5 mm bis 2 mm Überstand
6 Dichtstück

■ Entfetten Sie die Dichtfläche des Steuerkastendeckels und des Motorblocks.

■ Schneiden Sie die Düse der Dichtmasse so ab, dass Sie eine Öffnung von 2 mm hat.

*Montage des unteren Steuerkastendeckels:*

■ Setzen Sie die Dichtstücke (3 und 6 im Bild 29) in den Steuerkastendeckel ein.

■ Tragen Sie eine geeignete Silkondichtmasse auf die Bahnen (1 und 5) auf.

■ Tragen Sie eine geeignete Silkondichtmasse um die Bohrungen (2 und 4) auf.

Achtung: Die Dichtmasse darf nicht dicker als 1,5 mm bis 2,0 mm aufgetragen werden. Überschüssiges Dichtmittel kann in die Ölwanne gelangen und dort das Saugfiltersieb der Ölwanne zusetzen.

■ Setzen Sie die beiden Passhülsen (9 im Bild 27) im Motorblock ein.

■ Setzen Sie den Steuergehäusedeckel gerade auf.

Tipp: Der Steuergehäusedeckel muss innerhalb von fünf Minuten nach dem Auftragen des Dichtmittels montiert werden.

■ Drücken Sie den Steuergehäusedeckel etwas an.

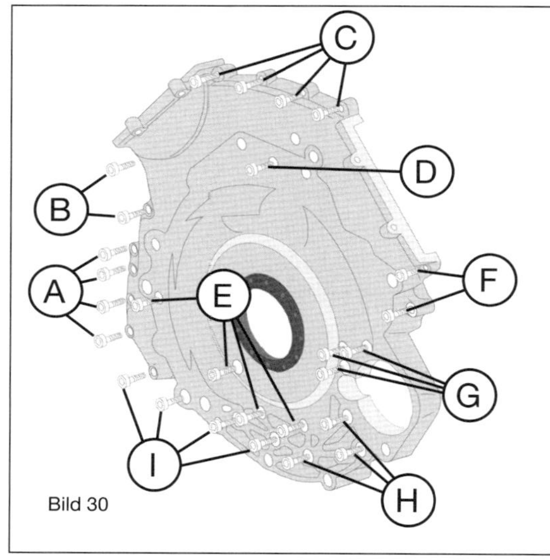

Bild 30

Bild 30
Anzugsfolge am Steuerkastendeckel.
A-I Schrauben

■ Drehen Sie die Schrauben (A-I im Bild 30) von Hand an.
■ Ziehen Sie die Schauben (A-I) von innen nach außen und über Kreuz mit 5 Nm an.
■ Ziehen Sie die Schauben (A-G) von innen nach außen und über Kreuz mit 9 Nm fest.
■ Ziehen Sie die Schauben (H und I) von innen nach außen und über Kreuz mit 9 Nm fest.
■ Soweit erforderlich, wischen Sie die überschüssige Dichtmasse von den Dichtflächen am Zylinderkopf für die beiden oberen Steuergehäusedeckel ab.

*Montage der oberen Steuerkastendeckel rechts und links:*
Die Arbeiten unterscheiden sich für die beiden oberen Steuergehäusedeckel nicht wesentlich. Die Beschreibung kann für beide Deckel gleichermaßen verwendet werden.

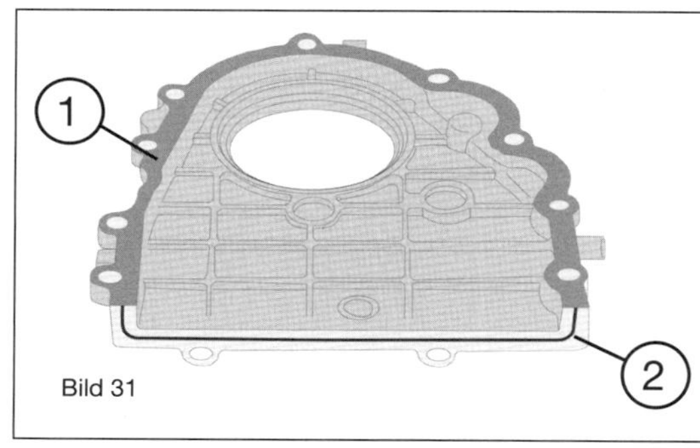

Bild 31

Bild 31
Abdichtung am Steuergehäusedeckel oben (links und rechts).
1 Dichtung
2 Dichtmittelnaht 1,5 mm bis 2 mm Überstand

■ Tragen Sie eine geeignete Silkondichtmasse (2 im Bild 31) auf Unterkante des jeweiligen oberen Steuerkastendeckels auf.

⚠ Die Dichtmasse darf nicht dicker als 1,5 mm bis 2,0 mm aufgetragen werden. Überschüssiges Dichtmittel kann in die Ölwanne gelangen und dort das Saugfiltersieb der Ölwanne zusetzen.

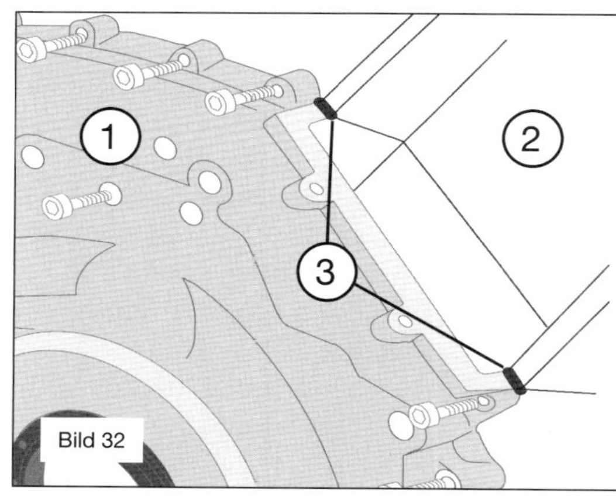

Bild 32

Bild 32
Übergang zum Zylinderkopf abdichten.
1 Steuergehäusedeckel
2 Zylinderkopf
3 Dichtnaht 3 mm

■ Tragen Sie in die Ecken Steuergehäusedeckel zum Zylinderkopf jeweils eine Dichtnaht (3 im Bild 32) von 3 mm Durchmesser auf.
■ Setzen Sie die Dichtung (1 im Bild 31) auf das Gehäuse auf.
■ Setzen Sie den Steuergehäusedeckel gerade auf.

☞ Der Steuergehäusedeckel muss innerhalb von fünf Minuten nach dem Auftragen des Dichtmittels montiert werden.

■ Drücken Sie den Steuergehäusedeckel etwas an.

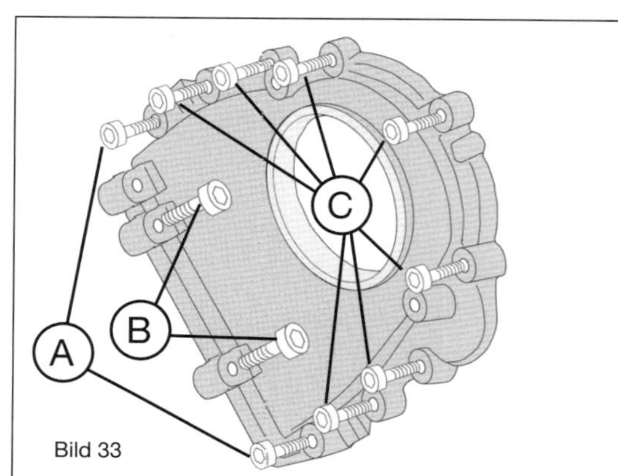

Bild 33

Bild 33
Anzugsfolge am Steuerkastendeckel oben rechts und links.
A Schrauben Zylinderkopf unten
B Schrauben Steuergehäusedeckel
C Schrauben Zylinderkopf unten

■ Drehen Sie die Schrauben (A-C im Bild 33) von Hand an.
■ Ziehen Sie die Schauben (A) mit 3 Nm an.
■ Ziehen Sie die Schauben (B) mit 9 Nm fest.
■ Ziehen Sie die Schauben (A) mit 9 Nm fest.
■ Ziehen Sie die Schauben (C) von innen nach außen und über Kreuz mit 9 Nm fest.

**Zünd OT-Stellung des Motors:**

⚠ Relevant für die Einstellung ist die Einstellung zwischen der Kurbelwelle und der Nockenwelle. Hinzu kommt noch eine Ausgleichswelle, die zwischen den Zylinderbänken angeordnet ist. Die Druckerzeugung der Kraftstoffeinspritzung erfolgt über die zahnriemengetriebene Hochdruckpumpe. Der Zeitpunkt der Einspritzung wird vom Motorsteuergerät bestimmt.

*Prüfen der Zünd-OT-Stellung bei montierten Steuerkastendeckeln:*
Ein Arbeitsspiel besteht aus zwei Kurbelwellenumdrehungen. Das bedeutet, dass die OT-Markierung für die Kurbelwelle zwei unterschiedliche Funktionen haben. Bei allen Montage und Prüfarbeiten am Ventiltrieb muss der Motor im Zünd-OT stehen.

- Bauen Sie, wie bereits beschrieben, die Motorabdeckung unten ab.
- Drehen Sie den Motor auf Zünd-OT.

Zur Orientierung dienen hier die Markierungen auf der Riemenscheibe.

- Drehen Sie die Verschlussschraube (1 im Bild 35) heraus.

Prüfen Sie, ob die Nut im Flansch der Nockenwelle deckungsgleich mit der Bohrung der Verschlussschraube steht.

Ist das nicht der Fall, drehen Sie den Motor um 360° weiter durch und kontrollieren Sie erneut, ob die Nut im Flansch der Nockenwelle erkennbar ist.

*Abstecken in Zünd-OT der Kurbelwelle:*

- Drehen Sie die Verschlussschraube (1 im Bild 34) in der oberen Ölwanne heraus.
- Verdrehen Sie den Motor so, dass Sie den Absteckstift (VW 3242) in die Kurbelwelle einstecken und in der Ölwanne (1) einschrauben können.

*Abstecken in Zünd-OT der Nockenwellen:*
Die Vorgehensweise unterscheidet sich für das Nockenwellenrad der rechten und der linken Zylinderbank nicht wesentlich. Die Beschreibung kann für beide Nockenwellenräder angewendet werden.

Falsche Steuerzeiten kann auch die Steuerkette zwischen den Zwischenrädern und der Kurbelwelle verursachen.

- Drehen Sie den Motor auf Zünd-OT.

Zur Orientierung dienen hier die Markierungen auf der Riemenscheibe.

- Demontieren Sie die Steuerkastendeckel rechts und links.

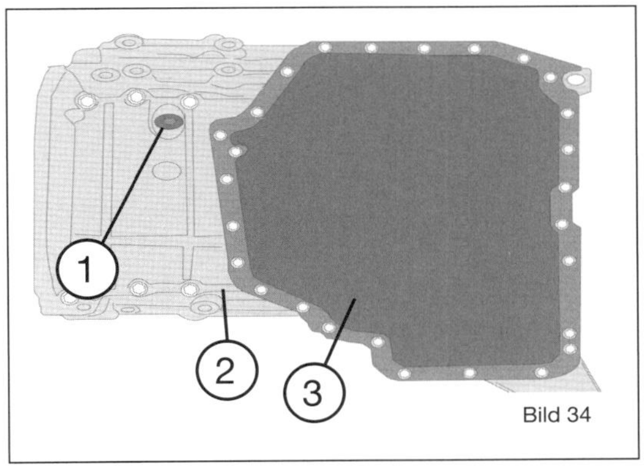


Bild 34
Absteckbohrung in der Ölwanne.
1 Verschlussschraube Absteckbohrung
2 Ölwannenoberteil
3 Ölwannenunterteil

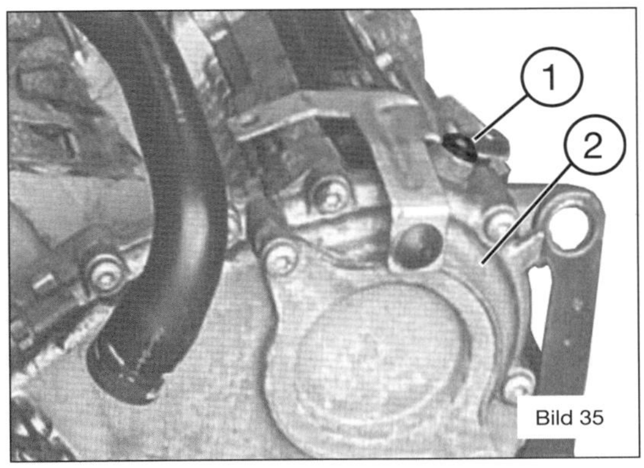


Bild 35
Absteckbohrung im rechten Zylinderkopf hinten.
1 Verschlussschraube Absteckbohrung
2 Abdeckung auf der Motorrückseite.

- Stecken Sie das Absteckwerkzeug (3 im Bild 36) in der Hebelstellung A in die Bohrung ein.
- Verdrehen Sie die Absteckwerkzeuge für beide Nockenwellenräder in die Hebelstellung B.
- Drehen Sie die Verschlussschraube (1 im Bild 34) in der oberen Ölwanne heraus.
- Verdrehen Sie den Motor so, dass Sie den Absteckstift (VW 3242) in die Kurbelwelle einstecken und in der Ölwanne (1) einschrauben können.

Es kann sein, dass die Kurbelwelle zum Anziehen der Fixierschraube »VW 3212« hin und her bewegt werden muss.

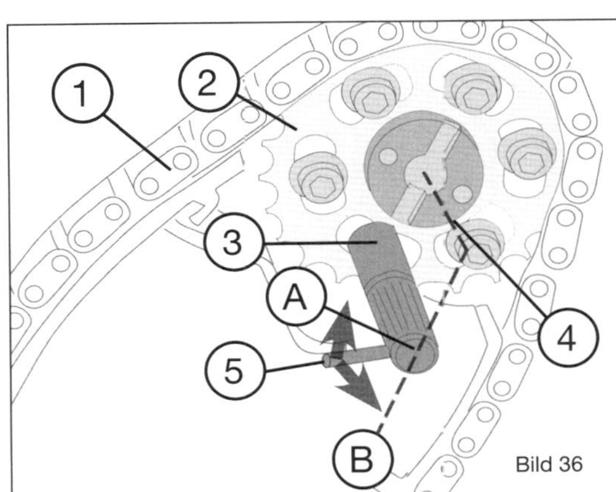


Bild 36
Absteckbohrung im Nockenwellenantriebsrad.
1 Steuerkette
2 Kettenrad Nockenwelle
3 Absteckwerkzeug »VW T40060«
4 Nockenwelle
5 Hebel
A Stellung »Montage«
B Stellung »Abstecken«

Sichtprüfung Messen

Bild 37
Ausgleichswelle abstecken am V6 TDI.
1 Zwischenrad links
2 Masse Ausgleichswelle (hinter dem Antriebsrad)
3 Zwischenrad rechts
4 Ausgleichswelle
5 Verschraubungen antriebsrad
6 Absteckwerkzeug »VW 3359«

*Abstecken in Zünd-OT der Ausgleichswelle:* Die Ausgleichswelle ist zur Vibrationsdämpfung im Zylinderblock verbaut. Für das Abstecken ist die bauliche Veränderung an den neueren Motortypen nicht relevant.

Um den Absteckpunkt besser darstellen zu können, haben wir die Ausgleichswelle im Bild 37 von der Motorrückseite ohne das Antriebszahnrad dargestellt.

■ Drehen Sie den Motor auf Zünd-OT.

Zur Orientierung dienen hier die Markierungen auf der Riemenscheibe.

■ Demontieren Sie die Steuerkastendeckel wie bereits beschrieben.

■ Montieren Sie die Verdrehhilfe »VW T40049« mit zwei alten Schrauben der Schwungscheibe auf den Flansch der Kurbelwelle.

■ Stecken Sie, wie bereits beschrieben, die Kurbelwelle im Zünd-OT ab.

■ Stecken Sie das Absteckwerkzeug (6 im Bild 37) durch das Kettenritzel, durch die Bohrung des Ausgleichsgewichtes (2) im Motorblock ein.

## Demontage der Steuerketten 3,0 l TDI (6-Zylinder, V-Motor)

Der Steuerkettenantrieb besteht bei den V6-TDI-Motoren aus vier Ketten. Wir haben die Kettentriebe in drei Gruppen aufgeteilt. Die Zahlen in den Bildern 37 und 38 stellen den

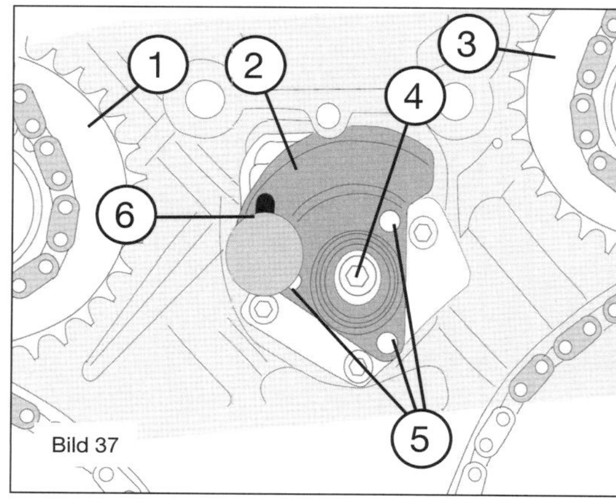

Bild 37

Primärantrieb zwischen dem inneren Kurbelwellenrad und den beiden Zwischenrädern dar. Die Kleinbuchstaben stellen den Antrieb der Ölpumpe und der Ausgleichswelle dar. Der Antrieb erfolgt über das äußere Kurbelwellenrad. Mit den Großbuchstaben haben wir den Nockenwellenantrieb gekennzeichnet. Der Antrieb der Nockenwellen erfolgt über die beiden Zwischenräder.

**Demontage der Steuerkette für den Nebenantrieb (Ölpumpe und Ausgleichswelle):**
*Vorarbeiten für alle Motoren:*

■ Bauen Sie den Motor aus.

■ Lassen Sie das Motoröl ablaufen.

■ Demontieren Sie die Steuerkastendeckel wie zuvor beschrieben.

■ Montieren Sie die Verdrehhilfe »VW T40049« mit zwei alten Schrauben der

Bild 38
Steuerketten am BKS und BUN (Ansicht Motorrückseite).
1-8 Primärkettenantrieb:
1 Führungsschiene
2 Steuerkette Prrimärantrieb
3 Zwischenrad
4 Spannschiene Primärkette
5 Kettenspanner
6 Doppel-Antriebsrad auf der Kurbelwelle
7 Führungsschiene
8 Zwischenrad
a-d Steuerkette Nebenantrieb:
a Antriebsrad Ölpumpe
b Steuerkette
c Kettenspanner
d Antriebsrad Ausgleichswelle
A-H Nockenwellenantrieb:
A Nockenwellenrad
B Spannschiene
C Steuerkettenspanner
D Steuerkette links
E Steuerkette rechts
F Steuerkettenspanner
G Nockenwellenrad
H Spannschiene

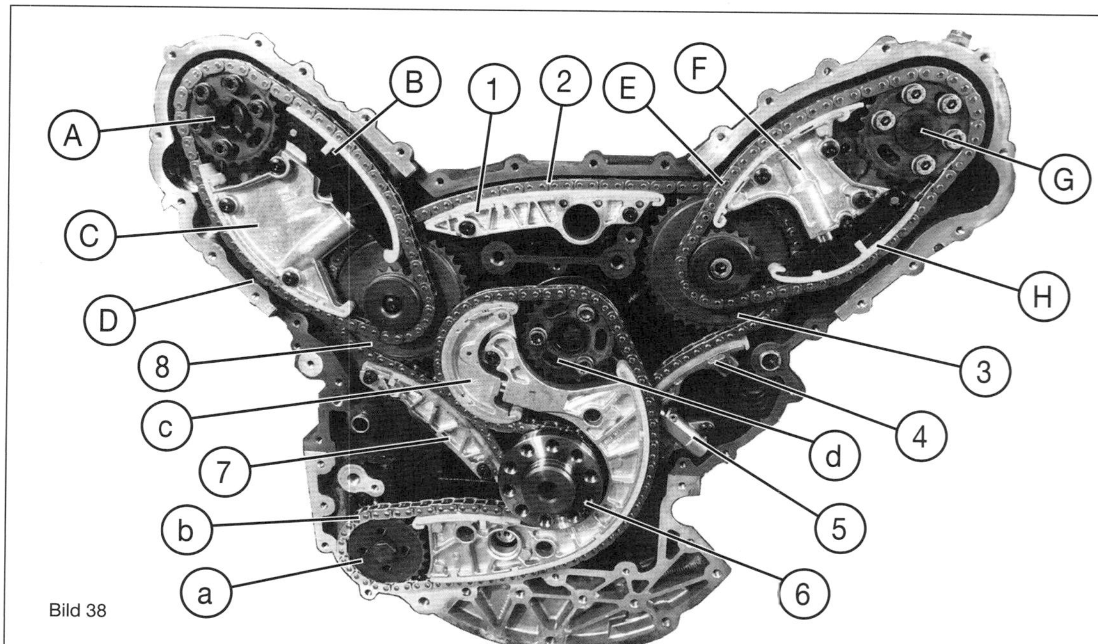

Bild 38

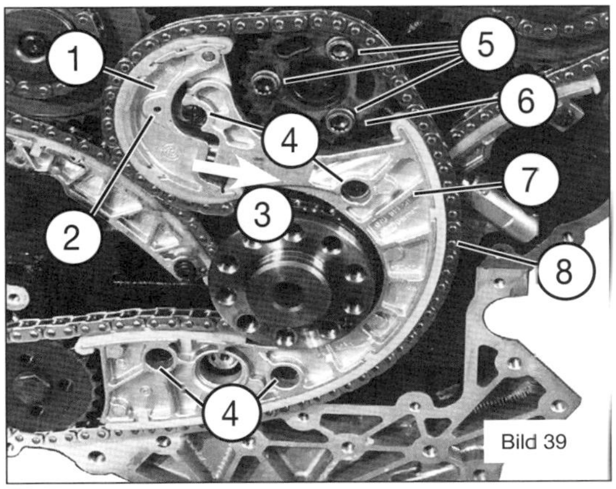

Bild 39

Schwungscheibe auf den Flansch der Kurbelwelle.

■ Stecken Sie, wie bereits beschrieben die Kurbelwelle im Zünd-OT ab.

■ Kennzeichnen Sie die Laufrichtung der Steuerkette für Ölpumpe und die Ausgleichswelle

■ Stecken Sie die Ausgleichswelle wie bereits beschrieben (siehe auch Bild 37) ab.

*Montagearbeiten BKS und BUN (Bild 39):*

■ Drehen Sie die Schrauben (5) heraus.

■ Drücken Sie den Kettenspanner (1) in Pfeilrichtung (3) zusammen.

■ Sichern Sie den Kettenspanner durch die Bohrung (2) mit einem passenden Bohrer (3,3 mm).

■ Drehen Sie die Schrauben (4) heraus.

■ Nehmen Sie die Steuerkette (8) zusammen mit dem Steuerkettenspanner (7) und dem Antriebsrad für die Ausgleichswelle (6) ab.

*Montagearbeiten CASB, CATA, CASA und CASC (Bild 40):*

■ Drehen Sie die Schrauben (5 im Bild 40) heraus.

■ Drücken Sie den Kettenspanner (1) in Pfeilrichtung (3) zusammen.

■ Sichern Sie den Kettenspanner durch die Bohrung (2) mit einem passenden Bohrer (3,3 mm).

■ Drehen Sie die Schrauben (4) heraus.

■ Nehmen Sie die Steuerkette (8) zusammen mit dem Steuerkettenspanner (7) und dem Antriebsrad für die Ausgleichswelle (6) ab.

Die Montage erfolgt sinngemäß in umgekehrter Reihenfolge.

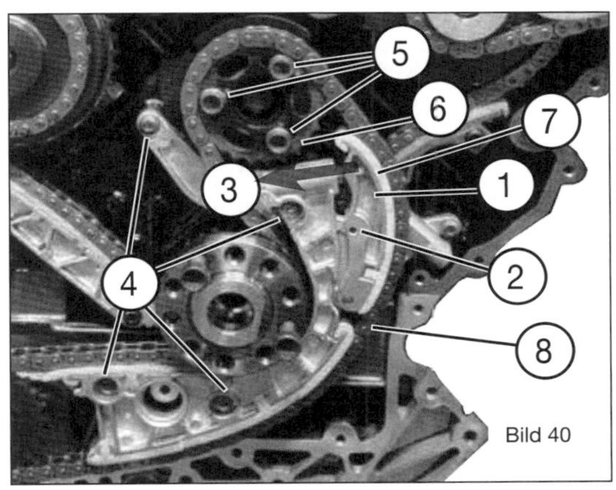

Bild 40

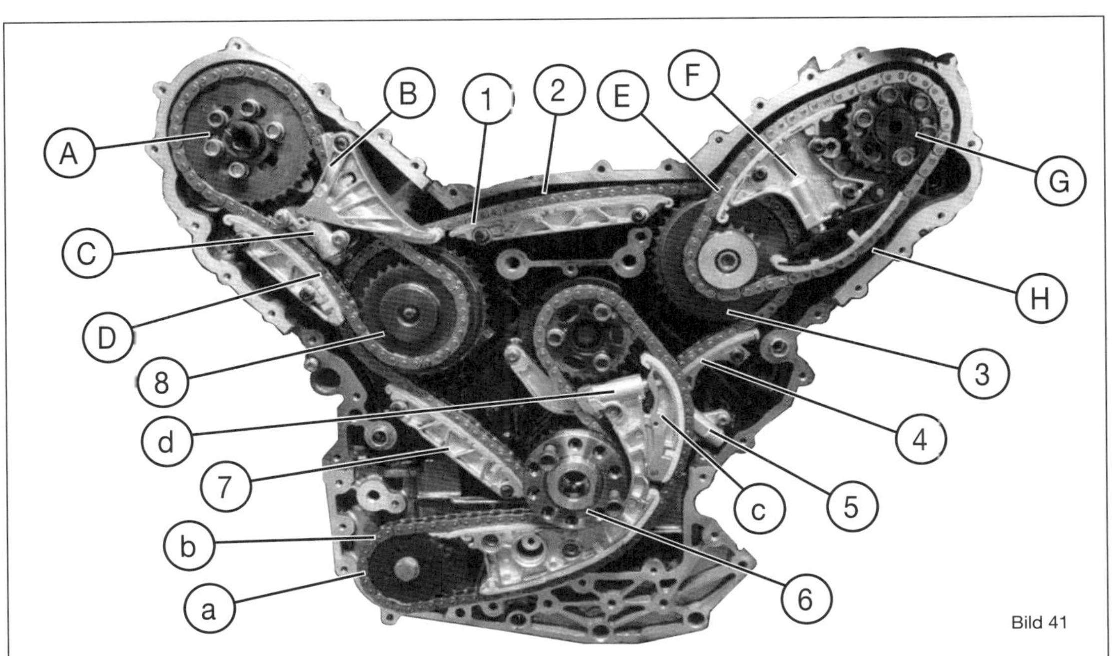

Bild 41

Bilder 39 und 40
Kettennebenantrieb V6 TDI-Motoren.
1 Spannschiene
2 Bohrung
3 Drücken zum Sichern
4 Schrauben
5 Schrauben
6 Ausgleichswellenrad
7 Kettenspanner
8 Steuerkette

Bild 41
Steuerketten am BKS und BUN (Ansicht Motorrückseite).
1-8 Primärkettenantrieb:
1 Führungsschiene
2 Steuerkette Prrimärantrieb
3 Zwischenrad
4 Spannschiene Primärkette
5 Kettenspanner
6 Doppel-Antriebsrad auf der Kurbelwelle
7 Führungsschiene
8 Zwischenrad
a-d Steuerkette Nebenantrieb:
a Antriebsrad Ölpumpe
b Steuerkette
c Kettenspanner
d Antriebsrad Ausgleichswelle
A-H Nockenwellenantrieb:
A Nockenwellenrad
B Spannschiene
C Steuerkettenspanner
D Steuerkette links
E Steuerkette rechts
F Steuerkettenspanner
G Nockenwellenrad
H Spannschiene

Bilder 42 und 43
Steuerkette an den Nockenwellen.
1 Schrauben
2 Nockenwellenrad
3 Bohrung zum Abstecken
4 Schrauben
5 Kettenspanner
6 Drücken zum Sichern

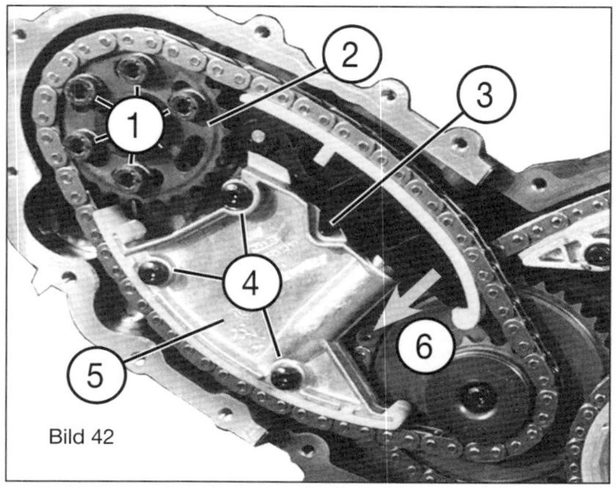

Bild 42

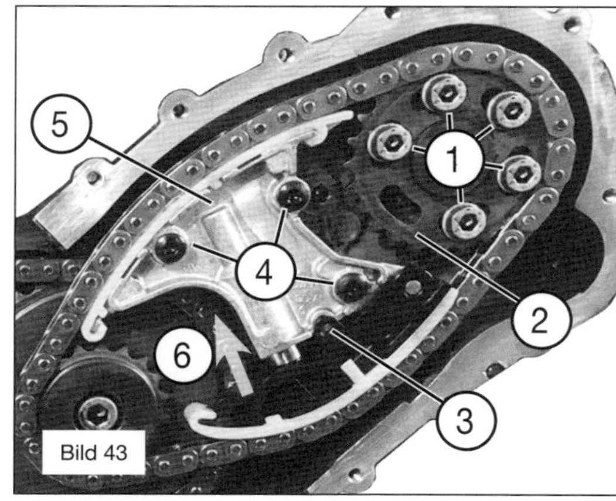

Bild 43

Bild 44
Steuerkette an den Nockenwelle.
1 Schrauben
2 Nockenwellenrad
3 Bohrung zum Abstecken
4 Schrauben
5 Kettenspanner
6 Drücken zum Sichern
7 Führungsschiene
8 Schrauben

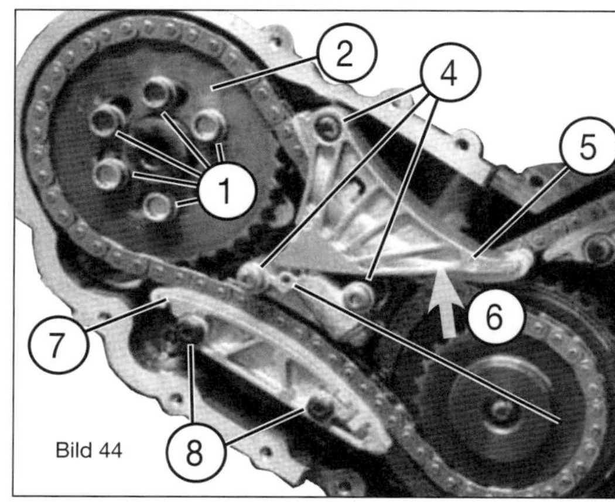

Bild 44

**Demontage der Steuerkette für die Nockenwellen:**

☞ Die Bauweise für den linken Steuerkettenspanner unterscheidet sich für die beiden Motorbauweisen (BKS, BUN) und (CASB, CATA, CASA und CASC). Der rechte Steuerkettenspanner ist für die Montage baugleich. Wie stellen Ihnen an dieser Stelle eine allgemeingültige Beschreibung zur Verfügung.

- Bauen Sie den Motor aus.
- Lassen Sie das Motoröl ablaufen.
- Demontieren Sie die Steuerkastendeckel wie zuvor beschrieben.
- Montieren Sie die Verdrehhilfe »VW T40049« mit zwei alten Schrauben der Schwungscheibe auf den Flansch der Kurbelwelle.
- Stecken Sie, wie bereits beschrieben die Kurbelwelle im Zünd-OT ab.
- Stecken Sie, wie bereits beschrieben, die jeweilige Nockenwelle im Zünd-OT ab.
- Kennzeichnen Sie die Laufrichtung der Steuerketten der Nockenwellen, soweit diese wieder verbaut werden sollen.
- Drücken Sie die Spannschiene zurück und fixieren Sie den Kettenspanner in der Bohrung (3 in den Bildern 42, 43 und 44).
- Sichern Sie den Kettenspanner durch die Bohrung (2) mit einem passenden Bohrer (3,3 mm).
- Drehen Sie die Schrauben (1) des Nockenwellenrades heraus.
- Drehen Sie die Schrauben (4) heraus.
- Nehmen Sie die Steuerkette zusammen mit dem Steuerkettenspanner (5) und dem Antriebsrad für die Nockenwelle (2) ab.

Die Montage erfolgt sinngemäß in umgekehrter Reihenfolge.

**Demontage der Steuerkette für den Primärantrieb:**

Mit der Steuerkette des Primärantriebs beschreiben wir die Steuerkette, die über die beiden Zwischenräder (3 und 8 in den Bilder 37 und 41) die Nockenwellen antreibt. Der Primärantrieb ist in »zweiter Reihe« hinter den Steuerketten zu den Nockenwellen und der Steuerkette zu der Ausgleichswelle und der Ölpumpe verbaut. Die Montagearbeiten unterscheiden sich kaum voneinander, das Abstecken der Steuerkettenspanner aber deutlich.

*Vorarbeiten für alle Motoren:*

- Bauen Sie den Motor aus.
- Lassen Sie das Motoröl ablaufen.
- Demontieren Sie die Steuerkastendeckel wie zuvor beschrieben.
- Montieren Sie die Verdrehhilfe »VW T40049« mit zwei alten Schrauben der Schwungscheibe auf den Flansch der Kurbelwelle.
- Stecken Sie, wie bereits beschrieben, die Kurbelwelle im Zünd-OT ab.
- Demontieren Sie wie bereits beschrieben

die Steuerkette für den Nebenantrieb.
■ Demontieren Sie wie bereits beschrieben die beiden Steuerketten für die Nockenwellen.
■ Kennzeichnen Sie die Laufrichtung der Steuerketten der Nockenwellen, soweit diese wieder verbaut werden sollen.

*Motorkennbuchstaben BKS und BUN:*
■ Führen Sie die zuvor beschriebenen Vorarbeiten durch.
■ Drücken Sie die Gleitschiene (5 im Bild 45) des Kettenspanners zurück (11).
■ Sichern Sie den Kettenspanner durch die Bohrung (10) mit einem passenden Bohrer (3,3 mm).
■ Drehen Sie die Schrauben (4 und 12) heraus.
■ Nehmen Sie die Steuerkette zusammen mit den Zwischenrädern für die Nockenwellen (1 und 6) ab.

Die Montage erfolgt sinngemäß in umgekehrter Reihenfolge.
■ Bauen Sie zuerst das linke Zwischenrad (1) für die Steuerkette ein.
■ Legen Sie die Steuerkette in die Führungsschiene (14) ein und drehen Sie die Schrauben (15) fest.
■ Bauen Sie dann das rechte Zwischenrad (6) für die Steuerkette ein.

*Motorkennbuchstaben CASB, CATA, CASA und CASC:*
Die Bauweise unterscheidet sich wesentlich von der in den Motoren BKS und BUN. Die Sicherung für den Kettenspanner fällt anders aus.
■ Führen Sie die zuvor beschriebenen Vorarbeiten durch.
■ Drücken Sie die Gleitschiene des Kettenspanners zurück (6 im Bild 46).
■ Sichern Sie den Kettenspanner mit dem Absteckstift »VW T40071« (3).
■ Drehen Sie die Schrauben (4 und 5) heraus und nehmen Sie die Gleitschiene (2) ab.
■ Drehen Sie die Schrauben (4 und 12 im Bild 45) heraus.
■ Nehmen Sie die Steuerkette zusammen mit den Zwischenrädern für die Nockenwellen (1 und 6) ab.

Die Montage erfolgt sinngemäß in umgekehrter Reihenfolge.

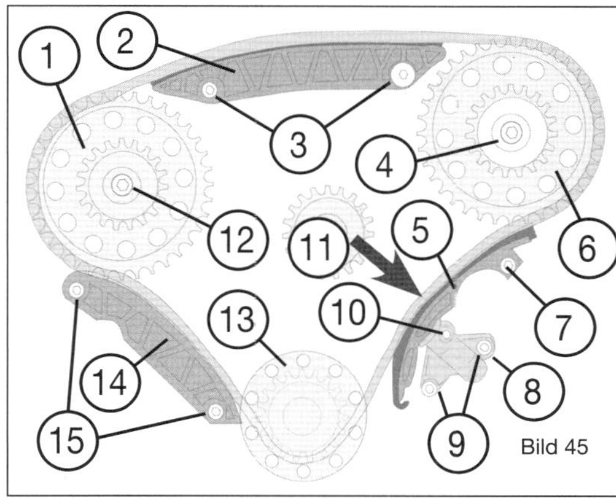


Bild 45
Steuerkette Primärantrieb (BKS und BUN).
1 Zwischenrad links
2 Führungsschiene
3 Schrauben
4 Schraube
5 Spannschiene
6 Zwischenrad rechts
7 Schraube
8 Kettenspanner
9 Schrauben
10 Absteckbohrung
11 Drücken zum Sichern
12 Schraube
13 Kurbelwellenrad
14 Führungsschiene
15 Schraube

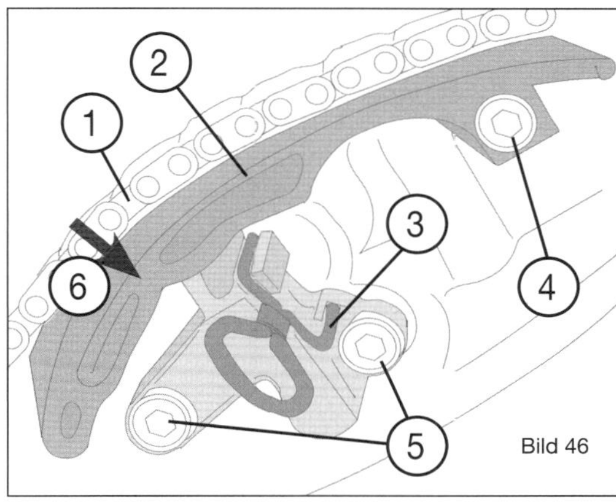


Bild 46
Sicherung des Kettenspanners bei CASB, CATA, CASA und CASC V6-TDI-Motoren.
1 Steuerkette
2 Spannschiene
3 Sicherungsklammer »VW T40071«
4 Schraube
5 Schraube
6 Drücken zum Sichern

## Zylinderkopfhaube am 2,5-l-5-Zylinder-TDI-Motor

Die Schrauben (6 im Bild 47) sind auch als Stufenschrauben verbaut worden. Hier entfällt dann die Stufenhülse (5).
■ Ziehen Sie den Anschlussschlauch zum Luftfilter (2) ab.
■ Ziehen Sie das Motorentlüftungsventil (1) aus dem Dichtgummi (3) heraus.
■ Nehmen Sie die Abdeckung (4) nach oben ab.

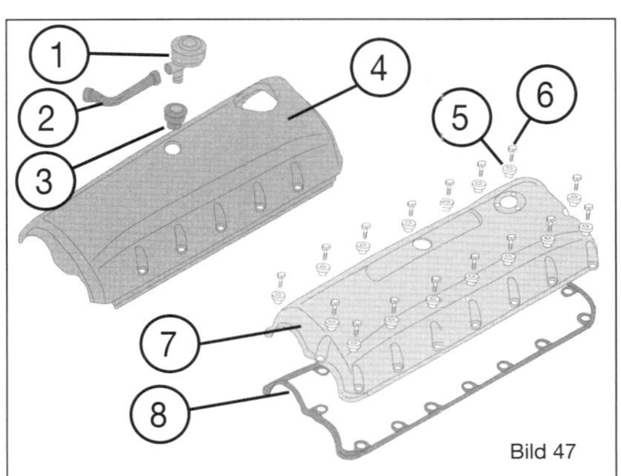


Bild 47
Ventildeckel R5-TDI.
1 Motorentlüftungsbventil
2 Anschluss zum Luftfilter
3 Dichtgummi
4 Abdeckung
5 Stufenhülse
6 Schraube
7 Ventildeckel (Zylinderkopfhaube)
8 Ventildeckeldichtung

■ Drehen Sie die Schrauben (6) heraus.
■ Nehmen Sie den Ventildeckel gerade vom Zylinderkopf ab.

Die Montage erfolgt sinngemäß in umgekehrter Reihenfolge.
■ Prüfen Sie den Zustand der Ventildeckeldichtung.
■ Ziehen Sie die Schrauben (6) gleichmäßig über Kreuz zuerst handfest an.
■ Ziehen Sie die Schrauben (6) gleichmäßig mit 15 Nm an.

## Zylinderkopfhaube am 3,0-l-V6-Zylinder-TDI-Motor

Die Montagearbeiten an den beiden Ventildeckeln (Zylinderkopfhauben) unterscheiden sich nur unwesentlich. Wir stellen Ihnen hier die Beschreibung für die Demontage des linken Ventildeckels vor. Die Demontage für die rechte Seite kann hiervon abgeleitet werden.
■ Bauen Sie die Geräuschdämmung unter dem Fahrzeug und über dem Motor wie bereits beschrieben aus.
■ Ziehen Sie den Unterdruckschlauch zum Unterdruckbehälter ab.
■ Bauen Sie den Kraftstoffvorlaufschlauch vom Kraftstofffilter ab.

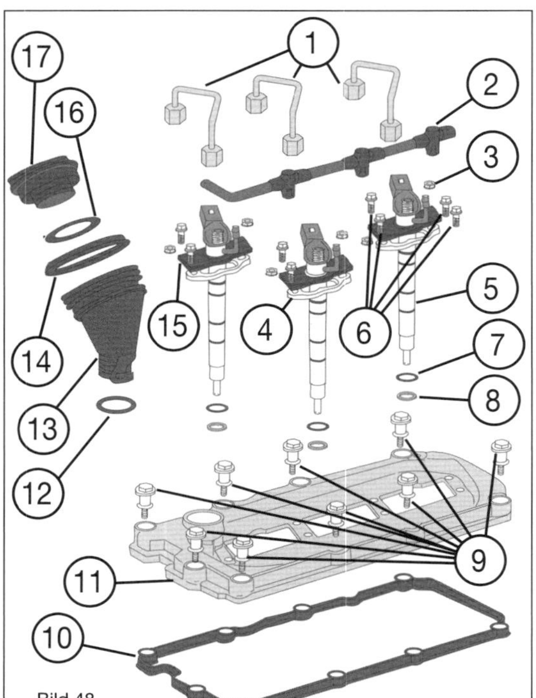

Bild 48

Bild 48
Ventildeckel V6 TDI-Motor (linke Seite).
1 Hockdruckleitung
2 Rücklaufleitung
3 Mutter
4 Spannpratze
5 Injektor
6 Schraube
7 O-Ring
8 Kupferring
9 Stufenschrauben
10 Ventildeckeldichtung
11 Ventildeckel
12 O-Ring
13 Öleinfüllstutzen
14 Dichtring
15 Schachtabdeckung
16 Dichtring
17 Öldeckel

■ Lösen Sie die Verschraubungen des Kraftstofffilters und legen Sie ihn mit den verbliebenen Anschlussleitungen zur Seite.

⚠ Legen Sie ausreichend Lappen unter, um den austretenden Restkraftstoff aufzufangen.

☞ Verschließen Sie die Anschlüsse und Leitungen mit geeigneten Verschlussstopfen.

*Motorkennbuchstabe BKS:*
■ Bauen Sie den Luftführungsschlauch von der Drosselklappeneinheit ab.
■ Entsichern Sie den Steckkontakt und ziehen Sie ihn vom Anschluss der Drosselklappeneinheit ab.
■ Demontieren Sie den Ansaugstutzen und die Drosselklappeneinheit.
■ Bauen Sie den Halter für den Ansaugstutzen ab.

*Motorkennbuchstabe CASA und CATA:*
■ Clipsen Sie den Leitungsverbinder zur Unterdruckleitung ab.
■ Bauen Sie die Hochdruckleitung zum Kraftstoffrailrohr aus.

*Demontage der linken Zylinderkopfhaube:*
■ Bauen Sie die Halter der Motorabdeckung ab.
■ Drehen Sie die Befestigungsschrauben des Saugrohroberteils ab.
■ Nehmen Sie das Saugrohroberteil heraus.
■ Heben Sie die Verdrehsicherungslasche des Öleinfüllstutzens (13 im Bild 48) an und verdrehen Sie den Stutzen etwas.
■ Drehen Sie den Öleinfüllstutzen gegen den Uhrzeigersinn.
■ Nehmen Sie den Öleinfüllstuzen ab.
■ Demontieren Sie den Halter für den Kabelstrang auf dem Ventildeckel.
■ Legen Sie den Leitungsstrang frei.
■ Entsichern Sie die Steckkontakte und ziehen Sie sie vom Anschluss der Injektoren (5) ab.
■ Ziehen Sie die Sicherungen für die Rücklaufleitungen an den Injektoren nach oben und nehmen Sie die Rücklaufleitung von den Injektoren ab.
■ Markieren Sie die Einbauposition der Hochdruckleitungen (1), um sie nicht zu vertauschen.
■ Drehen Sie die Überwurfmuttern der Hochdruckleitung zuerst am Kraftstoffrail los.

■ Drehen Sie die Überwurfmuttern der Hochdruckleitung am Injektor los.
■ Drehen Sie die Schrauben der Schachtabdeckungen (6) heraus.
■ Ziehen Sie die Schachtabdeckung (15) nach oben und verdrehen Sie sie so weit, dass Sie die Verschraubungen (3) der Spannpratzen (4) der Injektoren erreichen können.
■ Drehen Sie die Verschraubung ab und ziehen Sie die Injektoren aus dem Zylinderkopf heraus.

Die erforderlichen Arbeitsschritte stellen wir Ihnen im Kapitel 8 zur Gemischaufbereitung vor.

■ Lösen Sie die Schrauben (9) des Ventildeckels und nehmen Sie die Schrauben heraus.
■ Nehmen Sie den Ventildeckel ab.

Die Montage erfolgt sinngemäß in umgekehrter Reihenfolge.
■ Prüfen Sie den Zustand der Ventildeckeldichtung.
■ Ersetzen Sie die Kupferringe (8) und alle O-Ringe.
■ Reinigen Sie den Injektorschacht.

Die erforderlichen Arbeitsschritte stellen wir Ihnen im Kapitel 8 zur Gemischaufbereitung vor.

■ Achten Sie auf spannungsfreien Sitz der Hochdruckleitungen.

## Nockenwelle am 2,5-l-R5-TDI-Motor

**Ausbau der Nockenwelle**
■ Demontieren Sie die Ladeluftrohre zwischen dem Ladeluftkühler und dem Abgasturbolader sowie zwischen Ladeluftkühler und Ansaugstutzen aus.
■ Bauen Sie die Stütze des Ansaugrohres aus.
■ Bauen Sie das Verbindungsrohr für die Abgasrückführung aus.
■ Bauen Sie die Motorabdeckung wie zu Anfang des Kapitels beschrieben aus.
■ Bauen Sie die Zylinderkopfhaube wie zuvor beschrieben ab.
■ Bauen Sie die Tandempumpe aus.

Der Ausbau ist aufgrund der beengten Platzverhältnisse nur am ausgebauten Motor möglich. Die Demontagearbeiten zum Motorausbau beschreiben wir am Ende dieses Kapitels, den Ausbau der Tandempumpe im Kapitel 13 »Bremsanlage«.

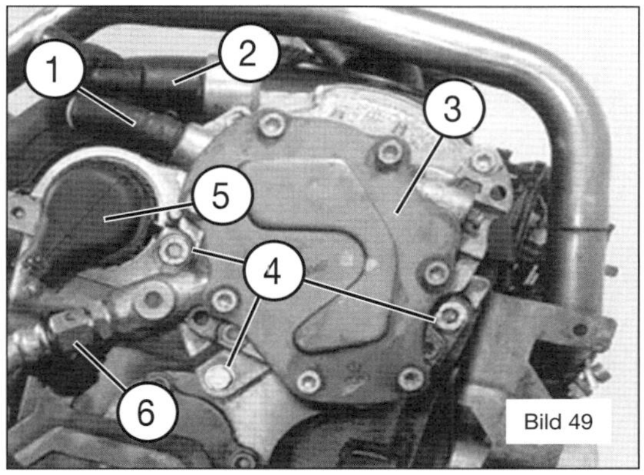

Bild 49

Bild 49
Tandempumpe am R5-TDI-Motor.
1 Kraftstoffleitung Tank
2 Unterdruckanschluss
3 Tandempume
4 Schrauben am Zylinderkopf
5 Zentralstecker Pumpendüseneinheiten
6 Kraftstoffleitung zu den Pumpendüseneinheiten

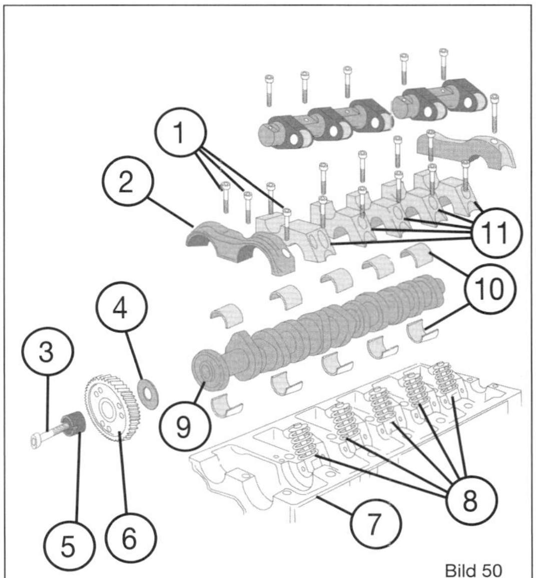

Bild 50

Bild 50
Nockenwelle beim 5R-TDI-Motor.
1 Schrauben
2 Lagerdeckel
3 Zentralschraube
4 Scheibe
5 Antrieb für die Tandempumpe
6 Zentralschraube Nockenwelle
7 Zylinderkopf
8 Pumpendüsenelemente
9 Nockenwelle
10 Lagerschalen
11 Lagerdeckel

■ Entsichern Sie den Zentralstecker zu den Pumpendüsenelementen und ziehen Sie ihn ab.
■ Verdrehen Sie den Motor wie bereits beschrieben auf die OT-Stellung.
■ Drehen Sie den zylinderkopfseitigen Teil des Zentralsteckers mit dem Schlüssel »VAG T10211« gegen den Uhrzeigersinn und nehmen Sie ihn vom Lagerschild ab.
■ Drehen Sie die Schrauben (1 im Bild 50) heraus.
■ Nehmen Sie den hinteren Lagerdeckel (2) ab und setzen Sie die Klemmvorrichtung »VAG T10199« auf das Nockenwellenrad auf.
■ Ziehen Sie die Halteschrauben der Klemmvorrichtung mit 40 Nm fest.
■ Drehen Sie die Zentralschraube (3) des Nockenwellenrads (6) mit dem Steckeinsatz

Bild 51
Rückseite R5-TDI-Motor.
1 Schrauben
2 Hallgeber Nockenwelle
3 Schraube
4 Deckel

Bild 52
Nockenwellenräder R5-TDI-Motor.
1 Nockenwellenrad
2 Diamant-Scheibe
3 Nockenwelle
4 Schraube
5 Antrieb Tandempumpe
6 Führungshülse
7 Ausgleichsrad/Zwischenrad
8 Scheibe
9 Einstelllasche
10 Exzenterwelle
11 O-Ring
12 Schrauben
13 Deckel
14 Schraube

Bild 53
Schwinghebelachse R5-TDI-Motor.
1 Schrauben
2 Schwinghebelachsen

»VAG T10198« und nehmen Sie sie zusammen mit dem Antrieb für die Tandempumpe (5) heraus.

■ Demontieren Sie den Hallgeber (2 im Bild 51) für die Nockenwelle.

■ Nehmen Sie das Nockenwellenrad sowie die dahinter liegende diamantbeschichtete Scheibe (4) von der Nockenwelle (9) ab.

Die Scheibe muss bei der Montage erneuert werden.

■ Drehen Sie die Schrauben (1) heraus und nehmen Sie den Verschlussdeckel (4) des Exzenterbolzens ab.

■ Lösen Sie die Befestigungsschraube (14 im Bild 52) für den Exzenterbolzen (10) und ziehen Sie ihn heraus.

■ Nehmen Sie das Ausgleichsrad (7) für Nockenwelle zusammen mit der Einstelllasche (9) vorsichtig heraus.

■ Drehen Sie Schrauben (1 im Bild 53) gleichmäßig heraus und nehmen Sie die Schwinghebelachsen (2) ab.

■ Lösen Sie die Lagerdeckel der Nockenwelle von außen nach innen.

Die Schrauben der letzten beiden Lagerdeckel über Kreuz lösen.

■ Nehmen Sie die Nockenwelle aus den Lagerschalen heraus.

Soweit die Lagerschalen herausgenommen werden, markieren Sie die Einbauposition mit einem wasserfesten Stift.

### Montage der Nockenwelle

Verdrehen Sie den Motor so weit, dass kein Kolben im OT steht.

Achten Sie auf die Einbauposition der Lagerschalen der Nockenwelle.

Soweit der Zylinderkopf demontiert wurde, achten Sie darauf, dass die Scheiben der Zylinderkopfschrauben im Zylinderkopf einliegen.

Verwenden Sie grundsätzlich neue Schrauben für die Schwinghebelachse und die Lagerböcke.

Prüfen Sie die Gewinde im Zylinderkopf auf Schäden und Leichtgängigkeit.

■ Ölen Sie die Laufflächen der Nockenwelle in den Lagerschalen (10 im Bild 50) leicht ein.

■ Montieren Sie zuerst die inneren Lagerdeckel.

■ Ziehen Sie die Verschraubungen über Kreuz mit 8 Nm und 90° an.

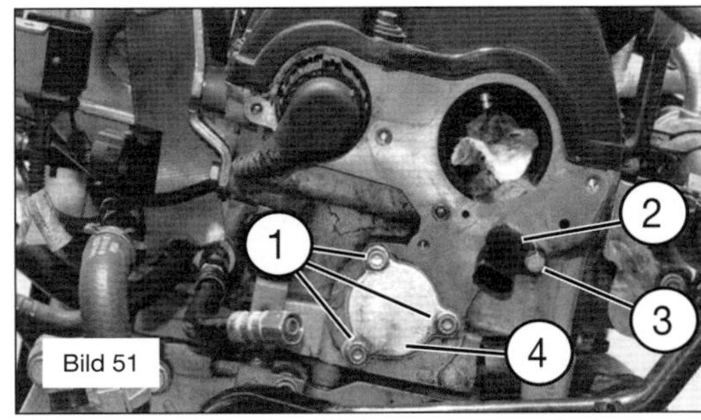

Bild 51

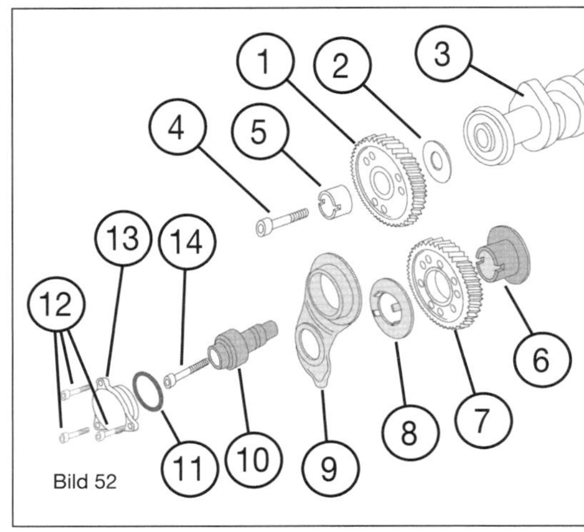

Bild 52

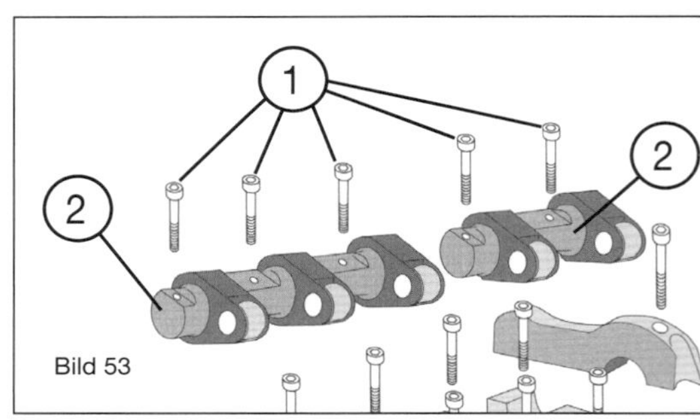

Bild 53

■ Montieren Sie die äußeren Lagerdeckel.

■ Ziehen Sie die Verschraubungen über Kreuz mit 8 Nm und 90° an.

■ Montieren Sie die Schwinghebelachsen und ziehen Sie die Verschaubungen von innen nach außen gleichmäßig handfest an.

■ Ziehen Sie die Verschraubungen von innen nach außen mit 20 Nm und 90° an.

Die weitere Montage erfolgt sinngemäß in umgekehrter Reihenfolge.

■ Ölen Sie die Anlagestellen an der Nockenwelle und an den Pumpedüsenelementen leicht ein.

■ Ölen Sie die Anlagestelle der Führungshülse (6 im Bild 52) leicht ein.

Beachten Sie die OT-Einstellung wie am Anfang des Kapitels beschrieben.

## Nockenwellen am 3,0-l-V6-TDI-Motor

Verbaut sind in diesem Motor vier Nockenwellen. Jeweils zwei Nockenwellen in einem Zylinderkopf. Die beiden Nockenwellen eines Zylinderkopfes sind über Zahnräder miteinander verbunden und werden über die Steuerkette auf der Rückseite des Motors angetrieben.

Für die Montage der Nockenwelle ist der Einsatz des Montagewerkzeuges vorgeschrieben. Die Nockenwellen werden im Lagerdeck positioniert und fixiert. So können sie zusammen mit dem Leiterrahmen montiert werden.

Unter der VW-Bezeichnung als Suchbegriff kann das Montagewerkzeug auch im Zubehör erworben werden.

**Ausbau der Nockenwellen des linken Zylinderkopfes**

■ Demontieren Sie die Nockenwellensteuerkette wie bereits in diesem Kapitel beschrieben.

■ Soweit noch nicht erfolgt, demontieren Sie die Unterdruckanschlüsse am Saugrohroberteil.

■ Lösen Sie die Überwurfmuttern und demontieren Sie die Hockdruckleitung zum Railrohr der jeweiligen Zylinderbank.

■ Demontieren Sie die Kaftstoffvorlauf- und die Kraftstoffrücklaufleitung von der Hochdruckpumpe und legen Sie sie aus dem Arbeitsbereich heraus.

Verschließen Sie die Anschlüsse mit passenden Stopfen, um das Eindringen von Verschmutzungen zu verhindern.

■ Bauen Sie das Saugrohroberteil aus.

■ Demontieren Sie den Zahnriemen für die Hochdruckpumpe wie bereits unter der Überschrift »Zahnriehmen V6-TDI-Motor beschrieben.

■ Lösen Sie die Zentralschraube des Antriebsrades für den Zahnriemen der Hochdruckpumpe um zwei Umdrehungen und ziehen Sie das Antriebsrad mit dem Abzieher »VAG T10320« von der Nockenwelle ab.

■ Nehmen Sie das Antriebsrad und die Zentralschraube ab.

■ Demontieren Sie die linke Zylinderkopfhaube wie bereits beschrieben.

■ Lösen Sie die Schrauben (18 - 1 im Bild

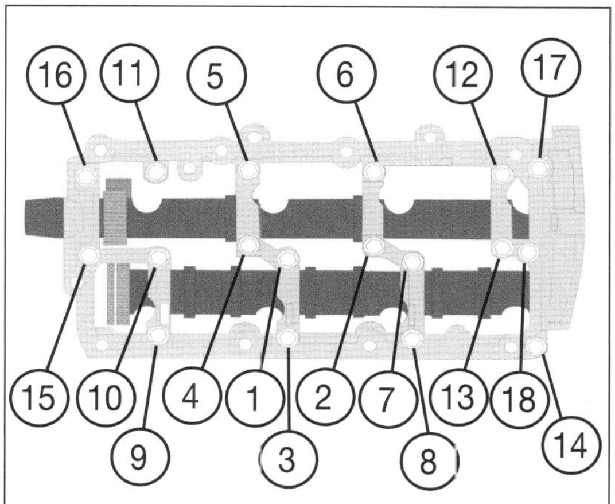


Bild 54

Bild 54
Lagerdeck der Nockenwellen am linken Zylinderkopf.
1-18 Anzugsreihenfolge
18-1 Lösereihenfolge

54) und nehmen Sie sie heraus.

■ Nehmen Sie das Lagerdeck zusammen mit den Nockenwellen heraus.

Achten Sie hierbei auf die verbauten Rollenschlepphebel und die Ausgleichselemente (Hydrostößel).

**Einbau der Nockenwellen des linken Zylinderkopfes**

■ Entfernen Sie die Dichtmittelreste an Zylinderkopf und Lagerdeckel mit einer rotierenden Kunstoffbürste.

Achten Sie darauf, dass keine Dichtmittelreste im Zylinderkopf verbleiben und möglicherweise Lagerstellen verunreinigen oder Ölbohrungen verstopfen können.

■ Ölen Sie die Lagerflächen der Nockenwelle mit etwas Motoröl ein.

■ Stecken Sie die Nockenwellenauflage »VW T40094/2« und die Nockenwellenauflage »VW T40094/1« in die Montageplatte ein.

Je nach Hersteller der Nockenwellenauflage kann die Montage etwas anders ausfallen. Beachten Sie die Beschreibungen des jeweiligen Herstellers.

■ Legen Sie die Auslassnockenwelle auf Nockenwellenauflagen ab.

■ Schieben Sie das Absteckl ineal in die Nut der Auslassnockenwelle ein.

■ Montieren Sie das Einlegewerkzeug »VW 40096« so, dass je ein Schenkel der Klemmvorrichtung in je eine Zahnradhälfte eingreift.

■ Spannen Sie die Klemmvorrichtung so weit an, dass die Zähne der beiden Zahnräder in der Flucht stehen.

■ Legen Sie die Einlassnockenwelle in das Einlegewerkzeug »VW T40094« ein.

Bild 55
Dichtmasse am Lagerdeck der Nockenwellen am linken Zylinderkopf.
1 Dichtmasse (1,5 - 2 mm)
2 Lagerdeck

Bild 56
Lagerdeck der Nockenwellen am linken Zylinderkopf.
1-17 Anzugsreihenfolge
17-1 Lösereihenfolge

Der Fixierstift des Werkzeugs muss in der Nut des Nockenwellenflansches einliegen.

■ Legen Sie das Lagerdeck auf die Nockenwellen auf.

Achten Sie darauf, dass alle Lagerstellen auf den Nockenwellen aufliegen.

■ Bauen Sie das Einlegewerkzeug »VW T40095« auf dem Lagerdeck auf und richten Sie die Greifzangen aus.

Beachten Sie die unterschiedlichen Ausbuchtungen der Einlass- und der Auslassnockenwelle.

■ Ziehen Sie die Rändelmuttern an und spannen Sie die Nockenwellen fest an das Lagerdeck.

■ Schneiden Sie die Tubendüse des Dichtmittels so ab, dass die Düse einen Durchmesser von 1,5 mm aufweist.

■ Drehen Sie das Lagerdeck der Nockenwelle um und entfetten Sie die Dichtfläche gründlich.

■ Tragen Sie wie im Bild 55 gezeigt die Dichtmasse in einer Raupe von etwa 1,5 - 2 mm auf.

Die Nuten der Dichtfläche müssen mit Dichtmittel gefüllt sein.

Um zu verhindern, dass das Dichtmittel in den Motor oder den Schmierkreislauf gelangt, darf die Dichtnaht keinesfalls größer ausfallen.

■ Setzen Sie das Lagerdeck zusammen mit den beiden Nockenwellen und dem Nockenwellen- Einlegewerkzeug »VW T40095« sofort am Zylinderkopf an.

Achten Sie darauf, dass alle Rollenschlepphebel richtig auf den Ventilschaftenden und auf den Ausgleichselementen (Hydrostößeln) aufliegen.

■ Ziehen Sie die Schrauben (1 - 18 im Bild 54) handfest an.

Achten Sie darauf, dass das Lagerdeck gleichmäßig auf dem Zylinderkopf aufliegt.

■ Ziehen Sie die Schrauben (1 - 18) mit 9 Nm an.

■ Demontieren Sie das Nockenwellenmontagewerkzeug.

Lassen Sie das Dichtmittel 30 Minuten abtrocknen. Innerhalb dieser 30 Minuten darf der Motor auch nicht verdreht werden. Möglicherweise müssen sich einige Hydrostößel setzen (Druck abbauen).

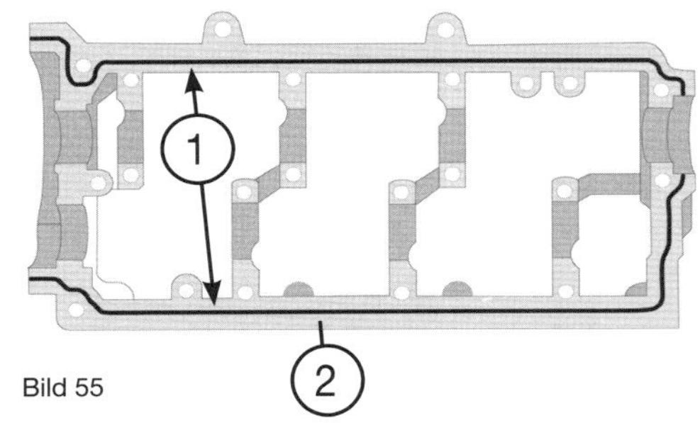


Bild 55

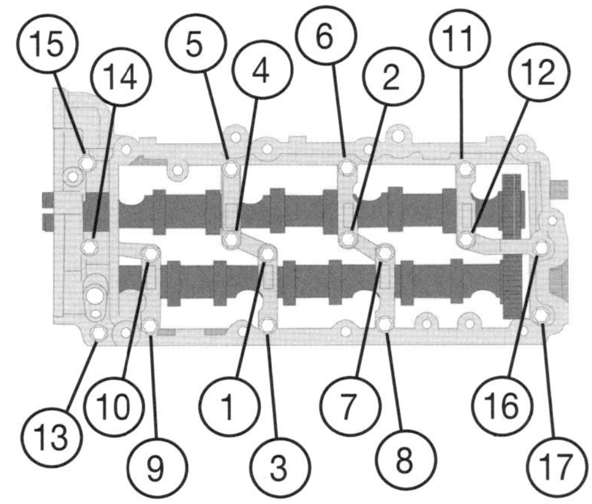


Bild 56

■ Montieren Sie die Zylinderkopfhaube links wieder.

■ Montieren Sie einen neuen Wellendichtring für die Nockenwelle.

■ Bauen Sie das Antriebsrad für die Hochdruckpumpe wieder ein.

■ Montieren Sie den Zahriehmen und die Abdeckung für den Zahnriemen wieder.

Die weitere Montage erfolgt sinngemäß in umgekehrter Reihenfolge.

■ Fragen Sie den Fehlerspeicher ab und prüfen Sie die Dichtigkeit des Lagerdecks und des Ventildeckels.

**Ausbau der Nockenwellen des rechten Zylinderkopfes**

■ Demontieren Sie die Nockenwellensteuerkette wie bereits in diesem Kapitel beschrieben.

■ Demontieren Sie die rechte Zylinderkopfhaube.

■ Drehen Sie die Schrauben am Lagerdeck in der Reihenfolge (17 - 1 im Bild 56) los.

■ Nehmen Sie das Lagerdeck zusammen mit den Nockenwellen ab.

Achten Sie hierbei auf die Rollenschlepphebel und Hydrostößel.

**Einbau der Nockenwellen des rechten Zylinderkopfes**

■ Entfernen Sie die Dichtmittelreste an Zylinderkopf und Lagerdeckel mit einer rotierenden Kunstoffbürste.

Achten Sie darauf, dass keine Dichtmittelreste im Zylinderkopf verbleiben und möglicherweise Lagerstellen verunreinigen oder Ölbohrungen verstopfen können.

■ Ölen Sie die Lagerflächen der Nockenwelle mit etwas Motoröl ein.

■ Stecken Sie die Nockenwellenauflage »VW T40094/2« und die Nockenwellenauflage »VW T40094/1« in die Montageplatte ein.

Je nach Hersteller der Nockenwellenauflage kann die Montage anders ausfallen. Beachten Sie die Beschreibungen des jeweiligen Herstellers.

■ Legen Sie die Auslassnockenwelle auf Nockenwellenauflagen ab.

■ Schieben Sie das Absteckllineal in die Nut der Auslassnockenwelle ein.

■ Montieren Sie das Einlegewerkzeug »VW 40096« so, dass je ein Schenkel der Klemmvorrichtung in je eine Zahnradhälfte eingreift.

■ Spannen Sie die Klemmvorrichtung so weit an, dass die Zähne der beiden Zahnräder in der Flucht stehen.

■ Legen Sie die Einlassnockenwelle in das Einlegewerkzeug »VW T40094« ein.

■ Legen Sie die Auslassnockenwelle in das Einlegewerkzeug »VW T40094« ein.

Der Fixierstift des Werkzeugs muss in der Nut des Nockenwellenflansches einliegen.

Kontrollieren Sie die Einbaulage der Nockenwellen. Die Einbuchtungen der Nockenwellen für die Zylinderkopfschrauben müssen jeweils nach außen zeigen.

■ Legen Sie das Lagerdeck auf die Nockenwellen auf.

Achten Sie darauf, dass alle Lagerstellen auf den Nockenwellen aufliegen.

■ Bauen Sie das Einlegewerkzeug »VW T40095« auf dem Lagerdeck auf und richten Sie die Greifzangen aus.

■ Ziehen Sie die Rändelmuttern an und spannen so die Nockenwellen fest an das Lagerdeck.

■ Schneiden Sie die Tubendüse des Dichtmittels so ab, dass die Düse einen Durchmesser von 1,5 mm aufweist.

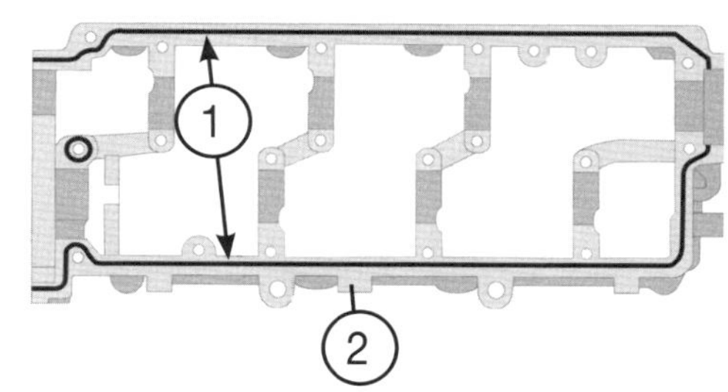


Bild 57

Bild 57
Dichtmasse am Lagerdeck der Nockenwellen am rechten Zylinderkopf.
1 Dichtmasse (1,5 - 2 mm)
2 Lagerdeck

■ Drehen Sie das Lagerdeck der Nockenwelle um und entfetten Sie die Dichtfläche gründlich.

■ Tragen Sie wie im Bild 57 gezeigt die Dichtmasse in einer Raupe von etwa 1,5 - 2 mm auf.

Die Nuten der Dichtfläche müssen mit Dichtmittel gefüllt sein.

Um zu verhindern, dass das Dichtmittel in den Motor oder den Schmierkreislauf gelangt, darf die Dichtnaht keinesfalls größer ausfallen.

Achten Sie darauf, dass die Passhülsen im Zylinderkopf einsitzen.

■ Setzen Sie den Lagerdeck zusammen mit den beiden Nockenwellen und dem Nockenwellen-Einlegewerkzeug »VW T40095« sofort am Zylinderkopf an.

Achten Sie darauf, dass alle Rollenschlepphebel richtig auf den Ventilschaftenden und auf den Ausgleichselementen (Hydrostößeln) aufliegen.

■ Ziehen Sie die Schrauben (1 - 17 im Bild 56) handfest an.

Achten Sie darauf, dass das Lagerdeck gleichmäßig auf dem Zylinderkopf aufliegt.

■ Ziehen Sie die Schrauben (1 - 17) mit 9 Nm an.

■ Demontieren Sie das Nockenwellenmontagewerkzeug.

Lassen Sie das Dichtmittel 30 Minuten abtrocknen. Innerhalb dieser 30 Minuten darf der Motor auch nicht verdreht werden. Möglicherweise müssen sich einige Hydrostößel setzen (Druck abbauen).

■ Treiben Sie einen neuen Deckel in die Bohrung (Lagerdeck/Zylinderkopf) so weit ein, dass er bündig mit der Fläche abschließt.

## Zylinderkopf am 2,5-l-TDI-Motor (R5)

Aufgrund der beengten Platzverhältnisse müssen der Motor und das Getriebe ausgebaut werden. Diese Arbeiten werden wir am Ende dieses Kapitels genauer beschreiben.

**Ausbau des Zylinderkopfes**

- Bauen Sie Motor und Getriebe aus.
- Demontieren Sie die Stütze unter dem Ansaugrohr.
- Demontieren Sie das Verbindungsrohr der Abgasrückführung.
- Soweit noch nicht erfolgt, bauen Sie die Motorabdeckung oben ab.
- Bauen Sie die Zylinderkopfhaube wie bereits beschrieben ab.
- Demontieren Sie die Tandempumpe. Die Arbeiten hierzu werden wir Ihnen im Kapitel »13 Bremsanlage« genauer vorstellen. Eine Montageübersicht der Verschraubungen finden Sie im Bild 49 in diesem Kapitel.
- Drehen Sie die Befestigungsschrauben für den Abgastubolader/Abgaskrümmer heraus.
- Ziehen Sie alle verbliebenen und für die Demontage des Zylinderkopfes erforderlichen Kühlmittel- und Unterdruckschläuche sowie Steckverbindungen vom Zylinderkopf ab.
- Fangen Sie eventuell austretende Restkühlflüssigkeit mit geeigneten Lappen auf.
- Drehen Sie den Motor wie bereits unter der Überschrift »Motorsteuerung am 2,5-l-TDI« vorgestellt auf die OT-Stellung für den für ersten Zylinder.
- Drehen Sie den zylinderkopfseitigen Teil des Zentralsteckers mit dem Schlüssel »VAG T10211« gegen den Uhrzeigersinn und nehmen Sie ihn vom Lagerschild ab.
- Drehen Sie die Schrauben (1 im Bild 58) heraus.
- Nehmen Sie den hinteren Lagerdeckel (2) ab und setzen Sie die Klemmvorrichtung »VAG T10199« auf das Nockenwellenrad auf.
- Ziehen Sie die Halteschrauben der Klemmvorrichtung mit 40 Nm fest.
- Drehen Sie die Zentralschraube (3) des Nockenwellenrads (6) mit dem Steckeinsatz »VAG T10198« und nehmen Sie sie zusammen mit dem Antrieb für die Tandempumpe (5) heraus.
- Demontieren Sie den Hallgeber (2 im Bild 51) für die Nockenwelle.
- Nehmen Sie das Nockenwellenrad sowie die dahinter liegende diamantbeschichtete Scheibe (4) von der Nockenwelle (9) ab.

⚠ Die Scheibe muss bei den Montage erneuert werden.

- Drehen Sie die Verschraubungen (2 im Bild 59) zwischen Steuergehäuse (1) und Zylinderkopf (2) heraus.
- Drehen Sie die Zylinderkopfschrauben in der Reihenfolge (1-12 im Bild 60) heraus.

Bild 59
Rückseite des 2,5-l-TDI-Motors (5R).
1 Steuergehäuse
2 Verschraubungen
3 Zylinderkopf

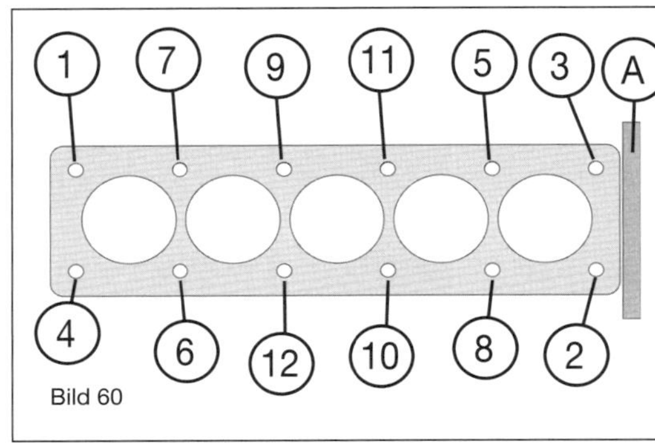


Bild 60
Zylinderkopfschrauben beim 2,5-l-TDI-Motor.
1-12 Lösereihenfolge der Zylinderkopfschrauben
A Schwungscheibe

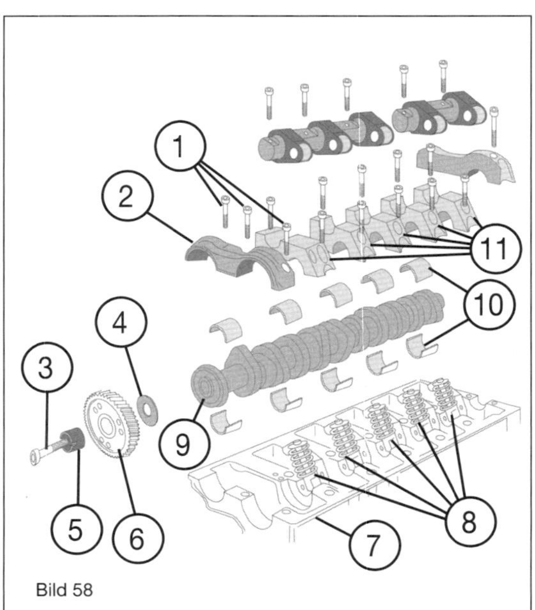


Bild 58
Nockenwelle beim 5R TDI-Motor.
1 Schrauben
2 Lagerdeckel
3 Zentralschraube
4 Scheibe
5 Antrieb für die Tandempumpe
6 Zentralschraube Nockenwelle
7 Zylinderkopf
8 Pumpendüsenelemente
9 Nockenwelle
10 Lagerschalen
11 Lagerdeckel

■ Nehmen Sie den Zylinderkopf nach oben ab.

**Montage des Zylinderkopfes**

Entsprechend zum Kolbenüberstand werden unterschiedliche Zylinderkopfdichtungen verbaut. Neben der Teilenummer der Zylinderkopfdichtungen sind Bohrungen ausgeführt. Es liegen uns keine Informationen vor, die die Anzahl der Bohrungen zu der tatsächlichen Stärke der Zyllinderkopfdichtung aufschlüsseln.

Verwenden Sie grundsätzlich eine Zylinderkopfdichtung mit der gleichen Anzahl der Bohrungen.

■ Reinigen Sie die Dichtflächen am Zylinderblock und am Zylinderkopf gründlich.

Es darf kein Schleifpapier verwendet werden, das eine größere Körnung als 100 aufweist.

Es dürfen keine langezogenen Riefen entstehen.

■ Stellen Sie den Motor mit dem Verdrehwerkzeug »VW T10225« auf den Zünd-OT und fixieren Sie ihn mit dem Absteckwerkzeug »VW T101226«.

■ Verdrehen Sie die Nockenwelle so genau wie möglich auf den Zünd-OT.

Die beiden Nocken müssen hier gleichmäßig nach oben zeigen.

■ Entfetten Sie die Dichtflächen gründlich und lassen Sie sie abtrocknen.

■ Nehmen Sie die neue Zylinderkopfdichtung aus der Verpackung heraus und legen Sie sie auf den Zylinderblock auf.

■ Setzen Sie den Zylinderkopf vorsichtig auf die Zylinderkopfdichtung auf.

■ Setzen Sie neue Zylinderkopfschrauben in die Bohrungen ein.

■ Drehen Sie die Schrauben bis zur Anlage im Zylinderkopf von Hand bei.

■ Ziehen Sie die Zylinderkopfschrauben nach der folgenen Tabelle an:

| Stufe | Anzugswert/Anweisung |
|---|---|
| 1 | 60 Nm (1 - 12 im Bild 61) |
| 2 | Nachziehen 90° |
| 3 | Nachziehen 90° |
| 4 | Nachziehen 90° |
| 5 | Nachziehen 90° |
| 6 | Lösen um 90° (1 - 12 im Bild 60) |
| 7 | Schrauben (2 im Bild 59) 20 Nm |

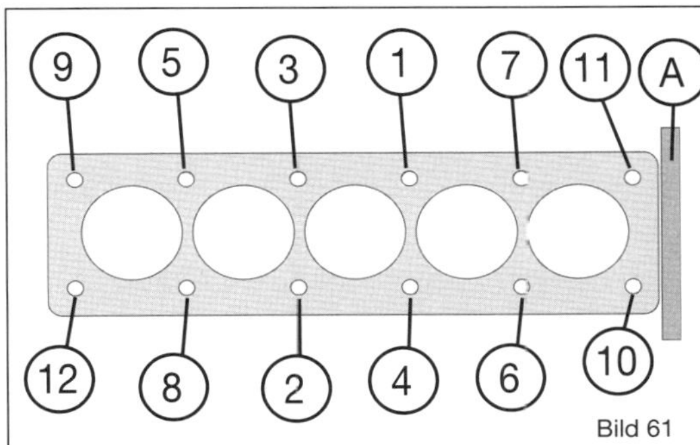

Bild 61

Bild 61
Zylinderkopfschrauben bei 2,5-l-TDI-Motor.
1-12 Anzugsreihenfolge der Zylinderkopfschrauben
A Schwungscheibe

Die Montage erfolgt sinngemäß in umgekehrter Reihenfolge.

■ Bauen Sie Motor und Getriebe wieder ein.

■ Prüfen Sie die Dichtigkeit der Anschlüsse und Schläuche.

■ Führen Sie eine Probefahrt durch.

■ Fragen Sie den Fehlerspeicher ab.

## Zylinderkopf am 3,0-l-V6-TDI-Motor

**Vorbereitung für beide Zylinderköpfe**

■ Lassen Sie das Kühlmittel ab. Die Arbeitsschritte stellen wir Ihnen im »Kapitel 6 Kühlsystem« im Detail vor.

**Demontage des linken Zylinderkopfes**

■ Demontieren Sie wie bereits in diesem Kapitel unter der Überschrift »Zahnriemen V6-TDI-Motor« beschrieben, den Zahnriemen zur Hochdruckpumpe.

■ Drehen Sie die Mutter (2 im Bild 62) los.

Halten Sie dazu das Pumpenrad (5) oder soweit verbaut die Tilgermasse (3) mit einem geeigneten Gegenhalter fest.

■ Ziehen Sie das Zahnriemenrad (3) der Hochdruckpumpe mit dem Abzieher »VW T40064« oder einem anderen geeigneten Abzieher ab.

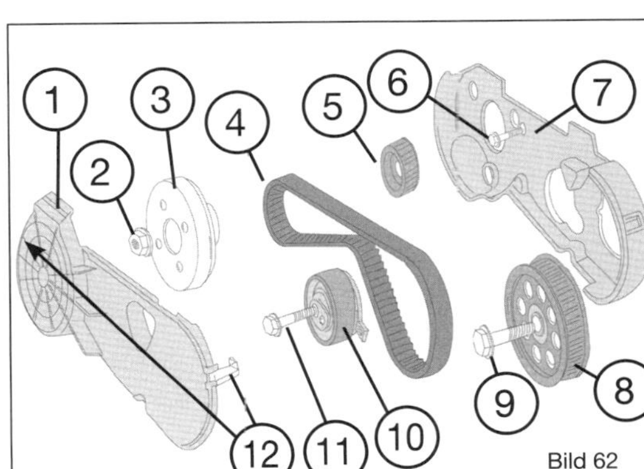

Bild 62

Bild 62
Zahnriemen Hochdruckpumpe 3,0-l-TDI-Motor (V6) (BKS, BUN).
1 Zahnriemenabdeckung vorne
2 Zentralmutter
3 Tilgermasse
4 Zahnriemen
5 Pumpenrad
6 Schraube
7 Zahnriemenabdeckung hinten
8 Antriebsrad
9 Zentralschraube
10 Zahnriemenspanner
11 Schraube
12 Halteklammern

Bild 63
Zylinderkopfschrauben bei 3,0-l-TDI-Motor.
1-8 Lösereihenfolge der Zylinderkopfschrauben
A Schwungscheibe

Bild 64
Absteckbohrung in der Ölwanne.
1 Verschlussschraube Absteckbohrung
2 Ölwannenoberteil
3 Ölwannenunterteil

■ Lösen Sie die Zentralschraube des Zahnriemenrades auf der Nockenwelle (9), um etwa zwei Umdrehungen. Halten Sie dazu das Zahnriemenrad (8) mit einem geeigneten Gegenhalter fest.

■ Ziehen Sie das Zahnriemenrad (8) der Nockenwelle mit dem Abzieher »VW T10320« oder einem anderen geeigneten Abzieher ab.

■ Drehen Sie die Schrauben heraus und nehmen Sie den Zahnriemenschutz hinten (7) ab.

■ Bauen Sie die Kraftstoffvorlauf und die Rücklaufleitung von der Hochdruckpumpe ab.

Verschließen Sie die Anschlüsse und fangen Sie austretenden Restkraftstoff mit einem geeigneten Lappen auf.

■ Legen Sie die Anschlussleitungen aus dem Arbeitsbereich heraus.

■ Demontieren Sie das Saugrohroberteil und legen Sie die Anschlussleitungen aus dem Arbeitsbereich heraus.

■ Verschließen Sie auch hier die Anschlüsse mit passenden Stopfen, um das Eindringen von Verschmutzungen zu verhindern.

■ Bauen Sie das entsprechende Saugrohr unten aus.

■ Bauen Sie die entsprechende Steuerkette wie bereits in diesem Kapitel unter der Überschrift »Demontage der Steuerketten 3,0-l-TDI« beschrieben aus beziehungsweise zumindest von der Nockenwelle ab.

■ Drehen Sie die Hohlschraube der Kühlmittelentlüftungsleitung am Zylinderkopf hinten heraus und legen Sie die Leitung aus dem Arbeitsbereich heraus.

■ Drehen Sie die Schraube des Kühlmittelrohres auf der Vorderseite des Motors heraus. Das Kühlmittelrohr bleibt weiterhin verbaut.

■ Demontieren Sie die entsprechende Zylinderkopfhaube.

■ Drehen Sie die Zylinderkopfschrauben in der Reihenfolge (1 - 8 im Bild 63) heraus.

■ Nehmen Sie den Zylinderkopf ab.

Achten Sie darauf, dass Sie den Zylinderkopf nicht auf die überstehenden Glühkerzen ablegen.

### Montage des linken Zylinderkopfes

Entsprechend zum Kolbenüberstand werden unterschiedliche Zylinderkopfdichtungen verbaut. Neben der Teilenummer

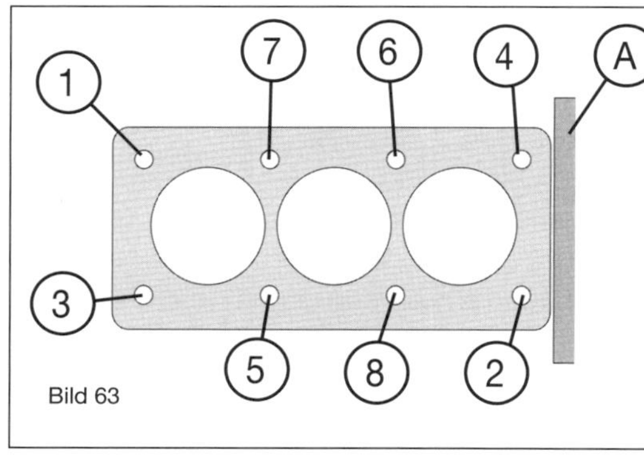

Bild 63

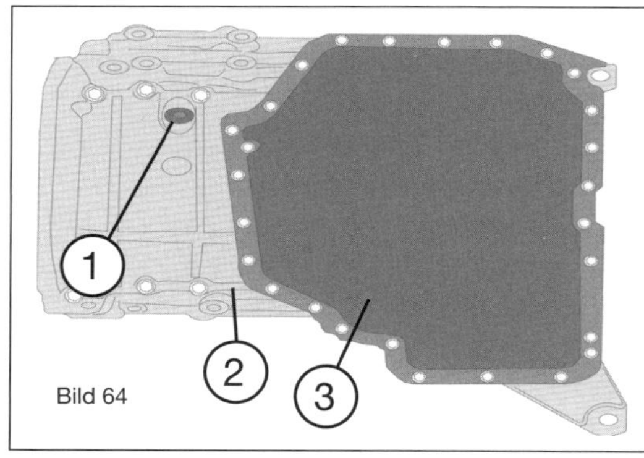

Bild 64

der Zylinderkopfdichtungen sind Bohrungen ausgeführt. Je nach Kolbenüberstand über der Dichtfläche des Motorblocks wird die Zylinderkopfdichtung ausgewählt.

Die Messung des Kolbenüberstandes stellen wir Ihnen im Anschluss in diesem Kapitel unter der Überschrift »Verschleißmessung am Motor« vor.

Die erforderliche Stärke der Zyllinderkopfdichtung können Sie anhand der folgenden Tabelle aufschlüsseln.

| Kolbenüberstand | Anzahl der Löcher |
|---|---|
| 0,39 mm bis 0,49 mm | 1 |
| 0,49 mm bis 0,54 mm | 2 |
| 0,54 mm bis 0,65 mm | 3 |

■ Reinigen Sie die Dichtflächen am Zylinderblock und am Zylinderkopf gründlich.

Es darf kein Schleifpapier verwendet werden, das eine größere Körnung als 100 aufweist.

Es dürfen keine langezogenen Riefen entstehen.

■ Stellen Sie den Motor vor dem Aufsetzen des Zylinderkopfes auf den Zünd-OT und stecken Sie zunächst die Kurbelwelle mit der Fixierschraube »VW 3241« beziehungsweise dem Nachfolger »VW T40237« durch die Bohrung in der Ölwanne ab.

■ Stecken Sie die Zylinderköpfe wie bereits in diesem Kapitel unter der Überschrift »Motorsteuerung am 3,0-l-TDI« (Bild 36) beschrieben ab.

■ Schneiden Sie die Tubendüse des Dichtmittels so ab, dass die Düse einen Durchmesser von 5 mm aufweist.

■ Tragen Sie die Dichtmasse wie im Bild 65 gezeigt auf.

Das Maß 14 mm wird jeweils hälftig auf den Steuerdeckel und den Motorblock aufgetragen.

■ Legen Sie die Zylinderkopfdichtung auf.

Achten Sie auf die Einbaulage der Zylinderkopfdichtung. Die Beschriftung »Oben« muss zum Zylinderkopf zeigen.

Achten Sie auf die Passhülsen im Zylinderblock.

■ Tragen Sie auch auf die Zylinderkopfdichtung die Dichtmasse wie im Bild 65 vorgestellt auf.

■ Setzen Sie den Zylinderkopf auf.

■ Drehen Sie die Schrauben bis zur Anlage im Zylinderkopf von Hand bei.

■ Ziehen Sie die Zylinderkopfschrauben in der Reihenfolge (1 - 8 im Bild 66) nach der folgenen Tabelle an:

| Stufe | Anzugswert/Anweisung |
|---|---|
| 1 | 35 Nm (1 - 8 im Bild 66) |
| 2 | Nachziehen 60 Nm |
| 3 | Nachziehen 90° |
| 4 | Nachziehen 90° |

Die weitere Montage erfolgt sinngemäß in umgekehrter Reihenfolge.

■ Prüfen Sie die Dichtigkeit der Anschlüsse und Schläuche.

■ Führen Sie eine Probefahrt durch.

■ Fragen Sie den Fehlerspeicher ab.

■ Führen Sie einen Ölwechsel durch.

■ Ersetzen Sie das Kühlmittel.

**Demontage des rechten Zylinderkopfes**

■ Bauen Sie die Kraftstoffvorlauf- und die Rücklaufleitung von der Hochdruckpumpe ab.

Verschließen Sie die Anschlüsse und fangen Sie austretenden Restkraftstoff mit einem geeigneten Lappen auf.

■ Legen Sie die Anschlussleitungen aus dem Arbeitsbereich heraus.

■ Demontieren Sie das Saugrohroberteil und legen Sie die Anschlussleitungen aus dem Arbeitsbereich heraus.

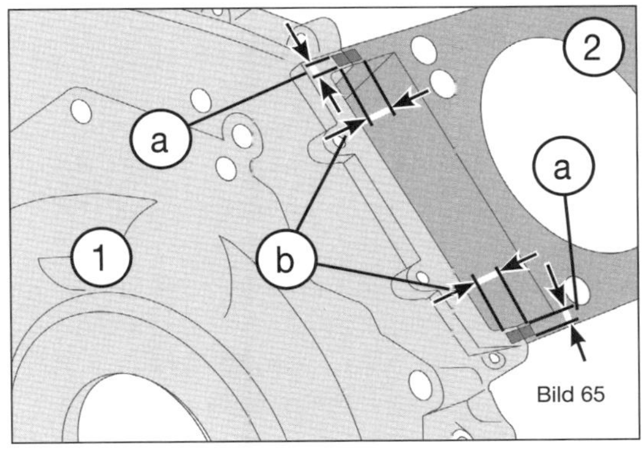


Bild 65

Bild 65
Auftrag der Dichtmasse am Übergang vom Zylinder zum Steuergehäusedeckel unter der Kopfdichtung.
1 Steuergehäusedeckel
2 Motorblock
a 7 mm
b 14 mm

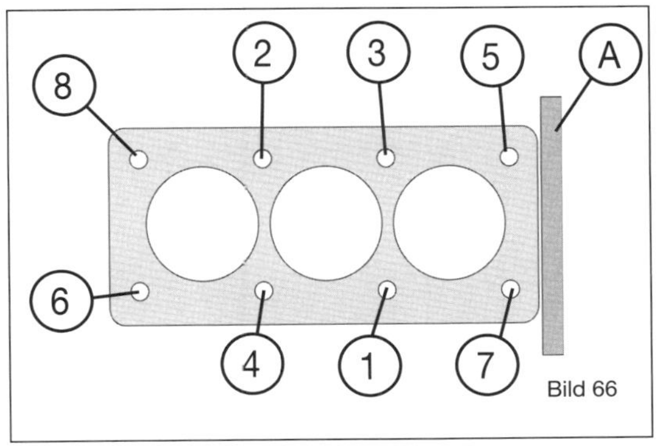


Bild 66

Bild 66
Zylinderkopfschrauben bei 3,0-l-TDI-Motor.
1-8 Anzugsreihenfolge der Zylinderkopfschrauben
A Schwungscheibe

■ Verschließen Sie auch hier die Anschlüsse mit passenden Stopfen, um das Eindringen von Verschmutzungen zu verhindern.

■ Bauen Sie das entsprechende Saugrohr unten aus.

■ Bauen Sie die entsprechende Steuerkette wie bereits in diesem Kapitel unter der Überschrift »Demontage der Steuerketten 3,0-l-TDI« beschrieben aus beziehungsweise zumindest von der Nockerwelle ab.

■ Drehen Sie die Zylinderkopfschrauben in der Reihenfolge (1 - 8 im Bild 63) heraus.

■ Nehmen Sie den Zylinderkopf ab.

Achten Sie darauf, dass Sie den Zylinderkopf nicht auf die überstehenden Glühkerzen ablegen.

**Montage des rechten Zylinderkopfes**

Grundsätzlich unterscheiden sich die Montagearbeiten nicht wesentlich zu denen für den linken Zylinderkopf. Die Zylinderköpfe können aber unabhägig voneinander montiert werden. Entsprechend stellen wir Ihnen auch die Beschreibung zum jeweiligen Zylinderkopf vor.

Entsprechend zum Kolbenüberstand werden unterschiedliche Zylinderkopfdichtungen verbaut. Neben der Teilenummer der Zylinderkopfdichtungen sind Bohrungen ausgeführt. Je nach Kolbenüberstand über der Dichtfläche des Motorblocks wird die Zylinderkopfdichtung ausgewählt.

Die Messung des Kolbenüberstandes stellen wir Ihnen im Anschluss in diesem Kapitel unter der Überschrift »Verschleißmessung am Motor« vor.

Die erforderliche Stärke der Zylinderkopfdichtung können Sie anhand der folgenden Tabelle aufschlüsseln.

| Kolbenüberstand | Anzahl der Löcher |
|---|---|
| 0,39 mm bis 0,49 mm | 1 |
| 0,49 mm bis 0,54 mm | 2 |
| 0,54 mm bis 0,65 mm | 3 |

■ Reinigen Sie die Dichtflächen am Zylinderblock und am Zylinderkopf gründlich.

Es darf kein Schleifpapier verwendet werden, das eine größere Körnung als 100 aufweist.

Es dürfen keine langezogenen Riefen entstehen.

■ Stellen Sie den Motor vor dem Aufsetzen des Zylinderkopfes auf den Zünd-OT und stecken Sie zunächst die Kurbelwelle mit der Fixierschraube »VW 3241« beziehungsweise dem Nachfolger »VW T40237« durch die Bohrung in der Ölwanne ab.

■ Stecken Sie die Zylinderköpfe wie bereits in diesem Kapitel unter der Überschrift »Motorsteuerung am 3,0-l-TDI« (Bild 36) beschrieben ab.

■ Schneiden Sie die Tubendüse des Dichtmittels so ab, dass die Düse einen Durchmesser von 5 mm aufweist.

■ Tragen Sie die Dichtmasse wie im Bild 65 gezeigt auf.

Das Maß 14 mm wird jeweils hälftig auf den Steuerdeckel und den Motorblock aufgetragen.

■ Legen Sie die Zylinderkopfdichtung auf.

Achten Sie auf die Einbaulage der Zylinderkopfdichtung. Die Beschriftung »Oben« muss zum Zylinderkopf zeigen.

Achten Sie auf die Passhülsen im Zylinderblock.

■ Tragen Sie auch auf die Zylinderkopfdichtung die Dichtmasse wie im Bild 65 auf.

■ Setzen Sie den Zylinderkopf auf.

■ Drehen Sie die Schrauben bis zur Anlage im Zylinderkopf von Hand bei.

■ Ziehen Sie die Zylinderkopfschrauben in der Reihenfolge (1 - 8 im Bild 66) nach der folgenen Tabelle an:

| Stufe | Anzugswert/Anweisung |
|---|---|
| 1 | 35 Nm (1 - 8 im Bild 66) |
| 2 | Nachziehen 60 Nm |
| 3 | Nachziehen 90° |
| 4 | Nachziehen 90° |

Die weitere Montage erfolgt sinngemäß in umgekehrter Reihenfolge.

■ Prüfen Sie die Dichtigkeit der Anschlüsse und Schläuche.

■ Führen Sie eine Probefahrt durch.

■ Fragen Sie den Fehlerspeicher ab.

■ Führen Sie einen Ölwechsel durch

■ Ersetzen Sie das Kühlmittel.

## Prüfen der Nockenwellen

### Axialspielmessung an der Nockenwelle

Die Nockenwellen sind zum einen sehr schlecht zugänglich und zum andern oft nur schwierig mit der Messuhr zu erreichen. Die Prüfung sollten Sie dann durchführen, wenn der Zylinderkopf zerlegt werden muss.

■ Befestigen Sie einen Messuhrhalter (3) am Nockenwellengehäuse (2) und richten Sie die Messuhr (4) wie im Bild 67 gezeigt aus.

■ Drücken Sie die Nockenwelle von Hand nach außen (5) und stellen Sie die Messuhr (4) auf null.

■ Drücken (5) Sie die Nockenwelle (19 von Hand nach innen und lesen Sie den Messwert auf der Messuhr ab.

Das Axialspiel der Nockenwellen darf höchstens 0,25 mm betragen.

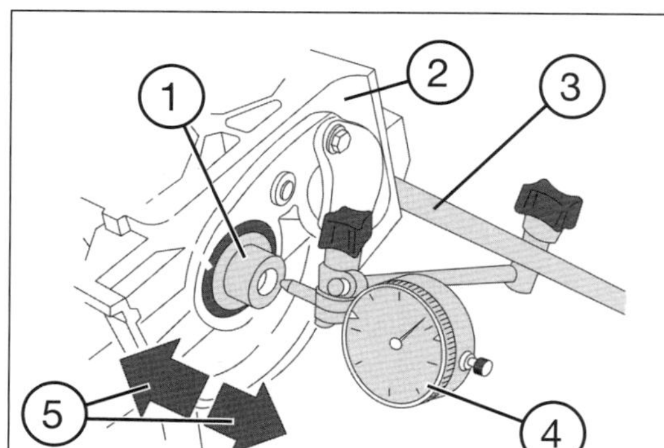


Bild 67

Bild 67
Axialspielmessung an der Nockenwelle.
1 Nockenwelle
2 Nockenwellengehäuse
3 Messuhrhalter
4 Messuhr
5 Spielprüfung

**Kontrollen an der Nockenwelle**

Auch die Nockenwelle unterliegt dem Verschleiß, oftmals finden sich bereits durch genaues Betrachten Mängel, die natürlich auch entsprechend bewertet werden müssen.

*Optische Kontrolle der Lagerstellen*

■ Kontrollieren Sie alle Lagerstellen der Nockenwelle im Zylinderkopf und auch an der Nockenwelle auf Schäden wie Klemmspuren und Grate.

■ Liegen Beschädigungen vor, müssen die entsprechenden Bauteile ersetzt werden.

*Kontrolle der Tassenstößel und der Nockenflanken*

■ Ziehen Sie jeden Hydrostößel aus seiner Bohrung im Zylinderkopf heraus und prüfen Sie die Leichtgängigkeit im Zylinderkopf und auf mögliche Klemm- oder Fressspuren.

■ Achten Sie auf der Stößelfläche auf mögliche Schäden oder Verschleißspuren.

⚠ Die Tassenstößel müssen grundsätzlich in der alten Position verbaut werden.

■ Kontrollieren Sie die Nockenflanken auf Verschleißspuren oder Grate.

■ Liegen Beschädigungen vor, müssen die entsprechenden Bauteile ersetzt werden.

*Kontrolle des Ventilspiels*

Die Motoren im VW Touareg sind alle mit hydraulischen Ventilspiel-Ausgleichs-Elementen (kurz Hydrostößel) ausgerüstet. Rasselnde Geräusche können von der Steuerkette, dem Steuerkettenspanner und natürlich auch von den Hydrostößeln verursacht werden. Das Ventilspiel ist nicht einstellbar.

**Wechsel des Wellendichtrings an der Nockenwelle**

☞ Die Wellendichtringe sollen grundsätzlich ohne Öl als Montagehilfe eingesetzt werden.

*Vorarbeiten für die Demontage des Wellendichtrings beim 5-Zylinder-TDI-Motor:*

Über die Nockenwelle wird bei dem 5-Zylinder-TDI-Motor lediglich die Tandempumpe (Kraftstoffförderung und Unterdruckerzeugung) angetrieben. Die Abdichtung zur Pumpe erfolgt über die Tandempumpe. Im Zylinderkopf ist kein Wellendichtring verbaut.

Bild 68
Eingelaufene Nockenwelle.

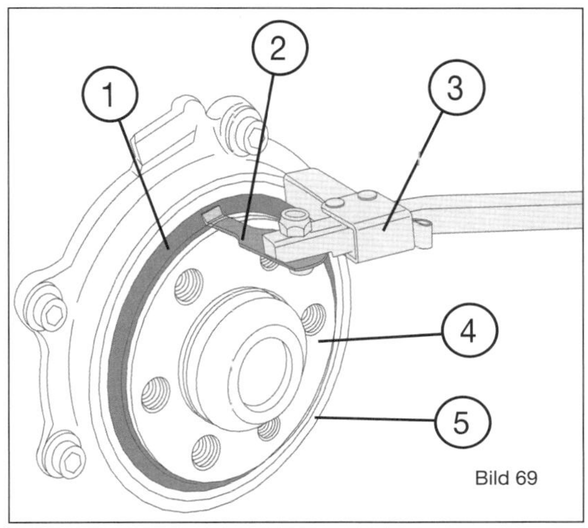


Bild 69
Wellendichtring herausziehen (Beispiel).
1 Wellendichtring
2 Abgewinkelte Klinge
3 Demontagewerkzeug für Wellendichtringe
4 Welle
5 Gehäuse

*Wellendichtring zahnriemenseitig*

■ Demontieren Sie den Zahnriemen für die Hochdruckpumpe, wie bereits beschrieben.

■ Bauen Sie die Zahnriemenabdeckung komplett ab.

*Demontage des Wellendichtrings*

■ Ziehen Sie den Wellendichtring mit einem Demontagehaken aus dem Gehäuse heraus.

*Montage des Wellendichtrings*

■ Setzen Sie den neuen Wellendichtring mit einer Montagehülse auf die Nockenwelle auf.

■ Setzen Sie ein Montagedruckstück passend zum Wellendichtringdurchmesser auf und drücken Sie den Wellendichtring gleichmäßig bis Anschlag ein.

## Kompressionsdruck prüfen

Die Prüfwerte des Kompressionsdrucks in den einzelnen Zylindern zeigen an, ob der Motor sich noch in einem guten mechanischen Zustand befindet oder ob er für einen Austausch reif ist, zumindest aber komplett überholt werden muss.

Bild 70
Kompressionsdruckschreiber.
1 Schreiber für Dieselmotoren
2 Schreiber für Ottomotoren
3 Verlängerungen
4 Knarre mit Kerzenschlüssel
5 Schreiberkarten für Otto- und Dieselmotoren
6 Dichtkonus für das Andrücken auf die Kerzenbohrungen im Zylinderkopf

Bild 71
Auswertung des Schreiberkärtchens. Der gemessene Druck sollte bei etwa 23 - 30 bar liegen und zwischen den einzelnen Zylindern höchstens 1,5 bar abweichen.
1 Abgelesener Druck 25 bar
2 Abgelesener Druck 23 bar
3 Abgelesener Druck 32 bar
4 Abgelesener Druck 16 bar

Bild 72
Meist recht günstig zu ersteigern: der Druckverlustprüfer.
1 Gehäuse
2 Einstellrad für Druckangleich
3 Anschlussschlauch Druckluftnetz
4 Prüfanschluss
5 Skala Messuhr Kompressionsdruck
6 Skala Messuhr Kompressionsdruck

Bild 73
Der OT-Finder. Auf dem Weg nach OT verdrängt der Kolben Luft und schiebt den Anzeigekolben im Gerät nach oben. Fällt er schlagartig ab, wurde der OT-Punkt überschritten.

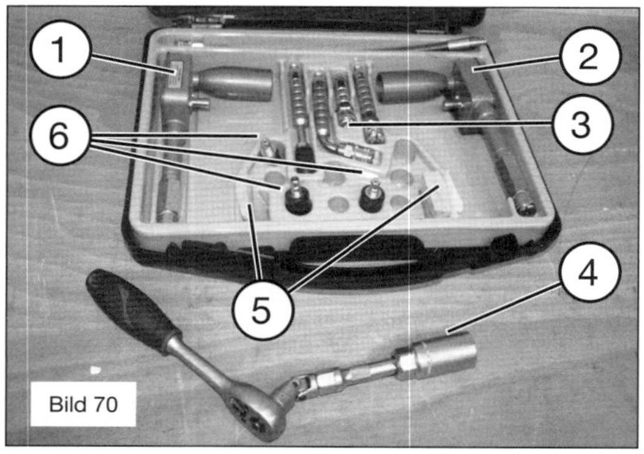

Bild 70

Zur Prüfung werden ein Kompressionsdruck-Prüfgerät, ein Glühkerzenschlüssel sowie ein Drehmomentschlüssel 5 bis 50 Nm benötigt.

Die Motoröltemperatur soll mindestens 30 °C und die Batteriespannung mindestens 12,5 V betragen.

**Vorbereitung und Druckprüfung**

■ Motorabdeckungen oben oder den Luftfilterkasten ausbauen, um den Zugang zu den Glühkerzen und den Anschlüssen zu den Glühkerzen zu ermöglichen.
■ Die Steckkontakte aller Glühkerzen abziehen und die Anschlusskabel zur Seite legen.
■ Alle Glühkerzen ausbauen.
■ Soweit erforderlich, die Drossel- oder Abstellklappe im Ansaugtrakt öffnen. Der Luftansaugweg muss frei sein.
■ Den Kompressionsdruck mit Kompressionsdruck-Prüfgerät prüfen. Die Handhabung des Prüfgerätes ist in der jeweiligen Bedienungsanleitung beschrieben.
■ Den Anlasser so lange betätigen, bis kein Druckanstieg mehr vom Prüfgerät angezeigt wird. Der Höchstdruck sollte spätestens nach 12 bis 15 Umdrehungen erreicht sein.

**Auswertung**

■ Werten Sie die Schreiberkarte oder die Messergebnisse aus:

Der Druck sollte beim TDI-Motor zwischen 20 und 31 bar liegen.

Der Druckunterschied zwischen einzelnen Zylindern (höchster und niedrigster) darf höchstens 3,0 bar betragen.

■ Fallen die Messergebnisse deutlich anders aus, sollte mittels Druckverlustprüfung die Undichtigkeit des Brennraums genauer lokalisiert oder der Motor für eine genauere Diagnose zerlegt werden.

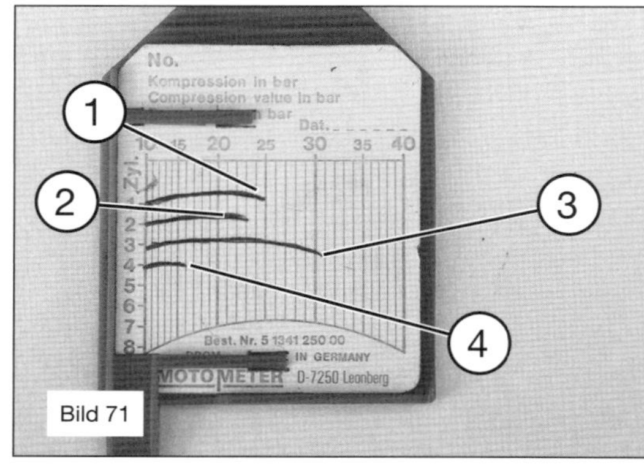

Bild 71

**Rückbau und in Betrieb setzen**

■ Glühkerzen mit dem Glühkerzenschlüssel einschrauben und mit dem richtigen Drehmoment festziehen.
■ Der weitere Zusammenbau erfolgt sinngemäß in entgegengesetzter Reihenfolge zum Ausbau.
■ Fehlerspeicher abfragen und ggf. vorhandene Fehler beheben, danach Fehlerspeicher löschen.

## Druckverlusttest

Oft schon vergessen, war er schon vor einigen Jahrzehnten bekannt. Da der Tester in den meisten Werkstätten nicht mehr oder kaum noch zum Einsatz kommt, lässt sich ab und an ein solches Gerät auch von Bosch schon mal günstig erstehen. 25 bis

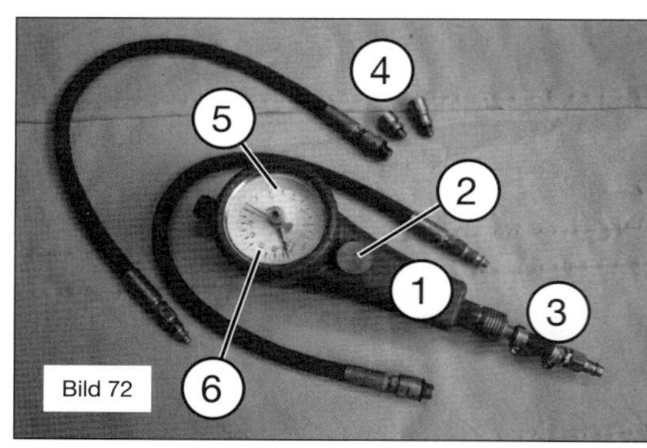

Bild 72

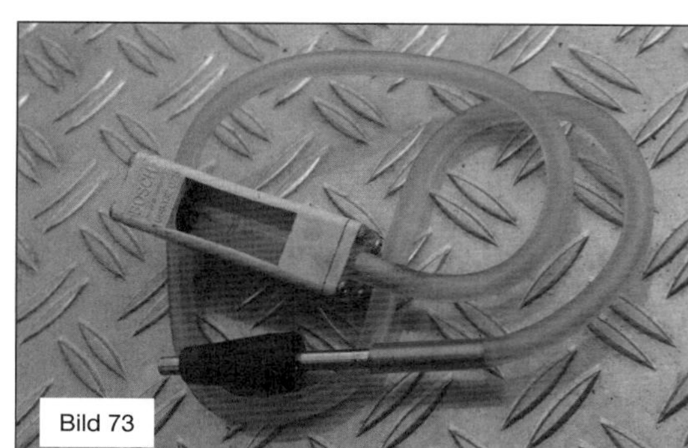
Bild 73

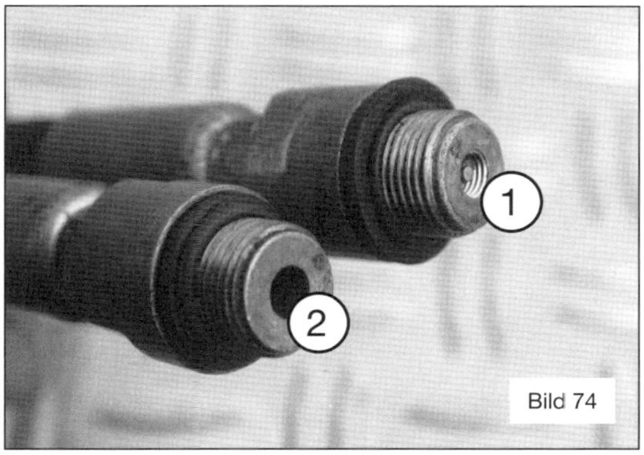

Bild 74

Bild 74
Nicht verwechseln: Mit Ventil (1) ist er für den Kompressionstest gerüstet, ohne Ventil (2) für den Druckverlusttest.

150 Euro werden es dann meist. Auch mit diesem Gerät wird die Dichtheit des Zylinders bewertet. Nur, dass nicht der Motor den Druck aufbringt, sondern der Motor mit Luftdruck aus dem Tester beaufschlagt wird. Undichtheiten können nun zum einen zahlenmäßig erfasst und zum anderen »erhört« werden. Die Diagnose fällt deshalb deutlich präziser aus als das Ergebnis des Kompressionstests.

**Vorbereitung**

■ Bauen Sie alle Glühkerzen aus.
■ Schalten Sie die Zündung aus.
■ Prüfen Sie, ob die Steuerzeiten in Ordnung sind.
■ Schließen Sie den Druckverlustprüfer an die Druckluftversorgung Ihrer Werkstatt an.
■ Stimmen Sie den Druckschreiber auf den Kompressordruck Ihrer Werkstatt ab.
■ Wählen Sie den passenden Gewindeadapter und den Anschlussschlauch für den Druckverlusttest aus.
■ Stellen Sie Radio und andere Lärmquellen ab.
■ Verdrehen Sie den Motor so weit, bis er am Ende des Verdichtungstaktes oder am Anfang des Arbeitstaktes steht.
■ Ertasten Sie vorsichtig den Kolbenboden mit einem OT-Finder (Bild 73) und verdrehen Sie den Motor bis zu Zünd-OT.
■ Blockieren Sie den Motor (Gang einlegen, Handbremse anziehen). Sollten Sie den Motor mit einem passenden Schlüssel auf der Kurbelwelle festhalten wollen, achten Sie darauf, dass sich der Motor verdrehen kann, sobald der Prüfdruck des Testers auf dem Kolben lastet. Er erzeugt ein nicht unbedeutendes Drehmoment, das Sie eventuell nicht von Hand halten können.

Es besteht Verletzungsgefahr an den Händen durch Abrutschen des Werkzeugs oder Klemmen!

**Messung/Prüfung**

■ Führen Sie den Anschlussschlauch des Druckverlusttesters zuerst in das Glühkerzen- oder Zündkerzenloch des 1. Zylinders ein.
■ Kuppeln Sie den Messschlauch an das Messgerät an.
■ Werten Sie jeden Zylinder einzeln wie unten in der Tabelle beschrieben aus.
■ Wiederholen Sie diesen Vorgang nun für alle Zylinder des Motors, Auswertung (Bilder 75 und 76).
■ Notieren Sie den angezeigten Druckverlust für jeden Zylinder einzeln.

Ein Druckverlust beim 4-Takt-Hubkolbenmotor ist bis zu 15 % zulässig. Über 15 % muss die Ursache gesucht werden.

■ Drehen Sie den Öldeckel ab und achten Sie auf Zischgeräusche aus dem Motorblock.
■ Legen Sie den Kopf auf den Luftfilter

Bild 75

Bild 76

Bild 75
Druckverlust problematisch.

Bild 76
Druckverlust in Ordnung.

| Beschreibung (Bild 75) | Toleranz | Ursache |
|---|---|---|
| Druckverlust zu groß: Zischgeräusch am Ansaugtrakt feststellbar, keine Zischgeräusche am Auspuff feststellbar. | Bis 15 % sind zulässig. | Einlassventil nicht sauber geschlossen, Einlassventil undicht, Einlassventil beschädigt; Steuerzeiten stimmen nicht, Motor steht nicht im Zünd-OT (Arbeitstakt). |
| Druckverlust zu groß: Zischgeräusche am Auspuff feststellbar, keine Zischgeräusche am Ansaugtrakt feststellbar. | Bis 15 % sind zulässig. | Auslassventil nicht sauber geschlossen, Auslassventil undicht, Auslassventil beschädigt, Steuerzeiten stimmen nicht, Motor steht nicht im Zünd-OT (Arbeitstakt). |
| Druckverlust zu groß: Zischgeräusche am Auspuff feststellbar, Zischgeräusche am Ansaugtrakt feststellbar. | Bis 15 % sind zulässig. | Beide Ventile nicht sauber geschlossen, beide Ventile undicht, beide Ventile beschädigt; Steuerzeiten stimmen nicht, Motor steht nicht im Zünd-OT (Arbeitstakt). |
| Druckverlust zu groß: keine Zischgeräusche am Auspuff feststellbar, keine Zischgeräusche am Ansaugtrakt feststellbar. | Bis 15 % sind zulässig. | Druckverlust über Kolben und Zylinder, Kolben und/oder Kolbenringe verschlissen oder defekt, Zylinderkopfdichtung defekt (während der Prüfung »blubbert« der Ausgleichsbehälter). |

oder, besser noch, entfernen Sie den Luftfilter und hören Sie, ob Zischgeräusche aus dem Ansaugtrakt wahrnehmbar sind.

■ Kontrollieren Sie auch am Auspuff, ob hier ein Luftstrom oder ein Zischgeräusch hörbar ist.

## Verschleißmessung am Motor

Zugegeben, in der heutigen Zeit werden diese Arbeiten nur noch selten durchgeführt. Es ist aber nicht so, dass man die Verschleißmessung am Motor nicht mehr benötigen würde. Vielmehr wird sie oft aus Zeitgründen nicht mehr durchgeführt.

Im privaten Bereich legen wir nun aber eher Wert auf eine kostengünstige Reparatur und möchten gerne den Zustand unseres Gefährtes sicher dokumentieren. Sollten Sie den Motor einmal so weit zerlegt haben oder sind auf der Suche nach erhöhtem Ölverbrauch des Motors, können Sie, nachdem Zylinderkopf und Kolben demontiert wurden, den Motorblock ausmessen. Oftmals ist der Kolbenausbau auch am eingebauten Motor realisierbar. Schließlich müssen wir lediglich die Ölwanne abnehmen können, um die Pleuellager abschrauben zu können. Ob und wie weit die Laufleistung oder auch ungünstige Betriebszustände dem Motor zugesetzt haben, muss mit einigen einzelnen Messungen kontrolliert werden. Für die Messungen werden ein Innenmessgerät mit Innentaster, eine Messuhr, ein Messschieber, eine Fühlerlehre sowie eine Bügelmessschraube benötigt. Die Messung beschreibt den Zustand von Zylinder und Kolben. Das Zusammenspiel dieser Bauteile wird durch die Auswertung der Messergebnisse bewertet.

**Messungen am Zylinder**

*Vorbereitung der Messungen:*

■ Demontieren Sie den Zylinderkopf.

■ Reinigen Sie Zylinderlaufbahn und Kolben.

■ Messen Sie mit Hilfe des Messschiebers den Zylinderdurchmesser. Legen Sie anhand dieses Maßes fest, welche Adaptionsstücke in das Innenmessgerät eingebaut werden müssen.

■ Montieren Sie das ausgewählte Adaptionsstück am Innenmessgerät.

■ Führen Sie die Messuhr in die Aufnahme ein. Festgezogen wird sie aber erst, nachdem die Voreinstellung durchgeführt wurde.

■ Richten Sie die Messuhr gerade in der Zylinderlaufbahn aus und stellen Sie mit einer Vorspannung von 2 mm fest.

■ Richten Sie das Grundmaß (entweder das mit dem Messschieber ermittelte und gerundete oder ein vom Hersteller angegebenes) mit der Bügelmessschraube aus.

■ Führen Sie die Feinjustierung des Innenmessgerätes durch.

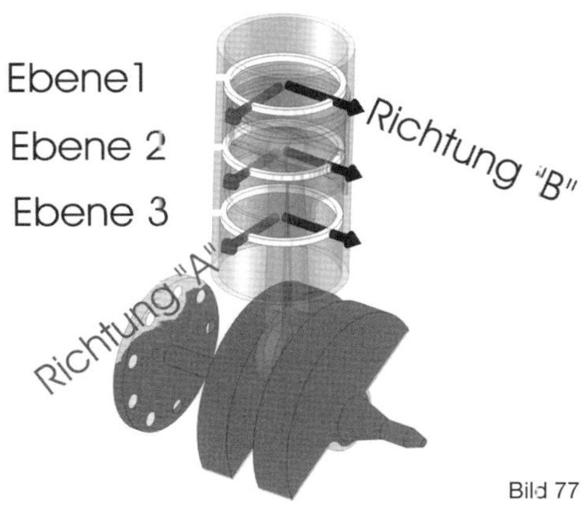


Bild 77

Bild 77
Messebenen und Messrichtungen am Zylinder.

*Messungen:*

■ Als Nächstes wird nun das Innenmessgerät in den zu messenden Zylinder eingeführt. Die Messung der Zylinderbuchse soll den Verschleiß genau darstellen.

Da der Verschleiß im Zylinder in der Regel durch die unterschiedlichen Belastungszustände ungleichmäßig ausfällt, werden die Zylinder in zwei Richtungen und drei Ebenen beurteilt. Die Messrichtung wird in die Richtung »A« und »B« aufgeteilt, wobei »B« dann die Messung in Achsenrichtung der Kurbelwelle und »A« die Messung in Drehrichtung der Kurbelwelle darstellt.

Die Messhöhe nennt sich recht einfach »1«, »2« oder »3«. So wird ein sehr genaues Bild des Zylinderverschleißes dargestellt.

Zuerst einmal sollten alle Messungen in der Richtung »A« gemacht und in das Auswertungsblatt eingetragen werden.

Erst dann werden die Messungen in der Richtung »B« durchgeführt und eingetragen. Das erspart das mehrmalige Einsetzen des Innenmessgerätes in den Zylinder.

■ Führen Sie die Messung in Richtung »A« durch und tragen Sie diese ins Auswerteblatt ein.

■ Führen Sie die Messungen in der Richtung »B« durch und tragen Sie diese in das Auswerteblatt ein.

■ Werte, die über das Grundmaß gehen, werden als »+«-Wert eingetragen.

Werte, die das Grundmaß unterschreiten, werden in der Tabelle als »-«-Wert geführt. Diese Praxis spart viel Rechnerei und somit auch mögliche Fehlerquellen ein.

**Messungen am Kolben**

Nachdem die Messungen festgehalten wurden, werden nun die Kolben gemessen. Die Bügelmessschraube ist nun noch auf das Grundmaß des Zylinders eingestellt.

■ Sie muss nun etwas geöffnet werden. Die Messungen werden grundsätzlich 90° versetzt zur Kolbenbolzenachse durchgeführt.

■ Die Messung erfolgt nach Herstellerangaben am Kolbenhemd (Bild 78). Bei den meisten Herstellern liegt diese Messhöhe bei ca. 1,5 cm vom Hemdende, also vom unteren Ende des Kolbens.

■ Auch hier werden die Messergebnisse im Messprotokoll unter dem Begriff Kolbendurchmesser notiert.

*Kolben und Ölabstreifringe:*

Neben dem Verschleiß am Kolbenhemd können auch die Kolbenringe beziehungsweise die Ölabstreifringe sowie die Ringnuten im Kolben verschleißen. Durch die Bewertung der Kolbenringe mit Stoß- und Höhenspiel kann hier eine ausreichend genaue Aussage über den Zustand der Bauteile getroffen werden.

*Höhenspiel prüfen (Bild 79):*

Der Kolbenring dichtet den Kolben zum Zylinder ab. Er schleift bei jeder Kolbenbewegung an der Zylinderwand entlang. Zwar wird er durch das Motoröl geschmiert, Verschleiß entsteht dennoch. Der Verschleiß der Kolbenringe muss also auch beachtet und vermessen werden.

■ Nun wird der Kolbenring in die Ringnut eingelegt.

Bild 78

Bild 78
Messung des Kolbendurchmessers.

Sichtprüfung

Messen

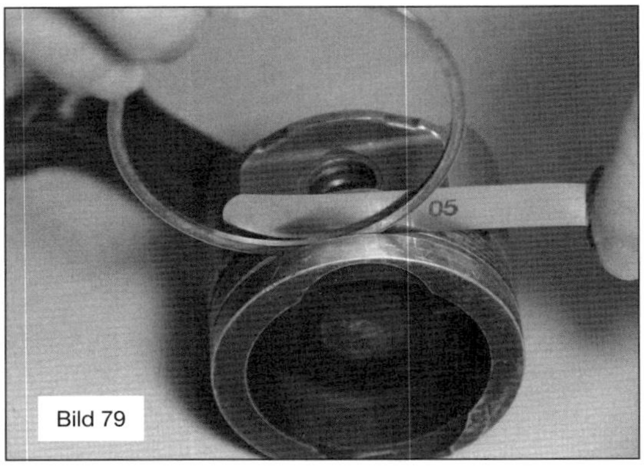

Bild 79

Bild 79
Höhenspielmessung am in die Ringnut eingelegten Kolbenring.

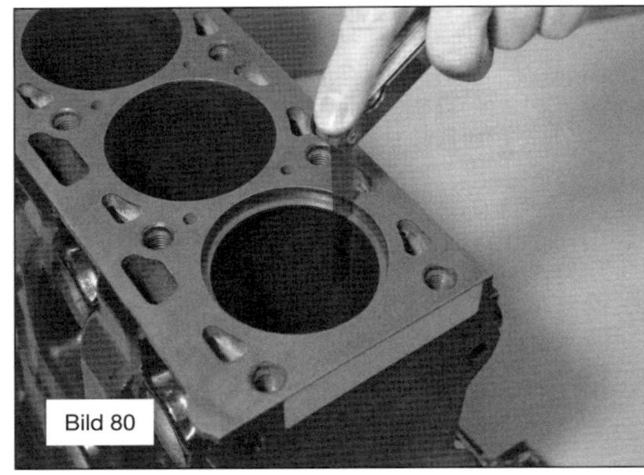

Bild 80

Bild 80
Stoßspielmessung am im Zylinder gerade eingelegten Kolbenring.

■ Mit Hilfe der Fühlerlehre wird nun geprüft, wie groß das Spiel des Kolbenrings nach oben und unten ist.
■ Die Messwerte werden natürlich auch im Auswertebogen festgehalten.

*Stoßspiel prüfen (Bild 80):*
Mit dieser Prüfung wird der Verschleiß des Kolbenringes selbst geprüft.

■ Zuerst einmal muss der Kolbenring genau gerade in den Zylinder eingesetzt werden.
■ Liegt der Kolbenring wie gezeigt im Zylinder, wird nun wiederum mit der Fühlerlehre das Spaltmaß zwischen den beiden Kolbenringenden gemessen.
■ Auch hier muss ein Maß aus den Herstellerunterlagen herausgesucht werden. Über den Daumen darf dieses Maß nicht größer als 1 mm ausfallen.

### Auswertung Zylinder und Kolben

Die Messung ist der eine Teil, die Auswertung der Ergebnisse ist aber mindestens genauso wichtig.

Nachdem nun die Ergebnisse aus den Messungen des Zylinders und der Kolben vorliegen, können wir schon eine Aussage über die Verwendbarkeit von Zylinder und Kolben treffen.
Die folgenden Begriffe können aus den Messwerten ermittelt werden. Die Ergebnisse hieraus stellen wir Ihnen für die einzelnen Begriffe vor.

*Die Ovalität:*
Ovalität ist die Verformung des Zylinders. Sie kann zum einen durch die Einwirkung von Temperatur und zum anderen durch den Verschleiß entstehen. Sie wird als die größte Ovalität angegeben und vergleicht die Ovalität der einzelnen Messebenen eines Zylinders.

*Das Laufspiel:*
Es beschreibt, wie viel Platz zwischen Kolben und Zylinder ist. Auch hier müssen wieder die Herstellerangaben zurate gezogen werden. Als Daumenwert kann von einem Laufspiel von 0,04 mm bis zu 0,09 mm ausgegangen werden.
■ Das Laufspiel errechnet sich, wenn man den Kolbendurchmesser vom größten und dem kleinsten Zylinderdurchmesser abzieht.

### Lagerspiel an Kurbelwelle und Pleuel mit Plastigage messen (Bild 81)

Im Gegensatz zu den Messungen mit dem Innenmessgerät ist die Messung mit Plastigage ungenauer, aber dafür sehr schnell durchzuführen.

Liegen keine besonderen Verschleißspuren oder eigenartig anmutende Lagertragbilder vor, ist diese Messmethode durchaus legitim.

Für die Messung werden die Lager komplett montiert (oder bleiben es). Um gut an die Lagerdeckel heranzukommen, empfiehlt es sich, die Kolben in eine Stellung zu bringen, an der die Lagerdeckel bequem de- und montiert werden können.
■ Demontieren Sie die Lagerdeckel und rei-

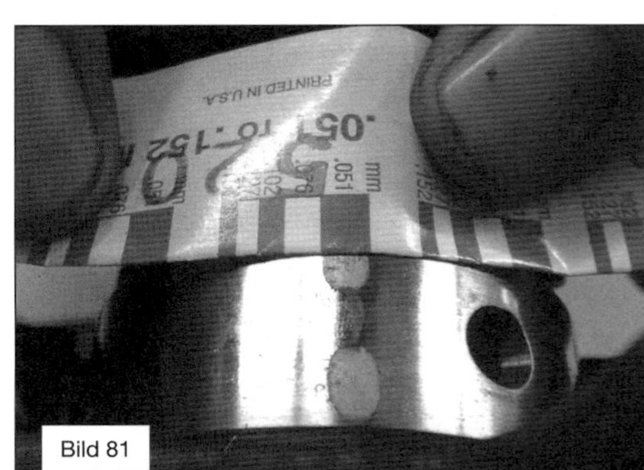

Bild 81

Bild 81
Lagerspielprüfung mit Plastigage.

nigen Sie die Lagerstelle mit einem fusselfreien Lapper.

- Legen Sie einen Messfaden ein und montieren Sie das Lager wieder.
- Ziehen Sie das Lager auf das Solldrehmoment an. Der Messfaden wird nun »platt gedrückt«.
- Nach dem Entfernen des Lagerdeckels lässt sich anhand der Breite des Messfadens mit der mitgelieferten Tabelle das Lagerspiel ermitteln.

### Beurteilen von Planflächen

Für diese Prüfung ist ein Präzisionslineal erforderlich. Das Haarlineal wird auf dem Zylinderkopf aufgelegt und gegen das Licht gehalten. Diese Prüfung über Kreuz und an mehreren Stellen am Zylinderkopf durchgeführt, lässt so die gesamte Fläche des Zylinderkopfes auf Ebenheit prüfen.

### Ventil und Führung beurteilen

*Ventil ausmessen (Bild 82):*
Natürlich gibt es auch Abmessungen am Ventil. Die Tellerbreite und die Ventilsitzbreite gehören auch zu den Abmessungen, die bei der Beurteilung eines Ventils sehr wichtig sind. Daran entscheidet sich, inwieweit ein Ventil wieder eingesetzt, überarbeitet oder erneuert werden muss. In den meisten Fällen ist aber die Überarbeitung nicht zulässig und auf das Einläppen oder Einschleifen beschränkt.

*Ventilschlag ausmessen:*
Um den Ventilschlag beurteilen zu können, muss das Ventil spielfrei gelagert werden. Das geht schon recht gut auf einem Messprisma. Besser jedoch ist die Aufnahme in einer Ventilprüfvorrichtung. Beurteilt werden der Ventilschlag am Ventilteller und in der Mitte des Schaftes.

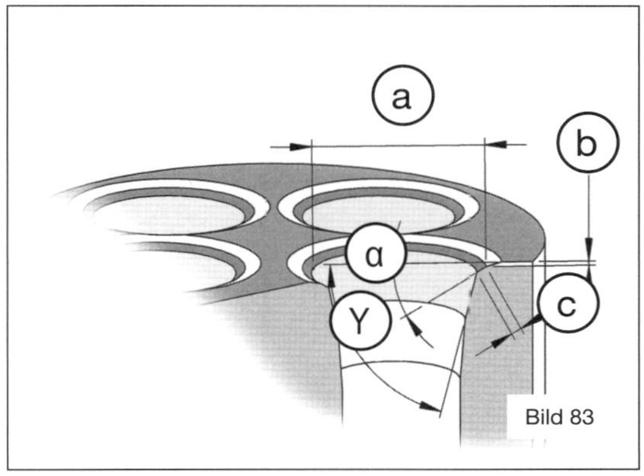


Bild 83

Bild 83
Abmessungen am Ventilsitz.
a Ventiltellerdurchmesser
b Maximales Nachbearbeitungsmaß
c Sitzbreite
α Sitzwinkel
Y Korrekturwinkel innen

*Ventilführung ausmessen:*
Auch diese Messung ist mit Hilfe einer Messuhr recht einfach zu bewerkstelligen. Das Ventil wird ohne Ventilfedern, Klemmstücken und Ventilschaftdichtung eingeführt. Nun wird das Kippen des Ventils mit einer Messuhr erfasst. Auch hier gelten durchaus unterschiedliche Werte, die von den jeweiligen Motorenherstellern vorgegeben werden. Auch muss darauf geachtet werden, dass die Messlänge (also das Maß, um das das Ventil aus dem Kopf herausragt) eingehalten wird.

## Kolbenüberstand ausmessen

Der Kolben ragt grundsätzlich über die Ebene des Zylinder hinaus. Wenn Arbeiten am Kurbeltrieb durchgeführt wurden, muss der Überstand neu ausgemessen werden und eine entsprechende Kopfdichtung ausgewählt werden.

- Bauen Sie einen Messuhrhalter auf dem Zylinderblock auf.
- Stellen Sie den zu messenden Kolben in die OT-Stellung.
- Erfassen Sie die Ebene für den Zylinderblock und stellen Sie die Messuhr auf »0« ein.

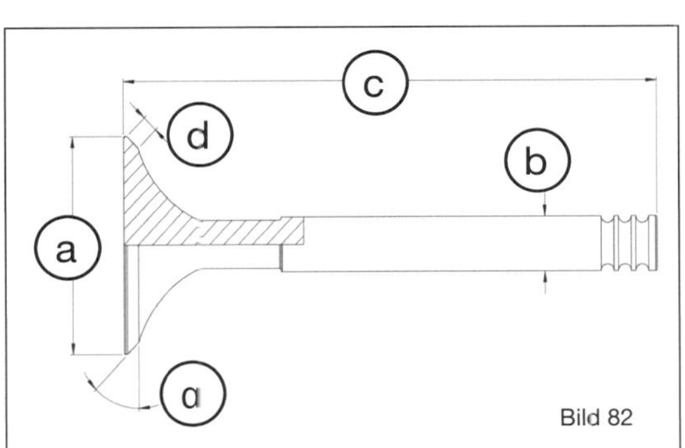


Bild 82

Bild 82
Abmessungen am Ventil.
a Tellerdurchmesser
b Schaftdurchmesser
c Ventillänge
d Sitzbreite
α Sitzwinkel

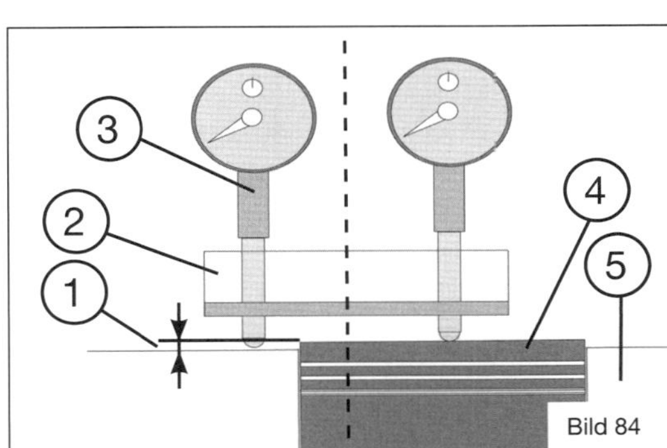


Bild 84

Bild 84
Kolbenüberstandsmaß.
1 Kolbenüberstand
2 Messuhrhalter
3 Messuhr
4 Kolben
5 Zylinderblock

■ Heben Sie die Messspitze leicht an und schwenken Sie die Messuhr auf den Kolbenboden.

Über die Zuordnungstabelle lässt sich nun die richtige Dicke der Zylinderkopfdichtung auswählen. Die Zylinderkopfdichtung ist in der Regel mit Bohrungen neben der Teilenummer versehen, die die unterschiedlichen Dicken über die Anzahl der Bohrungen kennzeichnet. Erfragen Sie die richtige Dichtungsstärke im Zweifel bei der Teilebestellung.

## Antriebseinheit ausbauen

Im weiteren Arbeitsablauf muss die Batterie abgeklemmt werden. Prüfen Sie deshalb bitte, ob ein codiertes Radio eingebaut ist. Gegebenenfalls ist vorher die Anti-Diebstahl-Codierung zu erfragen.

Der Motor wird bei allen Varianten zusammen mit dem Getriebe nach unten ausgebaut. Alle Kabelbinder, die beim Motorausbau gelöst oder aufgeschnitten werden, sind beim Motoreinbau an der gleichen Stelle wieder zu befestigen. Offene Leitungen und Leitungsanschlüsse mit sauberen Stopfen aus dem Verschlussstopfenset für Motor verschließen. Fangen Sie abgelassenes Kühlmittel zur Entsorgung oder Wiederverwendung nach Herstellervorgaben in einem sauberen Behälter auf.

**Vorbereitungen mit Tester**

Der Testereinsatz zu diesem Zeitpunkt ist sehr wichtig. Nicht, dass Sie nach der Montage einen Fehler suchen, den Sie sich »gefühlt» selbst eingebaut haben, der aber schon vor den Montagearbeiten vorhanden war.

■ Vorher die Ereignisspeicher der Steuergeräte mit dem Fahrzeugdiagnosetester abfragen.

■ Fehlereinträge notieren und die Abarbeitung mit einbeziehen.

**Grundsätzliches zum Motorausbau**

Die Antriebseinheit besteht aus Motor und Getriebe. Sie wird aus Platzgründen zusammen ausgebaut.

Sollen Motor und Getriebe nach dem Ausbau getrennt werden, ist es sinnvoll, vor dem Absetzen der Antriebseinheit die unteren Verschraubungen zwischen Motor und Getriebe herauszudrehen.

⚠ Die Antriebseinheit hat ein hohes Gewicht. Achten Sie immer darauf, dass die verwendeten Hubgeräte nicht überlastet werden und die Antriebseinheit gut gesichert ist.

Bei Fahrzeugen mit Luftfederung besteht die Gefahr, dass beim Anheben des Fahrzeugs die Dämpfereinheiten oder genauer die Luftbälge beschädigt werden.

■ Wählen Sie über den rechten Drehschalter in der Mittelkonsole die letzte Position »X´tra-Level« an und warten Sie bei eingeschalteter Zündung das Anheben der Karosserie durch die Luftfederung ab.

■ Drücken Sie die Taste »Lock« in der Mittelkonsole für etwa 5 Sekunden. Der Wagenhebermodus wird im Display angezeigt und die Kontrollleuchte im Schalter blinkt.

⚠ Achten Sie darauf, dass die beiden Hälften der entkoppelbaren Stabiliatoren gekoppelt sind. Es besteht Verletzungsgefahr bei unbeabsichtigtem Einkoppeln.

**Vorbereitung karosserieseitig**

Um ausreichend Platz zu gewinnen, um den Motor zusammen mit dem Getriebe nach unten auszubauen, müssen diverse Bauteile demontiert werden. Die Platzverhältnisse sind sehr beengt. Es macht keinen Sinn, das Getriebe im Fahrzeug zu belassen. Das An- und Abflanschen und die Stabilisierung des Getriebes ist zu aufwendig.

⚠ Das Fahrzeug grundsätzlich auf der Hebebühne mit Spanngurten gegen Abrutschen oder Kippen sichern. Beim Ausbau der Antriebseinheit findet eine erhebliche Gewichtsverlagerung statt.

■ Klemmen Sie zuerst die Batterie unter dem Fahrersitz, dann die Zweitbatterie im Kofferaum ab.

■ Stellen Sie das Getriebe in Neutralstellung.

■ Bauen Sie die Räder ab. So können Sie für die Arbeiten im Motorraum durch eine größere Absenkmöglichkeit auf der Bühne eine bequemere Arbeitshöhe erreichen.

Die Antriebseinheit wird zusammen mit dem Fahrschemel ausgebaut und abgelassen. Die ursprüngliche Position des Aggregateträgers zum Aufbau kann mit der Fixiervorrichtungen »VW T10300« festgehalten werden. Die Voraussetzung für den Einsatz der Fixiervorrichtungen sind Gummimetalllager mit einer runden Bohrung für die Befestigungsschraube.

Zum Serienanlauf wurden auch Gummimetalllager mit einer viereckigen Bohrung verbaut, Aggregateträger mit diesen Gummimetalllagern können nicht fixiert werden. Bauen Sie die Fixiervorrichtungen immer erst kurz vor dem Absenken des Aggregateträgers oder der Vorderachse ein.

■ Demontieren Sie die Geräuschdämmung über dem Motor.

■ Bauen Sie die Geräuschdämmung unter dem Motor aus.

■ Demontieren Sie die Radhausschalen rechts und links.

**Schaltbetätigung Mittelkonsole**

■ Den Schaltsack für den Schaltknopf nach oben von der Mittelkonsole abziehen.

■ Den Schaltsack über den Schaltknopf stülpen und die Klemmschelle mit einer Zange vorsichtig durchtrennen.

■ Durchtrennen Sie die Schelle mit der Zange waagerecht, um den Schaltknopf und den Schaltsack nicht zu beschädigen.

■ Den Schaltknopf mit Abdeckung abziehen.

■ Die Geräuschdämpfung aus der Mittelkonsole herausnehmen.

■ Bauen Sie den Aschenbecher aus und nehmen Sie die Abdeckung für Schaltbetätigung von der Mittelkonsole ab

*Fahrzeuge mit »AUX-in« Buchse im Ablagefach:*

■ Stecken Sie einen kleinen Schraubendreher in die Öffnung des Steckkontaktes.

■ Drücken Sie den Schraubendreher nach unten und entriegeln die Verrastung des Steckkontaktes.

■ Ziehen Sie den Steckkontakt zuerst im unteren Bereich aus der Öffnung heraus.

■ Entsichern Sie den Aschlussstecker und ziehen Sie den Leitungsstrang vom Stecker ab.

*Fahrzeuge mit Lampe im Ablagefach:*

■ Hebeln Sie mit dem Montagekeil » VW T10039/1« die Lampe oben in Fahrtrichtung aus dem Ablagefach heraus.

■ Ziehen Sie die Leuchte nach oben aus dem Ablagefach heraus, entsichern Sie den Stecker und trennen Sie den Stecker der Leuchte vom Leitungsstrang.

*Weiter für alle Fahrzeuge:*

■ Ziehen Sie das Ablagefach aus der Mittelkonsole heraus.

■ Drehen Sie die beiden Schrauben hinten aus der Abdeckung heraus und nehmen Sie die Abdeckung heraus.

■ Drehen Sie die vordere Blechschraube des Schaltgehäuses an der Mittelkonsole heraus.

■ Drehen Sie die beiden vorderen Sechskantschrauben für die Befestigung an der Karosserie heraus.

■ Drehen Sie die hinteren Blechschrauben des Schaltgehäuses an der Strebe der Mittelkonsole heraus.

■ Drehen Sie die beiden hinteren Sechskantschrauben für die Befestigung an der Karosserie heraus.

■ Legen Sie die Schaltbetätigung auf dem Getriebe ab.

**Vorbereitungen am Motorheber**

Die Antriebseinheit wird über einen Montagetisch abgelassen. Geeignet sind hier Scherenhubtische mit einer Hubkraft von etwa 1000 kg und Möglichkeiten die Antriebseinheit zu verzurren und zu unterbauen.

Eine Alternative ist die Antriebseinheit auf einem stabilen Montagetisch, wie im Bild 1 in Kapitel 3 vorgestellt, zu unterbauen und das Fahrzeug mit der Hebebühne entsprechend anzuheben oder abzusenken. Allerdings müssen Sie eine ausreichende Hubhöhe einplanen, um die Antriebseinheit unter dem auf der Hebebühne angehobenen Fahrzeug herausziehen zu können.

**Vorbereitung von unten**

■ Lassen Sie das Kühlmittel ab.

■ Bauen Sie den Schalldämpfer und das Abgasendrohr (soweit vorhanden) aus.

■ Soweit verbaut, demontieren Sie die Geräuschdämmung an der Ölwanne.

■ Bauen Sie die beiden Antriebswellen vorne aus.

■ Bauen Sie das Wärmeschutzblech über der Gelenkscheibe der Kardanwelle ab.

■ Drehen Sie die Schrauben der Gelenkscheibe zum Flansch am Getriebe heraus.

■ Ziehen Sie die Kardanwelle gerade vom Getriebe ab.

Wird der Dichtring in der Kardanwelle beschädigt, muss nach Herstellervorgaben die Kardanwelle ersetzt werden.

■ Bauen Sie die Kardanwelle komplett aus.

■ Demontieren Sie die Kühlmittelleitungen an der Fahrzeugfront unten.

■ Bauen Sie den Kühlmittelschlauch unten zur Heizungsunterstützungspumpe (elektrische Wasserpumpe) ab.
■ Trennen Sie die elektrischen Leitungen zwischen Antriebseinheit und Karosserie, die von unten erreicht werden können.
■ Demontieren Sie die Leitungen und Schläuche zwischen Motor und Karosserie, die Sie von unten erreichen.

**Arbeiten im Motorraum**
■ Demontieren Sie den Ladeluftschlauch zwischen Ladeluftkühler und Drosselklappenmodul.
■ Ziehen Sie die Unterdruckschläuche für das AGR-Ventil, die Saugrohrumschaltung und den Abgasturbolader ab.
■ Ziehen Sie die Motorgehäuseentlüftung am Ventildeckel (Zylinderkopfhaube) ab.
■ Lassen Sie das Kältemittel der Klimaanlage absaugen und fachgerecht entsorgen. Schrauben Sie das Starter- und das Generatoranschlusskabel vom Plusanschluss im Motorraum ab.
■ Klemmen Sie die Kraftstoffvorlauf- und die Kraftstoffrücklaufleitung vom Kraftstofffilter ab.
■ Lösen Sie die Schlauchschelle und klemmen Sie den Schlauch zur Servopumpe ab.
☞ Fangen Sie austretende Restflüssigkeit auf und verschließen Sie die Anschlüsse beidseitig mit passenden Stopfen.
■ Ziehen Sie die den Unterdruckversorgungsschlauch für den Bremskraftverstärker an der Tandempumpe ab.
■ Demontieren Sie die Kühlmittelschläuche zwischen Motor und Karosserie.
■ Entsichern Sie die Steckkontakte und ziehen Sie die Anschlusskabel zu den Glühkerzen ab.
■ Legen Sie die abgeklemmten Leitungen, die an der Antriebseinheit verbleiben, auf dem Motor ab und sichern Sie diese mit einem Kabelbinder.
■ Legen Sie die abgeklemmten Leitungen, die an der Karosserie verbleiben, an der Karosserie ab und sichern Sie diese mit einem Kabelbinder.
■ Ziehen Sie die Dichtung zwischen Wasserkasten und Motorraum ab.
■ Demontieren Sie die Wasserkastenabdeckung.
■ Lösen Sie das Motorsteuergerät aus seiner Halterung.
■ Entsichern Sie die Steckkontakte und ziehen Sie sie ab.
■ Schrauben Sie den Masseanschluss des Kabelstrangs zum Motorsteuergerät ab.
■ Öffnen Sie den Sicherungskasten links im Wasserkasten und entsichern Sie die drei Anschlussstecker des Motorkabelstrangs.
■ Nehmen Sie den Kabelstrang heraus und und legen Sie ihn sicher auf dem Motor ab.
■ Lösen Sie den Entlüftungsschlauch des Getriebes aus den Befestigungsclips.
■ Klemmen Sie den Masseanschluss des Motors ab.
■ Bei Fahrzeugen mit Luftfederung bauen Sie den Luftanschluss an den beiden vorderen Dämpfern ab und verschließen Sie beide Anschlüsse und Leitungen mit passenden Stopfen.
■ Entsichern Sie die Anschlussstecker zu den Höhensensoren und ziehen Sie die Stecker ab.
■ Sichern Sie die Federbeine vorne an der Karosserie.
■ Demontieren Sie die Scheibenwischer und die Abdeckungen des Wasserkastens.
■ Drehen Sie die Verschraubungen zum Lagerbock oben der Stoßdämpfer heraus.
☞ Auf der rechten Seite finden Sie die Verschraubungen unter dem Halter des Motorsteuergerätes. Die linke Seite ist rund um den Vorratsbehälter der Bremsflüssigkeit zugänglich.
■ Ziehen Sie den Kühlmittelschlauch von der elektrischen Wasserpumpe ab.
■ Demontieren Sie den Luftschlauch zwischen Turbolader und Ladeluftrohr.
■ Demontieren Sie die Anschlussschläuche der Zusatzheizung und befestigen Sie sie außerhalb des Arbeitsbereiches an der Karosserie.
■ Demontieren Sie das Wärmeschutzblech vom Lenkgetriebe.
■ Drehen Sie Schraube des Kreuzgelenkes am Lenkgetriebe heraus und ziehen Sie das Kreuzgelenk vom Lenkgetriebe ab.
⚠ Unkontrolliertes Wegdrehen der Lenksäule nach dem Abziehen des Kreuzgelenkes kann zu Schäden an der Wickelfeder zum Lenkrad führen. Es ist nun kein Lenkanschlag mehr vorhanden. Sichern Sie die Lenksäule (am Lenkrad) gegen Verdrehen.
■ Bauen Sie die Halterung des Katalysators am Unterboden ab.
■ Lösen Sie die Doppelschelle der Abgas-

anlage und schieben Sie sie nach hinten auf das Rohr auf.
■ Soweit noch nicht erfolgt, bauen Sie die Kardanwelle aus.
■ Klemmen Sie den Anschlussschlauch zum Kühler für Servoöl ab.
■ Fangen Sie das ablaufende Servoöl auf und entsorgen Sie es fachgerecht.
■ Verschließen Sie die Öffnungen mit passenden Stopfen.

*Fahrzeuge mit Automatikgetriebe:*
■ Entsichern Sie die Steckerverbindungen am Getriebe und am Verteilergetriebe und ziehen Sie sie ab.
■ Bauen Sie den Wahlhebelzug mit seinem Halter am Getriebe ab.
■ Lösen Sie die Anschlussschläuche zum Automatikgetriebekühler.
■ Fangen Sie das ablaufende Automatiköl auf und entsorgen Sie es fachgerecht.
■ Verschließen Sie die Öffnungen mit passenden Stopfen.

*Fahrzeuge mit Schaltgetriebe:*
■ Bauen Sie den Kupplungsnehmerzylinder aus. Die Arbeiten werden wir im Kapitel 10 »Kraftübertragung» im Detail vorstellen.
■ Fangen Sie die ablaufende Bremsflüssigkeit auf und entsorgen Sie sie fachgerecht.
■ Verschließen Sie die Öffnungen mit passenden Stopfen.

*Weiter für alle Fahrzeuge:*
■ Bauen Sie die Getriebetraverse aus.
■ Bauen Sie die Bremsschläuche vorne rechts und links am Übergang zwischen Karosserie und Bremsschlauch ab.
■ Fangen Sie die ablaufende Bremsflüssigkeit auf und entsorgen Sie sie fachgerecht.
■ Verschließen Sie die Öffnungen mit passenden Stopfen.

⚠ Das Fahrzeug grundsätzlich auf der Hebebühne mit Spanngurten gegen Abrutschen oder Kippen sichern. Beim Ausbau der Antriebseinheit findet eine erhebliche Gewichtsverlagerung statt.

👁 Kontrollieren Sie, ob alle Leitungen, Schläuche und Anschlüsse zwischen Fahrzeug und Antriebseinheit getrennt und aus dem Arbeitsbereich entfernt wurden.

■ Lassen Sie die Antriebseinheit vorsichtig nach unten ab, beziehungsweise heben Sie das Fahrzeug vorsichtig an.

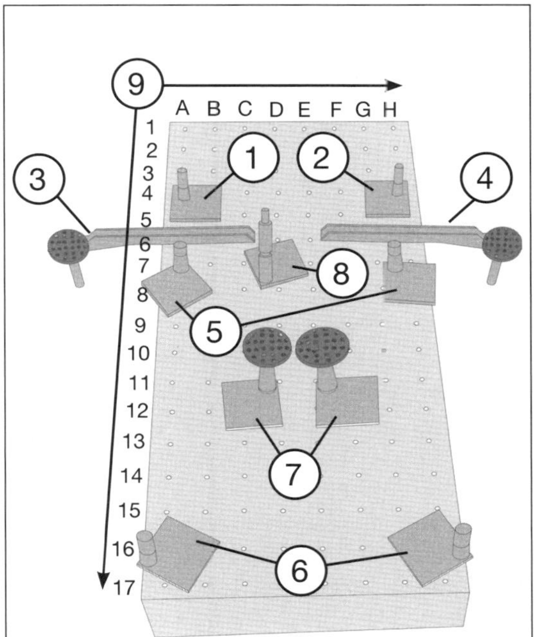

Bild 85

Bild 85
Aufbau der Aufnahme auf dem Scherenhubtisch.
1 Stütze VAS 6131/6-1
2 Stütze VAS 6131/6-2
3 Stütze VAS 6131/6-3
4 Stütze VAS 6131/6-4
5 Stütze VAS 6131/6-5
6 Stütze VAS 6131/6-6
7 Stütze VAS 6131/6-7
8 Stütze VAS 6131/6-8
9 Positionsraster der Verschraubungen auf dem Hubtisch

**Ausrichten des (Hub-) Tisches**
Da die wenigsten Leser den originalen Scherenhubtisch zur Demontage zur Verfügung haben, werden wir hier keine maßgenaue Positionierung der Auflagerungen angeben. Wir benennen Ihnen aber die wichtigsten Stützpunke und deren ungefähre Lage anhand des Bildes 85.
■ Richten Sie die beweglichen Punkte beim Aufsetzen auf den Hubtisch aus.

| Stütze | Verschraubung |
|---|---|
| 1 | A5, B4 und B5 |
| 2 | G4, H4 und H5 |
| 3 | A6 und B5 |
| 4 | F6 und H6 |
| 5 | A8 und H8 ausrichten |
| 6 | B16 und G16 ausrichten |
| 7 | C12 und F12 ausrichten |
| 8 | D7 ausrichten |

Die Montage erfolgt sinngemäß in umgekehrter Reihenfolge.
■ Bei Schaltfahrzeugen das Kupplungsbetätigungssystem entlüften.
■ Entlüften Sie das Kühlsystem.
■ Prüfen Sie die Funktionen aller Systeme.
■ Führen Sie eine Probefahrt durch und fragen Sie anschließend den Fehlerspeicher mit dem Diagnosetester ab.

# 5 Motorschmierung

Alle Stellen im Motor, an denen Metalle aufeinander gleiten, müssen ständig mit Öl versorgt werden: Kolben, Zylinderlaufbahnen, die Lager von Kurbelwelle und Nockenwelle. Kein Triebwerk des VW Touareg hielte mehr als einige wenige Minuten ohne passende Schmierung durch. Damit das Öl seine Aufgabe erfüllen kann, strömt es im Motorblock durch ein System von Leitungen und feinen Bohrungen an die richtige Adresse. Eine wichtige Rolle in diesem Kreislauf spielt die Ölpumpe. Sie holt über das Ölsaugrohr das Motoröl aus der Ölwanne und drückt es in die Leitungen. Zuvor muss die Flüssigkeit den im Hauptstrom des Schmiersystems sitzenden Ölfilter passieren. Dort werden Verunreinigungen wie Ruß, Metallabrieb und Staub herausgefiltert. Ein Überdruckventil an der Pumpe öffnet bei zu hohem Druck, sodass ein Teil des Öls in die Ölwanne zurückfließen kann. Der Motor verbraucht Öl, weil es teilweise in den Verbrennungsraum gelangt und dort verbrennt. Ein undichter Motor, defekte Ventilschaftabdichtungen, auch falsch eingebaute Kolbenringe oder zu viel Spiel zwischen Ventilführung und Ventilschaft treiben den Verbrauch in die Höhe. Wenn der Motor technisch in Ordnung ist, verbraucht er allerdings so wenig, dass zwischen den Ölwechselintervallen nichts oder nur eine geringe Menge nachgefüllt werden muss.

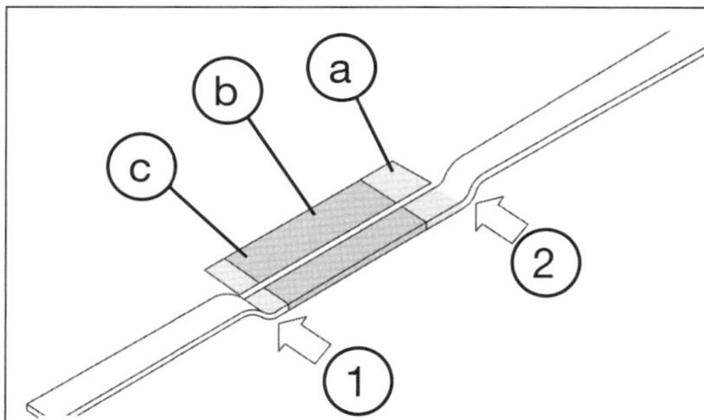

Bild 1

Bild 1
Markierungen an Ölmessstäben in Flachmetallform.
- a Kein Öl nachfüllen
- b In diesem geriffelten Feld kann Öl nachgefüllt werden
- c Öl muss unbedingt nachgefüllt werden.
- Pfeile: Markierungen für maximalen (1) und minimalen (2) Füllstand

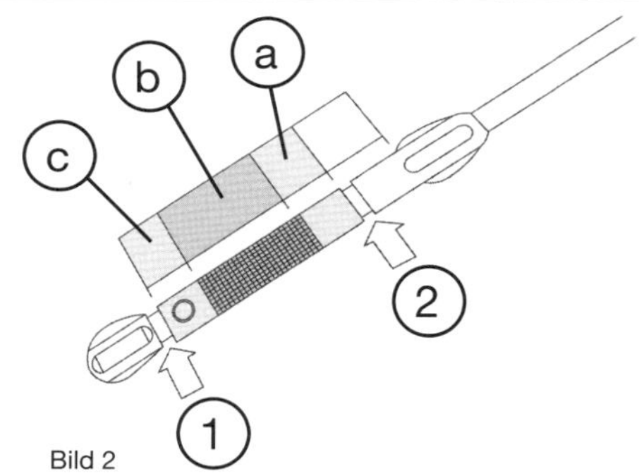

Bild 2

Bild 2
Markierungen an Ölmessstäben in Kunststoffausführung.
- a Öl muss unbedingt nachgefüllt werden
- b In diesem geriffelten Feld kann Öl nachgefüllt werden
- c Kein Öl nachfüllen
- Pfeile: Markierungen für maximalen (1) und minimalen (2) Füllstand

## Motorölstand prüfen

■ Das Fahrzeug zum Messen des Ölstandes waagerecht abstellen. Motor abstellen und mindestens drei Minuten warten, damit das Öl in die Wanne zurückfließen kann.
■ Ölmessstab herausziehen, mit einem sauberen Putzlappen abwischen und den Messstab wieder bis zum Anschlag hineinschieben.
■ Messstab anschließend wieder herausziehen und Ölstand ablesen (Bilder 1 und 2).
☞ Die Bilder zeigen die hauptsächlich eingesetzten Varianten des Messstabs, es gibt aber noch andere Ausführungen.

Das in den Bildern gezeigte Prinzip gilt jedoch generell. Die Markierungen besagen:
■ Bei Ölstand oberhalb der Markierung »a« (Max-Marke Pfeil 1) besteht die Gefahr von Katalysatorschäden.
■ Bei Nachfüllen im Bereich »b« kann es vorkommen, dass der Ölstand danach im Bereich »a« steht.
■ Beim unbedingt nötigen Nachfüllen von Öl im Bereich »c« genügt es, dass danach der Ölstand im Messfeld »b« (geriffeltes Feld) steht. Bei Ölstand unterhalb der c-Markierung (Min-Marke Pfeil 2) etwa 0,5 Liter Öl (bis zur a-Markierung) auffüllen.

## Motoröl ablassen oder absaugen, Motoröl auffüllen

**Ölwechsel mit Altölauffang- und Absauggerät**

■ Öleinfüllverschlussdeckel abnehmen und Motoröl mit Altölauffang- und Absauggerät absaugen.
☞ Der Motorölwechsel mit einem Altölauffang- und Absauggerät sollte nach Möglichkeit bei betriebswarmem Motor durchgeführt werden.

**Öl über Schraube ablassen**

■ Fahrzeug anheben, Ölablassschraube unten in der Ölwanne herausdrehen und das austretende Öl auffangen.

■ Neue Ölablassschraube mit Dichtring handfest einschrauben und mit 30 Nm anziehen. Das Drehmoment darf nicht überschritten werden. Ein zu hohes Drehmoment könnte zu Undichtigkeiten oder sogar zu Beschädigungen im Bereich der Ölablassschraube führen.

■ Ölfilter ersetzen (im Anschluss).

**Motoröl einfüllen**

Werkseitig ist ein Qualitätsmehrbereichsöl eingefüllt, das außer in extrem kalten Klimazonen als Ganzjahresöl gefahren werden kann. Die Motoren benötigen die in der Tabelle im Kapitel 16 angegebenen Ölfüllmengen mit Ölfilterwechsel, der immer zum Ölwechsel gehört.

Wird der Filter nicht ausgebaut und gewechselt, werden rund 0,5 Liter weniger Öl benötigt. Beim Nachfüllen und beim Ölwechsel muss unbedingt die Spezifikation beachtet werden, wie sie der Hersteller vorschreibt.

■ Einfüllöffnung aufschrauben, Öl gemäß Spezifikation (VW/Audi-Freigabe) möglichst mit Trichter auffüllen.

■ Öleinfüllverschlussdeckel wieder aufschrauben.

■ Motor anlassen und auf Undichtigkeiten prüfen.

■ Motorölstand erneut prüfen und ggf. Öl nachfüllen.

■ Nachdem Öl erneut nachgefüllt worden ist, mindestens drei Minuten warten und dann erneut Ölstand prüfen.

■ Soweit verbaut, die Geräuschdämpfung einbauen und Fahrzeug ablassen.

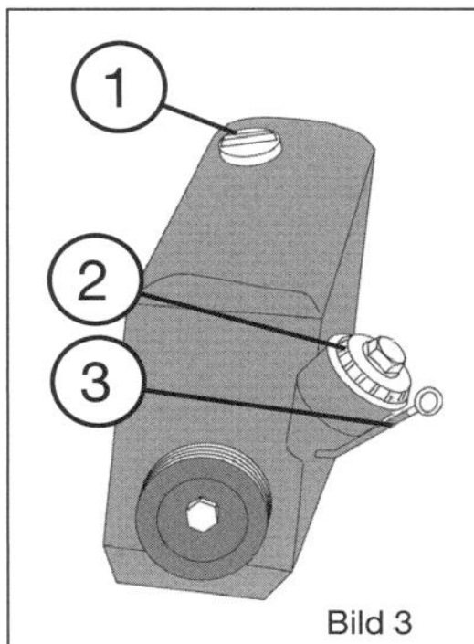

Bild 3

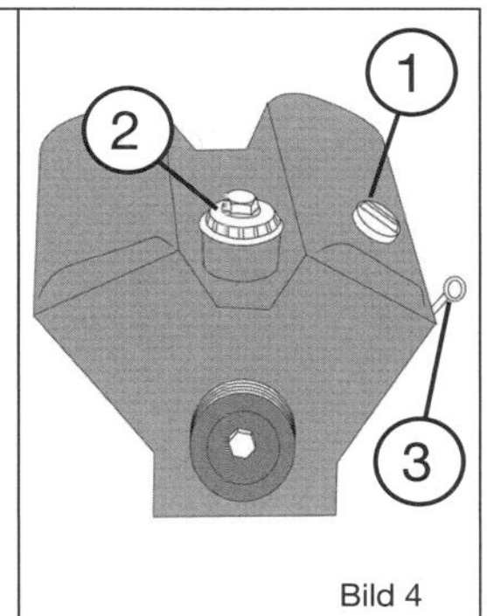

Bild 4

Bild 3
Einbauposition Ölservice beim 2,5-l-TDI-Motor (R5).
1 Einfülldeckel
2 Ölfilterverschluss
3 Ölpeilstab

Bild 4
Einbauposition Ölservice beim 3,0-l-TDI-Motor (V6).
1 Einfülldeckel
2 Ölfilterverschluss
3 Ölpeilstab

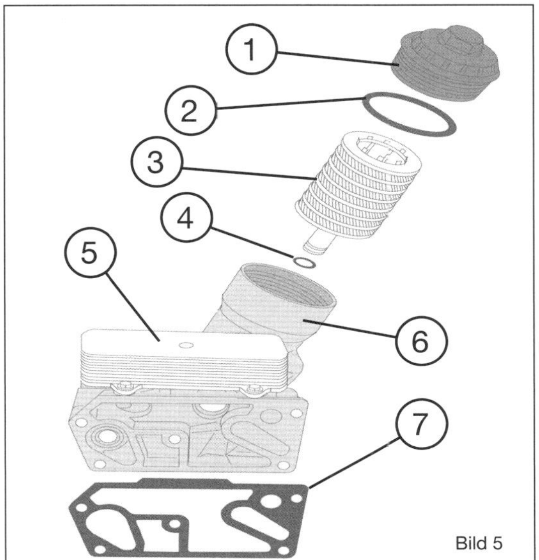

Bild 5

Bild 5
Einbauposition Ölservice beim 3,0-l-TDI-Motor (V6).
1 Verschlussdeckel
2 Dichtring
3 Filtereinsatz
4 Dichtring
5 Ölkühler
6 Ölfiltergehäuse
7 Dichtung

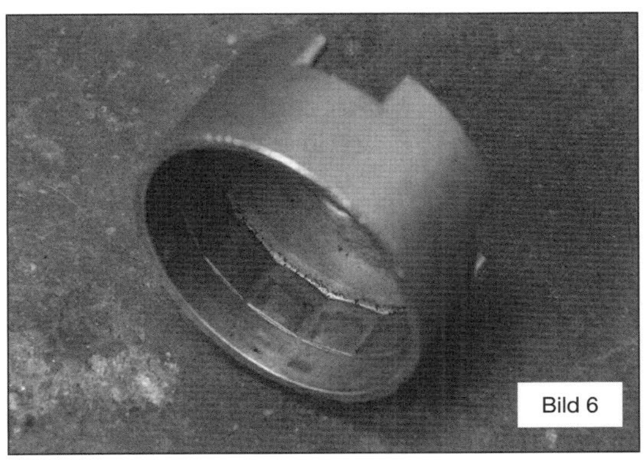
Bild 6

Bild 6
Adapter für Ölfilter und Deckeldemontage.

## Ölfiltereinsatz wechseln

Zum Einsatz kommet hier je eine typische Bauart für die unterschiedlichen Motortypen.

■ Reinigen Sie den Montagebereich von Ölrückständen.

■ Lassen Sie das Motoröl ablaufen.

■ Drehen Sie den Deckel (1) los und lassen Sie das darin enthaltene Restöl ablaufen.

■ Nehmen Sie den Deckel (1) zusammen mit dem Ölfiltereinsatz (3) heraus.

■ Nehmen Sie die Dichtringe (4) aus dem Deckel (2) heraus.

■ Reinigen Sie Deckel und Ölfiltergehäuse.

■ Setzen Sie den neuen Ölfilter ein und ziehen Sie den Deckel handfest an.

■ Ziehen Sie den Deckel mit etwa 25 Nm nach.

Ein Montageschlüssel wie im Bild 6 abgebildet, kann hier sehr hilfreich sein.

Bild 7
Ölkühler am R5-TDI-Motor.
1 Filterdeckel
2 Dichtring
3 Schrauben
4 Ölkühler
5 Filtereinsatz
6 Dichtring
7 Filtergehäuse
8 Dichtringe
9 Dichtung

## Ölkühler aus- und einbauen

Der Ölkühler stellt eine Schnittstelle zwischen Kühlmittel und Motoröl dar. Er kann also bei Undichtigkeiten Wasser und/ oder Ölverlust verursachen. Der Verlust kann nach innen (Öl im Kühlmittel oder Kühlmittel im Öl) oder nach außen (abtropfendes Öl oder Kühlmittel) verursachen.

**Vorbereitungsarbeiten**

- Demontieren Sie die Motorabdeckung oben und unten. Diese Arbeiten haben wir im Kapitel 4 vorgestellt.
- Ziehen Sie den Schlauch an der Kühlmittelzusatzpumpe ab und lassen Sie das Kühlmittel ablaufen.
- Fangen Sie das Kühlmittel auf und entsorgen Sie es fachgerecht.

**Demontage des Ölkühlers beim R5-TDI**

- Bauen Sie den Kühlmittelschlauch am Ölfiltergehäuse ab.
- Bauen Sie den Klimakompressor ab und befestigen Sie ihn mit Kabelbindern am Aufbau ohne die Anschlüsse zu demontieren.
- Legen Sie das Umfeld um den Ölkühler mit saugfähigen Lappen aus und drehen Sie die Schrauben (3 im Bild 7) heraus.
- Nehmen Sie den Ölkühler (4) gerade nach oben ab.

**Demontage des Ölkühlers beim V6-TDI**

Ölverlust rund um den Ölkühler ist gerade beim V6-Motor nicht unbekannt. Oft treten dann hier größere Ölmengen aus, die aufgrund der schlechten Einsehbarkeit nicht genau geortet werden können. In der Regel ist der Ölkühler, das Filtergehäuse oder eine Dichtung für den Ölverlust verantwortlich, der irgendwo zwischen den Zylinderbänken auftritt und dann hinten oder vorne abläuft.

- Bauen Sie das Saugrohroberteil aus.
- Bauen Sie das Saugrohrunterteil links und rechts aus.
- Demontieren Sie den Zahnriemen für die Hochdruckpumpe.
- Bauen Sie die Hochdruckpumpe aus.
- Demontieren Sie den Kühler für die Abgasrückführung.
- Legen Sie das Umfeld um den Ölkühler mit saugfähigen Lappen aus und drehen Sie die 9 Schrauben des Ölkühlers heraus.

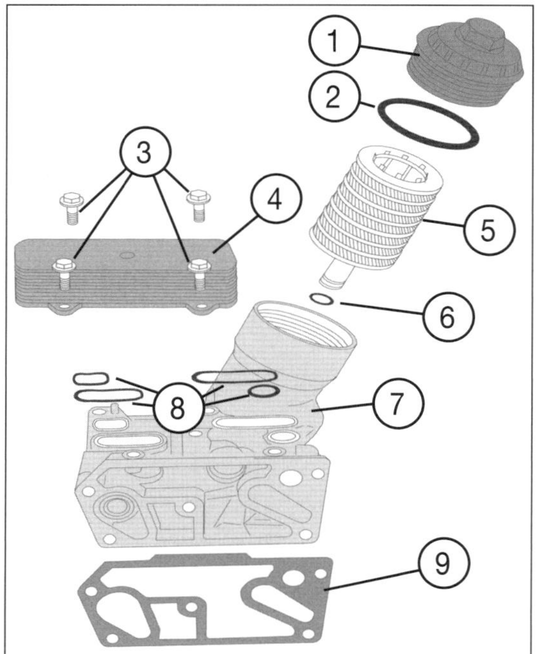

Bild 7

- Nehmen Sie den Ölkühler (4) gerade nach oben ab.

Die Montage erfolgt sinngemäß in umgekehrter Reihenfolge.

Prüfen Sie im Zweifel die Dichtigkeit des Ölkühlers über einen Drucktest.

- Reinigen Sie die Dichtflächen gründlich.
- Ersetzen Sie die Dichtringe und Dichtungen.
- Führen Sie einen Ölwechsel durch.

## Ölwanne aus- und einbauen

**Vorbereitungen zur Demontage**

Auch die Demontage der Ölwanne ist bei Touareg recht aufwendig. Für die Demontage muss der Aggregateträger ausgebaut werden.

- Fahren Sie das Fahrzeug auf die Hebebühne.
- Lassen Sie den Motor abkühlen.
- Demontieren Sie die Motorabdeckung oben und unten. Diese Arbeiten haben wir im Kapitel 4 vorgestellt.
- Lassen Sie das Motoröl ab.
- Ziehen Sie den Schlauch an der Kühlmittelzusatzpumpe ab und lassen Sie das Kühlmittel ablaufen.
- Fangen Sie das Kühlmittel auf und entsorgen Sie es fachgerecht.

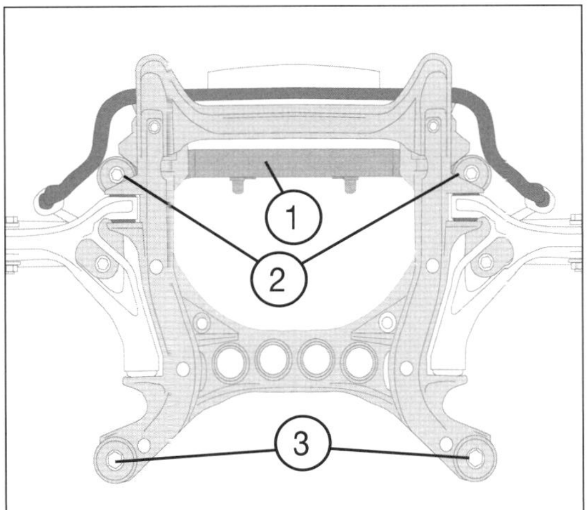


Bild 8

Bild 8
Aggregateträger vorne.
1 Lenkgetriebe
2 Schrauben vorne
3 Schrauben hinten

**Demontage des Aggregateträgers**

Zwar kann der Aggregateträger über Fixierschrauben recht sicher auf die alte Position wieder montiert werden, es bleibt aber ein Restrisiko, dass der Aggregateträger leicht versetzt eingebaut wird oder aber, dass eine Achseinstellung bereits vor ihrer Montage nicht in den Toleranzen lag. Führen Sie deshalb grundsätzlich immer zum Abschluss der Arbeiten eine Achsvermessung durch. Die Achsvermessung ist in der Regel günstiger, als möglicherweise schief ablaufende Reifen ersetzen zu müssen.

Motor und Getriebe werden von der Getriebekonsole und der Abfangeinrichtung, die im Motorraum montiert wird, in Position gehalten.

Der Aggregateträger wird nach den Herstellervorgaben mit dem Scherenhubtisch zusammen mit dem Lenkgetriebe, dem Achsantrieb vorn, den Achslenkern unten und den Radlagergehäusen ausgebaut.

Die Federbeine mit den Lagerböcken und den Achslenkern oben verbleiben im Fahrzeug.

Bei Fahrzeugen mit Luftfederung besteht die Gefahr, dass beim Anheben des Fahrzeugs die Dämpfereinheiten oder genauer die Luftbälge beschädigt werden.

■ Wählen Sie über den rechten Drehschalter in der Mittelkonsole die letzte Position »X'tra-Level« an und warten Sie bei eingeschalteter Zündung das Anheben der Karosserie durch die Luftfederung ab.

■ Drücken Sie die Taste »Lock« in der Mittelkonsole für etwa 5 Sekunden. Der Wagenhebermodus wird im Display angezeigt und die Kontrollleuchte im Schalter blinkt.

Achten Sie darauf, dass die beiden Hälften der entkoppelbaren Stabiliatoren gekoppelt sind. Es besteht Verletzungsgefahr bei unbeabsichtigtem Einkoppeln.

■ Bauen Sie die Motorabdeckung oben und unten ab.

■ Demontieren Sie die Geräuschdämmung auf der Motorvorderseite soweit verbaut.

■ Bauen Sie beide Vorderräder ab.

■ Demontieren Sie die beiden Kunststoffradkästen.

■ Sichern Sie die oberen Achslenker mit geeigneten Mitteln an der Karosserie. Volkswagen empfiehlt hier den Federspanner »VW 552«.

■ Lösen Sie die Muttern der Achslenker oben rechts und links.

■ Drücken Sie die Gelenkbolzen von den Achsschenkeln rechts und links ab.

■ Bauen Sie den Halter für die Hydraulikleitungen der Servolenkung ab.

■ Demontieren Sie die Anschlussleitungen für Druck und Rücklauf vom Lenkgetriebe.

Fangen Sie austretende Restflüssigkeit auf und verschließen Sie die Anschlüsse beidseitig mit passenden Stopfen.

■ Bauen Sie die Kardanwelle am vorderen Achsgetriebe ab.

■ Binden Sie die Kardanwelle mit geeigneten Mitteln an der Karosserie hoch.

■ Demontieren Sie das Wärmeschutzblech vom Lenkgetriebe.

■ Drehen Sie die Schraube des Kreuzgelenkes am Lenkgetriebe heraus und ziehen Sie das Kreuzgelenk vom Lenkgetriebe ab.

Unkontrolliertes Wegdrehen der Lenksäule nach dem Abziehen des Kreuzgelenkes kann zu Schäden an der Wickelfeder zum Lenkrad führen. Es ist nun kein Lenkanschlag mehr vorhanden. Sichern Sie die Lenksäule (am Lenkrad) gegen Verdrehen.

*Fahrzeuge mit entkoppelbaren Stabilisatoren:*

■ Markieren Sie die Anschlussleitungen am Steuerblock, um ein Vertauschen zu verhindern.

■ Lösen Sie die Leitungen. Halten Sie hierzu mit einem passenden Gabelschlüssel gegen.

Sichtprüfung Messen

■ Entsichern Sie den elektrischen Anschlussstecker und ziehen Sie ihn ab.

*Weiter für alle Fahrzeuge:*

■ Lösen Sie die Leitungen der Klimaanlage, um etwas Platz für die Abstützung der Abfangeinrichtung zu gewinnen.

■ Montieren Sie eine geeignete Abfangvorrichtung, die den Motor und das Getriebe für die Montagezeit gerade fixieren kann.

☞ VW verwendet hier hinten eine Motorbrücke »VW 10-22A« die eine Abstützung im Bereich der Haubenscharniere erlaubt. Im vorderen Bereich wird eine zusätzliche Abstützung auf den Rahmenträgern eingesetzt, die mit der hinteren Motorbrücke verschraubt ist.

■ Lösen Sie die Verschraubungen der Motor- und Getriebestützen auf beiden Seiten.

■ Spannen Sie die Spindeln der Motorbrücke so weit vor, dass Motor und Getriebe gerade so von den Befestigungspunkten auf dem Aggregateträger abheben.

■ Fixieren Sie den unteren Querlenker mit Hilfe von Kanthölzern und einer Spindel rechts und links an der Ösen des Motorträgers, um ein Herunterklappen zu verhindern.

■ Stellen Sie einen Motor- und Getriebeheber unter den Motorträger und heben Sie ihn leicht an.

■ Soweit gewünscht, kann der Aggregateträger wie zu Anfang beschrieben fixiert werden.

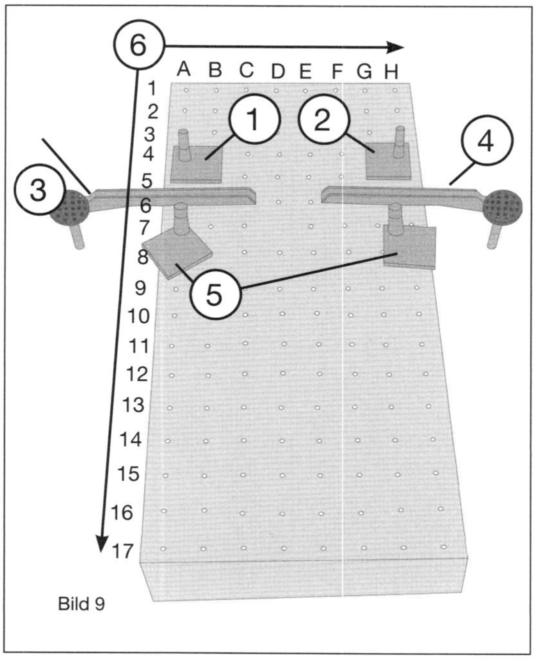


Bild 9

Bild 9
Aufbau der Aufnahme auf dem Scherenhubtisch.
1 Stütze VAS 6131/6-1
2 Stütze VAS 6131/6-2
3 Stütze VAS 6131/6-3
4 Stütze VAS 6131/6-4
5 Stütze VAS 6131/6-5
6 Positionsraster der Verschraubungen auf dem Hubtisch

■ Drehen Sie die Schrauben (2 im Bild 8) heraus.

■ Schrauben Sie die Koppelstangen rechts und links vom Stabilisator ab.

■ Senken Sie den Aggregateträger über die Spindeln um etwa 5 cm ab.

■ Sichern Sie den Motorträger nun mit zwei Schrauben (M14x1,5x90) im Gewinde des Aufbaus, in dem die Schrauben (1) verschraubt waren.

**Ausrichten des (Hub-)Tisches**

Da die wenigsten Leser den originalen Scherenhubtisch zur Demontage zur Verfügung haben, werden wir hier keine maßgenaue Positionierung der Auflagerungen angeben. Wir benennen Ihnen aber die wichtigsten Stützpunkte und deren ungefähre Lage anhand des Bildes 9.

■ Richten Sie die beweglichen Punkte beim Aufsetzen auf den Hubtisch aus.

| Stütze | Verschraubung |
|---|---|
| 1 | A5, B4 und B5 |
| 2 | G4, H4 und H5 |
| 3 | A6 und B5 |
| 4 | F6 und H6 |
| 5 | A8 und H8 ausrichten |

**Ausbau des Aggregateträgers**

■ Stützen Sie den Aggregateträger mit dem Scherenhubtisch ab.

■ Drehen Sie die verbliebenen Schrauben auf dem Aggregateträger heraus.

■ Demontieren Sie die beiden Spindeln, die den Aggregateträger mit den Ösen des Motorträgers verbinden.

■ Ziehen Sie die Entlüftungsleitung vorsichtig vom Achsantrieb vorne ab.

■ Lassen Sie den Achsträger langsam und vorsichtig ab.

■ Kontrollieren Sie, dass der Achsträger oder Anschlussleitungen und Kabel nicht vergessen worden sind und beschädigt werden.

**Demontage der Ölwanne am 2,5-l-TDI-Motor (5-Zylinder-Reihenmotor)**

■ Schrauben Sie das Kühlmittelrohr an der Ölwanne ab.

■ Ziehen Sie den Stecker des Ölstands- und Temperaturgebers in der Ölwanne ab.

■ Demontieren Sie die Geräuschdämmung an der Ölwanne.

■ Lassen Sie das Motoröl wie beschrieben ab.
■ Drehen Sie die Schrauben aus der Ölwanne heraus.

Drehen Sie zwei sich gegenüberliegenden Schrauben nur 5 mm heraus, belassen sie aber im Gewinde eingeschraubt. Sie dienen als Sicherung gegen Herunterfallen der Ölwanne.

■ Hebeln Sie die Ölwanne vorsichtig ab.

**Demontage der Ölwanne am 3,0-TDI-Motor (6-Zylinder-V-Motor)**
Die Ölwanne besteht aus zwei Teilen, die getrennt voneinander demontiert werden müssen.

*Ausbau des Ölwannenunterteils:*
■ Demontieren Sie den Keilrippenriemen.
■ Bauen Sie das Spannelement für den Keilrippenriemen aus.
■ Demontieren Sie das Kühlmittelrohr hinten links.
■ Bauen Sie das Luftfiltergehäuse aus.
■ Ziehen Sie den Stecker des Ölstands- und Temperaturgebers in der Ölwanne ab.
■ Bauen Sie den Ölstands- und Temperaturgeber aus der Ölwanne aus.
■ Lassen Sie das Motoröl wie beschrieben ab.
■ Drehen Sie die Schrauben aus der Ölwanne heraus.
■ Hebeln Sie die Ölwanne vorsichtig ab.
■ Drehen Sie die Ölwanne um 180° und nehmen Sie nach vorne heraus.
■ Fangen Sie das Restöl in der Ölwanne auf und entsorgen Sie es fachgerecht.

*Ausbau des Ölwannenoberteils:*
■ Demontieren Sie den Motor wie bereits beschrieben.
■ Bauen Sie das Getriebe vom Motor ab. Verschrauben Sie den Motor an einen Motormontagebock.
■ Demontieren Sie die Mitnehmerscheibe.
■ Nehmen Sie die dahinterliegende Ausgleichsscheibe ab.
■ Demontieren Sie den Steuergehäusedeckel wie im Kapitel 4 beschrieben.
■ Bauen Sie die Kette für die Ölpumpe und die Ausgleichswelle ab.
■ Demontieren Sie den Dichtflansch auf der Vorderseite des Motors.

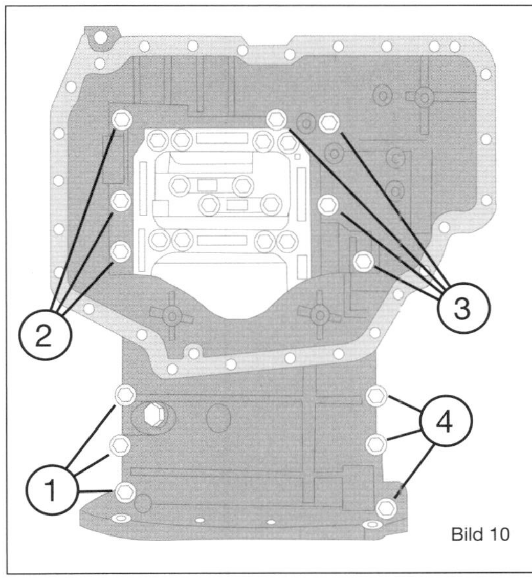

Bild 10

Bild 10
Ölwannenoberteil beim V6-TDI-Motor.
1-4 Schrauben

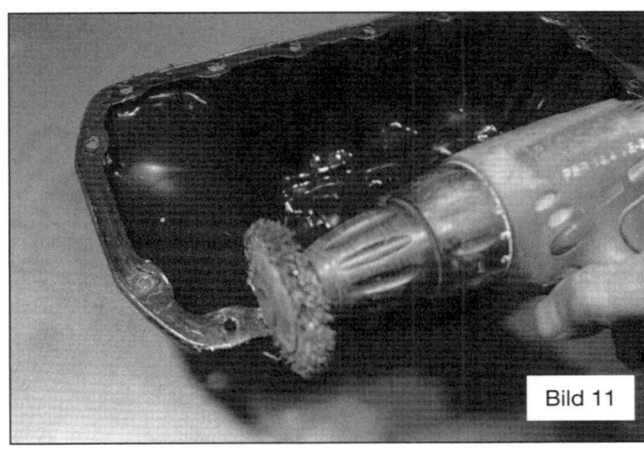
Bild 11

Bild 11
Reinigung mit einem Bürstenaufsatz auf einer Bohrmaschine.

■ Bauen Sie das Ölwannenunterteil wie beschrieben aus.
■ Demontieren Sie die Ölpumpe. Die Arbeitsschritte hierzu werden wir im Anschluss im Detail vorstellen.
■ Drehen Sie die Schrauben (1 - 4 im Bild 10) aus dem Ölwannenoberteil heraus.
■ Hebeln Sie die Ölwanne vorsichtig ab.

Achten Sie auf die Spannhülse zwischen Zylinderblock und Ölwannenoberteil.

■ Nehmen Sie das Ölwannenoberteil ab.

**Montagevorbereitungen für alle Ölwannen**
Die Montage erfolgt sinngemäß in umgekehrter Reihenfolge.
■ Entfernen Sie die Dichtmittelreste an der oberen Ölwanne mit einem Flachschaber.
■ Entfernen Sie die Dichtmittelreste an der Ölwanne mittels einer rotierenden Bürste, z. B. einer Handbohrmaschine (Bild 11) mit Kunststoffbürsten-Einsatz (Schutzbrille aufsetzen).
■ Reinigen Sie die Dichtflächen. Sie müssen öl- und fettfrei sein.

Sichtprüfung Messen

Bild 12
Lage der Dichtmasse auf der Ölwanne beim 2,5-l-TDI-Motor (R5).
1 Dichtfläche
2 Dichtmassenraupe

Bild 13
Lage der Dichtmasse auf der Ölwanne beim 2,5-l-TDI-Motor (R5).
1 Dichtfläche
2 Dichtring
3 Dichtmassenraupe
4 Dichtring

**Montage der Ölwanne am 2,5-TDI-Motor (5-Zylinder-Reihenmotor)**

■ Schneiden Sie die Tubendüse für das Dichtmittel so ab, dass Sie einen Durchmesser von 3 mm erreichen.

■ Entfetten Sie die Dichtfläche (1 im Bild 12) und am Motorblock gründlich.

■ Tragen Sie das Dichtmittel (2) wie im Bild 12 gezeigt auf.

⚠ Die Dichtmittelraupe (2) darf nicht dicker als 2 bis 3 mm werden. Es besteht die Gefahr, dass Dichtmittel in den Motor hineingelangt und das Filtersieb der Ölpumpe zusetzt.

■ Setzen Sie die Ölwanne sofort am Motorblock an.

■ Setzen Sie alle Schrauben zunächst in das Gewinde ein und drehen Sie sie leicht bis zur Anlage an der Ölwanne an.

Kontrollieren Sie, dass die Ölwanne mit dem Zylinderblock und dem Steuergehäusedeckel bündig abschließt.

■ Ziehen Sie die Schrauben umlaufend mit 15 Nm an.

■ Ziehen Sie die Schrauben mit 30 Nm nach.

Warten Sie etwa 30 Minuten ab, bevor Sie den Motor wieder mit Öl befüllen.

**Montage der Ölwannen am 3,0-l-TDI-Motor (6-Zylinder-V-Motor)**

*Montage des Ölwannenoberteils:*

■ Schneiden Sie die Tubendüse für das Dichtmittel so ab, dass Sie einen Durchmesser von 3 mm erreichen.

■ Legen Sie die Dichtringe (2 und 4 im Bild 13) in das Ölwannenoberteil ein.

■ Tragen Sie das Dichtmittel wie im Bild 13 gezeigt auf.

⚠ Die Dichtmittelraupe (3) darf nicht dicker als 1,5 bis 2 mm werden. Es besteht die Gefahr, dass Dichtmittel in den Motor hineingelangt und das Filtersieb der Ölpumpe zusetzt.

Die Nuten in den Dichtflächen müssen vollständig mit Dichtmittel gefüllt sein.

■ Setzen Sie die Ölwanne innerhalb von 5 Minuten am Motorblock an.

■ Setzen Sie alle Schrauben zunächst in das Gewinde ein und drehen Sie sie leicht bis zur Anlage an der Ölwanne an.

■ Ziehen Sie die Schrauben (1 - 4 im Bild 10) mit 5 Nm über Kreuz an.

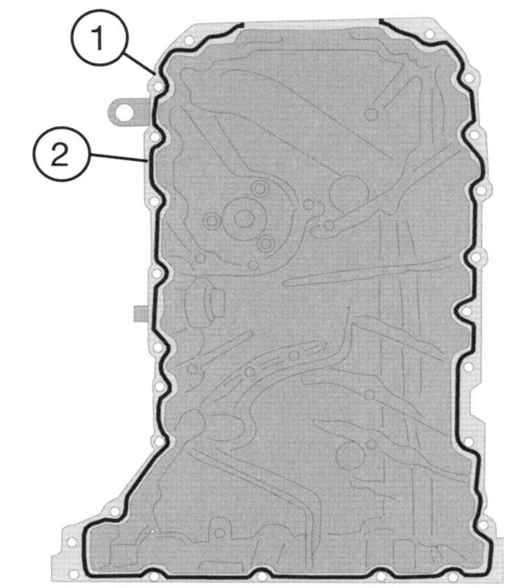

Bild 12

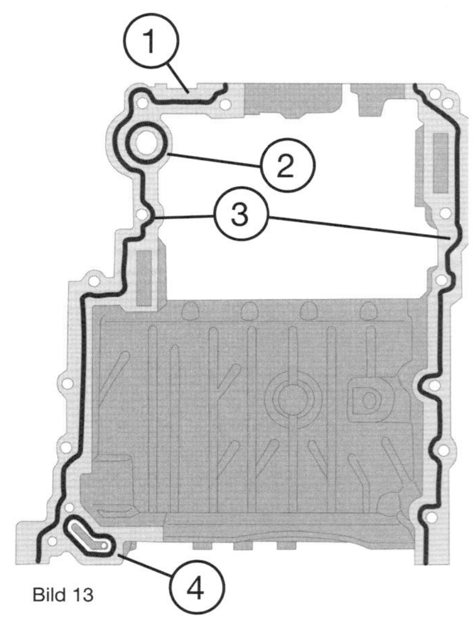

Bild 13

■ Ziehen Sie die Schrauben mit 15 Nm über Kreuz nach.

*Montage des Ölwannenunterteils:*

■ Schneiden Sie die Tubendüse für das Dichtmittel so ab, dass Sie einen Durchmesser von 1,5 mm erreichen.

■ Tragen Sie das Dichtmittel wie im Bild 14 gezeigt auf.

⚠ Die Dichtmittelraupe (2) darf nicht dicker als 2 mm werden. Es besteht die Gefahr, dass Dichtmittel in den Motor hineingelangt und das Filtersieb der Ölpumpe zusetzt.

■ Setzen Sie die Ölwanne innerhalb von 5 Minuten am Motorblock an.
■ Setzen Sie alle Schrauben zunächst in das Gewinde ein und drehen Sie sie leicht bis zur Anlage an der Ölwanne an.
■ Ziehen Sie die Schrauben mit 5 Nm über Kreuz an.
■ Ziehen Sie die Schrauben mit 8 Nm über Kreuz nach.
■ Ziehen Sie die Schrauben 90° über Kreuz nach.

Warten Sie etwa 30 Minuten ab, bevor Sie den Motor wieder mit Öl befüllen.

Die weitere Montage erfolgt in umgekehrter Reihenfolge zur jeweilig beschriebenen Demontage.
■ Lassen Sie grundsätzlich aufgrund des demontierten Aggregateträgers eine Fahrwerksvermessung durchführen.
■ Fragen Sie nach einer Probefahrt den Fehlerspeicher aller Systeme ab.
■ Soweit demontiert, lassen Sie die Klimaanlage wieder befüllen.

## Demontage der Ölpumpe

**Ölpumpe beim 2,5-l-TDI-Motor (5R)**
■ Bauen Sie die Motorabdeckung unten ab.
■ Lassen Sie das Motoröl ab.
■ Demontieren Sie die Ölwanne wie bereits beschrieben.
■ Drehen Sie die Schrauben (6 und 7 im Bild 15) heraus und nehmen Sie den Ansaugschnorchel (5) ab.
■ Drehen Sie die Schrauben (3) heraus und bauen Sie das Schwallblech (4) ab.
■ Drehen Sie die Schrauben (9) heraus und bauen Sie die Ölpumpe (2) ab.
■ Nehmen Sie die Ölpumpe nach unten ab.

Die Montage erfolgt in umgekehrter Reihenfolge zur Demontage.

Achten Sie darauf, dass die Passhülsen (1) richtig montiert sind.

**Ölpumpe beim 3,0-l-TDI-Motor (V6)**
■ Bauen Sie die Motorabdeckung unten ab.
■ Lassen Sie das Motoröl ab.
■ Bauen Sie das Ölwannenunterteil wie bereits beschrieben aus.
■ Drehen Sie die Schrauben (15 im Bild 16) heraus.
■ Nehmen Sie die Schwallsperre (9) ab.
■ Drehen Sie die Schrauben (17) heraus.
■ Schieben Sie mit einer flachen Gripzange »VW VAS6226« die Sechskantwelle (2) gegen den Federdruck in den Mitnehmer (3).
■ Nehmen Sie die Ölpumpe heraus.

Die Sechskantwelle (2) verbleibt im Mitnehmer (2).

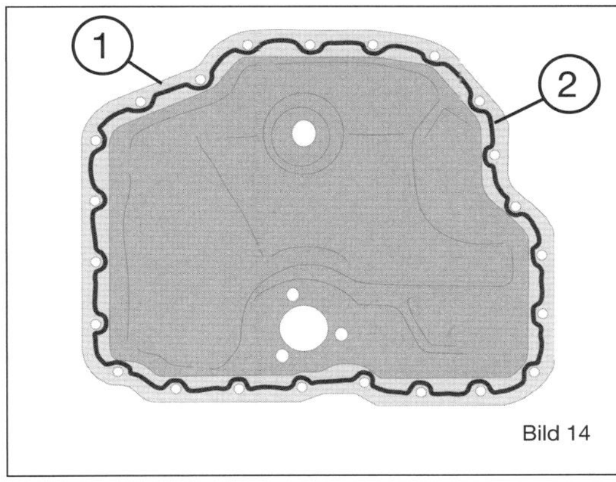

Bild 14

Bild 14
Lage der Dichtmasse auf der Ölwanne 2,5-l-TDI-Motor (R5).
1 Dichtfläche
2 Dichmassenraupe

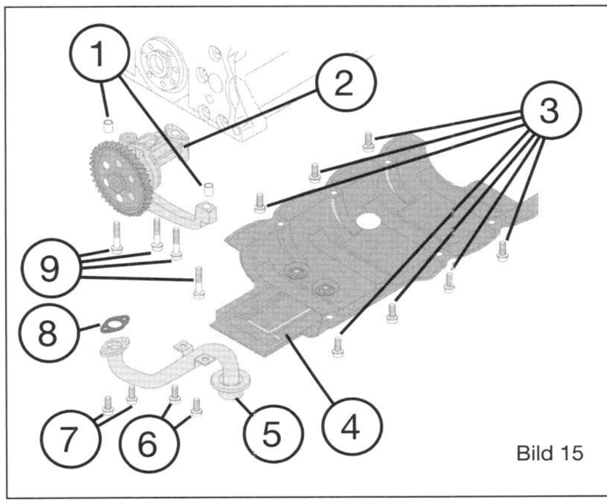

Bild 15

Bild 15
Ölpumpe beim 2,5-l-TDI-Motor (R5).
1 Passhülse
2 Ölpumpe
3 Schraube
4 Schwallblech
5 Ansaugschnorchel
6 Schrauben
7 Schrauben
8 Dichtung
9 Schrauben

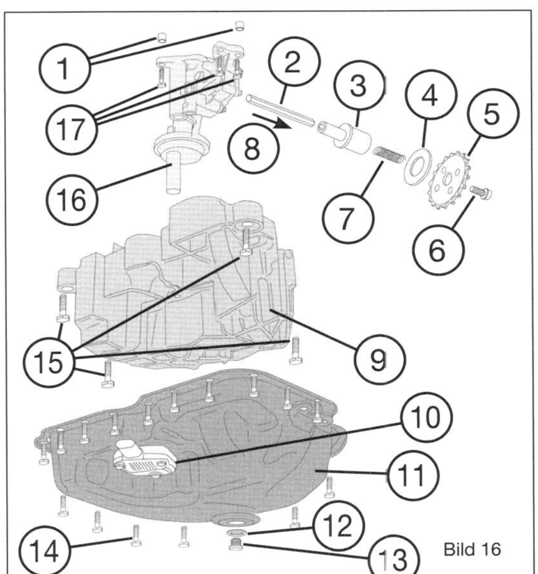

Bild 16

Bild 16
Ölpumpe beim 3,0-l-TDI-Motor (V6).
1 Passhülsen
2 Sechskantwelle
3 Mitnehmer
4 Anlaufscheibe
5 Kettenrad für den Ölpumpenantrieb
6 Schraube
7 Feder
8 Bewegungsrichtung zum Ausbau der Ölpumpe
9 Schwallsperre
10 Geber für Ölstand und Öltemperatur
11 Untere Ölwanne
12 Dichtring
13 Ölablassschraube
14 Schrauben Ölwanne
15 Schrauben
16 Ölpumpe
17 Schrauben

Sichtprüfung Messen

Die Montage erfolgt in umgekehrter Reihenfolge zur Demontage.

Achten Sie darauf, dass die Passhülsen (1) richtig montiert sind.

Kontrollieren Sie den Zustand des Profils des Sechskants.

## Öldruckprüfung

**Öldruckprüfung am 2,5-l-TDI-Motor (5R)**

Um den Öldruckschalter auszubauen und den Anschlussschlauch des Messgerätes anschließen zu können, muss der Klimakompressor demontiert werden. Für die Druckprüfung muss der Klimakompressor wieder montiert werden.

- Prüfen Sie den Ölstand des Motors.
- Bauen Sie die Motorabdeckungen oben und unten ab.
- Bauen Sie den Klimakompressor ab und befestigen Sie ihn mit angeschlossenen Leitungen an der Karosserie.
- Ziehen Sie die elektrische Steckverbindung des Öldruckschalters ab.
- Bauen Sie den Öldruckschalter aus.

Legen Sie einen Lappen unter und fangen Sie austretendes Restöl auf.

- Drehen Sie das Anschlussstück des Öldruckprüfers in die Bohrung des Öldruckschalters ein.
- Montieren Sie den ausgebauten Öldruckschalter in die freie Bohrung des T-Stückes am Öldruckprüfer.
- Klemmen Sie die braune Anschlussleitung an die Fahrzeugmasse an.
- Klemmen Sie Anschlussleitung »S« an den Öldruckschalter an.
- Klemmen Sie die Anschlussleitung »+« an den Batterieplusanschluss an.

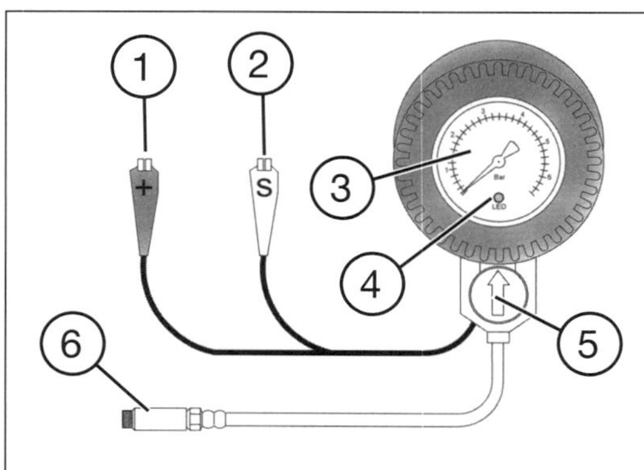


Bild 17

Bild 17
Messaufbau zur Öldruckprüfung.
1 Anschluss Batterieplus
2 Anschluss am Öldruckschalter
3 Druckmessuhr
4 LED (Kontrolllampe)
5 Ventilsteller
6 Anschluss am T-Stück für den Öldruckschalter oder am Anschlussgewinde

- Bauen Sie den Klimakompressor wieder ein.

Lassen Sie den Motor warmlaufen. Nach den Werksvorschriften sollte er 80 °C erreicht haben. Der Öldruck fällt bei warmem Motor aufgrund des dünnflüssigeren Öls grundsätzlich geringer aus.

- Lassen Sie den Motor laufen und lesen Sie den Öldruck für die in der Tabelle angegebenen Drehzahlen ab.

| Drehzahl | Druck |
|---|---|
| LED geht an | 0,6 - 1,05 bar |
| 2000 1/min | > 1,5 bar |
| >2000 1/min | > 2,8 bar Max. 7,0 bar |

**Öldruckprüfung am 3,0-l-TDI-Motor (V6)**

Verbaut sind bei diesen Motoren zwei Öldruckschalter. Der Öldruckschalter für den reduzierten Öldruck »F378« ist nur mit Aufwand erreichbar und für die Prüfung vorzubereiten.

- Bauen Sie die Motorabdeckungen oben und unten ab.

*Motorkennbuchstabe BKS und BUN:*

- Ziehen Sie das Schaltventil für die Abgasrückführung ab.

*Motorkennbuchstabe CASA, CASB, CASD und CATA:*

- Lassen Sie das Kühlmittel ab.
- Ziehen Sie die Steckverbindung der elektrischen Kühlmittelpumpe ab.
- Demontieren Sie die Kühlmittelschläuche an der elektrischen Kühlmittelpumpe.
- Drehen Sie die Schrauben am Halter heraus und nehmen Sie die Kühlmittelpumpe ab.
- Lösen Sie die Schlauchschelle und drücken Sie den Kühlmittelschlauch zur Seite.
- Ziehen Sie die elektrische Steckverbindung des Öldruckschalters ab.
- Bauen Sie den Öldruckschalter aus.

Legen Sie einen Lappen unter und fangen Sie austretendes Restöl auf.

- Drehen Sie das Anschlussstück des Öldruckprüfers in die Bohrung des Öldruckschalters ein.
- Montieren Sie den ausgebauten Öldruckschalter in die freie Bohrung des T-Stückes am Öldruckprüfer.
- Klemmen Sie die braune Anschlussleitung

an die Fahrzeugmasse an.
■ Klemmen Sie Anschlussleitung »S« an den Öldruckschalter an.
■ Klemmen Sie die Anschlussleitung »+« an den Batterieplusanschluss an.
■ Montieren Sie Kühlmittelschläuche wieder.
■ Bauen Sie die elektrische Kühlmittelpumpe wieder ein.
■ Lassen Sie den Motor warmlaufen. Nach den Werksvorschriften sollte er 80 °C erreicht haben. Der Öldruck fällt bei warmem Motor aufgrund des dünnflüssigeren Öls grundsätzlich geringer aus.
■ Lassen Sie den Motor laufen und lesen Sie den Öldruck für die in der Tabelle angegebenen Drehzahlen ab.

| Drehzahl | Druck |
|---|---|
| LED geht an | 0,7 - 1,1 bar |
| Leerlauf | Min. 0,8 bar |
| 2000 1/min | Min. 1,5 bar |
| >2000 1/min | keine Angabe |

## Prüfen des Öldruckschalters bei beiden Motorvarianten

**Prüfung des Öldruckschalters**
■ Klemmen Sie die braune Anschlussleitung an die Fahrzeugmasse an.
■ Klemmen Sie Anschlussleitung »S« an den Öldruckschalter an.
■ Klemmen Sie die Anschlussleitung »+« an den Batterieplusanschluss an.

Die LED im Prüfgerät sollte nicht leuchten. Andernfalls muss sie ersetzt werden. Ab einem Druck von 1,6 bar bis 1,1 bar sollte die LED angehen.

## Messen des Ölverbrauchs

Ölverbrauch ist bis zu einem gewissen Maß für einen Verbrennungsmotor normal. Über die Kolbenringe und auch über die Motorentlüftung werden Öl oder Ölnebel in den Brennraum übertragen. Bei den Turbomotoren kommt auch der Turbolader mit dazu.

**Vorarbeiten**
■ Kontrollieren Sie Motor, Turbolader, Ladeluftleitungen und Anbauteile auf Ölspuren.
■ Eventuelle Undichtigkeiten müssen vor der Messung beseitigt werden.

Wenn der letzte Ölwechsel mehr als 1000 km zurückliegt, muss zuerst ein Ölwechsel durchgeführt werden.

Gerade bei Fahrzeugen, die oft im Kurzstreckenbereich unterwegs sind kann es durch die vorgesehene Partikelfilterreinigung durch Nacheinspritzung zu Ölverdünnung kommen. Das wirkt zumindest optisch dem Ölverbrauch entgegen. Im Zweifel schicken Sie eine Abstrichprobe an ein Öllabor ein und lassen Sie die Ölprobe analysieren. Die Kosten liegen bei etwa 40 Euro.

■ Stellen Sie sicher, dass ein zugelassenes Motoröl eingefüllt wurde. Wenn sich nicht nachvollziehen lässt, welches Öl in den Motor eingefüllt wurde, sollten Sie zuerst das Öl wechseln.

**Die Messung**
■ Bringen Sie das Fahrzeug auf Betriebstemperatur (etwa 80 °C) und stellen Sie das Fahrzeug auf eine ebene Fläche ab.
■ Warten Sie 5 Minuten ab und kontrollieren Sie den Ölstand mit dem Ölmessstab.
■ Belassen Sie den Ölmessstab etwa 1 Minute komplett eingeschoben und ziehen Sie ihn dann heraus.

Der Ölstand darf nicht über der Maximum-Markierung stehen.

■ Markieren Sie den genauen Ölstand mit einer Reißnadel auf dem Ölmessstab.

**Auswertung Ölverbrauch**
■ Nach etwa 500 bis 1000 km Fahrtstrecke wiederholen Sie die Messung.
■ Stellen Sie das Fahrzeug wieder auf die gleiche ebene Fläche, auf der Sie die Eingangsmessung durchgeführt haben.
■ Füllen Sie mit einem Messbecher, soweit erforderlich, den Ölstand bis zur Markierung (durch die Reißnadel) auf. Gehen Sie hier in kleinen Schritten vor (etwa 100 ml).

Berechnen Sie den Ölverbrauch:

$$\frac{\text{Nachfüllmenge (in Litern)} \times 1000}{\text{Zurückgelegte Strecke (in km)}}$$

Das Ergebnis ergibt den Ölverbrauch auf 1000 km. Volkswagen gibt einen zulässigen Ölverbrauch bis 1,0 Liter auf 1000 km an.

# 6 Kühlsystem

**Funktion des Kühlkreislaufs**
Das Kühlsystem sorgt für die richtige Betriebstemperatur des Motors. Es besteht aufbauseitig aus Kühler, Ladeluftkühler, Luftführungshutze mit Kühlerlüftern und Ausgleichsbehälter für Kühlmittel. Motorseitig gehören Kühlmittelschläuche und Kühlmittelrohre sowie ein Netz aus kleinen, genau bemessenen Kanälen in Motorblock und Zylinder, in denen die in den Ausgleichsbehälter eingefüllte Kühlflüssigkeit zirkuliert, zum System. So entsteht ein Wassermantel, der die Verbrennungswärme über die Schläuche des Kühlsystems an den Kühler abführt. Welche Wege im jeweils konkreten Betriebszustand das Kühlmittel im Kühlsystem nimmt, hängt von der Temperatur des Motors ab.

Zu den motorseitigen Aggregaten des Kühlsystems gehört auch der Motorölkühler. Eine mechanische Kühlmittelpumpe (»Wasserpumpe«) sorgt für den ständigen Kreislauf des Kühlmittels. Sie wird über den Keilrippenriemen angetrieben. Ein Kühlmittelregler (Dehnstoff-Thermostat) hält die Kühlmitteltemperatur konstant. Das Kühlsystem steht unter einem Überdruck von etwa 1,2 bis 1,5 bar bei Betriebstemperatur. Dadurch und durch den Einsatz von Kühlmittelzusätzen erhöht sich der Siedepunkt der Kühlflüssigkeit von 100 °C auf rund 120 °C.
Die höhere Temperatur ermöglicht einen wirtschaftlicheren und damit Kraftstoff sparenden Motorbetrieb. Wenn bei einem heißen Motor der Kühlmitteldruck 1,5 bar übersteigt, tritt das Überdruckventil am Ausgleichsbehälter in Aktion. Es öffnet dann und lässt zum Druckausgleich etwas Wasserdampf entweichen.

## Sicht- und Funktionsprüfungen

**Kühlmittelstand prüfen**
■ Der Kühlmittelstand wird bei kaltem Motor am Kühlmittel-Ausgleichsbehälter geprüft. Dieser Behälter befindet sich im Motorraum rechts hinten. Er ist meist mit den Markierungen »Max« und »Min« gekennzeichnet, auf jeden Fall mit der »Min«-Markierung und einer Markierungslinie für den maximalen Füllstand.

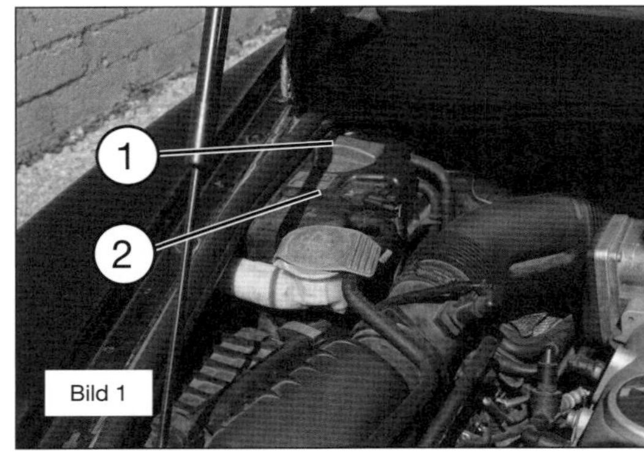


Bild 1
Kühlmittelstand am Kühlmittelausgleichsbehälter.
1 Deckel Kühlmittelbehälter
2 Markierung im Behälterinneren

■ Ist der Motor kalt, muss das Kühlmittel zwischen »Max« und »Min« (Bild 1), bei warmem Motor etwas über der Markierungslinie für maximalen Füllstand stehen.
■ Bei nicht verbrauchsbedingtem Flüssigkeitsverlust muss die Ursache ermittelt und durch Reparatur beseitigt werden.

**Frostschutz des Kühlmittels prüfen**
Zur Frostschutzprüfung wird ein handelsüblicher Ansaugprüfer oder für genauere Prüfung ein sogenanntes Refraktometer benötigt. Beim Ansaugprüfer wird der jeweilige Frostschutz in °C angezeigt. Volkswagen schreibt den Werkstätten aber vor, die Konzentration des Kühlmittelzusatzes bei der jüngsten Motorengeneration mit dem Refraktometer entsprechend Bedienungsanleitung zu prüfen (Bilder 2 und 3). Die Skala »1« des Refraktometers bezieht sich auf die Kühlmittelzusätze G12, G12 plus, G12 Plusplus und G30, die für die Volkswagen-Kühlsysteme empfohlen werden. Die Skala »2« bezieht sich nur auf den zu verwendenden Kühlmittelzusatz G13.
■ Prüfen Sie den Kühlmittelstand im Ausgleichsbehälter bei kaltem Motor.

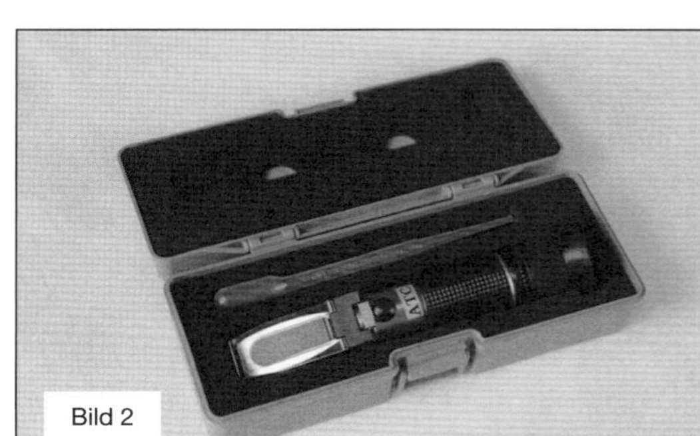


Bild 2
Refraktometer zur Frostschutzgehaltsprüfung.

■ Den genauen Wert bei den Prüfungen liest man an der Hell-Dunkel-Grenze ab. Zur besseren Veranschaulichung der Hell-Dunkel-Grenze wird mit der Pipette ein Tropfen Wasser auf das Glas gebracht. Die Hell-Dunkel-Grenze ist dann deutlich an der »Waterline« zu erkennen (Bild 3). Der Frostschutz muss bis etwa -25 °C gewährleistet sein.
■ Bei zu geringem Frostschutz Kühlflüssigkeit ablassen und durch Kühlmittelzusatz G30 (violett) ergänzen.
■ Probefahrt durchführen und Frostschutz des Kühlmittels erneut prüfen.

**Kühlsystem auf Dichtigkeit prüfen**
Zur Prüfung der Dichtheit des Kühlsystems und des Überdruckventils wird ein Kühlsystem-Prüfgerät mit Adapter (Bild 5) benötigt. Der Motor muss betriebswarm sein.
■ Verschlussdeckel vom Kühlmittel-Ausgleichsbehälter öffnen.
■ Adapter für das Kühlsystemprüfgerät in den Kühlmittelausgleichsbehälter schrauben.
■ Anschlussstück in den Adapter für Kühlsystemprüfgerät klemmen und das Anschlussstück über den mitgelieferten Verbindungsschlauch mit dem Kühlsystem-Prüfgerät verbinden.
■ Mit der Handpumpe des Kühlsystemprüfgerätes ca. 1,5 bar Überdruck erzeugen.

*Fällt der Druck ab:*
■ Undichte Stelle suchen und Fehler beseitigen.

⚠ Bevor das Kühlsystemprüfgerät vom Verbindungsschlauch oder Anschlussstück getrennt wird, muss unbedingt der vorhandene Druck abgebaut werden.
■ Dazu das Druckentlastungsventil am Kühlsystem-Prüfgerät drücken, bis das Druckmanometer den Wert »0« anzeigt.

**Überdruckventil im Verschlussdeckel des Kühlmittelbehälters prüfen**
■ Verschlussdeckel des Kühlmittel-Ausgleichsbehälters in den Adapter für Kühlsystemprüfgerät schrauben, Anschlussstück in den Adapter für Kühlsystemprüfgerät klemmen und das Anschlussstück über den mitgelieferten Verbindungsschlauch mit dem Kühlsystem-Prüfgerät verbinden.
■ Mit der Handpumpe des Kühlsystem-Prüfgerätes einen Überdruck von max. 1,6 bar erzeugen. Das Überdruckventil darf noch nicht öffnen.

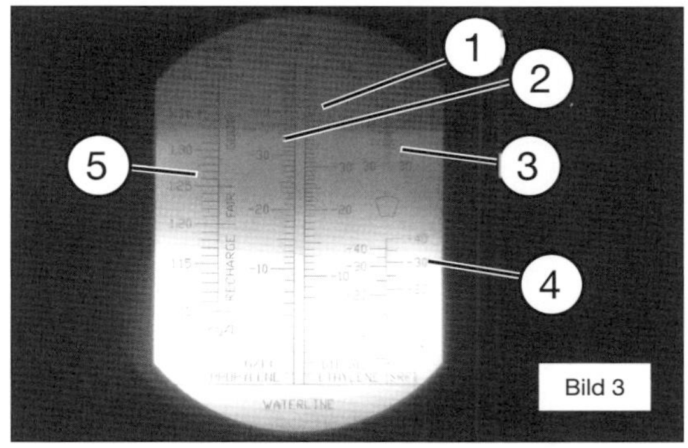

Bild 3

Bild 3
Sichtfeld des Refraktometers.
1 G12; G12 Plus, G12 Plusplus, G11 und auch G30
2 G13
3 AdBlue
4 Scheibenfrostschutz
5 Säuredichte der Batterie

Bild 4

Bild 4
Frostschutzspindel zur Frostschutzgehaltsprüfung.

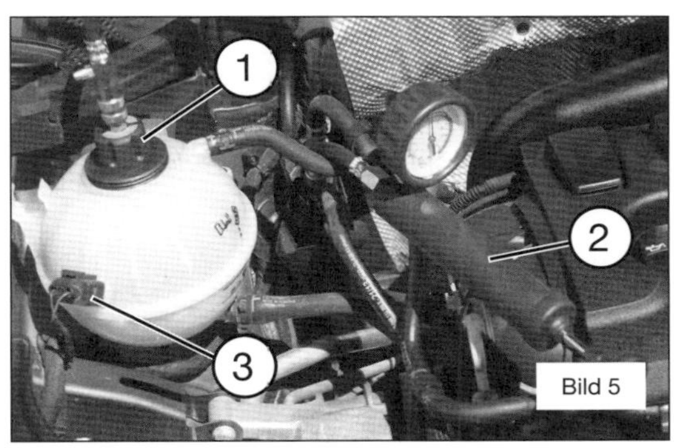

Bild 5

Bild 5
Druckpumpe mit Adapter auf dem Kühlmittelbehälter.
1 Adapter
2 Prüfpumpe
3 Sensor Kühlmittel

Öffnet das Überdruckventil vorzeitig: Verschlussdeckel ersetzen.
■ Druck auf über 1,6 bar erhöhen. Das Überdruckventil muss öffnen.

Öffnet das Überdruckventil nicht: Verschlussdeckel ersetzen.

## Kühlmittel ablassen, ergänzen, auffüllen

**Kühlmittel ablassen**
Die wesentlichen Arbeitsschritte unterscheiden sich nicht in den einzelnen Motorvarianten. Wir stellen Ihnen eine allgemeingültige Anweisung vor, die auch für Ihr Fahrzeug angewendet werden kann.

**Vorbereitungen**

■ Verschlussdeckel vom Kühlmittel-Ausgleichsbehälter öffnen.

⚠ Bei warmem Motor steht das Kühlsystem unter Druck, beim Öffnen des Ausgleichsbehälters kann deshalb heißer Dampf bzw. heißes Kühlmittel entweichen. Überdruck abbauen, dazu Verschlussdeckel mit einem Lappen abdecken und vorsichtig öffnen. Schutzbrille und Schutzbekleidung tragen, um Augenverletzungen und Verbrühungen zu vermeiden.

■ Das Fahrzeug auf die Hebebühne fahren.
■ Fahrzeug anheben und Motorspritzschutz (Geräuschdämpfung) abschrauben.
■ Auffangwanne für Werkstattkräne unter den Motor stellen.

**Kühlmittel ablassen**

Das abgelassene Kühlmittel darf nicht wiederverwendet werden.

*Fahrzeuge mit Ablasshahn (am Kühler):*

■ Öffnen Sie den Kühlerverschlussdeckel.
■ Drehen Sie die Ablassschraube unten links im Kühler los.
■ Öffnen Sie den Ausgleichsbehälterdeckel.
■ Lassen Sie das Kühlmittel ablaufen.
■ Entsorgen Sie das Kühlmittel fachgerecht.

*Fahrzeuge ohne Ablasshahn:*

■ Öffnen Sie den Kühlerverschlussdeckel.
■ Schlauchschellen lösen und den unteren Kühlerschlauch am Unterboden abziehen.
■ Lassen Sie das Kühlmittel ablaufen.
■ Entsorgen Sie das Kühlmittel fachgerecht.

*Fahrzeuge mit Standheizung:*

■ Kühlmittelschläuche auch am Heizsystem abbauen und restliches Kühlmittel ablaufen lassen.
■ Entsorgen Sie das Kühlmittel fachgerecht oder geben Sie es beim Händler zurück.

**Kühlmittel zum Befüllen vorbereiten**

Als Kühlmittelzusatz darf nur »G 40« oder die originale Flüssigkeit nach Vorschriftenblatt 325.6 und 325.7 verwendet werden. Erkennungsmerkmal ist die lila Färbung. Auf keinen Fall darf G 30 mit anderen Kühlmittelzusätzen vermischt werden! Ist die Flüssigkeit im Ausgleichbehälter braun, wurde G 30 mit einem anderen Kühlmittel vermischt. In diesem Fall muss das Kühlmittel gewechselt werden. G 30 und Kühlmittelzusätze verhindern Frost- und Korrosionsschäden, Kalkansatz und heben außerdem die Siedetemperatur an. Aus diesen Gründen muss das Kühlsystem unbedingt ganzjährig mit Kühlerfrost- und Korrosionsschutzmittel befüllt sein.

*Frostschutz und Klimazonen:*

Besonders in Ländern mit tropischem Klima trägt das Kühlmittel durch den höheren Siedepunkt bei hoher Belastung des Motors zur Betriebssicherheit bei. Der Frostschutz muss bis etwa -25 °C (in Ländern mit arktischem Klima bis etwa -35 °C) gewährleistet sein.

Die Konzentration des Kühlmittels darf auch in der warmen Jahreszeit bzw. in warmen Ländern nicht durch Nachfüllen von Wasser verringert werden. Der Kühlmittelzusatz-Anteil muss mindestens 40 % betragen. Ist aus klimatischen Gründen ein stärkerer Frostschutz erforderlich, kann der Anteil von G 30 erhöht werden, aber nur bis zu 60 % (Frostschutz bis etwa -40 °C), da sich sonst der Frostschutz wieder verringert und außerdem die Kühlwirkung verschlechtert wird.

■ Zum Festlegen der aktuellen Frostschutzdichte wird das Refraktometer wie schon beschrieben empfohlen.

*Anmischen:*

Je nach Kühlmittelhersteller und Klimazone muss eine Mischung aus Frostschutzkonzentrat und Wasser hergestellt werden. Die erforderliche Menge können Sie einer Tabelle auf dem Behälter des Frostschutzkonzentrats ablesen.

■ Stellen Sie einen sauberen 5-l-Eimer bereit.
■ Mischen Sie die erforderliche Konzentratmenge mit der dazugehörigen Wassermenge an.
■ Kontrollieren Sie den Frostschutzgehalt mit dem Refraktometer oder der Frostschutzspindel.

**Befüllen mit Kühler-Vakuum-Befüllgerät**

Wurden Kühler, Wärmetauscher, Zylinderkopf oder Zylinderkopfdichtung ersetzt: Gebrauchtes Kühlmittel vorschriftsmäßig entsorgen und nicht wiederverwenden! Das Kühlmittel kann auch über die Abgabestellen für Sondermüll entsorgt werden.

■ Ablassschraube Kühler schließen.
■ Prüfverschluss oder einen Universalanschluss (7 im Bild 6) am Ausgleichsbehälter befestigen.
■ Druckluftleitung an dem Anschluss (2) anschließen und mit Druckluft beaufschlagen.
■ Den Sauganschluss (5) in einen Kanister mit gebrauchsfertig angemischter Kühlflüssigkeit leiten.
■ Den Abluftschlauch (11) in einen offenen Behälter legen.
■ Ablaufventil (8) und Zulaufventil (7) schließen.
■ Die für das Kühlsystem angegebene Kühlmittelmenge in der vorgeschriebenen Zusammensetzung aufbereiten und in den Kanister oder Behälter für den Ansaugschlauch (5) geben.

Damit keine Luft angesaugt wird darauf achten, dass etwas mehr Kühlmittel im Kanister oder Behälter für den Ansaugschlauch (5) ist, als die maximale Füllmenge des Kühlsystems beträgt.

■ Das Filterstück (6) mit dem Schlauch am Sauganschluss in den Kanister einführen und das Filterstück (6) am tiefsten Punkt platzieren.
■ Das Ventil für den Venturianschluss (9) öffnen.
■ Das Ventil für den Kühlmittelzufluss (8) öffnen.

**Praxistipp:**
**Destilliertes Wasser als Mischbasis**

Zum Befüllen wird laut Werkstattunterlagen einiger Fahrzeughersteller ausdrücklich destilliertes Wasser (plus Frostschutz) vorgeschrieben. »Leitungswasser mit dem vorgeschriebenen Frostschutzzusatz« ist nicht immer ausreichend. Auch dann, wenn der Hersteller das Anmischen mit Leitungswasser zulässt, kann das Verwenden von destilliertem Wasser Vorteile haben. Durch die unterschiedlichen Inhaltsstoffe, die länderspezifisch und sogar regionalspezifisch sein können, haben einige Hersteller entschieden, die Wasserqualität für Kühlsysteme zu definieren. Destilliertes Wasser erfüllt alle Anforderungen. Aus diesem Grund wird empfohlen, auch bei älteren Modellen das Kühlmittel bei Ergänzungen und Neubefüllungen mit destilliertem Wasser anzumischen.

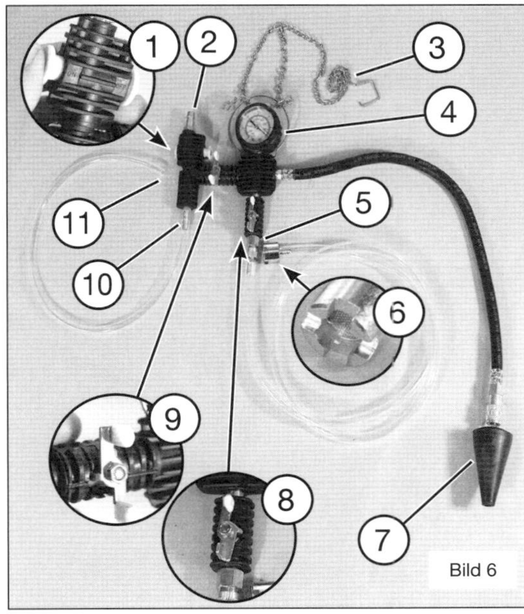

Bild 6

■ Das Druckluftventil (1) öffnen. Im Kühlsystem wird nun ein Unterdruck erzeugt.
■ Das Ventil für den Kühlmittelzufluss (8) so lange öffnen, bis sich der Zulaufschlauch mit Kühlmittel gefüllt hat.
■ Das Ventil für den Venturianschluss (9) schließen, wenn sich die Anzeige der Kontrolleinheit (3) im grünen Bereich (etwa 0,5 bis 0,6 bar Unterdruck) befindet.
■ Das Druckluftventil (1) schließen.
■ Beobachten, ob der Unterdruck etwa 30 Sekunden stabil bleibt.
■ Ist dies nicht der Fall, Schläuche und Anschlüsse überprüfen, ggf. instand setzen und Prüfung wiederholen.
■ Das Ventil für den Kühlmittelzufluss (8) öffnen. Das Kühlsystem wird nun befüllt.
■ Das Ablaufventil (8) öffnen, wenn kein Kühlmittel mehr aus dem Kühlmittelbehälter angesaugt wird und das Kühlmittel im Ausgleichsbehälter sichtbar ist.
■ Das Ventil für den Kühlmittelzufluss (8) schließen.
■ Das Ventil für den Venturianschluss (9) öffnen, um den Unterdruck im Kühlsystem abzubauen.
■ Das Vakuumbefüllgerät mit allen Anschlüssen und den entsprechenden Verschlauchungen zurückbauen.
■ Kühlmittelstand bis zur Unterkante der Markierung am Ausgleichsbehälter (Bild 1) auffüllen.
■ Falls demontiert, die verbaute Geräuschdämpfung wieder einbauen.

Bild 6
Vakuumbefüllgerät für Kühlsysteme.
1 Druckluftventil
2 Druckluftanschluss
3 Haltekette zum Aufhängen an der Haube
4 Unterdruckanzeige
5 Sauganschluss für Kühlmittel (aus einem Kanister)
6 Filterstück für den Kanister
7 Universalanschluss für den Ausgleichsbehälter
8 Ventil Kühlmittel
9 Ventil Venturianschluss
10 Anschluss Abluftschlauch
11 Abluftschlauch für einen offenen Auffangbehälter

Sichtprüfung Messen

**Befüllen ohne Gerät**

■ Das Kühlmittel langsam bis zur oberen Markierung des gerasterten Feldes am Ausgleichsbehälter auffüllen (Bild 1).

■ Ausgleichsbehälter verschließen. Den Motor starten und die Motordrehzahl für ca. 3 Minuten auf ca. 2000/min halten.

■ Motor danach im Leerlauf laufen lassen.

■ Kühlmittelstand prüfen und ggf. ergänzen.

Bei betriebswarmem Motor muss der Kühlmittelstand an der oberen Markierung, bei kaltem Motor in der Mitte des gerasterten Feldes liegen.

## Kühler aus- und einbauen

Die unterschiedlichen Motorvarianten verändern auch den Arbeitsablauf zum Ausbau des Kühlers im Detail. Es sind grundsätzlich zwei verschiedene Bauweisen der Kühlereinheiten in den unterschiedlichen Fahrzeugen verbaut worden. Sie lassen sich aber recht einfach schon optisch unterscheiden.
Die zusätzlichen Kühler für Klimaanlage, Ladeluftsystem und auch die Lenkung sind im Umfeld verbaut. Wenn erforderlich, werden wir den Umgang mit den Komponenten bei der Montage des Kühlers berücksichtigen.

Es ist sehr wichtig beim Ersatz des Kühlers den verbauten Kühler mit dem Ersatzteil zu vergleichen. Die Variantenvielfalt für die beiden Kühlersysteme ist sehr umfangreich.

**Vorbereitungen zum Ausbau**

*Vorbereitung am Fahrzeug:*

■ Falls vorhanden, die Geräuschdämpfung oben und unten ausbauen.

■ Bauen Sie den Kühlergrill aus:

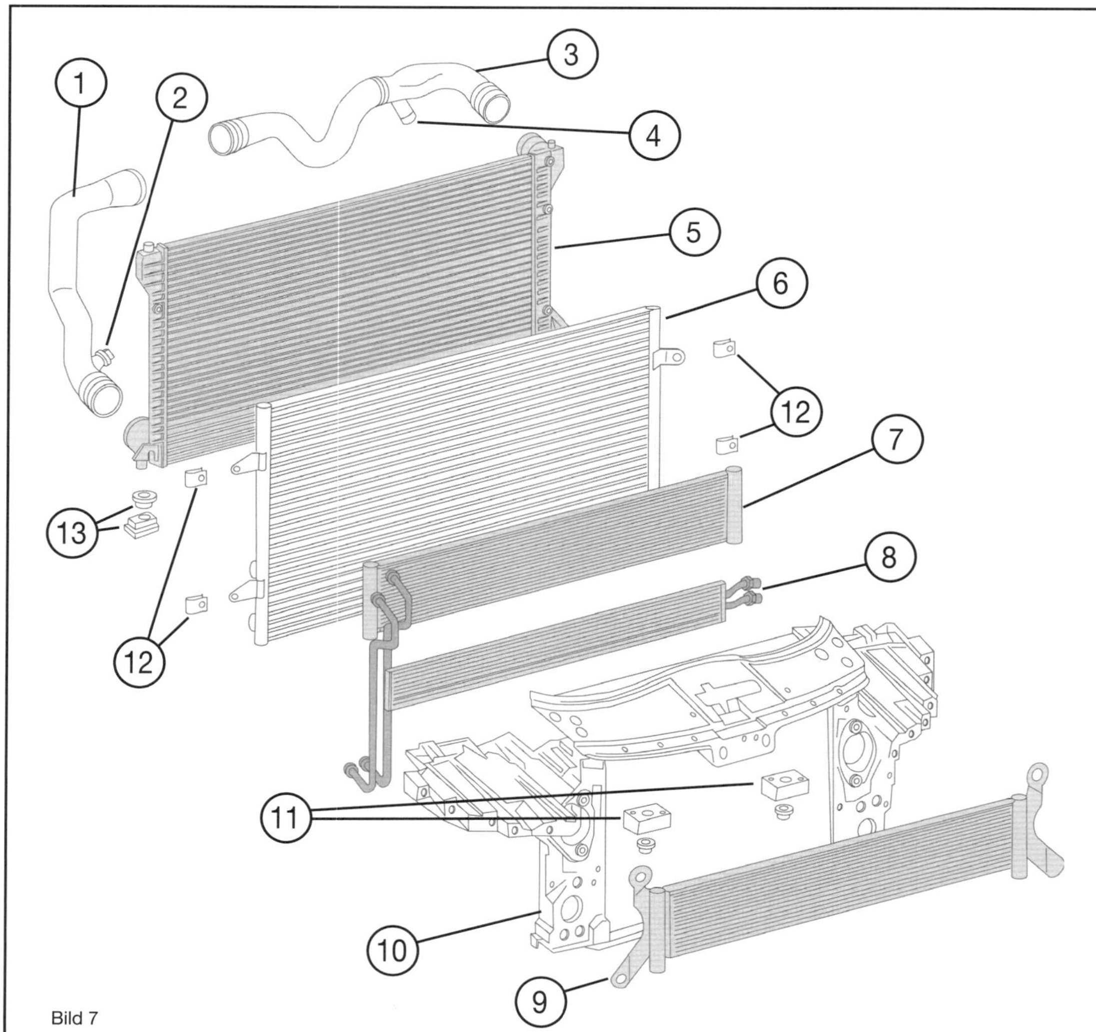


Bild 7

Bild 7
Übersicht der Kühler im Touareg (abhängig von der Ausstattung).
1 Kühlmittelschlauch
2 Geber für Kühlmitteltemperatur Kühlerausgang
3 Kühlmittelschlauch
4 Anschluss Ausgleichsbehälter
5 Wasserkühler
6 Klimakondensator
7 Getriebe-Ölkühler
8 Servo-Ölkühler
9 Generator und Kraftstoffkühler
10 Schlossträger
11 Gummilager oben
12 Halteklammer
13 Gummilager unten

*Kühlergrill bis 2006 ausbauen:*

■ Clipsen Sie das VW-Logo mit einem kleinen Schraubendreher vorsichtig aus dem Kühlergrill heraus. Beginnen Sie mit dem unteren Rasthaken des VW Logos.
■ Drehen Sie die Schraube im Schacht des VW Logos heraus.
■ Entsichern Sie die Rastnasen oben im Kühlergrill.
■ Greifen Sie durch die Öffnung im Kühlergrill hindurch und lösen Sie die beiden Rasthaken (links und rechts) mit leichtem Druck nach unten und ziehen Sie den Kühlergrill nach vorn aus der Stoßfängerabdeckung heraus.

*Kühlergrill ab 2006 ausbauen:*

Der Kühlergrill ist Bestandteil des Stoßfängers und verbleibt im Stoßfänger.

■ Bauen Sie den Stoßfänger vorne ab.

*Stoßfänger bis 2006 ausbauen:*
■ Bauen Sie den Kühlergrill wie beschrieben aus.
■ Lösen Sie die Radhausschalen rechts und links im vorderen Bereich.
■ Drehen Sie die beiden Schrauben im Bereich des Radlaufs rechts und links nach vorne heraus.
■ Drehen Sie die drei Schrauben im mittleren Bereich von oben heraus.
■ Drehen Sie die vier Schrauben im mittleren Bereich unten heraus.
■ Drehen Sie die beiden Schrauben im oberen Bereich von vorne heraus.

*Stoßfänger ab 2006 ausbauen:*
■ Lösen Sie die Radhausschalen rechts und links im vorderen Bereich.
■ Drehen Sie die Schraube im Bereich des Radlaufs rechts und links nach vorne heraus.
■ Drehen Sie die vier Schrauben im mittleren Bereich unten heraus.
■ Drehen Sie die sechs Schrauben im mittleren Bereich von oben heraus.
■ Drehen Sie die beiden Schrauben im mittleren Bereich von vorne heraus.
■ Ziehen Sie die Stoßfängerverkleidung rechts und links aus den Führungsprofilen heraus.
■ Ziehen Sie die Stoßfängerverkleidung etwas vor der Karosserie ab und bauen Sie soweit verbaut die Verschlauchung der Scheinwerferreinigungsanlage und noch vorhandene elektrische Anschlüsse ab.

*Schlossträger in Servicestellung bringen:*
■ Bauen Sie die Radhausschalen rechts und links aus.
■ Demontieren Sie die Anschlüsse an den Ladeluftkühlern und verschließen Sie die Öffnungen mit passenden Stopfen.
■ Ziehen Sie die Dichtung auf dem Schlossträger ab.
■ Drehen Sie die Schraube vorne und seitlich heraus und nehmen Sie die Führungsprofile rechts und links unter den Scheinwerfern ab.
■ Drehen Sie die Schraube oben rechts und links aus dem Schlossträger heraus.
■ Drehen Sie die Schraube seitlich rechts und links neben dem Schlossträger heraus.
■ Drehen Sie zuerst eine Schraube aus dem Längsträger vorne rechts und links heraus.
■ Drehen Sie anstatt der Schraube die Führungsstange »VW T10093«ein.
■ Drehen Sie die restlichen Schrauben aus dem Längsträger vorne rechts und links heraus.
■ Ziehen Sie den Schlossträger etwa 10 cm nach vorne.

*Kühlmittel ablassen:*
■ Öffnen Sie den Verschlussdeckel des Ausgleichbehälters.
■ Ziehen Sie den radial verbauten Kühlmittelschlauch von der elektrischen Kraftstoffpumpe für die Kraftstoffkühlung ab.
■ Lassen Sie das Kühlmittel ab.

*Lüfterzarge ausbauen:*
■ Bauen Sie das Ladeluftrohr (5 im Bild 8) von der Lüfterzarge (1) ab.
■ Entsichern Sie die beiden Steckverbindungen zu den Lüftern (Lüftersteuergeräten) und ziehen Sie sie ab.
■ Ziehen Sie die Lüfterzarge nach oben ab und nehmen Sie sie vorsichtig heraus.

⚠ Achten Sie darauf, die Lamellen des Kühlers nicht zu beschädigen.

■ Lösen Sie die Halteklammern (12 im Bild 7) zum Klimakondensator (6) und zum (Getriebeölkühler (7).
■ Drehen Sie die oberen Befestigungs-

Sichtprüfung Messen

Bild 8
Lüfter und Zarge.
1 Lüfterzarge
2 Schrauben
3 Rastnasen
4 Schrauben
5 Ladeluftrohr
6 Schrauben
7 Lüftersteuergerät
8 Zusatzlüftermotor
9 Lüftermotor
10 Lüftersteuergerät

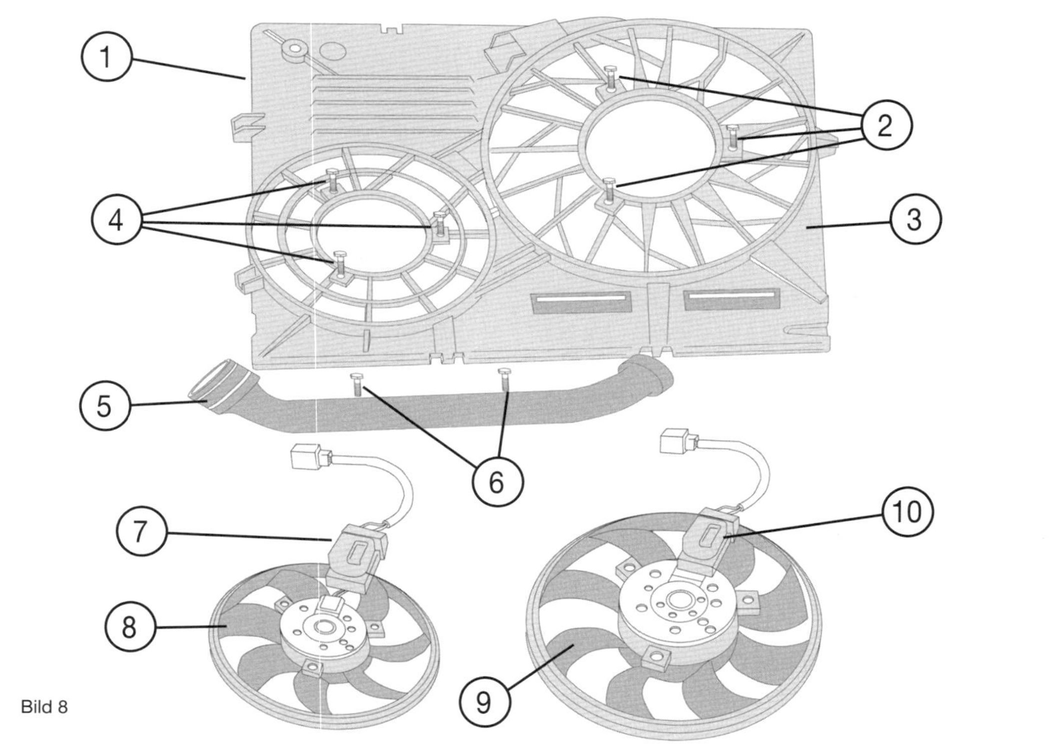

Bild 8

schrauben des Kühlers heraus.

■ Nehmen Sie den Kühler vorsichtig nach oben heraus.

⚠ Achten Sie darauf, die Lamellen des Kühlers nicht zu beschädigen.

Der Einbau erfolgt sinngemäß in umgekehrter Reihenfolge.

■ Prüfen Sie die Dichtigkeit der Anschlüsse, Leitungen und Schläuche.

■ Wird der Kühler ersetzt, bauen Sie soweit erforderlich Leitbleche und Dichtungen um.

■ Prüfen Sie die Einstellung der Scheinwerfer.

## Kühlmittelpumpe/Wasserpumpe aus- und einbauen

**Kühlmittelpumpe bei 2,5-l-TDI-Motor (5R)**
Die Kühlmittelpumpe ist auf der Motorrückseite verbaut und wird über ein Stirnrad angetrieben.

■ Lassen Sie den Motor abkühlen.

*Motorkennbuchstaben BAC und BLK:*

■ Lösen Sie den Vorkatalysator am Turbolader und am Getriebe.

☞ Der Ausbau des Vorkatalysators ist nicht erforderlich.

*Motorkennbuchstaben BPD und BPE:*

■ Bauen Sie den AGR-Kühler aus.

■ Demontieren Sie den Partikelfilter.

☞ Die Arbeitsschritte hierzu beschreiben wir im Kapitel 9 »Abgasanlage«.

*Weiter für alle 5-Zylinder-TDI-Motoren:*

■ Lassen Sie wie bereits beschrieben das Kühlmittel ab.

■ Drehen Sie die Kühlmittelablassschraube aus dem Motorblock im Bereich der Kühlmittelpumpe heraus.

■ Drehen Sie die drei Schrauben (3 im Bild 9) heraus und nehmen Sie den Deckel (2) ab.

■ Demontieren Sie die Kunststoffabdeckung auf der Stirnseite des Motors.

■ Drehen Sie die Schrauben (4 im Bild 10) heraus und nehmen Sie den Halter ab.

■ Ziehen Sie den Dichtdeckel (3) von der Kurbelwelle ab.

☞ Die Abdichtung muss für die Montage erneuert werden.

■ Setzen Sie das Verdrehwerkzeug (VW T10225) in die Bohrungen in der Kurbelwelle ein und ziehen Sie es mit der mitgelieferten Schraube fest.

☞ Das Verdrehwerkzeug passt nur in einer Position.

■ Lösen Sie die Zentralmutter (1 im Bild 11)

der Wasserpumpe und nehmen Sie sie ab.

■ Setzen Sie einen passenden Schlüssel auf das Verdrehwerkzeug auf und halten Sie eventuell mit Hilfe eines zweiten Mechanikers die Kurbelwelle gegen.

Das Spezialwerkzeug zur Demontage der Wasserpumpe ist im Zubehörmarkt und auf den einschlägigen Plattformen für etwa 35 Euro käuflich zu erwerben.

■ Setzen Sie den Abzieher (2 im Bild 12) in das Antriebsrad ein und ziehen Sie das Antriebsrad von der Wasserpumpenwelle ab.

Bei Motoren aus der ersten Fertigungsreihe ist nicht ausreichend Platz hinter dem Antriebsrad. Der Abzieher kann hier nicht eingesetzt werden. Bei diesen Motoren wird das Antriebsrad durch leichte Schläge mit dem Hammer und einem Schlagstück aus Kupfer abwechselnd seitlich auf das Antriebsrad gelöst.

■ Nehmen Sie das Antriebsrad heraus.

■ Drehen Sie die beiden Befestigungsschrauben (4) heraus.

■ Drehen Sie die Spindel des Ausziehers »VW T10222A« so weit ein, bis der Sechskant bündig zur Oberfläche steht.

■ Drehen Sie die Spindel auf das Gewinde der Wasserpumpe auf, bis das Gewinde in der Spindel komplett auf Anschlag auf dem Gewinde der Wasserpumpe geschraubt ist und die Spindel dann den Auszieher auf die Dichtfläche des Deckels (2 im Bild 9) angelegt hat.

■ Drehen Sie die Spindel weiter im Uhrzeigersinn, bis die Wasserpumpe aus dem Motorblock herausgezogen worden ist.

■ Nehmen Sie die Wasserpumpe heraus.

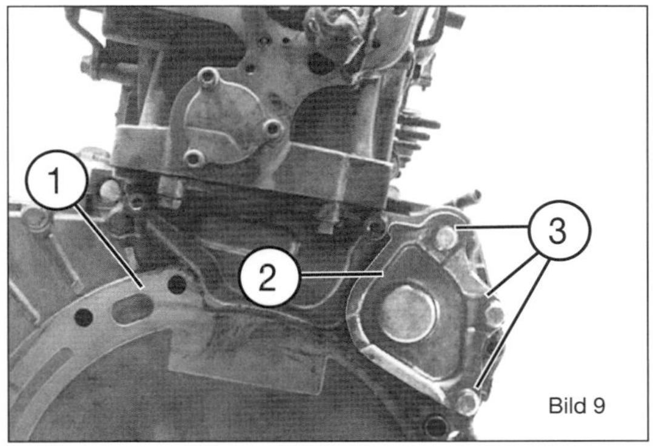


Bild 9

Bild 9
Rückseite 2,5-l-TDI-Motor (5R).
1 Steuergehäusedeckel
2 Abdeckung Pumpenrad
3 Schrauben

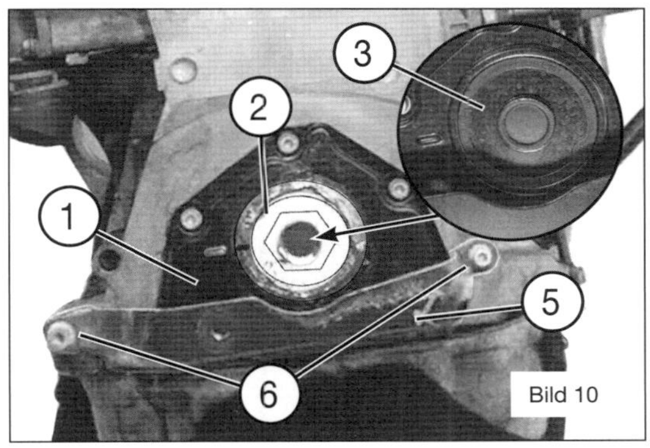


Bild 10

Bild 10
Gegenhalten an der Kurbelwelle.
1 Deckel mit Wellendichtring der Kurbelwelle
2 Verdrehwerkzeug »VW T10225«
3 Dichtdeckel Kurbelwelle
4 Schrauben
5 Halter
6 Schraube

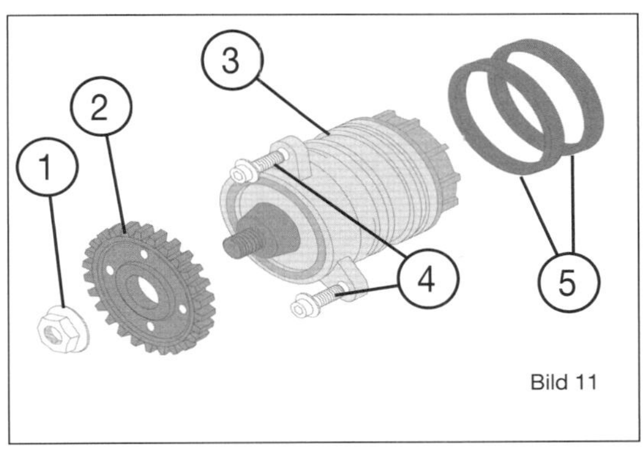


Bild 11

Bild 11
Wasserpumpe in Teilen beim 2,5-l-TDI-Motor (5R).
1 Mutter
2 Antriebsrad Wasserpumpe
3 Wasserpumpe
4 Schrauben
5 Dichtungen

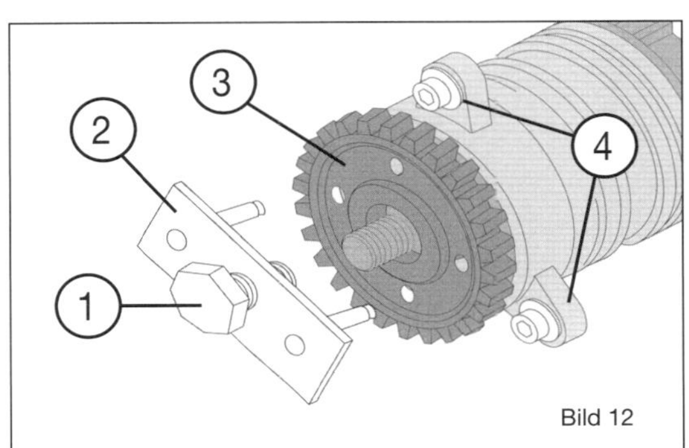


Bild 12

Bild 12
Wasserpumperad abziehen beim 2,5-l-TDI-Motor (5R).
1 Spindel
2 Abzieher (VW T10221A)
3 Antriebsrad
4 Schrauben

Der Einbau erfolgt sinngemäß in umgekehrter Reihenfolge.

Die Dichtringe der Wasserpumpe dürfen für die Montage nur mit Kühlmittel benetzt werden, um die Montage zu erleichtern.

■ Prüfen Sie die Dichtigkeit der Anschlüsse, Leitungen und Schläuche.

**Kühlmittelpumpe bei 3,0-l-TDI-Motor (V6)**

Die Kühlmittelpumpe ist auf der Motorvorderseite verbaut und wird über den Keilrippenriemen angetrieben.

■ Lassen Sie den Motor abkühlen.

■ Falls vorhanden, die Geräuschdämpfung oben und unten ausbauen.

■ Lassen Sie wie bereits beschrieben das Kühlmittel ab.

■ Demontieren Sie wie im Kapitel 4 bereits beschrieben den Keilrippenriemen.

■ Drehen Sie die Schrauben (2 im Bild 13)

Bild 13
Riemenscheibe beim 3,0-l-TDI-Motor (V6).
1 Riemenscheibe
2 Schrauben Riemenscheibe
3 Bohrungen zum Gegenhalten

Bild 14
Wasserpumpe (Kühlmittelpumpe) beim 3,0-l-TDI-Motor (V6).
1 Kühlmittelpumpe
2 Schrauben (Anzug und Lösen erfolgt über Kreuz)

heraus.
■ Halten Sie dazu die Riemenscheibe (1) mit einem geeigneten Gegenhalter »VW 3212« fest.
■ Drehen Sie die Schrauben (2 im Bild 14) heraus.
■ Nehmen Sie die Wasserpumpe (1) ab.

Der Einbau erfolgt sinngemäß in umgekehrter Reihenfolge.
■ Reinigen Sie die Dichtfläche am Motorblock.
■ Prüfen Sie die Dichtigkeit der Anschlüsse, Leitungen und Schläuche.

## Elektrische Kühlmittelpumpen

Im VW Touareg sind neben der mechanischen Kühlmittelpumpe weitere Kühlmittelpumpen verbaut. Die mechanische Pumpe ist für die Zirkulation im Motorkühlkreislauf zuständig. Eine elektrische Pumpe unterstützt den Volumenstrom für den AGR-Kühler. Eine weitere ist für den Volumenstrom zum Kraftstoffkühler zuständig. Zusätzlich kann eine weitere Pumpe zum Einsatz kommen, wenn das Fahrzeug mit einer Standheizung ausgerüstet ist.

**Einbaupositionen der elektrischen Zusatzkühlmittelpumpen**

| Pumpe | Einbauposition |
|---|---|
| Kraftstoffkühlung | Motorraum vorne rechts |
| Abgasrückführung | an der Aufhängeöse am Motor vorne rechts |
| Zusatzheizung | am Unterboden an der Zusatzheizung |

**Ausbau der elektrischen Kühlmittelpumpe**
Der Ausbau verläuft für die elektrischen Kühlmittelpumpen sehr ähnlich. Wir stellen Ihnen an dieser Stelle eine allgemeingültige Beschreibung zur Verfügung.
■ Lassen Sie den Motor abkühlen.
■ Lassen Sie das Kühlmittel ab oder klemmen Sie die Kühlmittelschläuche mit passenden Schlauchklemmen zu.
■ Die elektrische Steckverbindung (1 im Bild 15) entriegeln und abziehen.
■ Öffnen Sie die Schlauchschellen (3) und ziehen Sie die Kühlmittelschläuche (4 und 5) von der elektrischen Kühlmittelpumpe ab.

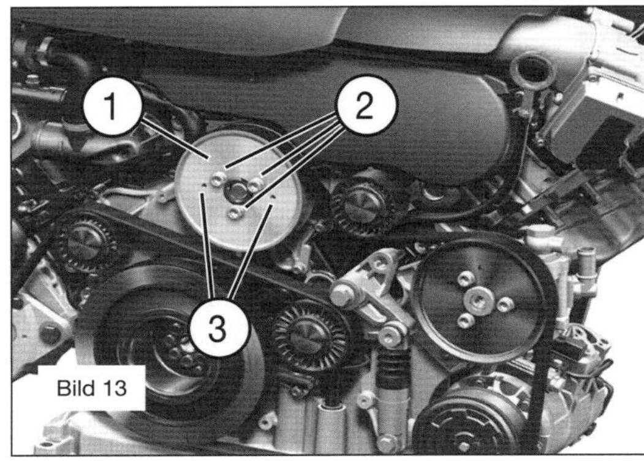

Bild 13

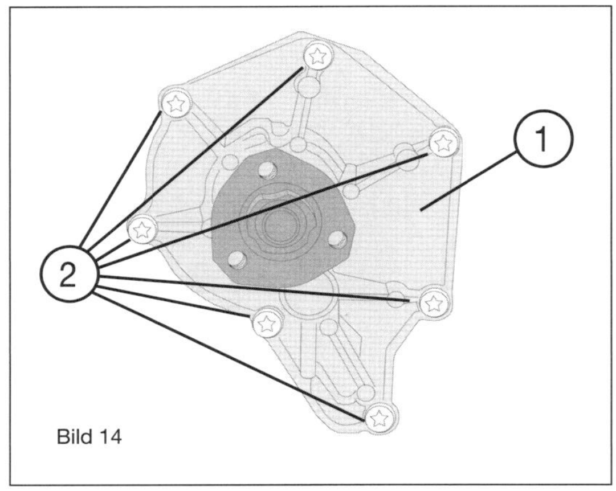

Bild 14

Fangen Sie austretendes Restkühlmittel mit einem Lappen auf.
■ Nehmen Sie die elektrische Kühlmittelpumpe (2) ab.

Die Montage erfolgt sinngemäß in umgekehrter Reihenfolge.
■ Füllen Sie das Kühlmittel auf.
■ Entlüften Sie das Kühlsystem wie bereits beschrieben.
■ Prüfen Sie die Dichtigkeit der Anschlüsse, Leitungen und Schläuche.

## Thermostat und Regelventile

**Thermostat beim 2,5-l-TDI-Motor (R5)**
Die Kühlmittelpumpe ist auf der rechten Motorseite im vorderen Bereich verbaut.
■ Lassen Sie den Motor abkühlen.
■ Falls vorhanden, die Geräuschdämpfung oben und unten ausbauen.
■ Lassen Sie, wie bereits beschrieben, das Kühlmittel ab.
■ Drehen Sie die beiden Schrauben (1 im Bild 16) heraus.
■ Nehmen Sie das Thermostatgehäuse (2) vom Motorblock ab.

Fangen Sie austretendes Restkühlmittel mit einem Lappen auf.

Die Montage erfolgt sinngemäß in umgekehrter Reihenfolge.

■ Prüfen Sie den Thermostaten vor dem Einbau auf Funktion. Die Arbeitsschritte dazu finden Sie im Anschluss in diesem Kapitel.

| Pumpe | Einbauposition |
|---|---|
| Öffungsbeginn | 87 °C |
| Vollöffnung | 102 °C |
| Öffnungshub | Min. 8 mm |

■ Reinigen Sie die Dichtflächen gründlich. Erneuern Sie die Dichtung (4).

**Thermostat beim 3,0-l-TDI-Motor (V6)**
Die Kühlmittelpumpe ist auf der Vorderseite des Motors verbaut. Der Anschlussstutzen und der darin verbaute Thermostat sind eine Einheit und werden komplett ersetzt.

■ Lassen Sie den Motor abkühlen.
■ Falls vorhanden, die Geräuschdämpfung oben und unten ausbauen.
■ Lassen Sie wie bereits beschrieben das Kühlmittel ab.
■ Demontieren Sie den Keilrippenriemen wie bereits im Kapitel 4 beschrieben.

*Motorkennbuchstabe CATA:*
■ Bauen Sie Anschluss (2 im Bild 17) zum Kühlmittelregler für die Abgasrückführung vom Anschlussstutzen (4) ab.

*Weiter für alle Motoren:*
■ Demontieren Sie Kühlerschlauch vom Anschlussstutzen (4) zum Kühler.
■ Soweit verbaut, demontieren Sie den Anschlussschlauch (2) zur Pumpe für die Abgasrückführung (1).
■ Drehen Sie die Schrauben (3) heraus.
■ Nehmen Sie den Anschlussstutzen (4) mit dem Kühlmittelregler ab.

**Thermostat prüfen**
*Prüfung im eingebauten Zustand:*
■ Stellen Sie das Fahrzeug auf eine Hebebühne und versehen Sie es mit einer Abgasabsauganlage.
■ Lassen Sie den Motor laufen.

Kontrollieren Sie in regelmäßigen Abständen die Temperatur der Anschlussschläuche des Thermostaten mit einem Lasertemperaturmesser oder einem anderen geeigneten Thermometer.

Die Temperatur vor und nach dem Thermostat wird mit steigender Temperatur unterschiedlich ausfallen. Sobald der Thermostat öffnet, ist die Temperatur vor dem Thermostat fast genauso hoch wie die Temperatur nach dem Thermostat.

*Prüfung im ausgebauten Zustand:*
■ Legen Sie den Thermostat in ein Wasserbad ein und erwärmen Sie das Wasser auf einer Kochplatte langsam.

Das Thermoelement muss sich bei etwa 90 °C langsam und ruckfrei öffnen. Das können Sie beim Hindurchsehen durch einen Lichtspalt erkennen.

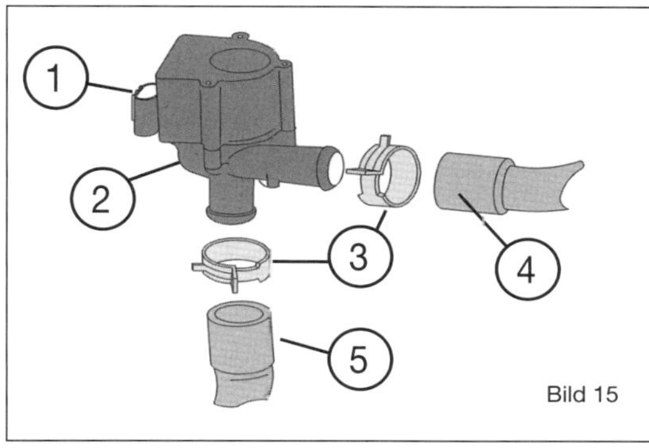

Bild 15

Bild 15
Elektrische (Zusatz-) Wasserpumpe.
1 Elektrischer Anschluss
2 Elektrische Wasserpumpe
3 Schellen
4 Zum Kühler an der Fahrzeugfront
5 Vom Wärmetauscher für die Kraftstoffkühlung

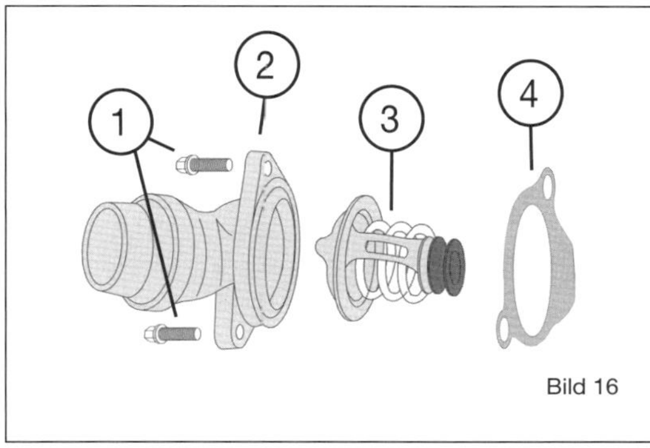

Bild 16

Bild 16
Thermostat beim 2,5-l-TDI-Motor (R5).
1 Schrauben
2 Thermostatgehäuse
3 Thermostat
4 Dichtung

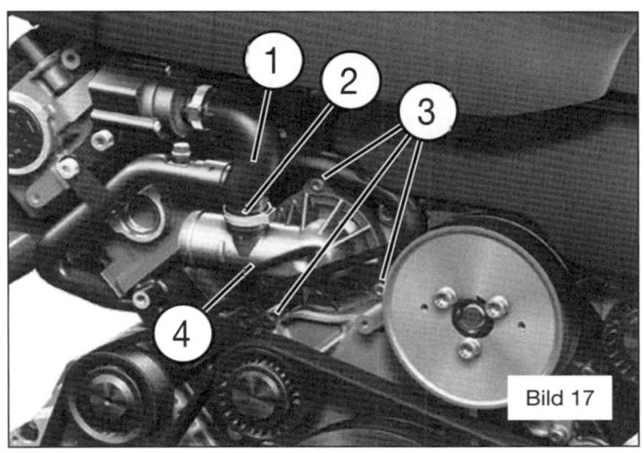

Bild 17

Bild 17
1 Anschlussschlauch
2 Anschluss
3 Schrauben
4 Anschlussstutzen

Bild 1

Tankanlage am Touareg.

1 Einfüllstutzen
2 Kraftstofftank
3 Flansch
4 Verschlussring
5 Tankfördermodul
6 Tankfangband
7 Füllstandsgeber
8 Schwimmer
9 Saugstrahlpumpe
10 Schutzabdeckung
11 Schutzabdeckung
12 Saugstrahlpumpe
13 Schutzabdeckung
14 Tankfördermodul
15 Flansch

# 7 Kraftstoffversorgung

## Bauteile der Anlage und Arbeiten am Kraftstoffsystem

### Sicherheit geht vor

⚠ Der Kraftstoffdruck im Hochdruckrohr kann beim Common-Rail-System bis zu 2000 bar betragen! Beachten Sie die Sicherheitsmaßnahmen zum Druckabbau im Hochdruckbereich. Selbst die Kraftstoffvorlaufleitung steht unter Druck! Tragen Sie Schutzbrille und Schutzbekleidung, um Verletzungen und Hautkontakt zu vermeiden. Vor dem Lösen von Schlauchverbindungen Putzlappen um die Verbindungsstelle legen. Dann durch vorsichtiges Abziehen des Schlauchs Druck abbauen.

⚠ Aus Sicherheitsgründen muss vor dem Öffnen des Kraftstoffsystems die Stromzufuhr zur Kraftstoffpumpe unterbrochen werden. Die Kraftstoffpumpe kann auch beim Öffnen der Fahrertür aktiviert werden. Nutzen Sie eine der folgenden Möglichkeiten, um die Stromzufuhr zu unterbrechen.

⚠ Wichtig zu wissen für die Arbeit an dieser Reparaturgruppe ist die Tatsache, dass es automatische Ein- und Ausschaltfunktionen für die Kraftstoffpumpe gibt.

### Die Crash-Kraftstoffabschaltung

Sie soll die Gefahr eines Fahrzeugbrandes nach einem Crash reduzieren, indem die Kraftstoffpumpe abgeschaltet wird.

### Komfortschaltung

Kurzzeitiges Einschalten der Pumpe beim Öffnen der Tür soll andererseits eine Komfortverbesserung des Startverhaltens beim Motor bewirken. Dabei wird die Kraftstoffpumpe 2 Sekunden lang angesteuert, damit sich im Kraftstoffsystem Druck aufbaut. Weil die Kraftstoffpumpe beim Einschalten der Zündung und durch den Türkontaktschalter der Fahrertür aktiviert wird, muss vor dem Öffnen des Kraftstoffsystems aus Sicherheitsgründen, wenn die Batterie nicht abgeklemmt wird, der Anschlussstecker von

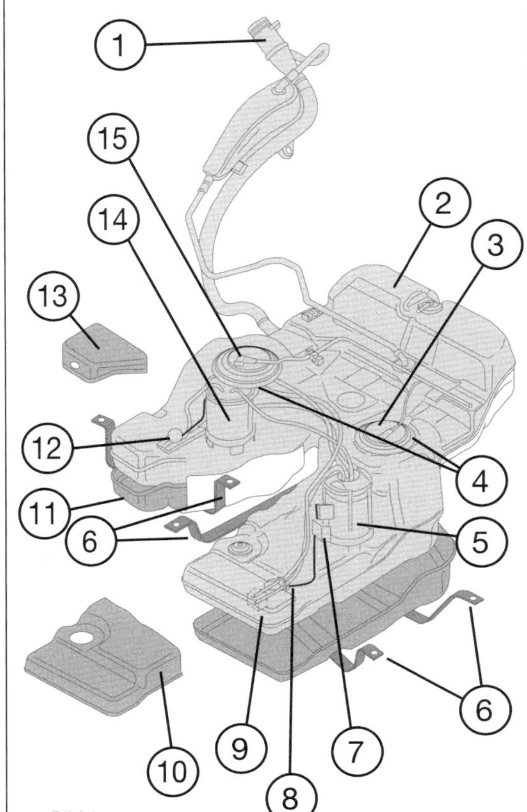


Bild 1

der Kraftstoff-Fördereinheit abgezogen oder die Sicherung für die Ansteuerung der Kraftstofffördereinheit aus dem Sicherungshalter entfernt werden.

### Die Anlage im Überblick

Wichtigste Bauteile des Systems der Kraftstoffversorgung sind der Kraftstoffbehälter (Tank), in den der Kraftstoff über Tankklappeneinheit und Einfüllstutzen eingebracht wird, die in den Tank eingebaute Kraftstofffördereinheit (Kraftstoffpumpe), der Kraftstofffilter und die Kraftstoffleitungen (Bild 1). Es gibt kaum Merkmale, durch die sich die durchaus unterschiedlichen Tankanlagen für die unterschiedlichen Modelle im Kraftstoffversorgungssystem voneinander unterscheiden lassen. Die Einbauposition der Komponenten unterscheidet sich nicht. Erfahrungsgemäß wird der Ersatz oder auch Arbeiten am Tanksystem sich auf die Intankpumpe oder den Kraftstoffgeber beschränken. Der Austausch der kompletten Tankanlage ist möglich, aber aufwendig und kommt sehr selten vor.

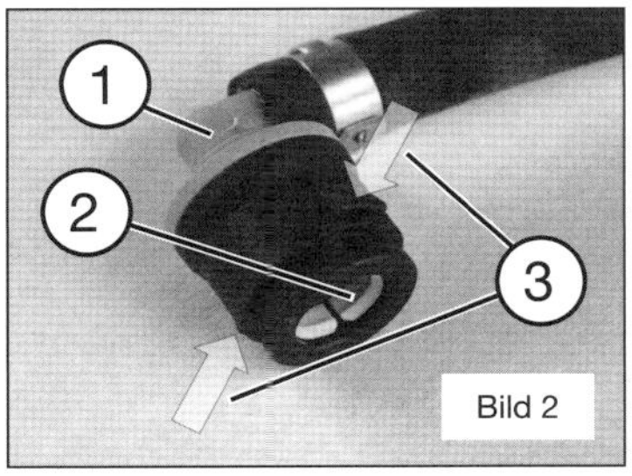

Bild 2

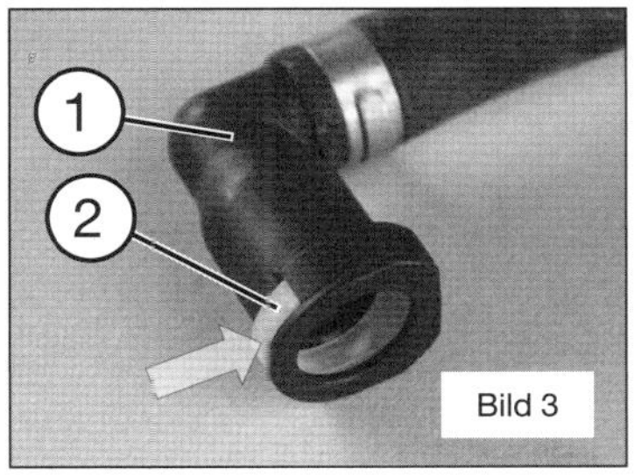

Bild 3

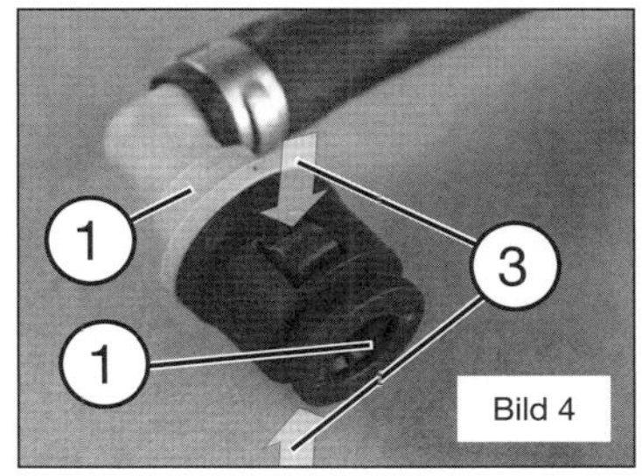

Bild 4

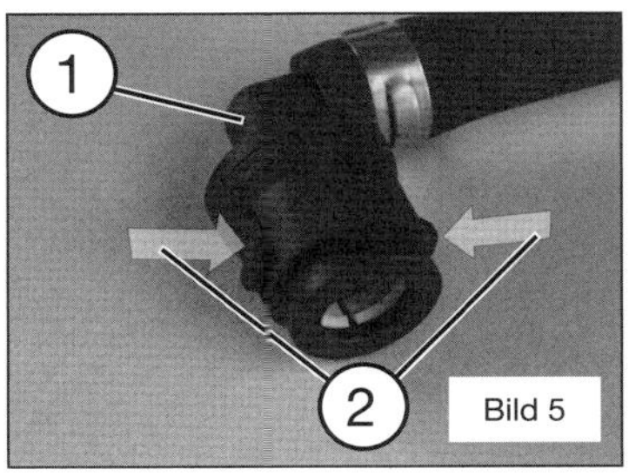

Bild 5

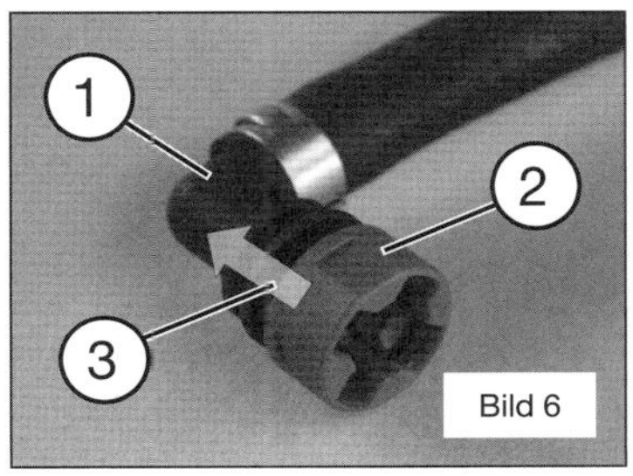

Bild 6

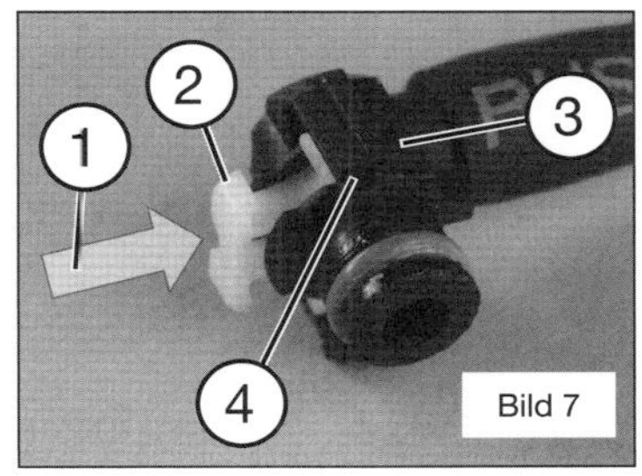

Bild 7

Bild 2
Variante 1.
1 Kupplungsgehäuse
2 Rastenring
3 Entriegelungstasten

Bild 3
Variante 2.
1 Kupplungsgehäuse
2 Rastenring

Bild 4
Variante 3.
1 Kupplungsgehäuse
2 Rastenring
3 Entriegelungstasten

Bild 5
Variante 4.
1 Kupplungsgehäuse
2 Entriegelungstasten

Bild 6
Variante 5.
1 Kupplungsgehäuse
2 Außenring
3 Bewegungsrichtung

Bild 7
Variante 6.
1 Bewegungsrichtung (sichern)
2 Sicherungsklammer
3 Kupplungsgehäuse
4 Entriegelungstaste

**Ansteuerung der Kraftstoffpumpe**
Während sich bei älteren Fahrzeugen die Kraftstoffpumpe noch über eine Sicherung bestromen ließ, ist das in dieser Baureihe nicht mehr möglich. Über die Anschlüsse am Tankfördermodul oder am Bordnetzsteuergerät ist das aber trotzdem noch möglich. Der Zugang ist allerdings nicht gerade einfach zu bewerkstelligen. Die Beschreibung zum Ausbau der Kraftstofffördereinheit kann einige Informationen liefern. Je nach Ausführung und Softwarestand ist die Ansteuerung der Kraftstoffpumpe über eine »geführte Funktion« mit einem Diagnosetester möglich. Hierbei wird das Bordnetzsteuergerät die Ansteuerung der Kraftstoffpumpe speziell für den Entlüftungsvorgang ansteuern. Eine Demontage oder das Freilegen der Anschlüsse an der Kraftstofffördereinheit sind hier nicht erforderlich.

## Steckkupplungen trennen

Bei Fahrzeugen dieser Baureihen finden sich sechs typische Stecksysteme für die Verbindungen der Kraftstoffversorgungsschläuche, die durchaus auch bei anderen Fahrzeugherstellern zum Einsatz kommen.

**Variante 1 (Bild 2)**
- Steckkupplung (1) auf die Leitung drücken.
- Entriegelungstasten in Pfeilrichtung (3) drücken und gedrückt halten.
- Steckkupplung (1) von der Kraftstoffleitung (2) abziehen.
- Beim Einbau Farbzuordnung beachten.
- Steckkupplungen müssen beim Verriegeln »hörbar« einrasten.

Den festen Sitz der Steckkupplung durch Gegenziehen prüfen!

**Variante 2 (Bild 3)**
- Steckkupplung (1) auf die Leitung drücken.
- Zugentriegelung in Pfeilrichtung (2) ziehen.
- Steckkupplung (1) von der Kraftstoffleitung (2) abziehen.
- Beim Einbau Farbzuordnung beachten.
- Die Steckkupplungen müssen beim Verriegeln »hörbar« einrasten.

Den festen Sitz der Steckkupplung durch Gegenziehen prüfen!

**Variante 3 (Bild 4)**
- Steckkupplung (1) auf die Leitung drücken.
- Entriegelungstaste (2) drücken und Steckkupplungen abziehen.
- Beim Einbau Farbzuordnung beachten.
- Steckkupplungen müssen beim Verriegeln »hörbar« einrasten.

Den festen Sitz der Steckkupplungen durch Gegenziehen prüfen!

**Variante 4 (Bild 5)**
- Steckkupplung (1) auf die Leitung drücken.
- Entriegelungstaste (2) drücken und Steckkupplung abziehen.
- Beim Einbau Farbzuordnung beachten.
- Steckkupplungen müssen beim Verriegeln »hörbar« einrasten.

Den festen Sitz der Steckkupplung durch Gegenziehen prüfen!

**Variante 5 (Bild 6)**

■ Steckkupplung (1) auf die Leitung drücken.
■ Außenring (2) in Pfeilrichtung (3) zurückziehen und die Steckkupplungen abziehen.
■ Beim Einbau Farbzuordnung beachten.
■ Steckkupplungen müssen beim Verriegeln »hörbar« einrasten.

Den festen Sitz der Steckkupplung durch Gegenziehen prüfen!

**Variante 6 (Bild 7)**

■ Die Sicherungsklammer (2) rechts und links zusammendrücken (1).
■ Die Entriegelungstasten (4) rechts und links zusammendrücken und gedrückt halten.
■ Die Steckkupplung (3) abziehen.
■ Beim Einbau Farbzuordnung beachten.
■ Steckkupplungen müssen beim Verriegeln »hörbar« einrasten.

Den festen Sitz der Steckkupplung durch Gegenziehen prüfen!

## Kraftstoffbehälter entleeren oder befüllen

Die Montagearbeiten für die einzelnen Motorvarianten und Fahrzeugaufbauten unterscheiden sich nur unwesentlich.

Grundsätzlich sollten Sie den Kraftstofftank niemals im gefüllten Zustand demontieren oder mit hohem Füllstand die Verschlussschraube öffnen. Der Kunststofftank kann sich verziehen und so auch der Verschluss zum Tankgeber undicht werden.

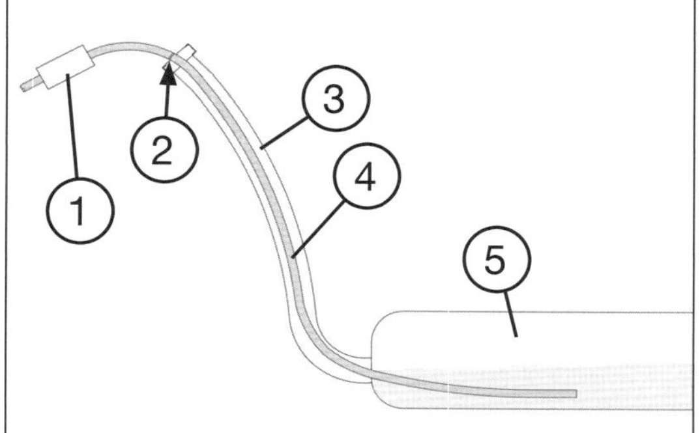


Bild 8

Bild 8
Markierung am Absaugschlauch.
1 Externe Pumpe
2 Markierung am Schlauch (140 cm vom Schlauchende)
3 Tankfüllrohr
4 Absaugschlauch
5 Tank

**Tank absaugen (Teilentleerung)**

Der Kraftstofftank ist bei den meisten Fahrzeugen mit Tankfangbändern (9 und 10 im Bild 1) gehalten. Um den Umgang mit dem Kraftstofftank zu erleichtern, sollte er möglichst für eine Demontage entleert worden sein.

Schon beim Ausbau des Fördermoduls ist eine Teilentleerung erforderlich.

*Teilentleerung über die Kraftstoffpumpe:*

Die Entleerung des Tanks über die Kraftstoffpumpe ist in der Regel nicht vorgesehen. Die Kraftstoffpumpe wird über ein Steuergerät angesteuert. Die Bestromung über eine Sicherung ist nicht mehr möglich. Die Kraftststoffpumpe ist mit Sensoren für den Kraftstoffdruck und Temperatur ausgerüstet. Zudem handelt es sich nicht mehr um einen klassischen Gleichstrommotor, sondern um einen Dreiphasen-Wechselstrommotor. Bedarfsgerecht kann die Drehzahl den Anforderungen angepasst werden. Die Ansteuerung ist über den Diagnosetester möglich. Die Tankentleerung über das System wird seitens des Herstellers nicht beschrieben.

*Absaugen über das Tankfüllrohr:*

Bei der Verwendung von einer externen Pumpe muss die Pumpe (das Pumpengehäuse) zur statischen Entladung an die Fahrzeugmasse angeschlossen werden.

Beim Touareg bietet sich hier der Türschlossbügel der Fahrerseite an.

■ Schalten Sie die Zündung ein und lesen Sie den Füllstand der Kraftstoffanzeige ab.
■ Schätzen Sie über den Tankinhalt Ihres Fahrzeuges die erforderliche Größe für die Auffangbehälter ein.

Es ist nicht möglich, den gesamten Tank über diese Methode zu entleeren; muss der Tank vollständig entleert werden (beispielsweise bei Falschbetankung), muss der Tank ausgebaut werden.

■ Schalten Sie die Zündung aus und ziehen Sie den Zündschlüssel ab.
■ Führen Sie den Absaugschlauch in den Tankstutzen ausreichend weit in den Tank ein (etwa 1,5 m Schlauchlänge).
■ Schalten Sie die Absaugpumpe ein und beobachten Sie den Füllstand des Auffangbehälters (Kanister).

Die Montage erfolgt sinngemäß in umgekehrter Reihenfolge.

Die Steckverbindungen der Entlüftungs- und Kraftstoffleitungen müssen beim Zusammenstecken hörbar einrasten.

■ Kraftstoffleitungen am Kraftstoffbehälter einclipsen.

Auf festen Sitz der Kraftstoffschläuche achten.

Soll der abgesaugte Kraftstoff wiederverwendet werden, darf er keine Verschmutzungen aufweisen und keine Beimischung von anderen Stoffen enthalten.

*Restentleerung des Tanks über den Zugang der Intankpumpe:*

■ Den Kraftstofftank ausbauen.

■ Das Tankfördermodul ausbauen.

■ Kraftstoffföreinheit entleeren und auf einen sauberen Untergrund stellen.

■ Kraftstoffbehälter mit einem Kraftstoffabsauggerät über die Öffnung der Kraftstofffördereinheit vollständig entleeren.

Der Einbau erfolgt sinngemäß in umgekehrter Reihenfolge.

Es besteht Explosionsgefahr! Nach dem Einbau eines neuen oder vollkommen entleerten Kraftstoffbehälters muss umgehend eine Mindestmenge von 3 bis 5 Litern Kraftstoff eingefüllt werden. Die Kraftstoffpumpe darf in einem vollkommen leeren Kraftstoffbehälter nicht anlaufen.

Die Steckverbindungen der Entlüftungs- und Kraftstoffleitungen müssen beim Zusammenstecken hörbar einrasten.

■ Kraftstoffleitungen am Kraftstoffbehälter einclipsen.

■ Stecker am Flansch der Kraftstoffpumpe aufstecken und Leitung am Kraftstoffbehälter einclipsen.

Auf festen Sitz der Kraftstoffschläuche achten.

## Kraftstofftank aus- und einbauen

Es kann beim Ausbau des Kraftstofftanks immer Restkraftstoff austreten. Legen Sie sich Bindemittel und einige Lappen bereit, um den austretenden Kraftstoff aufzufangen. Um zu vermeiden, dass Verschmutzungen in die Anschlüsse oder in den Tank selber eintreten, kann man die Anschlussstücke mit Klebeband abkleben oder durch Lappen verschließen.

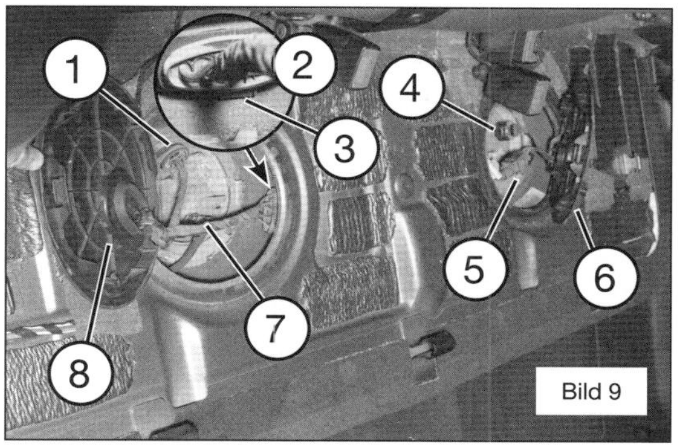


Bild 9
Zugang zum Tank unter der hinteren Sitzbank.
1 Steckkontakt elektrische Kraftstoffpumpe
2 Steckkontakt Kraftstoffpumpensteuergerät
3 Rastnase am Stecker
4 Steckkontakt an der Saugstrahlpumpe
5 Halterung Steckkontakt
6 Abdeckung Saugstrahlpumpe
7 Kraftstoffleitung
8 Abdeckung Kraftstoffpumpe

■ Prüfen Sie zuerst, ob ein codiertes Radio eingebaut ist. In diesem Fall erfragen Sie bitte die Anti-Diebstahl-Codierung.

■ Klemmen Sie bei ausgeschalteter Zündung das Masseband der Batterie ab.

■ Entleeren Sie den Kraftstofftank wie bereits beschrieben.

■ Bauen Sie den Schalldämpfer mit seinen Aufhängungen aus. Die Arbeiten dazu beschreiben wir im Kapitel 9.

■ Demontieren Sie die Kardanwelle zur Hinterachse. Die Arbeitsschritte im Detail hierzu finden Sie im Kapitel 10.

■ Bauen Sie die Hinterachse komplett aus.

■ Öffnen Sie die Tankklappe und schrauben Sie den Tankdeckel ab.

■ Reinigen Sie den Bereich um den Einfüllstutzen gründlich.

■ Ziehen Sie die Gummidichtung vom Tankstutzen ab.

■ Drehen Sie die beiden Schrauben oben am Einfüllstutzen heraus.

■ Ziehen Sie den Masseanschluss am Einfüllstutzen ab.

■ Demontieren Sie die Abdeckbleche des Einfüllstutzens im rechten hinteren Radkasten.

■ Lösen Sie die Entlüftungsleitungen des Tanks am Längsträger.

■ Drehen Sie die Schraube des Einfüllrohrs im Radhaus heraus.

■ Entsichern Sie die Steckkontakte zu den Kraftstoffpumpen links neben dem Tank.

■ Unterbauen Sie den Kraftstofftank mit dem Motor- und Getriebeheber.

■ Demontieren Sie die Tankfangbänder.

■ Senken Sie den Kraftstofftank etwa 30 cm ab.

■ Ziehen Sie die Kraftstoffleitung vom Tankfördermodul ab.

Fangen Sie den ablaufenden Restkraftstoff mit geeigneten Lappen auf.

■ Senken Sie den Kraftstofftank vorsichtig weiter ab.

Die Montage erfolgt sinngemäß in umgekehrter Reihenfolge.

Der Vorlaufschlauch ist schwarz, der Rücklaufschlauch ist blau oder hat eine blaue Markierung.

■ Verwenden Sie ausschließlich Schellen, die dem Serienstand entsprechen.

■ Ersetzen Sie beschädigte Bauteile sofort.

■ Achten Sie darauf, dass die Kraftstoffleitungen knickfrei verlegt werden und an den originalen Befestigungspunkten verrastet werden.

Messen Sie den Widerstand zwischen dem Tankeinfüllstutzen und der Karosserie. Er muss bei 0 Ω liegen. Die Masseverbindung ist sehr wichtig für den Brandschutz (statische Aufladung beim Betanken).

## Kraftstoff-Fördereinheit aus- und einbauen

Die Montagearbeiten für die einzelnen Modelle unterscheiden sich nur unwesentlich. Die hier beschriebenen Arbeitsschritte können als Arbeitsschema für alle Modelle übernommen werden.

Der Kraftstoffbehälter muss vollständig entleert sein.

Im weiteren Arbeitsablauf muss das Masseband der Batterie abgeklemmt werden. Prüfen Sie deshalb bitte, ob ein codiertes Radiogerät eingebaut ist. Gegebenenfalls ist dann vorher die Antidiebstahlcodierung zu erfragen.

**Besonderheit Saugstrahlpumpe**

Der Kraftstofftank beim Touareg ist zwar ein Behälter, hat aber zwei Bereiche, die rechts und links von Kardan und/oder Auspuffanlage Platz gefunden haben. Bis zum Modelljahr 2008 wurden rechts und links elektrische Kraftstoffpumpen verbaut. Diese wurden aber im vorderen Bereich schon mit Saugstrahlpumpen ergänzt. Nach dem Modelljahr 2008 wurde lediglich auf der rechten Seite eine elektrische Kraftstoffpumpe verbaut. Der linke Tankbereich ist durch eine Saugstrahlpumpe an den rechten Tankbereich angebunden. Die Bauweise mit zwei elektrischen Kraftstoffpumpen wurde aber offensichtlich auch bei Fahrzeugen neuerer Baujahre eingesetzt. Die Funktionsweise ist recht einfach. Durch einen Teil des Fördervolumens der elektrischen Kraftstoffpumpe (8 im Bild 10) wird in der Düse (7) über die Saugstrahlleitung nach dem Venturiprinzip das Volumen in der linken Tankhälfte (4) mit angesaugt (6).

**Kraftstofffördereinheit ausbauen bei Fahrzeugen bis Modelljahr 2008**

■ Klemmen Sie bei ausgeschalteter Zündung das Masseband der Batterie ab.

■ Saugen Sie den Kraftstofftank ab.

■ Abdeckung (8 im Bild 9) unter der Sitzbank ausbauen.

Oft muss der Teppich in diesem Bereich mit dem Cuttermesser eingeschnitten und entfernt werden.

■ Reinigen Sie den Bereich um die Kraftstofffördereinheit gründlich.

■ Die Anschlussstecker (1 und 2 im Bild 11) sowie Vor- und Rücklaufleitung (14 und 15) vom Flansch abziehen.

■ Verschließen Sie die Leitungen, damit kein Schmutz in das Kraftstoffsystem gelangen kann.

■ Drehen Sie den Verschlussring (6) mit einem geeigneten Schlüssel ab.

■ Nehmen Sie den Geberflasch heraus.

■ Ziehen Sie die Anschlussstecker sowie die Schlauchkupplungen von der Unterseite des Geberflansches ab.

■ Nehmen Sie den Geberflansch ab.

■ Lösen Sie den schwarzen Füllschlauch aus der Kraftstofffördereinheit rechts und links heraus.

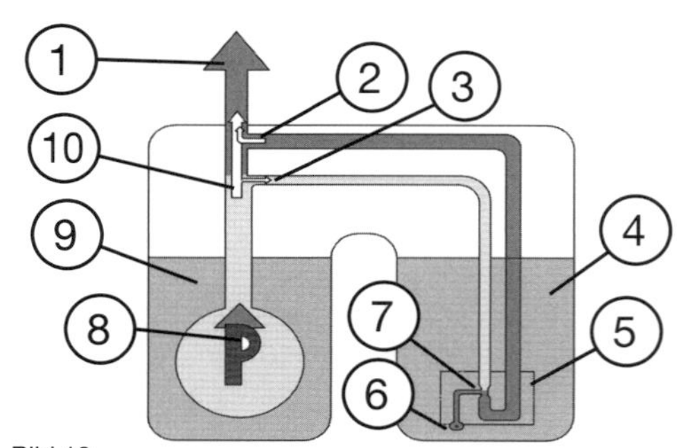


Bild 10

Bild 10
Prinzip Saugstrahlpumpe.
1 Ausgang Kraftstoffpumpe (Vorlauf)
2 Volumen durch die Saugstrahlpumpe
3 Saugstrahl (Teilvolumen der elektrischen Kraftstoffpumpe)
4 Kraftstoffbehälter linke Fahrzeugseite
5 Saugstrahlpumpe
6 Ansaugsieb
7 Düse der Saugstrahlpumpe
8 Elektrische Kraftstoffpumpe
9 Kraftststoffbehälter rechte Fahrzeugseite
10 Volumen elektrische Kraftstoffpumpe

■ Ziehen Sie die Vorlaufleitung auf der rechten und der linken Seite zwischen Kraftstofffördereinheit und Saugstrahlpumpe ab.
■ Verdrehen Sie die im Kraftstofftank gesicherte Kraftstofffördereinheit etwa 90° gegen den Uhrzeigersinn und nehmen Sie sie heraus.
■ Clipsen Sie den Geber für den Flüllstand auf beiden Tankseiten ab und nehmen Sie sie heraus.
■ Lösen Sie die beiden Saugstrahlpumpen vom Tank und nehmen Sie sie mit einer leichten Drehung heraus.
■ Ziehen Sie die beiden Schlauchenden durch die linke oder rechte Tanköffnung heraus.

Die Montage erfolgt sinngemäß in umgekehrter Reihenfolge.

Der Vor aufschlauch ist schwarz, der Rücklaufschlauch ist blau oder hat eine blaue Markierung.

■ Verwenden Sie ausschließlich Schellen, die dem Serienstand entsprechen.
■ Ersetzen Sie beschädigte Bauteile sofort.
■ Achten Sie darauf, dass die Kraftstoffleitungen knickfrei verlegt werden und an den originalen Befestigungspunkten verrastet werden.

**Kraftstofffördereinheit ausbauen bei Fahrzeugen ab Modelljahr 2008**
■ Klemmen Sie bei ausgeschalteter Zündung das Masseband der Batterie ab.
■ Saugen Sie den Kraftstofftank ab.
■ Abdeckung (8 im Bild 9) unter der Sitzbank ausbauen.

Oft muss der Teppich in diesem Bereich mit dem Cuttermesser eingeschnitten und entfernt werden.

■ Reinigen Sie den Bereich um die Kraftstofffördereinheit gründlich.
■ Die Anschlussstecker (1 und 2 im Bild 11) sowie Vor- und Rücklaufleitung (14 und 15) von den beiden Flanschen abziehen.

*Kraftstofffördereinheit rechts:*
■ Ziehen Sie die beiden Anschlussstecker und die Schlauchkupplung unterhalb des Flansches ab.
■ Clipsen Sie die Schlauchkupplung für den Vorlauf der Standheizung ab.
■ Nehmen Sie den Flansch ab.

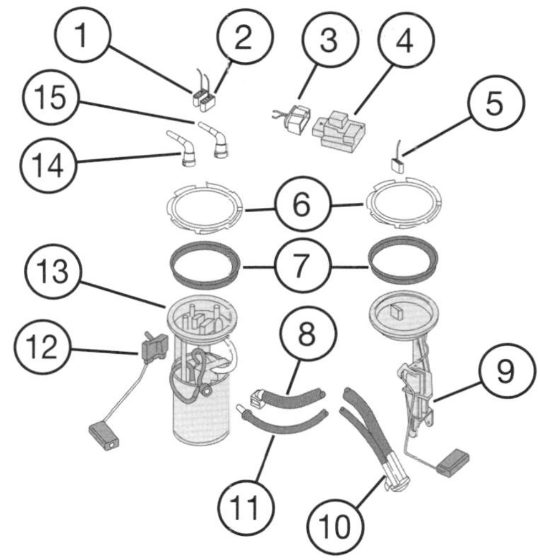

Bild 11

Bild 11
Kraftstoffpumpe und Saugstrahlpumpe (TDI).
1 Anschluss elektrische Kraftstoffpumpe
2 Anschluss Tankgeber rechts
3 Anschluss Steuergerät elektrische Kraftstoffpumpe
4 Steuergerät elektrische Kraftstoffpumpe
5 Anschluss Tankgeber links
6 Verschlussring
7 Dichtring
8 Förderleitung
9 Füllstandssensor links
10 Saugstrahlpumpe
11 Saugstrahlleitung
12 Füllstandssensor rechts
13 Elektrische Kraftstoffpumpe
14 Kraftstoffrücklauf
15 Kraftstoffvorlauf

■ Entsichern Sie den schwarzen Füllschlauchanschluss von den Saugstrahlpumpen am Gehäuse der Kraftstofffördereinheit und ziehen Sie ihn ab.
■ Entsichern Sie die Vorlaufleitung an der Kaftstofffördereinheit zu den Saugstrahlpumpen auf der linken Tankseite und ziehen Sie sie ab.
■ Verdrehen Sie die im Kraftstofftank gesicherte Kraftstofffördereinheit etwa 90° gegen den Uhrzeigersinn und nehmen Sie sie heraus.
■ Clipsen Sie den Geber für den Flüllstand ab und nehmen Sie ihn heraus.

*Kraftstofffördereinheit links:*
■ Clipsen Sie den Geber für den Flüllstand ab und nehmen Sie ihn heraus.
■ Entsichern Sie den Halter für die Saugstrahlpumpe und ziehen Sie ihn ab.
■ Ziehen Sie die Saugstrahlpumpen zusammen mit den Füllschläuchen und der Kraftstoffleitung für die Saugstrahlpumpen aus der linken Öffnung des Tanks heraus.

Achten Sie darauf, den Füllstandssensor und die elektrischen Leitungen nicht zu belasten.

Wenn Sie die Fördereinheit ersetzen wollen, müssen Sie die alte Fördereinheit vor dem Entsorgen entleeren.

Der Einbau der Kraftstoff-Fördereinheit erfolgt sinngemäß in umgekehrter Reihenfolge.

■ Beim Einsetzen der Kraftstoff-Fördereinheit darauf achten, dass der Geber für die Kraftstoffvorratsanzeige nicht verbogen wird.
■ Den Dichtring der Kraftstoff-Fördereinheit trocken in die Öffnung des Kraftstoffbehälters einsetzen.
■ Den Dichtring zur Montage der Kraftstoff-Fördereinheit mit Kraftstoff benetzen.
■ Auf festen Sitz der Kraftstoffschläuche achten.
■ Nach dem Einbau der Kraftstoff-Fördereinheit prüfen, ob die Vorlauf-, Rücklauf- und Entlüftungsleitungen noch am Kraftstoffbehälter eingeclipst sind.
■ Prüfen Sie die Dichtigkeit der Anschlüsse und den sicheren Sitz der Kupplungen.

## Kraftstoffpumpe prüfen

**Prüfungsvoraussetzungen**
Die Prüfung der Kraftstoffpumpe ist mit dem Einsatz eines Diagnosetesters, der die Ansteuerung der Pumpe erlaubt, deutlich leichter. Die Pumpe ist zwar als klassischer Gleichstrommotor ausgelegt, der über das Bordnetzsteuergerät bestromt wird. Sie kann aber auch nach dem Freilegen des Steckkontaktes an den Anschlüssen am Pumpenflansch bestromt werden.
Die Entleerung des Kraftstofftanks unterscheidet sich bis auf den Anschluss nicht.

■ Die Batteriespannung muss mindestens 11,5 V betragen.
■ Schließen Sie ein Dauerladegerät zur Ladungserhaltung an die Batterie an.

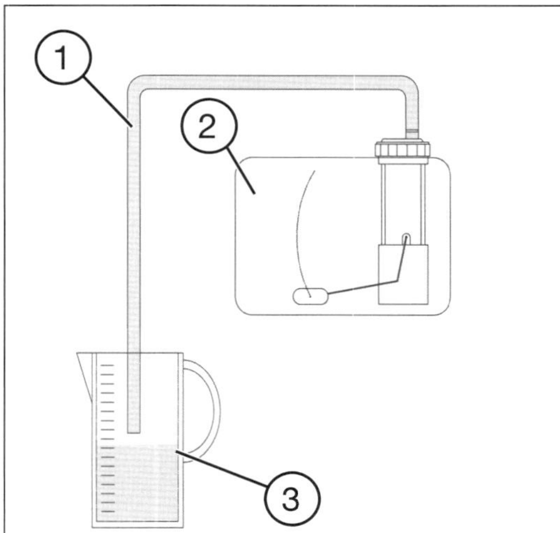

Bild 12

Bild 12
Fördermenge prüfen.
1 Vorlaufleitung
2 Kraftstofftank mit Kraftstofffördermodul (Intankpumpe und Füllstandssensor)
3 Messbecher (2 l)

■ Die Sicherungen sind alle intakt.
■ Alle elektrischen Verbraucher wie z. B. Licht und Heckscheibenheizung müssen ausgeschaltet sein.
■ Ist das Fahrzeug mit einer Klimaanlage ausgerüstet, muss diese ausgeschaltet sein.

Im weiteren Arbeitsablauf ist es eventuell erforderlich, das Masseband der Batterie abzuklemmen. Prüfen Sie deshalb bitte, ob ein codiertes Radiogerät eingebaut ist. Gegebenenfalls ist dann vorher die Antidiebstahlcodierung zu erfragen.

**Fördermenge prüfen (Bild 12)**
■ Nehmen Sie den Verschlussdeckel vom Kraftstoff-Einfüllstutzen ab.
■ Ziehen Sie den Vorlaufschlauch an der Spritzwand im Motorraum rechts oder am Kraftstofftank (15 im Bild 11) ab und fangen den ausfließenden Kraftstoff mit einem Putzlappen auf.
■ Schließen Sie ein T-Stück an die Kraftstoffvorlaufleitung an.
■ Stecken Sie einen Schlauch auf das T-Stück auf und halten Sie ihn in ein Messgefäß (3).
■ Betätigen Sie die Kraftstoffpumpe über den Diagnosetester.
■ Lassen Sie etwa 250 ml in den Messbecher laufen, schalten Sie die Kraftstoffpumpe ab. So werden T-Stück und der Anschlussschlauch entlüftet.
■ Das Messgefäß (3) entleeren.

Die Fördermenge der Kraftstoffpumpe hängt von der Batteriespannung ab. Prüfen Sie die Batteriespannung und schließen Sie wenn erforderlich ein Dauerladegerät an.

Lassen Sie die Kraftstoffpumpe über den Diagnosetester 15 Sekunden lang laufen und messen dabei die geförderte Kraftstoffmenge. Sie sollte mindestens 0,6 l betragen.

*Wird die Mindestfördermenge nicht erreicht:*
■ Kraftstoffleitungen auf mögliche Verengungen (Knicke) oder Verstopfungen prüfen.
■ Ziehen Sie die Vorlaufleitung (1) vom Kraftstofffilter-Eingang ab.
■ Prüfung der Fördermenge vor dem Kraftstofffilter wiederholen.
*Wird die Mindestfördermenge jetzt erreicht:*
■ Ersetzen Sie den Kraftstofffilter.

*Wird die Mindestfördermenge wieder nicht erreicht:*
■ Bauen Sie die Kraftstoff-Fördereinheit aus und prüfen Sie das Filtersieb auf Verschmutzung.

*Bisher liegt kein Fehler vor:*
■ Kraftstoffpumpe defekt, ersetzen Sie die Kraftstoff-Fördereinheit.

**Kraftstoffdruck im Niederdruckkreislauf messen (Bild 13)**
Sie haben die Fördermenge erreicht, vermuten trotzdem einen Fehler in der Kraftstoffversorgung (Undichtigkeiten in der Pumpe unter Druck). Im Grunde genommen kann ein Kraftstofffördermodul auch weiter zerlegt werden. An den Übergangsstellen der Bauteile finden sich Dichtringe. Diese sind zwar nicht als Ersatzteil über den Fahrzeughersteller zu beziehen, können aber trotzdem im Laufe der Jahre beschädigt werden. Die Dichtringe lassen sich oftmals als O-Ring über die einschlägigen Internetplattformen beschaffen.
■ Belassen Sie das T-Stück in der Kraftstoffleitung, stecken aber den Adapter auf das Kraftstoffverteilerrohr auf.
■ Verlegen Sie einen Verlängerungsschlauch (1 im Bild 14) so, dass Sie den Kraftstoffdruck während der Fahrt beobachten können.
■ Fahren Sie das Fahrzeug mit einem zweiten Mechaniker Probe, um den Kraftstoffdruck beobachten zu können.
■ Fahren Sie das Fahrzeug auch unter hoher Last. Der Kraftstoffdruck muss bei etwa 4,0 bar bleiben.
■ Fällt der Kraftstoffdruck ab, müssen der Kraftstofffilter und die Kraftstoffleitungen überprüft werden.
■ Liegt kein Fehler vor, ist die Kraftstoffpumpe defekt, ersetzen Sie die Kraftstoff-Fördereinheit.

**Stromaufnahme messen**
Sie haben die Fördermenge erreicht, vermuten trotzdem einen Fehler in der Kraftstoffversorgung (z. B. zeitweiser Ausfall der Kraftstoffversorgung):
■ Alle gelösten Kraftstoffleitungen wieder anschließen.
■ Multimeter oder Stromzange an die Leitungen vom Leitungsstrang der Kraftstoffpumpe anschließen.
■ Lassen Sie den Motor an und im Leerlauf laufen.
[elektr. Messen] Stromaufnahme der Kraftstoffpumpe messen. Sollwert: Max. 9,5 Ampere.
■ Ist die Störung in der Kraftstoffanlage nur zeitweise vorhanden, können Sie die Prüfung auch während einer Probefahrt durchführen. Es ist dazu jedoch eine zweite Person erforderlich.

*Wird die Stromaufnahme überschritten:*
■ Kraftstoffpumpe defekt.

**Rückschlagventil Kraftstoffpumpe prüfen**
■ Der Fernschalter ist noch angeschlossen.
■ Die Druckmessuhr ist wie für die Druckmessung im Bild 13 noch angeschlossen.
[Tipp] Mit dieser Prüfung werden gleichzeitig die Anschlüsse der Kraftstoffvorlaufflei-

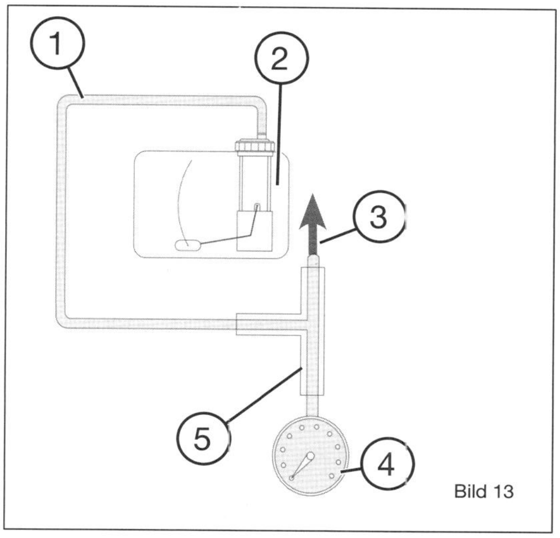

Bild 13

Bild 13
Druckprüfung.
1 Vorlaufleitung
2 Kraftstofftank mit Kraftstofffördermodul (Intankpumpe und Füllstandssensor)
3 Anschluss zum Kraftstofffilter
4 Druckmessuhr
5 Anschlussadapter

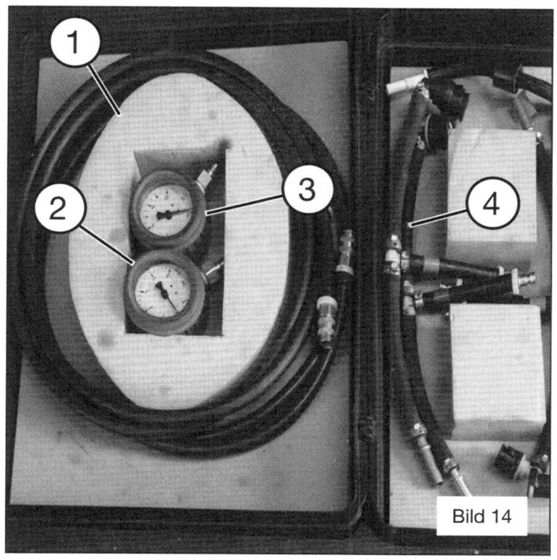

Bild 14

Bild 14
Druckprüfgeräteset.
1 Verlängerungsschlauch
2 Messuhr bis 5 bar
3 Messuhr bis 10 bar
4 Anschlussadapter mit T-Stücken

tung von der Kraftstoff-Fördereinheit bis zur Anschlussstelle der Druckmessvorrichtung und der weitere Verlauf über das Kraftstoffverteilerrohr bis zur Einspritzdüse auf Dichtheit geprüft.

■ Schalten Sie die Kraftstoffpumpe ein, bis der Kraftstoffdruck auf der Messuhr ablesbar ist.

■ Beachten Sie den Druckabfall am Manometer. Der Druck darf nach 10 Minuten nicht unter 2,5 bar abfallen.

*Fällt der Druck weiter ab:*

■ Prüfen Sie die Leitungsanschlüsse auf Dichtheit.

*Wird kein Fehler in den Leitungen festgestellt:*

■ Kraftstoffpumpe defekt, ersetzen Sie die Kraftstoff-Fördereinheit.

## Fehlersuche Saugstrahlpumpe

Die Saugstrahlpumpe wird nicht durch das Steuergerät der Einspritzanlage überwacht. Fällt die Saugstrahlpumpe aus, können bis zu 15 l Kraftstoff in der linken Tankhälfte verbleiben, die für das Einspritzsystem unerreichbar sind. Das Fahrzeug kann dann mit Kraftstoffmangel liegen bleiben. Die Tankanzeige zeigt dann einen etwa zu 1/4 gefüllten Tank an.

☞ Läuft die Kraftstoffpumpe, aber es wird kein Kraftstoff gefördert, tanken Sie zuerst mehr als 5 l Kraftstoff nach.

☞ Wird dann wieder Kraftstoff gefördert, müssen die Saugstrahlpumpe und die Zuleitungen geprüft und wenn keine Schäden an den Leitungen erkennbar sind, muss die Saugstrahlpumpe mit dem Tankfüllstandsgeber ersetzt werden.

⚠ Beim Diesel muss die Kraftstoffanlage mit dem Diagnosetester entlüftet werden, um ein Trockenlaufen der Hochdruckpumpe zu vermeiden.

## Verhalten bei Falschbetankung

Obwohl die Zapfsäulen grundsätzlich unterschiedlich markiert sind, kann eine Falschbetankung recht schnell passieren. Die Benziner kommen hier deutlich besser weg. Zwar ist auch wie beim Diesel das gesamte Kraftstoffsystem zu reinigen und der Kraftstofffilter zu wechseln, es sind aber keine Schäden an Komponenten zu erwarten. Durch eine Falschbetankung kann es bei Dieselmotoren wegen mangelnder Schmierung durch den falschen Kraftstoff (z. B. Ottokraftstoff) zu irreversiblen Schäden an den Hochdruckkomponenten, insbesondere der Hochdruckpumpe kommen. Schäden in Form von »Fressern« und Partikelabtrag sind zu erwarten. Durch diese Partikel sind weitere Schäden im Druckregelventil und in den Injektoren als sicher anzunehmen. Betrachten wir als Nächstes zwei mögliche Szenarien genauer.

**Der Motor wurde mit falschem Kraftstoff gestartet.**

Verunreinigter, beziehungsweise falscher Kraftstoff ist in das Kraftstoffsystem eingedrungen und hat die Hochdruckkomponenten erreicht.

⚠ Der Kraftstoffbehälter darf nicht vollständig über den Einfüllstutzen mit dem Kraftstoffabsauggerät entleert werden. Wird der Kraftstoffbehälter über den Einfüllstutzen mit dem Kraftstoffabsauggerät vollständig entleert, wird das Rückschlagventil beschädigt.

■ Zündung nicht einschalten.

■ Kraftstoffbehälter ausbauen.

■ Kraftstofffördereinheit ausbauen und gegen eine neue tauschen.

■ Kraftstoffbehälter mit dem Kraftstoffabsauggerät über die Öffnung der Kraftstofffördereinheit vollständig entleeren.

■ Kraftstoffbehälter auf Verschmutzung und Späne kontrollieren.

■ Ggf. den Kraftstoffbehälter reinigen.

*Keine Späne im Kraftstoffbehälter:*

■ Den Kraftstoffbehälter mit 5 Liter Dieselkraftstoff befüllen.

■ Kraftstoffbehälter nochmals wie oben beschrieben vollständig entleeren.

■ Hochdruckpumpe ersetzen.

■ Die Schrauben herausdrehen und die Zumesseinheit von der ALTEN Hochdruckpumpe abnehmen.

Die Zumesseinheit und die Hochdruckpumpe auf Späne kontrollieren.

Falls Späne in der Hochdruckpumpe vorhanden sind, müssen folgende Komponenten ersetzt werden:

a) Hochdruckleitungen,

b) Hochdruckspeicher (Kraftstoffverteiler)

inklusive Regelventil für Kraftstoffdruck und Kraftstoffdruckgeber,
c) Einspritzeinheiten (Injektoren),
d) Kraftstoffrücklaufleitungen (auch Lecköl),
e) Kraftstofffilter.
■ Fahrzeug volltanken.
■ Kraftstoffsystem entlüften.
■ Probefahrt durchführen.

*Keine Späne in der Hochdruckpumpe:*
■ Kraftstofffilter erneuern.
■ Das Kraftstoffsystem mit dem Diagnosetester entlüften.
■ Das Fahrzeug volltanken und Probefahrt durchführen.

*Es sind Späne/Abrieb im Kraftstoffbehälter erkennbar:*
Kraftstoffbehälter auf Verschmutzung und Späne kontrollieren.
■ Kraftstoffbehälter gründlich reinigen.
■ Alle Hochdruckkomponenten ersetzen:
a) Hochdruckpumpe,
b) Hochdruckleitungen,
c) Hochdruckspeicher (Kraftstoffverteiler) inklusive Regelventil für Kraftstoffdruck und Kraftstoffdruckgeber,
d) Einspritzeinheiten,
e) Kraftstoffrücklaufleitungen (auch Lecköl),
f) Einspritzeinheiten/Hochdruckspeicher (Rail).
■ Die Kraftstofffördereinheit einbauen.
■ Den Kraftstoffbehälter einbauen.
■ Den Kraftstofffilter ersetzen.

Um einen Trockenlauf der Hochdruckpumpe zu vermeiden und einen raschen Motorstart nach Teiletausch zu erzielen, sind folgende Punkte zu beachten:
■ Den Kraftstoffbehälter mit 5 Liter-Dieselkraftstoff befüllen.

Anschließend in den »Geführten Funktionen« die Funktion »Kraftstoffsystem entlüften« durchführen. Bei Austausch bzw. Ausbau von Bauteilen/Komponenten des Kraftstoffsystems zwischen Kraftstoffbehälter und Hochdruckpumpe muss dieses entlüftet werden. Dieser Vorgang dauert etwa 130 Sekunden. Dabei werden die Kraftstoffpumpen insgesamt 3 Mal angesteuert. Der Vorgang darf nicht vorzeitig abgebrochen werden.
■ Den Kraftstoffbehälter vollständig mit Dieselkraftstoff befüllen.
■ Das Kraftstoffsystem entlüften.

**Falschbetankung wurde VOR dem Start des Motors bemerkt.**

Der Motor wurde NICHT gestartet, die Zündung wurde NICHT eingeschaltet.
■ Die Zündung NICHT einschalten.
■ Steckverbindung der Kraftstoffpumpe für Vorförderung und den Geber für Kraftstoffvorratsanzeige im Bereich Unterboden entriegeln und abziehen.
■ Den Kraftstoffbehälter wie bereits beschrieben ausbauen.
■ Die Kraftstofffördereinheit wie bereits beschrieben ausbauen und entleeren.
■ Das Sieb der Kraftstofffördereinheit auf Verschmutzung prüfen und wenn erforderlich reinigen.
■ Kraftstoffbehälter mit dem Kraftstoffabsauggerät über die Öffnung der Kraftstofffördereinheit vollständig entleeren.
■ Ist der Kraftstoffbehälter vollständig entleert, den Kraftstoffbehälter mit einem fusselfreien Lappen innen reinigen.
■ Kraftstofffördereinheit einbauen.
■ Kraftstoffbehälter einbauen.
■ Steckverbindung Kraftstoffpumpe für Vorförderung und Geber für Kraftstoffvorratsanzeige im Bereich des Unterbodens Mitte links anschließen.

Bei Ausführungen, bei denen die Kraftstoffpumpe durch den Türöffner angesteuert wird, ist der Kraftstofffilter zu ersetzen!

Um einen Trockenlauf der Hochdruckpumpe zu vermeiden und einen raschen Motorstart nach Teiletausch zu erzielen, sind folgende Punkte unbedingt zu beachten:
a) Kraftstoffbehälter mit 5 Liter-Dieselkraftstoff befüllen,
b) Kraftstoffsystem entlüften.

Werden Bauteile/Komponenten des Kraftstoffsystems zwischen Kraftstoffbehälter und Hochdruckpumpe abgebaut, ausgebaut oder ersetzt, muss zur Entlüftung des Kraftstoffsystems mit dem Fahrzeugdiagnosetester in den »Geführten Funktionen« die Funktion »Kraftstoffsystem Entlüften« durchgeführt werden.

Die Kraftstoffpumpe wird 3 Mal angesteuert. Der Vorgang darf nicht vorzeitig abgebrochen werden.
■ Kraftstoffbehälter vollständig mit Dieselkraftstoff befüllen.

# 8 Gemischaufbereitung und Einspritzung

Gemischaufbereitung, Einspritzung und (Selbst-)Zündung werden durch elektronisch gesteuerte Einspritzsysteme realisiert. Die Aufladung über Abgasturbolader gehört zur Ausrüstung der Motoren wie bei den meisten Herstellern der aktuellen Generationen. Im 2,5-l-5-Zylinder-TDI-Motor wurden Pumpendüsenelemente verbaut. Für jeden Zylinder erfolgt die Hochdruckerzeugung und die Einspritzung gesondert. Im 6-Zylinder V-Motor kommt ein Commonrailsystem zum Einsatz. Bei beiden Systemen wird der Kraftstoff durch das Tankfördermodul an die Hochdruckpumpe gefördert. Die Hochdruckpumpe erzeugt den Einspritzdruck, der beim Dieselmotor bis zu 2000 bar erreicht. Beim Commonrail-System wird der Kraftstoff über ein Verteilerrohr (Rail) an die Injektoren verteilt. Im Rail ist bei beiden Systemen ein Druckregler und auch ein Drucksensor verbaut, der den Kraftstoffdruck erfasst. Die Messwerte werden über das Motorsteuergerät erfasst und können deshalb auch über einen Diagnosetester dargestellt werden. Die Einspritzdüsen werden bei diesen Systemen Injektoren genannt und spritzen den Kraftstoff direkt in den Verbrennungsraum ein. Die Selbstzündung ergibt hier für den Diesel einen Vorteil, der sich im besseren Drehmomentverlauf auswirkt. Die Sensoren am Motor unterscheiden sich zumindest in den Aufgaben kaum voneinander.

☞ In den folgenden Arbeitsbeschreibungen geben wir einige der direkt aufs Bauteil bezogenen Arbeitshinweise des Herstellers wieder, um auf die Sensibilität des Systems aufmerksam zu machen.

☞ Daran darf nur mit Kenntnis, Sachverstand und Fingerspitzengefühl gearbeitet werden. Die Hochdruckleitung verläuft zwischen Hochdruckpumpe und Rail-Element (Common Rail, Hochdruckspeicher). Sie muss spannungsfrei eingebaut werden. Die Hochdruckleitung kann wiederverwendet werden, wenn ihr Dichtkonus ohne Beanstandungen auf Verformungen und Risse geprüft wurde und wenn die Leitungsbohrung nicht verformt, verengt oder beschädigt ist. Korrodierte Leitungen dürfen nicht mehr verwendet werden.

## Diesel-Motoren

Die TDI-Motoren haben direkte Kraftstoffeinspritzung über Hochdruckspeicher »Common Rail« mit Aufladung über Abgasturbolader. Der Kraftstoff für die CDI, Diesel mit einer Cetanzahl (CZ) von mindestens 51 wird von der Fördereinheit im Tank über Vorlaufleitung und Kraftstofffilter zur Hochdruckpumpe geschafft. Diese drückt ihn ins »Common Rail«, das Kraftstoffsammler- und Verteilerrohr und von dort in die Piezo-Injektoren, die hier als Einspritzventil zum Einsatz kommen. Kraftstoffvor- und -Rücklaufleitungen sind aus besonders druckfestem Material gefertigt. Die erzielten Verbesserungen sind ein größeres, verfügbares Einspritzvolumen sowie eine besonders feine und schnelle Dosierung der Einspritzmenge durch exakt abgestimmte Schaltzeiten. Die direkte Ansteuerung der Piezodüsen durch das Motorsteuergerät erlaubt eine sehr feine Anpassung an Last und Drehzahlanforderungen. Eine sehr präzise Mehrfacheinspritzung ermöglicht eine Reduzierung des Kraftstoffverbrauchs und eine Verbesserung der Abgasemissionen. Nebenbei wird das Laufgeräusch leiser und auch im Leerlauf deutlich ruhiger.

## Injektorenbohrungen reinigen

**Hinweise zum Reinigen des Injektorschachtes und des Injektorsitzes bei leichter Verkokung**

- Die Rundbürste (Bild 1) mit dem Wollkopf verwenden, das Verschließen der Brennraumbohrung ist hierbei nicht erforderlich.
- Vor jedem erneuten Einsatz der Rundbürste mit dem Wollkopf müssen die Schmutz- und Fettrückstände mit einem Lappen entfernt werden.

☞ Bei der Verwendung der Rundbürste mit Wollkopf ist die Verwendung eines Akkuschraubers zulässig.

☞ Die Verwendung vom spanabhebenden Werkzeugen ist nicht zulässig.

■ Den Reinigungsvorgang so lange wiederholen, bis der Injektorschacht und der Injektorsitz metallisch blank sind. Wird kein zufriedenstellendes Ergebnis erreicht, dann ist mit der Reinigungsmethode bei starker Verkokung fortzufahren.
■ Den Injektorschacht nach Reinigung abdecken oder mit geeigneten Mitteln verschließen.

**Hinweise zum Reinigen des Injektorschachtes und des Injektorsitzes bei starker Verkokung**
■ Die Verwendung von Maschinen ist bei dieser Reinigungsmethode nicht zulässig.
■ Den Injektorschacht mit der Zylinderbürste (Bild 2) reinigen.

Vor dem Reinigen des Injektorsitzes muss die Bohrung zum Brennraum mit den Verschlussstopfen aus dem Reinigungsset verschlossen werden.

■ Den Injektorsitz mit der Rundbürste von Hand reinigen.
■ Die Rundbürste sorgfältig und behutsam einsetzen.
■ Den Reinigungsvorgang so lange wiederholen, bis der Injektorschacht und der Injektorsitz metallisch blank sind.
■ Die Reinigungsrückstände mit Luft ausblasen.

## Injektoren reinigen

Die Injektoren dürfen nicht zerlegt werden.

Die Verwendung vom spanabhebenden Werkzeugen ist nicht zulässig.

Achten Sie darauf, dass keine Verschmutzungen in den Anschluss eingetragen wird.

**Hinweise zum Reinigungswerkzeug**
■ Die Rundbürste (Bilder 1 und 2) nach Gebrauch gründlich säubern.
■ Die Borstenlänge der Rundbürste bei hochwertigen Reinigungssets ist einstellbar. Die Borstenlänge soll 3 mm betragen. Bei Bedarf kann die Bürstenfläche eben geschliffen werden.

**Hinweise zum Reinigen des Injektors beim Dieselmotor**
■ Der Injektorbereich (A) kann mit einer Messingdrahtbürste gereinigt werden.

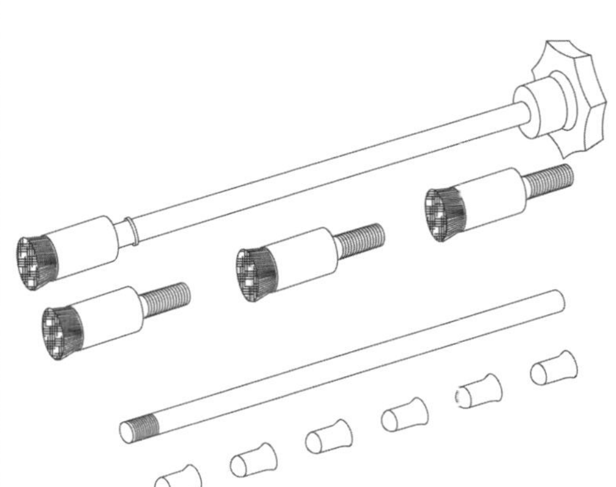
Bild 1

Bild 1
Rundbürstenset mit diversen Aufsätzen für die Reinigung der Injektorendichtfläche.

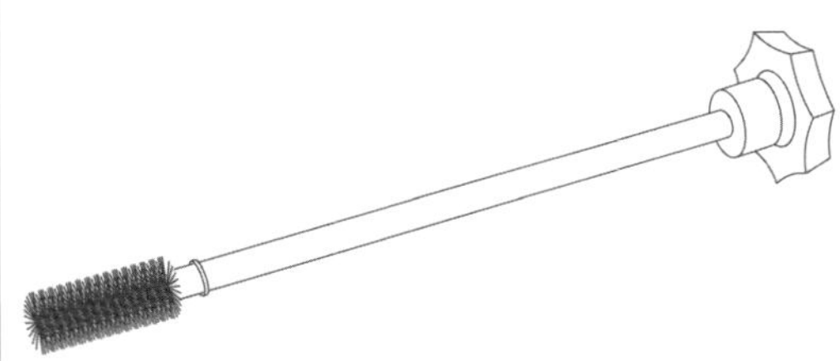
Bild 2

Bild 2
Die Zylinderbürste für die Reinigung der Bohrungen.

■ Die Düsenspitze niemals mit einer Messingdrahtbürste reinigen.
■ Den Injektor mit Vlieslappen gründlich nachreinigen.
■ Die Faserrückstände des Vlieslappens entfernen.

## PD-Elemente wechseln

Der 5-Zylinder-TDI-Motor ist mit Pumpen-Düsen-Elementen ausgerüstet. Das bedeutet, dass der Injektor und die Hochdruckpumpe eine Einheit sind. Zwar ist das System in Sachen Einspritzzeitraum und Teilmenge stark eingeschränkt und daher nach heutigen Anforderungen hinsichtlich der Abgase und Partikel nicht mehr »Stand der Technik«.

**Ausbau der Pumpendüsen-Elemente**
■ Bauen Sie den Ventildeckel (Zylinderkopfhaube) wie bereits im Kapitel 4 beschrieben ab.
■ Verdrehen Sie den Motor an der Kurbelwelle so weit, dass die beiden Nocken der Ventilbetätigung gleichmäßig nach oben zeigen.

Der Motor befindet sich dann im »Zünd-OT« des jeweiligen Zylinders.

Sichtprüfung Messen

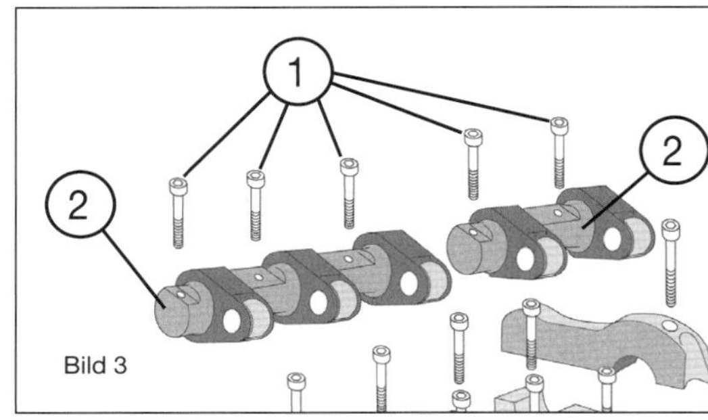


Bild 3
Schwinghebelachse R5-TDI-Motor.
1 Schrauben
2 Schwinghebelachsen

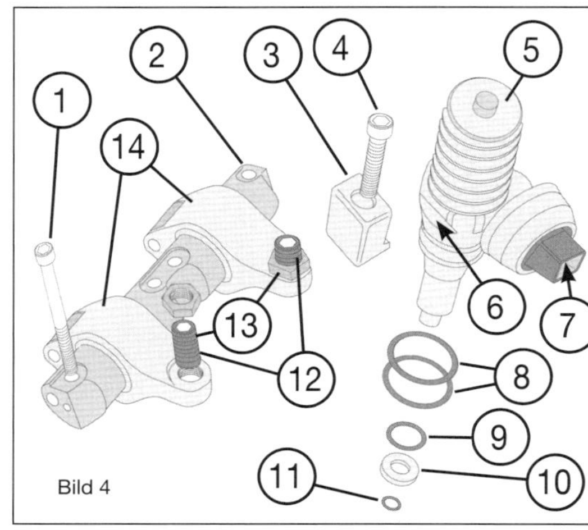


Bild 4
PD-Element beim R5-TDI-Motor.
1 Schraube
2 Schwinghebelachse
3 Spannklotz
4 Schraube
5 PD-Element
6 Schlitz
7 Elektrischer Anschlussstecker
8 O-Ring
9 O-Ring
10 Dichtung
11 Sicherungsring
12 Einstellschraube
13 Kontermutter
14 Kipphebel

■ Lösen Sie die Kontermutter der Einstellschraube und drehen Sie die Einstellschraube so weit heraus, bis der Kipphebel auf dem Federelement der Einspritzeinheit aufliegt.
■ Lösen Sie die Schrauben (1 im Bild 3) von innen nach außen und drehen Sie sie heraus.
■ Nehmen Sie die Kipphebelwellen (2) ab.
■ Drehen Sie die Schraube (4 im Bild 4) des entsprechenden Spannklotzes (3) heraus.
■ Nehmen Sie den Spannklotz (3) heraus.
■ Ziehen Sie den Stecker des Pumpendüsenelementes vorsichtig ab, ohne ihn zu verkanten.

⚠ Elektrische Steckverbindungen an Piezo-Pumpe-Düse-Einheiten dürfen nur mit dem Abzieher »VW T10312« abgezogen werden.

■ Setzen Sie einen passenden Ausziehhaken mit einem Zughammer in den seitlichen Schlitz des Pumpendüsenelements ein.
■ Ziehen Sie das Pumpendüsenelement mit leichten Schlägen des Zughammers nach oben heraus.

**Einbau der Pumpendüsen-Elemente**

☞ Wenn Sie die alten PD-Elemente weiter verwenden, müssen die O-Ringe (8 und 9 im Bild 4) sowie die Wärmeschutzdichtung (10) erneuert werden.

👁 Prüfen Sie vor der Montage, dass die Wärmeschutzdichtung und die Dichtringe richtig sitzen und die O-Ringe nicht verdreht sind. Der Bereich zwischen den O-Ringen ist der Bereich, in dem der Kraftstoff an die PD-Elemente geleitet wird.

■ Reinigen Sie den Schacht für das PD-Element wie bereits beschrieben gründlich.

*Montage des PD-Elementes:*
■ Ölen Sie die Dichtringe leicht ein.
■ Drücken Sie das PD-Element von Hand gleichmäßig bis Anschlag in den Zylinderkopf ein.
■ Setzen Sie den Spannklotz (3) seitlich in den Schlitz (6) des PD-Elementes ein.
■ Richten Sie das PD-Element rechtwinklig zum Spannklotz aus.

☞ VW verwendet zum Ausrichten die Lehre »VW T10210«.

■ Ziehen Sie die Befestigungsschraube (4) mit 12 Nm vor und ziehen Sie sie um eine 3/4 Umdrehung (270°) nach.
■ Setzen Sie die Schwinghebelachsen (2 im Bild 3) auf und drehen Sie die Schrauben (1) von Hand ein.
■ Ziehen Sie die Schrauben (1) von innen nach außen mit 20 Nm an.
■ Ziehen Sie die Schrauben (1) um eine 1/4 Umdrehung (90°) nach.

*Höchsten Betätigungspunkt der Nockenwelle für die Kipphebelwelle feststellen:*
■ Verschrauben Sie einen Messuhrhalter auf dem Zylinderkopf.
■ Positionieren Sie eine Messuhr (2 im Bild 5) mit einer ausreichenden Vorspannung neben die Einstellschraube für das PD-Element.
■ Verdrehen Sie den Motor an der Kurbelwelle in Motordrehrichtung, bis Sie den höchsten Punkt der Nocke (3) für die Betätigung des PD-Elements erreicht haben.

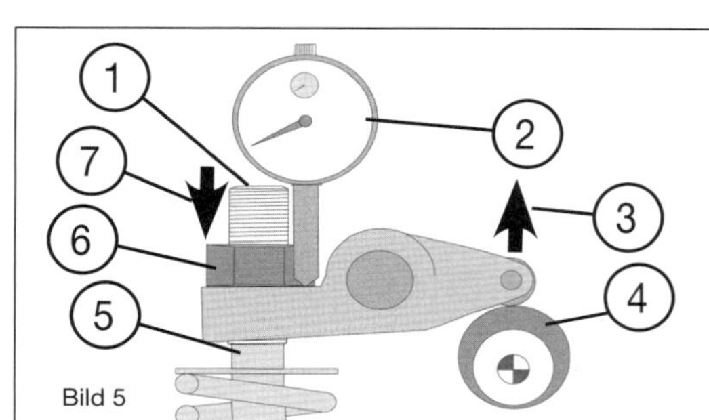


Bild 5
Nockenhub-OT erfassen.
1 Einstellschraube
2 Messuhr
3 Maximaler Hub
4 Nockenwelle
5 PD-Element
6 Kontermutter
7 Maximaler Arbeitshub

In dieser Position wird das PD-Element am weitesten betätigt (7).

■ Nehmen Sie die Messuhr ab.

*Die Grundeinstellung für das PD-Element herstellen:*

■ Drehen Sie die Einstellschraube (1 im Bild 5) gegen die Federkraft des PD-Elements so weit ein, bis Sie einen deutlichen Widerstand spüren. Das PD-Element ist nun auf Anschlag.

■ Drehen Sie die Einstellschraube (1) vom Anschlag um 180° (1/2 Umdrehung) zurück.

■ Halten Sie die Einstellschraube in dieser Position fest und ziehen Sie die Kontermutter (6) mit 30 Nm an.

Die weitere Montage erfolgt sinngemäß in umgekehrter Reihenfolge.

■ Lesen Sie den Fehlerspeicher aus.

## (Rail) Injektoren wechseln

Der 6-Zylinder-TDI-Motor ist mit einem Common-Rail-Einspritzsystem mit Piezo-Injektoren ausgerüstet. Der Kraftstoff wird über die Tankfördermodule und die Tandempumpe gefördert. Der Kraftstoffdruck wird über die Hochdruckpumpe erzeugt und steht den Injektoren über das Railrohr und den Hochdruckleitungen zur Verfügung.

Wir beschreiben Ihnen an dieser Stelle die Arbeitsschritte zur Demontage an der linken Seite. Diese können auch für die rechte Seite angewendet werden.

■ Bauen Sie die Motorabdeckung oben ab.

■ Nehmen Sie die Geräuschdämmung über dem Motor ab.

■ Bauen Sie soweit erforderlich das Luftfilteroberteil mit dem Luftmassenmesser aus.

Reinigen Sie den Montagebereich der Injektoren gründlich, um das Verschmutzen der Injektorbohrung zu verhindern.

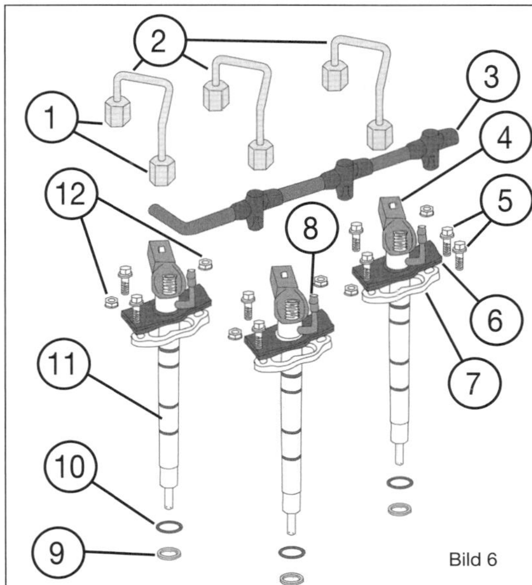


Bild 6

Bild 6
Injektoren beim V6-TDI-Motor.
1 Überwurfmuttern
2 Hochdruckleitungen
3 Lecköleitungen
4 Elektrischer Anschluss
5 Schrauben
6 Abdeckung
7 Spannbpratze
8 Anschluss Lecköl
9 Kupferring
10 O-Ring
11 Injektor
12 Muttern

■ Ziehen Sie die Verriegelung der Lecköleitungen nach oben und nehmen Sie die Leckölleitung ab.

■ Entsichern Sie die Anschlussleitung an den Injektoren der Saugrohrklappe und ziehen Sie sie ab.

■ Lösen Sie die Überwurfmutter der Hochdruckleitung zwischen Injektor und Verteilerrohr (Rail).

■ Drehen Sie die Schrauben (5 im Bild 6) für die Abdeckungen der Einspritzeinheiten heraus und verdrehen Sie sie um 90°.

■ Drehen Sie die Muttern (12) an den Spannpratzen (7) ab.

■ Montieren Sie den Zughammer mit einem passenden Adapter »VW T10055/1« an dem Anschluss der Hochdruckleitung.

■ Ziehen Sie den Injektor mit leichten Schlägen über den Zughammer »VW T10055« heraus.

■ Legen Sie die ausgebauten Injektoren in der Montagereihenfolge auf einem Lappen ab.

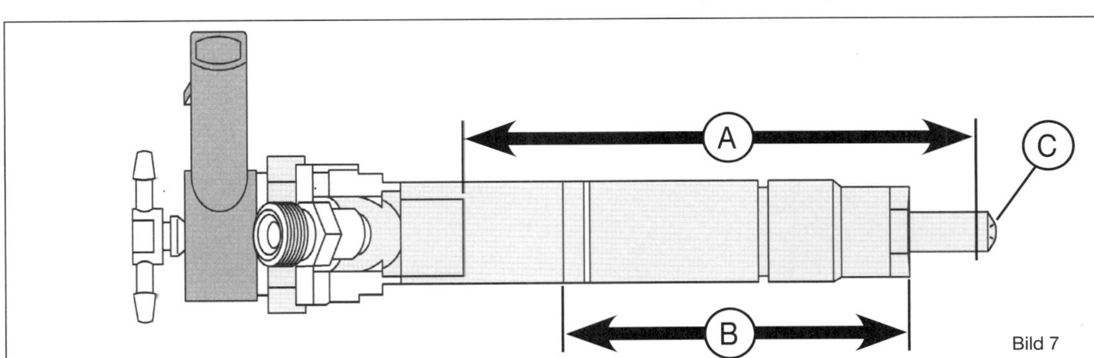


Bild 7

Bild 7
Reinigung der Injektoren am Diesel-Motor.
A Bereich, der mit einer Messingbürste gereinigt werden darf
B Bereich, der bei der Montage mit einem Spezialfett behandelt werden muss
C Die Spitze darf nicht mechanisch behandelt oder bearbeitet werden

■ Sprühen Sie die Injektoren mit Rostlöser ein und reinigen Sie sie mit geeigneten weichen Bürsten im Bereich (A im Bild 7).

⚠ Injektoren dürfen lediglich in der Position verbaut werden, in der sie eingebaut waren. Neue Injektoren müssen über einen geeigneten Diagnosetester mit ihrem Anpassungswert im Motorsteuergerät einprogrammiert werden.

■ Der Injektorbereich (B im Bild 7) muss eingefettet werden. Spezialfett muss dünn und gleichmäßig aufgetragen werden.

■ Den Dichtring zwischen Injektor und Brennraum immer erneuern. Dichtring und dessen Anlageflächen müssen fettfrei sein.

■ Die Befestigungsschrauben müssen immer erneuert werden.

■ Befestigungsschrauben müssen leicht hineinzudrehen sein. Bei Bedarf das Gewinde vorsichtig nachschneiden/reinigen.

Die weitere Montage erfolgt sinngemäß in umgekehrter Reihenfolge.

■ Ziehen Sie den alten Kupferring vom Injektor ab und reinigen Sie den Injektor von den Ablagerungen im Bereich des Kupferrings.

■ Führen Sie eine Probefahrt mit mindestens einer Volllastbeschleunigung durch.

■ Prüfen Sie die Dichtigkeit der Anschlüsse am Injektor und am Rail.

■ Lesen Sie den Fehlerspeicher aus.

## Anschlusskabel der PD-Elemente wechseln

☞ Der Kabelstrang der PD-Elemente ist im Zylinderkopf verlegt. Gelegentlich kommt es hier zu Kabelbrüchen aufgrund ausgehärteter Kabel oder Kabelisolierung. Der Wechsel des Kabelstrangs ist dann alternativlos.

■ Bringen Sie den Schlossträger in Servicestellung. Die erforderlichen Arbeitsschritte haben wir Ihnen schon im Kapitel 6 zum Kühlerausbau vorgestellt.

■ Demontieren Sie die Motorabdeckungen oben.

■ Demontieren Sie das Saugrohr oben.

■ Bauen Sie den Ventildeckel (Zylinderkopfhaube) ab.

■ Ziehen Sie den Verriegelungsstift etwas heraus und drehen Sie den Sicherungsring für den Kabelbaum am Zylinderkopf gegen den Uhrzeigersinn auf.

■ Ziehen Sie den Stecker des Pumpendüsenelementes vorsichtig ab, ohne ihn zu verkanten.

⚠ Elektrische Steckverbindungen an Piezo-Pumpe-Düse-Einheiten dürfen nur mit dem Abzieher »VW T10312« abgezogen werden.

■ Setzen Sie den Spezialschlüssel »VW T10211« auf dem Adapterring auf und lösen Sie ihn mit einer Drehung um 90° entgegen dem Uhrzeigersinn.

■ Lösen Sie die Verschraubungen der Verkabelung und ziehen Sie den Stecker aus dem Zylinderkopf (Lagerrahmen) heraus.

■ Nehmen Sie den Kabelstrang aus dem Zylinderkopf heraus.

Die Montage erfolgt sinngemäß in umgekehrter Reihenfolge.

■ Legen Sie den Kabelstrang auf und ziehen Sie die Befestigungsschrauben mit 10 Nm an.

■ Stecken Sie den elektrischen Anschluss in den Zylinderkopf (Lagerrahmen) ein und ziehen Sie ihn mit einer 90°-Drehung im Uhrzeigersinn fest.

👁 Achten Sie auf die korrekte Einbaulage des Zentralsteckers: Der lange, grüne Strich muss nach oben zeigen.

■ Montieren Sie den Ventildeckel (Zylinderkopfhaube) und das Saugrohr.

■ Stecken Sie den Zentralstecker wieder auf, verriegeln Sie ihn durch eine Drehung und drücken Sie die Sicherung wieder ein.

## Kraftstofffilter wechseln

☞ Der Kraftstofffilter ist im Motorraum verbaut. Die Bauweise für die 5-Zylinder- und die 6-Zylinderbaureihen unterscheiden sich deutlich. Die Montagearbeiten werden wir Ihnen getrennt vorstellen.

**Kraftstofffiltereinsatz beim 2,5-l-TDI (5R)**

☞ Der Kraftstofffilter befindet sich im Motorraum links vor der Spritzwand. Lösen Sie die Federbandschelle vom Halter des Kraftstofffilters.

⚠ Soweit keine Markierung auf der Verschlauchung erkennbar ist, markieren Sie die Verschlauchung mit einem weißen Faserschreiber vertauschungssicher.

| Kennzeichnung | Funktion |
|---|---|
| Blaue Markierung (RT) | Rücklauf zum Tank |
| Schwarze Markierung (VF) | Vorlauf zum Filter |
| (RF) | Rücklauf zum Filter |
| (VM) | Vorlauf zum Motor |

■ Schalten Sie die Zündung aus und ziehen Sie den Zündschlüssel ab.

Legen Sie einen Lappen bereit, um den abtropfenden Kraftstoff aus dem Kraftstofffilter aufzunehmen.

■ Drücken Sie die Sicherung der Anschlussleitungen zusammen und ziehen Sie sie ab.
■ Lösen Sie die Befestigungsschelle.
■ Nehmen Sie den Kraftstofffilter heraus.

Der Einbau erfolgt sinngemäß in umgekehrter Reihenfolge.

Um ein sofortiges Starten des Motors nach dem Kraftstofffilterwechsel zu gewährleisten und einen Trockenlauf der Pumpen zu verhindern, muss das Kraftstoffsystem mit dem Fahrzeugdiagnosesystem entlüftet werden. Vor dem ersten Motorstart kann der Kraftstofffilter durch mehrmaliges Ein-/Ausschalten der Zündung befüllt werden, um Schäden an der Hochdruckpumpe zu verhindern.

■ Starten Sie den Motor und führen Sie eine Sichtprüfung des Kraftstoffsystems am Kraftstofffilter durch.

**Kraftstofffiltereinsatz beim 3,0-l-TDI (V6)**

Der Kraftstofffilter befindet sich im Motorraum links vor der Spritzwand.

■ Drehen Sie die Verschlussschraube (2 im Bild 9) für Wasserabsaugung heraus.
■ Saugen Sie mit dem Dieselsauger »VW VAS 5226« etwa 100 ml Dieselkraftstoff über die Verschlussschraube (2) für Wasserabsaugung ab.
■ Ersetzen Sie den Dichtring (1) der Verschlussschraube für Wasserabsaugung und ziehen Sie die Verschlussschraube für Wasserabsaugung mit 5 Nm fest.
■ Drehen Sie die Schrauben (17 im Bild 9) heraus.
■ Heben Sie das Dieselkraftstofffilteroberteil (5) mit angeschlossenen Kraftstoffleitungen ab.
■ Ziehen Sie die alte Dichtung (14) vom Dieselkraftstofffilteroberteil (5) ab.

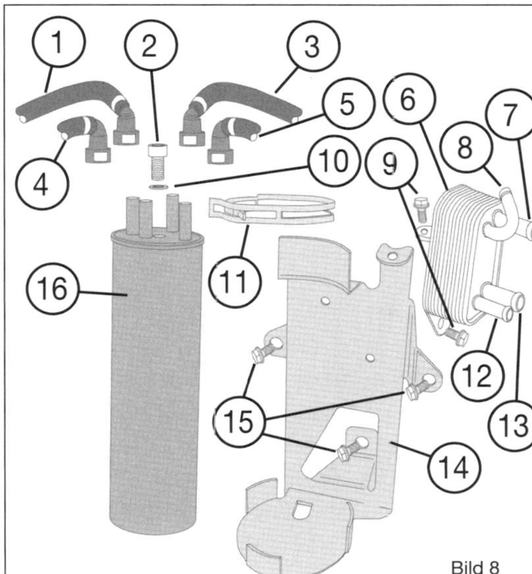

Bild 8

Bild 8
Kraftstofffilter am 2,5-l-TDI-Motor (5R).
1 Rücklauf Railrohr
2 Entlüftungsschraube
3 Rücklauf zum Kraftstoffkühler (8)
4 Vorlauf zur Tandempumpe
5 Vorlauf vom Tank
6 Kraftstoffkühler
7 Kühlmittelanschluss
8 Rücklauf zum Kraftstofffilter (3)
9 Schrauben
10 Dichtung
11 Federbandschelle
12 Rücklauf zum Tank
13 Kühlmittelanschluss
14 Halter
15 Schrauben
16 Kraftstofffilter

■ Nehmen Sie den Dieselkraftstofffiltereinsatz (13) am Montagebügel aus dem Dieselkraftstofffilterunterteil heraus.

Der Einbau erfolgt sinngemäß in umgekehrter Reihenfolge.

■ Ersetzen Sie die beiden Dichtungen (12 und 14).

Die Dichtung (14) muss bündig auf dem Dieselkraftstofffilteroberteil anliegen.

■ Setzen Sie den neuen Kraftstofffilter (13) mit leichten Drehungen bis Anschlag in das Filterunterteil ein.

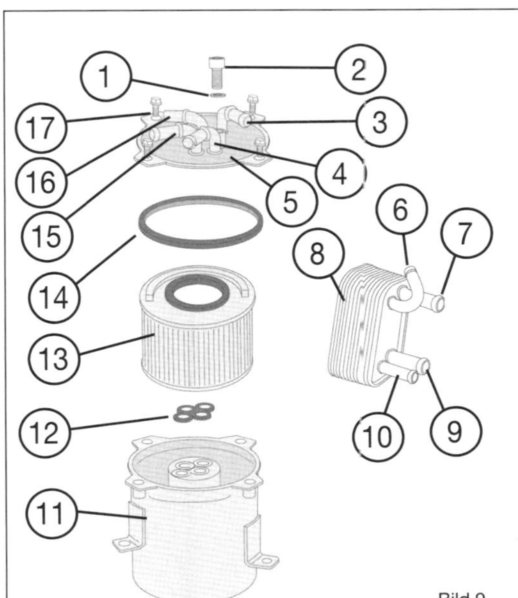

Bild 9

Bild 9
Kraftstofffilter am 3,0-l-TDI-Motor (V6).
1 Dichtring
2 Schraube
3 Vorlauf vom Tank
4 Rücklauf vom Tank
5 Kraftstofffilteroberteil
6 Rücklauf zum Kraftstoffkühler
7 Kühlmittelanschluss
8 Kraftstoffkühler
9 Kühlmittelanschluss
10 Rücklaufleitung zum Tank
11 Kraftstofffilterunterteil
12 Dichtung
13 Kraftstofffiltereinsatz
14 Dichtring
15 Vorlauf von der Zusatzkraftstoffpumpe (CASA, CASB, CASC, CATA)
16 Rücklaufleitung zum Kraftstoffkühler
17 Schrauben

Bild 10
Kraftstofffilter am 2,5-TDI-Motor (R5).
1 Klammern
2 Luftfiltereinsatz
3 Schrauben
4 Luffilterkastendeckel
5 Dichtring
6 Wärmeschutzblech
7 Luftführungsrohr
8 Federbandschelle
9 Luftführungsrohr
10 Federbandschelle
11 Heizrohr
12 Luftmassenmesser
13 O-Ring
14 Luftführungsrohr (eventuell mit Sieb)
15 Luftfilterkasten

■ Setzen Sie das Kraftstofffilteroberteil auf das Unterteil auf.

Achten Sie auf die genaue Ausrichtung des Kraftstofffilteroberteils zum Kraftstofffilterunterteil.

■ Setzen Sie alle Schrauben (17) mit einer Umdrehung in das jeweilige Gewinde ein.

■ Ziehen Sie die Schrauben über Kreuz mit 10 Nm fest.

Um ein sofortiges Starten des Motors nach dem Kraftstofffilterwechsel zu gewährleisten und einen Trockenlauf der Pumpen zu verhindern, muss das Kraftstoffsystem mit dem Fahrzeugdiagnosesystem entlüftet werden. Vor dem ersten Motorstart kann der Kraftstofffilter durch mehrmaliges Ein-/Ausschalten der Zündung befüllt werden, um Schäden an der Hochdruckpumpe zu verhindern.

*Motoren mit dem Kennbuchstaben CASA, CASB, CATA:*

■ Führen Sie die Entlüftung mit einem geeigneten Motortester durch.

■ Starten Sie den Motor und führen Sie eine Sichtprüfung des Kraftstoffsystems am Kraftstofffilter durch.

## Luftfilter wechseln

Beim Ausblasen des Luftfiltergehäuses mit Pressluft ist Folgendes zu beachten:

■ Zur Vermeidung von Funktionsstörungen bitte die kritischen luftführenden Motorbauteile wie Luftmassenmesser, Lufteinlassrohre usw. mit einem sauberen Putzlappen abdecken.

Grundsätzlich sollten Sie das Gehäuse reinigen und wenn erforderlich auch mit einem Staubsauger aussaugen, um Rückstände gründlich zu entfernen.

■ Schlauchstutzen und Schläuche für Ladeluftsystem müssen vor dem Montieren öl- und fettfrei sein.

■ Verwenden Sie keine silikonhaltigen Gleitmittel bei der Montage.

**Luftfiltereinsatz beim 2,5-l-TDI-Motor (5R)**

■ Bauen Sie die Motorabdeckung oben ab.

■ Drehen Sie die Befestigungsstifte (3 im Bild 10) am Ansaugschlauch (7) so weit das der Markierungspunkt dem Stift am Luftfiltergehäuse gegenübersteht.

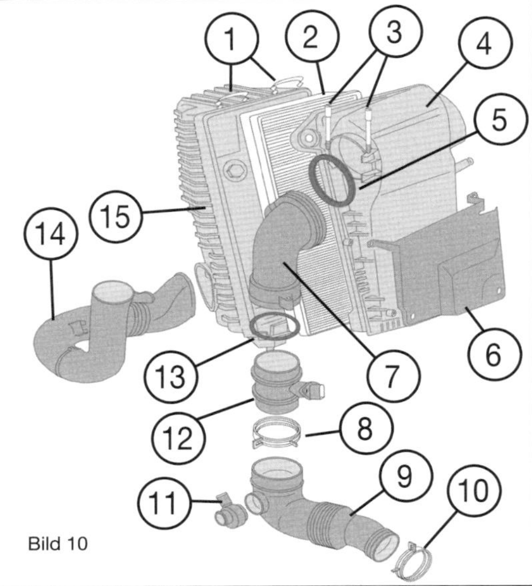

Bild 10

■ Ziehen Sie die Befestigungsstifte (3) nach oben heraus.

■ Clipsen Sie die Klammern (1) auf.

■ Ziehen Sie den Ansaugschlauch (7) vom Luftfiltergehäusedeckel (4) ab.

■ Schieben Sie den Verschlussring (2 im Bild 11) vom Unterdurckanschluss am Luftfilterkastendeckel mit einem Schraubendreher herunter.

■ Drücken Sie die Sicherungshülse (3) der Anschlusskupplung (4) hinein und ziehen Sie gleichzeitig die Unterdurckleitung ab.

■ Ziehen Sie den Luftfilterkastendeckel (4 im Bild 10) nach oben heraus.

■ Nehmen Sie den Luftfiltereinsatz (2) heraus.

■ Reinigen Sie den Luftfilterkasten.

Der Einbau erfolgt sinngemäß in umgekehrter Reihenfolge.

■ Achten Sie auf die Einbaurichtung der Luftfiltereinsatzes.

■ Achten Sie darauf, dass Sie keine Kabel oder Leitungen einklemmen.

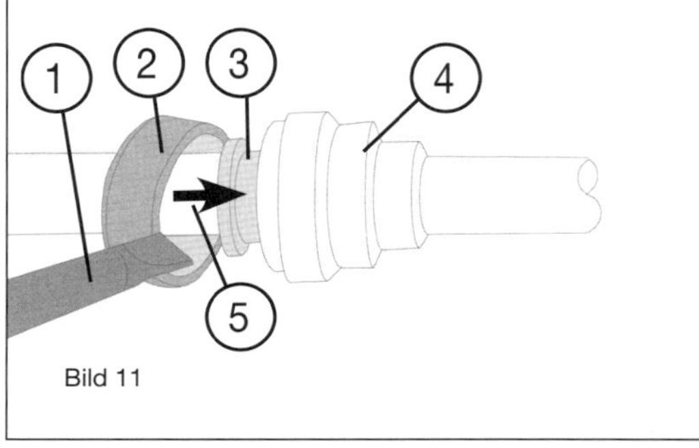

Bild 11

Bild 11
Unterdruckleitung am Luftfilterkastendeckel.
1 Schraubendreher
2 Verschlussring
3 Sicherungshülse
4 Anschlusskupplung
5 Entsichern des Verschlussrings

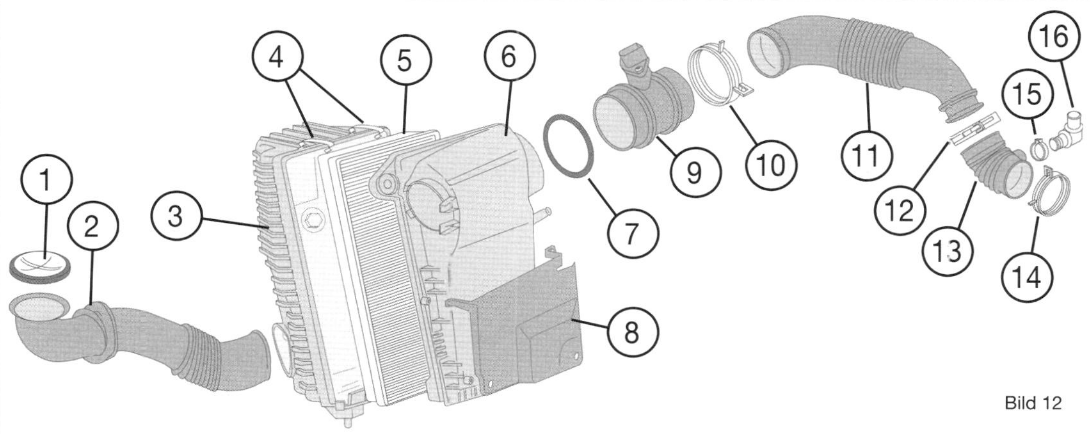


Bild 12

Bild 12
Kraftstofffilter am 3,0-TDI-Motor (V6).
1 Schneesieb
2 Luftführungsrohr
3 Luftfilterkasten
4 Klammern
5 Luftfiltereinsatz
6 Luftfilterkastendeckel
7 Dichtring
8 Wärmeschutzblech
9 Luftmassenmesser
10 Federbandschelle
11 Luftführungsrohr
12 Federbandschelle
13 Muffe
14 Federbandschelle
15 Schelle
16 Anschlussstück

■ Drücken Sie die Unterdruckleitung wieder auf. Achten Sie darauf, dass er einrastet.
■ Schieben Sie den Verschlussring (2 im Bild 11) wieder auf.

**Luftfiltereinsatz beim 3,0-l-TDI-Motor (V6)**
■ Bauen Sie die Motorabdeckung oben ab.
■ Clipsen Sie die beiden Klammern (4 im Bild 12) auf.
■ Entsichern Sie die Steckersicherung des Steckkontaktes und ziehen Sie den Anschlussstecker des Luftmassenmessers (9) ab.
■ Drehen Sie die Befestigungsschrauben des Luftmassenmessers (9) am Luftfiltergehäusedecke heraus.
■ Schieben Sie den Verschlussring (2 im Bild 11) vom Unterdruckanschluss am Luftfilterkastendeckel mit einem Schraubendreher herunter
■ Drücken Sie die Sicherungshülse (3) der Anschlusskupplung (4) hinein und ziehen Sie gleichzeitig die Unterdruckleitung ab.
■ Ziehen Sie den Luftfilterkastendeckel (6 im Bild 12) nach oben heraus.
■ Nehmen Sie den Luftfiltereinsatz (5) heraus.
■ Reinigen Sie den Luftfilterkasten.

Der Einbau erfolgt sinngemäß in umgekehrter Reihenfolge.
■ Achten Sie auf die Einbaurichtung des Luftfiltereinsatzes.
■ Achten Sie darauf, dass Sie keine Kabel oder Leitungen einklemmen.
■ Drücken Sie die Unterdruckleitung wieder auf. Achten Sie darauf, dass er einrastet.
■ Schieben Sie den Verschlussring (2 im Bild 11) wieder auf.

## Glühkerzen wechseln

**Umgang mit Keramik-Glühkerzen**

Tipp: Eine Glühkerze darf generell nicht mit 12 V bestromt werden, da diese dadurch zerstört wird. Die Diagnose erfolgt über die Widerstandsmessung oder über den Diagnosetester.

Achtung: Keramik-Glühkerzen sind sehr stoßempfindlich. Stöße können nicht sichtbare Beschädigungen (Haarrisse) verursachen und zu Motorschäden führen. Sie können nicht auf mechanische Beschädigungen (z. B. Haarrisse) geprüft werden. Solche Schäden sind in den meisten Fällen nicht erkennbar. Ist eine Keramik-Glühkerze heruntergefallen, muss diese zwingend erneuert werden.

Tipp: Verwenden Sie Keramik-Glühkerzen nur aus einer ungeöffneten Originalverpackung.

**Glühkerzenwechsel 2,5-l-TDI-Motor (5R)**

Tipp: Die Glühkerzen sind auf der rechten Seite des Motors unter dem Ansaugrohr angeordnet.
■ Die Motorabdeckung oben wie beschrieben demontieren.
■ Schalten Sie die Zündung ab und ziehen Sie den Zündschlüssel ab.
■ Bauen Sie das Ansaugrohr zwischen Zylinderkopf und Drosselklappenstück ab.
■ Ziehen Sie die Stecker zu den Glühkerzen mit einer geeigneten Flachzange »VW VAS6275« ab.
■ Reinigen Sie das Umfeld der Glühkerzen und den Glühkerzenschacht gründlich.
■ Lösen Sie die Glühkerze mit einem passenden Glühkerzenschlüssel »VW 3220«.

Der Einbau erfolgt sinngemäß in umgekehrter Reihenfolge.

■ Drehen Sie die Glühkerze zuerst von Hand ein.

■ Ziehen Sie die Glühkerze SW8 mit 12 Nm (SW10 mit 15 Nm) fest.

**Glühkerzenwechsel 3,0-l-TDI-Motor (V6)**

Die Glühkerzen sind unter dem Railrohr rechts und links im Zylinderkopf verbaut.

*Besonderheiten am CATA Motor:*

Für die Glühkerzenmontage am Zylinder 3 und Zylinder 6 muss der jeweilige Motor für die Saugrohrklappe demontiert werden.

In den Glühkerzen für die Zylinder 2 und 5 ist in dem Bauteil Glühkerze ein Brennraumdruckgeber integriert.

*Weiter für alle Motoren:*

■ Schalten Sie die Zündung ab und ziehen Sie den Zündschlüssel ab.

■ Die Motorabdeckung oben wie beschrieben demontieren.

■ Soweit erforderlich, bauen Sie das Saugrohroberteil und das Saugrohrunterteil ab.

Prüfen Sie, ob weitere Anbauteile dem Ausbau der Glühkerzen im Wege stehen könnten, und demontieren Sie diese im Zweifel.

■ Schalten Sie die Zündung ab und ziehen Sie den Zündschlüssel ab.

■ Ziehen Sie die Stecker zu den Glühkerzen mit einer geeigneten Flachzange »VW VAS6275« ab.

■ Reinigen Sie das Umfeld der Glühkerzen und den Glühkerzenschacht gründlich.

■ Lösen Sie die Glühkerze mit einem passenden Glühkerzenschlüssel »VW 3220«.

Der Einbau erfolgt sinngemäß in umgekehrter Reihenfolge.

■ Drehen Sie die Glühkerze zuerst von Hand ein.

■ Ziehen Sie die Glühkerze SW10 mit 15 Nm fest.

**Festsitzende Glühkerzen lösen**

Lassen sich die Glühkerzen nicht lösen, lassen Sie den Motor warmlaufen, sprühen Sie ein Injektorlösemittel im Bereich des Gewindes auf und warten Sie einige Minuten.

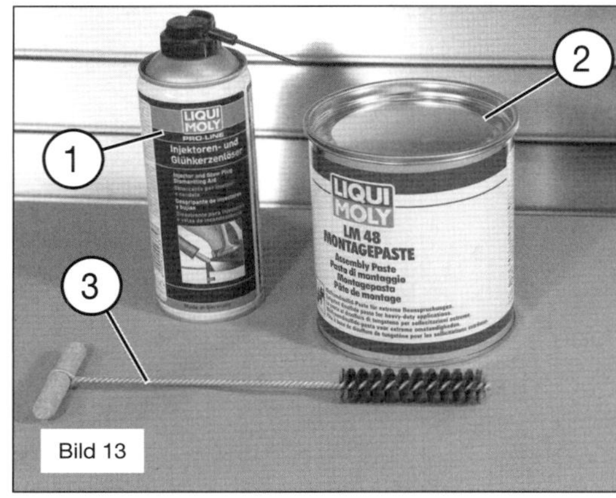


Bild 13
Reinigung des Glühkerzenkanals.
1 Spray zum Lösen von Verkokungen
2 Montagepaste
3 Bürste zum Reinigen

Oftmals lassen sich die Glühkerzen nicht einfach herausdrehen. Die Anlagerungen in Richtung Brennraum verhindern ein Ausdrehen.

■ Um Schäden oder ein Abreißen zu verhindern, sprühen Sie einen Rost- oder Glühkerzenlöser in den Kerzenschacht und lassen diesen einige Minuten einwirken.

■ Drehen Sie die Glühkerze bis zum Klemmpunkt und wieder zurück. Der Klemmpunkt wird sich mit jedem Durchlauf etwas verlagern.

■ Wiederholen Sie das Drehen bis zum Klemmpunkt so lange, bis die Glühkerze herausgedreht ist.

■ Ziehen Sie die Glühkerze mit einem geeigneten Werkzeug gerade heraus. Werkseitig wird hier das Montagewerkzeug »T40428« empfohlen.

Bei Wiederverwendung der Glühkerzen, Glühkerzen zum entsprechenden Zylinder 1 bis Zylinder 5 kennzeichnen.

■ Die Glühkerzen herausdrehen.

Verschließen Sie den Glühkerzenschacht, wenn weitere Montagearbeiten in diesem Bereich anliegen.

Die Montage erfolgt sinngemäß in umgekehrter Reihenfolge.

■ Den jeweiligen Glühkerzenschacht und das Gewinde reinigen.

■ Das Gewinde der Glühkerze leicht mit Montagepaste (2) einstreichen.

■ Fehlerspeicher des Motorsteuergeräts kontrollieren und gegebenenfalls löschen.

**Glühkerzen prüfen**

Grundsätzlich werden die Glühkerzen überwacht und bei einem Ausfall auch im Motorsteuergerät abgelegt.

■ Schalten Sie die Zündung aus und ziehen Sie den Zündschlüssel ab.

*Widerstandsmessung an den Glühkerzen:*
■ Ziehen Sie die Stecker zu den Glühkerzen mit einer geeigneten Flachzange »VW VAS6275« ab.
■ Schließen Sie die rote Messspitze an den Anschluss der Glühkerze an.
■ Klemmen Sie die schwarze Messspitze an die Fahrzeugmasse an.
■ Wählen Sie einen Messbereich von 200 Ω an.
Lesen Sie den Messwert ab. Er sollte etwa bei 1 Ω liegen.
■ Liegt er deutlich darüber, ist die Glühkerze defekt und muss ersetzt werden.

## Fahrzeugdiagnosetester einsetzen

Es gibt eine Reihe von Arbeiten im Bereich der Einspritzanlage, die man ohne Tester mit Übung und Erfahrung, unter Einsatz bestimmter Spezialwerkzeuge und am besten auch mit fachkundiger Beratung in einer Mietwerkstatt ausführen kann. Darauf gehen wir mit den folgenden Arbeitsbeschreibungen ein. Vielfach aber kann man an den elektronisch gesteuerten Einspritzsystemen nur selbst Hand anlegen, wenn man über einen Diagnosetester verfügt. Das Steuergerät kann viele Fehler an elektrischen Teilen der Einspritz- und Zündanlage per Selbstdiagnose erkennen und sie in einem Fehlerspeicher ablegen. Dabei wird auch eine Entscheidung getroffen, ob es sich um permanente Fehler oder um sporadische Mängel handelt. Entsprechend kann die Diagnose oder der Austausch der einzelnen Komponenten ausgelegt werden. In den meisten Fällen werden aber nur fehlerhafte Abweichungen beschrieben. Die Diagnose muss dann mit Sachkenntnis über Systeme und Bauteile im System erfolgen.

**Diagnosegeräte**
Die Marken-Werkstätten verwenden ein eigenes Diagnosesystem, das auf die einzelne Marke abgestimmt ist. Mit geeigneter Software und gewisser Kenntnis der Funktions- und Vorgehensweise sind auch andere Werkstattsysteme zu verwenden, wie sie

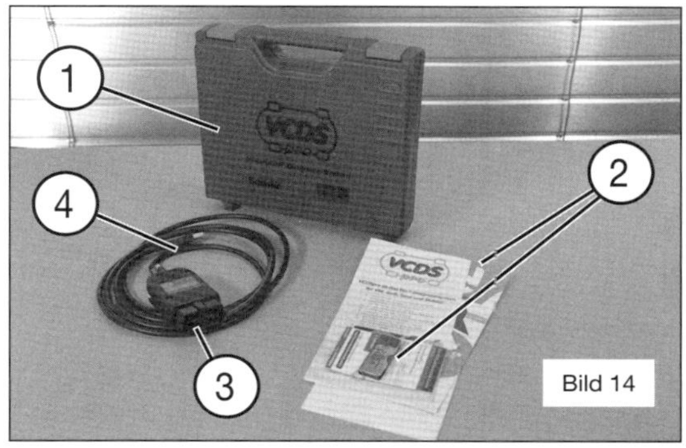

Bild 14

in vielen Mietwerkstätten vorhanden sind. Als Vertreter der frei verfügbaren markenspezifischen Systeme stellen wir Ihnen den »VCDS« (freier Tester mit Zuschnitt auf die Arbeiten gerade in freien Werkstätten) vor. Der VCDS ist ein Testsystem speziell für Fahrzeuge der VW/Audi-Gruppe. Über regelmäßige Updates wird ein aktueller Software- und Fahrzeugbestand angeglichen. Hier möchten wir die Istwerte für die Gemischaufbereitung erfassen und darstellen. Die Fehlerspeicherauslese unterscheidet sich kaum von den Arbeitsschritten, die wir Ihnen ab Seite 30 in diesem Buch vorgestellt haben.

**Messwerte aus Sicht des Steuergerätes**
Da das Motorsteuergerät aus den erfassten Messwerten und den abgespeicherten Kennfeldern definierte Funktionen ausführt, ist es wichtig, die »Sichtweise« des Steuergerätes einzunehmen und die erfassten Messwerte auf Plausibilität zu überprüfen.
Exemplarisch werden wir im Folgenden die »Istwerte« für die Motordrehzahl, die errechnete Luftmasse pro Zylinder und den Saugrohrdruckfühler betrachten. Wir möchten hiermit die Reaktion der Sensoren zeitgleich beobachten. Wenn aus dem Leerlauf die Drosselklappe geöffnet wird, erfolgt ein Drehzahlanstieg des Motors und auch für unseren Turbomotor steigt der Druck im Saugrohr an. Bei geöffneter Drosselklappe erreicht der Saugrohrdruck bis etwa 1000 hPa beim Saugmotor. Bei den Turbomotoren kann sogar ein deutlich höherer Druck anliegen. Nach einigen Gasstößen kann die Auswertung über die Abweichung der Kurven untereinander erfolgen. Die dargestellten Messwertkurven (im Bild 20) und die Messwerte (Bild 19) zeigen auch ohne die Sollwerte eine Reaktion beispielsweise des Saugdruckfühlers an. Der

Bild 14
OBD-Tester mit Zubehör.
1 Aufbewahrungskoffer
2 Informationsmaterial und Datenstick
3 OBD-Dongel
4 USB-Anschlusskabel

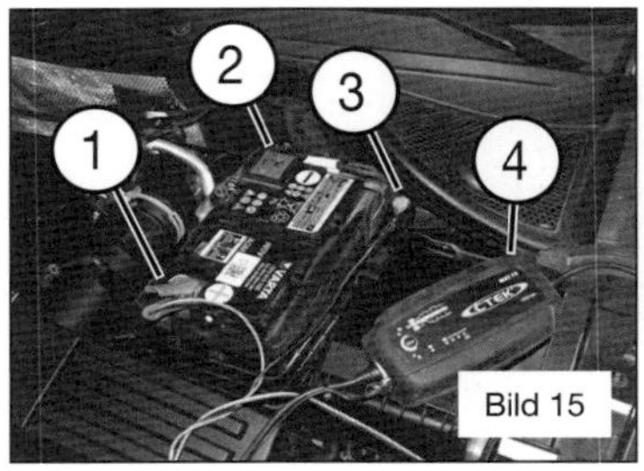


Bild 15

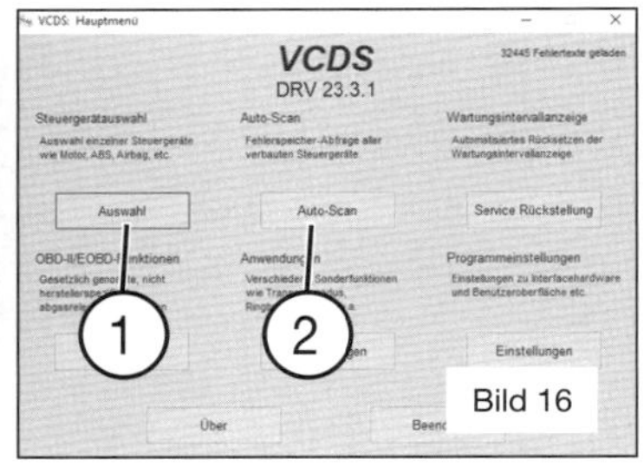


Bild 16

Bild 17

Bild 15
Dauerladegerät zur Ladungserhaltung.
1 Batteriepluspol
2 Batterieminuspol
3 Masseanschluss zur Starthilfe
4 Ladegerät

Bild 16
Anwahl eines Steuergerätes (1) oder die Abfrage aller verbauten Steuergeräte (2).

Bild 17
Anwahl des Motorsteuergerätes unter »01 Motorelektronik« (Pfeil).

Messwert des Saugrohrdruckfühlers kann dann auch über eine Druckmessuhr nachkontrolliert werden. Der Anschluss der Messuhr ist allerdings mit zusätzlichem Aufwand verbunden. Zumindest für die Funktionsprüfung in einer ersten Übersicht kann hier einiges an Vorbereitungszeit eingespart werden. Fällt ein Sensor aus oder liefert einen Messwert, der sich nicht erklären lässt, müssen die Spannungsversorgung des Bauteils und natürlich auch das Bauteil einzeln überprüft werden.

### Istwerte-Erfassung über das Motorsteuergerät

Die Istwerterfassung verläuft für die meisten Testerhersteller sehr ähnlich. Wir haben für die Darstellung den VCDS von PCI-Diagnosetechnik gewählt und schildern die wichtigsten Arbeitsschritte bis zu den unterschiedlichen Messwertdarstellungen.

- Schließen Sie ein Dauerladegerät (Bild 19) an, um die Batterie in den Phasen der Vorbereitung für die Messungen nicht zu belasten.
- Schließen Sie den Tester an die OBD-Anschlussdose an. Die 13-polige Anschlussdose befindet sich an der A-Säule im Fahrerfußraum.
- Schalten Sie die Zündung ein.
- Starten Sie die Testersoftware.
- Wählen Sie über den Button »Auswahl« die Startmaske für die unterschiedlichen Steuergeräte an.
- Wählen Sie über den Button »01-Motorelektronik« (Pfeil im Bild 17) das Motorsteuergerät an.
- Lassen Sie den Motor im Leerlauf laufen.
- Wählen Sie über den Button »Messwertblöcke 08« (1 im Bild 18) die Maske zur Auswahl der Messwerte in einem Block an. Alternativ können Sie die Messwerte über den Button »erw. Messwerte« (2) auch individuell zusammenstellen. Die Messwerte werden hier dann als Zahlenwert in der Maske dargestellt.

Über das Herunterscrollen mit dem Seitenschieber in der Liste lassen sich die Messwerte einsehen.

- Zur grafischen Darstellung wählen Sie über den Button »Diagramm« (1 im Bild 19) eine neue Maske (Bild 19) an, in der sowohl die Messwerte als Zahlenwert als auch als Signalbild dargestellt werden.
- Wählen Sie aus der Liste die Motordrehzahl, die Luftmasse pro Zylinder und den Saugrohrdrucksensor an.
- Die angewählten Messwerte werden nun auf der rechten Maskenseite beginnend grafisch dargestellt.

Der aktuelle Messwert wird als Zahlenwert mit der entsprechenden Einheit und im Verlauf grafisch dargestellt.

Die neueste Darstellung erfolgt bei diesem Tester immer rechts im Bild.

- Treten Sie nun das Gaspedal kurz voll durch und lassen Sie das Gaspedal wieder los. Der Saugrohrdruck und die Luftmasse werden etwas früher ansprechen.
- Wiederholen Sie die Gasstöße einige Male. Die Reaktion sollte ähnlich ausfallen.

Beobachten Sie die Reaktion der drei Messwerte untereinander. Die Messwerte für den Saugrohrdruck und die

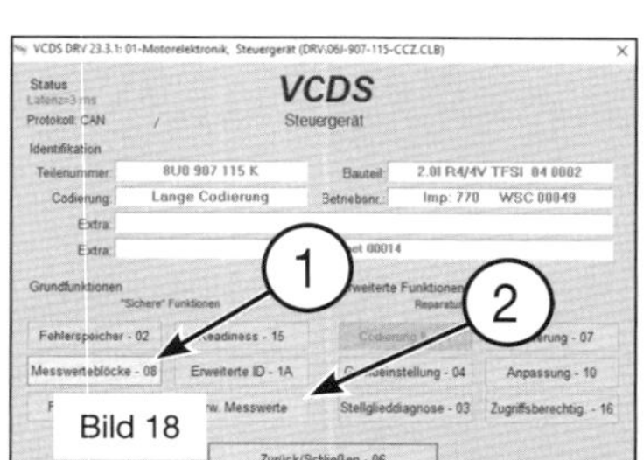


Bild 18

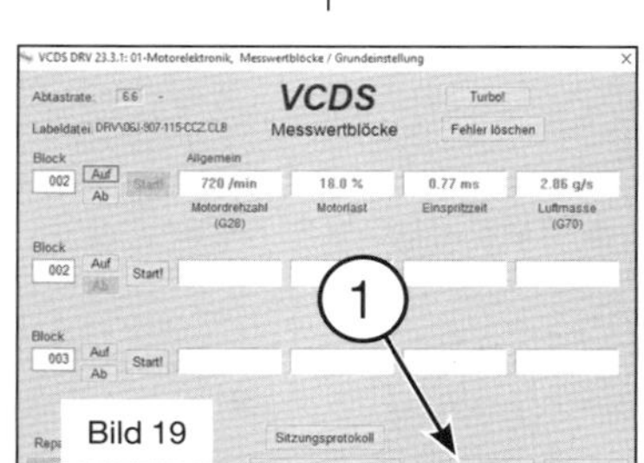


Bild 19

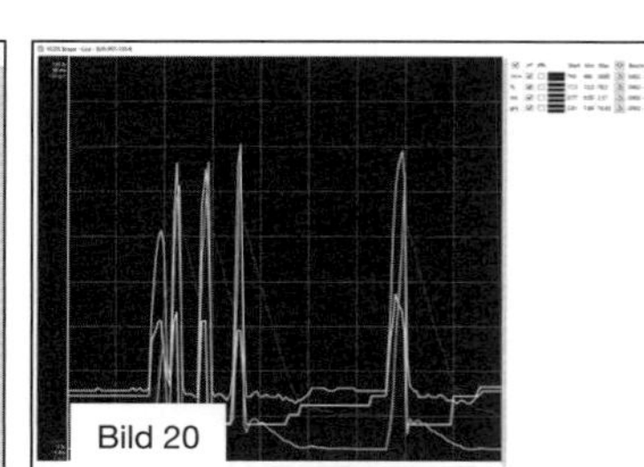

Bild 20

Bild 18
Anwahl des Motorsteuergerätes.
1 »08 Messwertblöcke«
2 »Erw. Messwerte«

Bild 19
Messwerte im Messwertblock als Zahlwerte.
1 Anwahl zur grafischen Darstellung

Bild 20
Grafische Darstellung des im Bild 19 angewählten Messwertblocks.

Luftmasse sollten fast zeitgleich und im erkennbaren Zusammenhang erfolgen.

## Sensoren der Gemischaufbereitung

Lesen Sie vor den Arbeiten den Fehlerspeicher aus. Löschen Sie nach der Montage den Fehlerspeicher und lesen Sie ihn erneut nach der Probefahrt neu aus.

Der Nockenwellengeber und Kurbelwellengeber sind Hallsensoren. Eine Widerstandsmessung ist nicht sinnvoll und kann den Sensor beschädigen.

Wir werden an dieser Stelle die relevantesten Sensoren für das Gemischaufbereitungssystem, ihre Einbauposition und Demontage vorstellen. Die Bilder stellen Ihnen ein typisches Signalbild vor, das Sie für die Darstellung mit Oszilloskop erwarten können.

### Nockenwellengeber

Die Nockenwellenpositionsgeber oder auch Phasengeber sind bei allen Motorvarianten im Ventildeckel oder im Bereich des Ventildeckels verbaut. Die Demontage ist recht ähnlich. Wir stellen Ihnen hier eine allgemeingültige Beschreibung zur Verfügung.

- Lassen Sie den Motor für die Montagearbeiten abkühlen.
- Demontieren Sie die Motorabdeckung oben und legen Sie den Ventildeckel frei.
- Legen Sie die Steckkontakte frei.
- Entsichern Sie den Steckkontakt (2 im Bild 21) und ziehen Sie ihn ab.
- Drehen Sie die Schraube (1) heraus.
- Ziehen Sie den Sensor gerade aus dem Ventildeckel heraus.

Die Montage erfolgt sinngemäß in umgekehrter Reihenfolge.

- Erneuern Sie die O-Ring (3).

### Kurbelwellengeber aus- und einbauen

Die Kurbelwellenpositionsgeber oder auch Drehzahlgeber sind bei allen Motorvarianten im Kurbelgehäuse oder am Kurbelgehäuse verbaut. Die Demontage ist recht ähnlich. Wir stellen Ihnen hier eine allgemeingültige Beschreibung zur Verfügung.

- Den Motor und die Abgasanlage für die Montagearbeiten abkühlen lassen.
- Das Fahrzeug mit der Hebebühne wie beschrieben anheben.

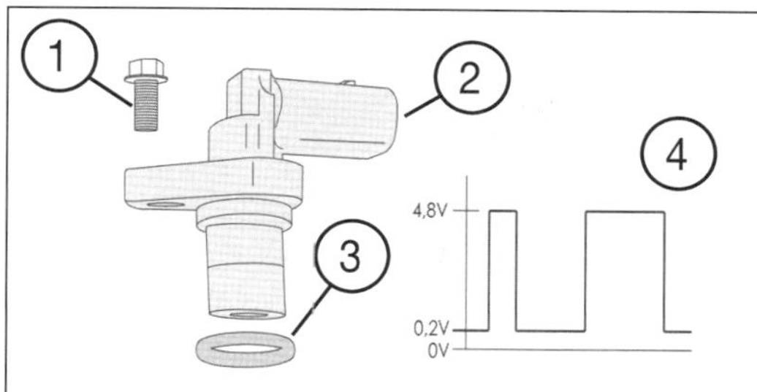

Bild 21

Bild 21
Nockenwellengeber.
1 Schraube
2 Elektrischer Anschluss
3 Dichtring
4 Signalbild

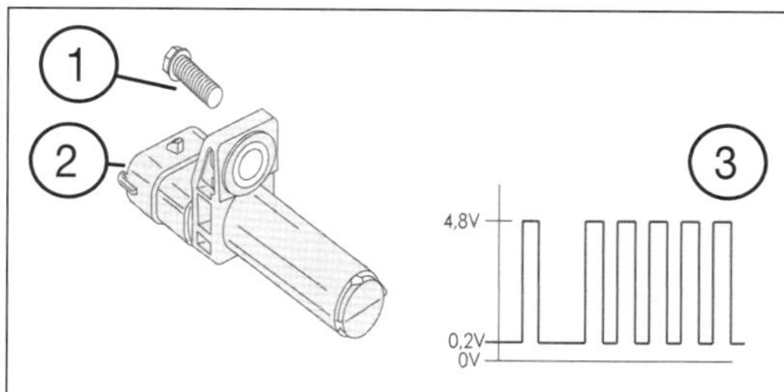

Bild 22

Bild 22
Kurbelwellengeber.
1 Schraube
2 Elektrischer Anschluss
3 Signalbild

Fahrzeug zwischen den Hebebühnensäulen ausrichten und die vier Aufnahmeteller an den vom Fahrzeughersteller vorgeschriebenen Hebebühnenaufnahmepunkten platzieren.

- Legen Sie die Steckkontakte frei.
- Entsichern Sie den Steckkontakt (2 im Bild 22) und ziehen Sie ihn ab.
- Drehen Sie die Schraube (1) heraus.
- Ziehen Sie den Sensor gerade aus dem Gehäuse heraus.

Die Montage erfolgt sinngemäß in umgekehrter Reihenfolge.

### Luftmassenmesser aus- und einbauen

Der Luftmassenmesser ist bei allen TDI-Motorvarianten verbaut. Die ältesten Varianten liefern noch ein analoges Signal. Je nach Luftmasse, die den Luftmassenmesser durchströmt, steigt die Ausgangsspannung des Sensors. Hier wird die Luftmasse über den Saugrohrdruck, Drehzahl und Lufttem-

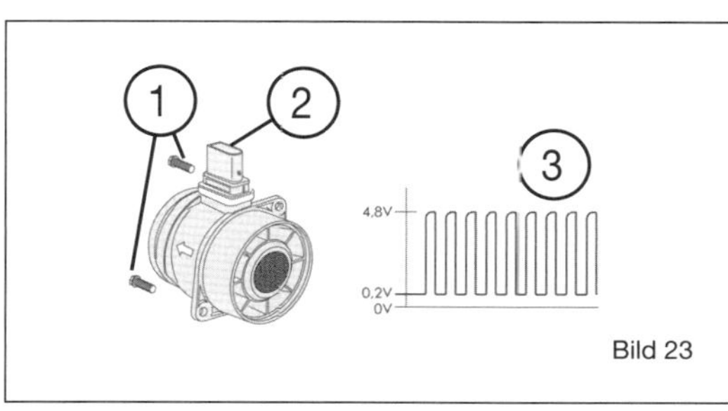

Bild 23

Bild 23
Luftmassenmesser.
1 Schrauben
2 Elektrischer Anschluss
3 Signalbild (Frequenz)

Sichtprüfung

Messen

Bild 24
Einbauposition Luftmassenmesser bei V6-TDI.
1 Dichtring
2 Sensor Luftmassenmesser
3 Elektrischer Anschluss
4 Lufführungsschlauch zum Turbolader
5 Federbandschelle
6 Gehäuse Luftmassenmesser
7 Luftfilterkastendeckel

Bild 25
MAP-Sensor.
1 Elektrischer Anschluss
2 Analog-Signal (Spannung)
3 Signalbild (Frequenz)

Bild 26
Kühlmittel-Temperaturgeber.
1 Dichtring
2 Halteklammer
3 Elektrischer Anschluss
4 Signalbild (Spannung)

peratur errechnet. Er ist zwischen Luftfiltergehäuse und Saugseite des Turboladers am Luftfilterkasten verbaut. Die Demontage für die beiden Einspritzsysteme ist recht ähnlich. Wir stellen Ihnen hier eine allgemeingültige Beschreibung zur Verfügung.

- Lassen Sie den Motor für die Montagearbeiten abkühlen.
- Reinigen Sie den Bereich um den Luftmassenmesser gründlich.
- Legen Sie die Steckkontakte frei.
- Entsichern Sie den Steckkontakt des Anschlusskabels (3 im Bild 24) und ziehen Sie ihn ab.
- Demontieren Sie den Ansaugschlauch am Luftmassenmesser.
- Drehen Sie die Schrauben zum Luftfilterkastendeckel heraus.

*R5-TDI-Motoren:*

- Ziehen Sie den Luftmassenmesser aus dem Luftführungsrohr zum Luftfilterkastendeckel heraus.

*V6-TDI-Motoren:*

- Ziehen Sie den Luftmassenmesser aus dem Luftfilterkastendeckel heraus.

Die Montage erfolgt sinngemäß in umgekehrter Reihenfolge.

**Saugrohrdruckfühler aus- und einbauen**
Der Saugrohrdrucksensor (MAP-Sensor) ist bei allen Motorvarianten im Ansauggehäuse vor dem Zylinderkopf verbaut.

- Lassen Sie den Motor für die Montagearbeiten abkühlen.
- Reinigen Sie den Bereich um den Saugrohrdruckfühler gründlich.
- Legen Sie die Steckkontakte frei.
- Entsichern Sie den Steckkontakt (1 im Bild 25) und ziehen Sie ihn ab.
- Drehen Sie die Schraube heraus.
- Ziehen Sie den Sensor gerade aus dem Getriebegehäuse heraus.

Die Montage erfolgt sinngemäß in umgekehrter Reihenfolge.

- Erneuern Sie die O-Ring.

**Kühlwassertemperaturgeber**

Der Kühlwassertemperaturgeber befindet sich im Thermostatgehäuse.

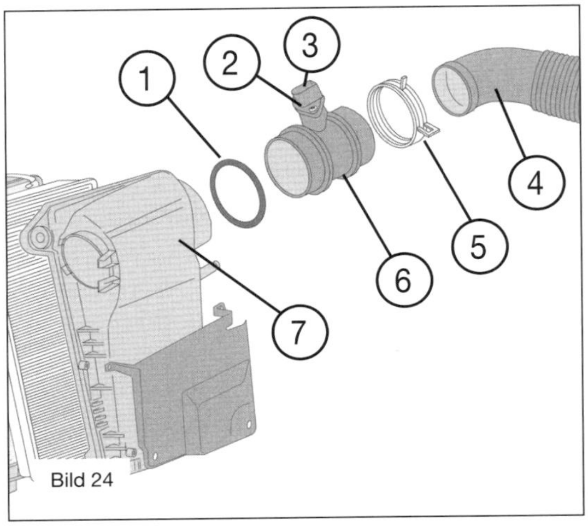

Bild 24

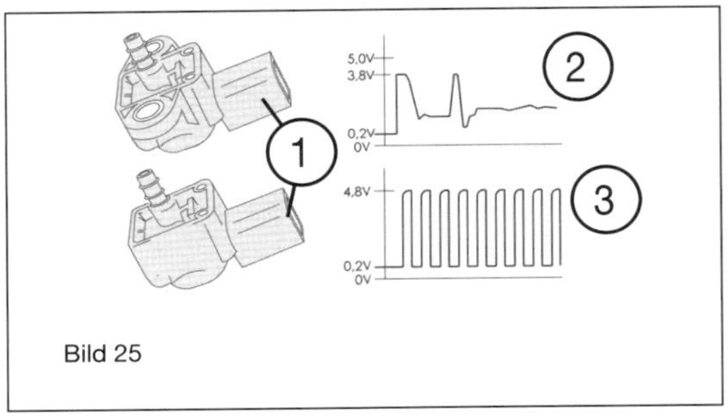

Bild 25

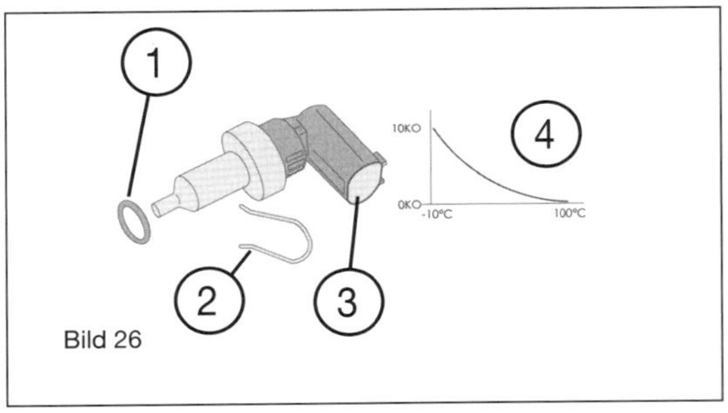

Bild 26

Die Temperaturfühler werden mit einem Gummiring (1 im Bild 26) abgedichtet und mit der Klammer (2) gehalten.

- Lassen Sie den Motor für die Montagearbeiten abkühlen.
- Entsichern Sie den Steckkontakt (3) und ziehen Sie ihn ab.
- Stellen Sie einen Auffangbehälter auf und legen Sie einige saugfähige Lappen bereit.
- Reinigen Sie den Bereich um den Temperaturfühler gründlich.
- Ziehen Sie die Sicherungsklammer (2) heraus.
- Ziehen Sie den Temperaturfühler (3) gerade heraus.
- Fangen Sie austretendes Kühlmittel auf.

Die Montage erfolgt sinngemäß in umgekehrter Reihenfolge.

# 9 Abgasanlage

Die Abgas- oder Auspuffanlage am Unterboden des Touareg reinigt mit Partikelfilter beim Diesel plus Oxidationskatalysator oder mit Katalysator die Verbrennungsabgase und leitet sie mit geringem Gegendruck über das Endrohr zum Fahrzeugheck. Ein Schalldämpfer oder Schalldämpfersystem ist in diesem Modell nicht mehr erforderlich. Der Auspuff moderner Pkw ist für mehr als 120.000 Kilometer gut, wobei die Lebensdauer natürlich auch von den Einsatzbedingungen des Fahrzeugs abhängt. Ist man überwiegend auf kurzen Strecken unterwegs, fallen mehr Kondensat, Ruß und aggressive Säuren im Innern der Anlage an als beim Langstreckenbetrieb mit voll durchgewärmtem Motor. Das Abgasvorrohr ist seltener als die anderen Teile vom Rost bedroht, weil dort die Verbrennungsgase noch mit Temperaturen zwischen 800 und 1000 °C einströmen. Danach verlieren die Abgase an Temperatur und sind am Endrohr nur noch 150 bis 300 °C heiß. Dort tritt das meiste Kondenswasser aus. Es mischt sich mit Verbrennungsrückständen zu aggressiven Säuren und lässt das Auspuffblech von innen nach außen durchrosten. Falls das Endrohr nicht aus besonders korrosionsbeständigem Material hergestellt wurde, ist Arbeit angesagt: Ausbau des alten und Einbau eines neuen Abgasrohrs mit Schalldämpfer.

## Hinweise und Regeln für Arbeiten an der Auspuffanlage

Reparaturen an durchgerosteten Auspuffanlagen, z. B. mit Auspuffkitt und Bandagen, haben nur kurzzeitig Erfolg. Das Blech bricht bald neben der Reparaturstelle. Werkstätten wechseln Auspuffanlagen meist komplett aus. Vor weiteren Arbeiten daher den Zustand der Anlage genau prüfen und dann entscheiden, ob einzelne Teile oder das ganze System erneuert werden sollen. Wird nach gründlicher Prüfung an der Abgasanlage gearbeitet, sollten folgende Grundregeln beachtet werden:

■ Bei einer Demontage darf die Abgasanlage keinesfalls herunterfallen. Dabei könnten wichtige Teile beschädigt werden.

■ Dichtungen und selbstsichernde Muttern immer ersetzen.

■ Verschraubungen der Auspuffanlage lassen sich beim nächsten Mal leichter lösen, wenn die Gewinde beim Einbau mit hochhitzefestem Kupferfett bestrichen werden.

Tipp: Werden Partikelfilter oder Katalysator ausgebaut und ersetzt, müssen die Altteile vorschriftsmäßig entsorgt werden. Sie dürfen nicht wie Schrott behandelt werden, weil sie wertvolles Edelmetall enthalten, das wieder in den Produktionsprozess eingebracht werden kann.

Tipp: Für Arbeiten an Lambdasonden gilt: Nur das Gewinde mit Heißschraubenpaste wie VW »G 052 112 A3« fetten. An die Schlitze des Sondenkörpers darf kein Fett kommen. Aus- und Einbau am besten mit Ringschlüsselsatz für Lambdasonde. Dichtring bei Undichtigkeit aufkneifen und ersetzen. Festziehen mit 45 Nm.

■ Alle Schlauchverbindungen mit Schlauchschellen sichern, die dem Serienstand entsprechen.

■ Alle Kabelbinder, die beim Ausbau gelöst werden, sind beim Einbau an der gleichen Stelle wieder anzubringen.

■ Nach Montagearbeiten an der Abgasanlage darauf achten, dass die Anlage nicht verspannt wird und ausreichend Abstand zum Aufbau hat. Gegebenenfalls Schellen lösen und Schalldämpfer und Abgasrohr so ausrichten, dass überall ausreichend Abstand zum Aufbau vorhanden ist und die Aufhängungen gleichmäßig belastet werden.

■ Nach getaner Arbeit immer einen Motorprobelauf durchführen und »Auspuffanlage auf Dichtheit prüfen« (Bild 2), ansonsten gelten für Arbeiten an Abgasanlage und Abgasrückführung hinsichtlich Sauberkeit und Sicherheit die Vorschriften, die auch für Arbeiten an Motor, Kraftstoff- oder Einspritzsystem üblich sind.

## Zustand der Auspuffanlage kontrollieren

■ Fahrzeug auf einer Hebebühne anheben oder absolut rüttelsicher aufbocken. Es darf nicht kippeln, wenn heftig an den Rohren der Auspuffanlage gedreht oder gezerrt wird. Die Aufhängungen und Gummiösen dürfen keine Schäden aufweisen.

# 9 Abgasanlage

Sichtprüfung    Messen

Bild 1
Der Zustand von Schalldämpfern, Schellen und Übergängen muss regelmäßig überprüft werden.

Bild 2
Zuhalten des Abgasrohres zur Dichtheitsprüfung.

Bild 3
Vibrationen und Verspannung: Schweißnaht rundum ausgebrochen.

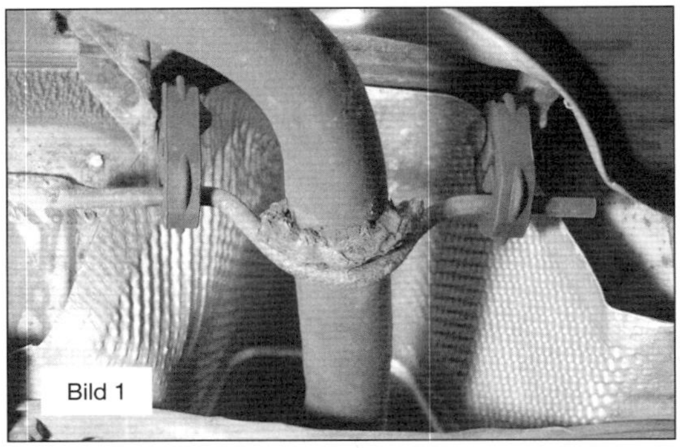
Bild 1

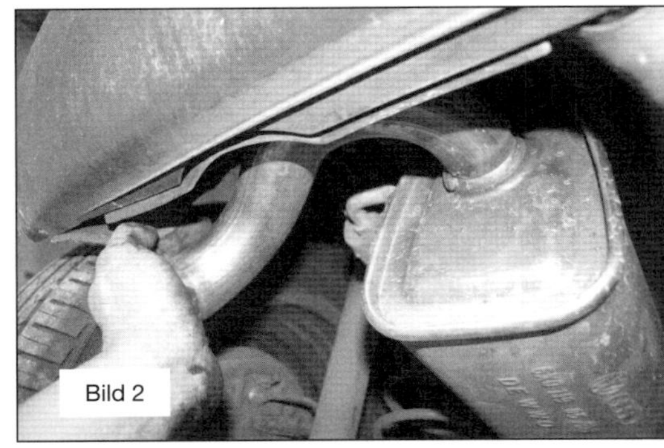
Bild 2

Bild 3

■ Zur Kontrolle die Abgasanlage an den Schraubbefestigungen rütteln. Komponenten auf Brüchigkeit, Einrisse oder sonstige Schäden überprüfen, bei Bedarf ersetzen.
■ Wenn sich beim Demontieren eine Verschraubung nicht lösen lässt, mit Rost lösendem Mittel behandeln oder durch Überdrehen abreißen. Beim Festziehen von Verschraubungen z. B. am Abgaskrümmer die Reihenfolge von innen nach außen und über Kreuz einhalten.
■ Wenn Teile der Anlage schon einmal ersetzt wurden, trennt man die Steckverbindung der Rohrenden am besten in erwärmtem Zustand. Schweißbrenner oder Propangasbrenner verwenden und Feuerlöscher bereithalten.
■ Schalldämpfer mit einem Hammer rundum gründlich abklopfen, auch an den Stirnseiten (Übergang von den Töpfen zu den Rohren). Nicht zu zaghaft hämmern. Klingt es bei jedem Schlag hell, ist das Blech noch gesund. Wird das Klopfgeräusch an manchen Stellen dumpfer, ist die Außenhaut bereits geschwächt und wird bald durchbrechen.

☞ Ein sehr dumpfer Auspuffton und Knallen im Schiebebetrieb können auf einen durchgerosteten Auspuff hinweisen.

■ Dichtheit der Auspuffanlage prüfen (nachfolgende Anleitung).

## Abgasanlage auf Dichtheit prüfen

■ Motor starten und mit Leerlaufdrehzahl laufen lassen.
■ Auspuffendrohr für die Dauer der Dichtheitsprüfung verschließen (Lappen, Stöpsel). Der Motor kann ausgehen. Grundsätzlich sollten Sie keine lauten Zischgeräusche wahrnehmen können.
■ Verbindungsstellen Zylinderkopf/Abgaskrümmer, Abgasturbolader/Abgasvorrohr usw. durch Abhören auf Dichtheit prüfen. Gibt es zischelnde Geräusche an Verbindungsstellen, ist die Anlage an der Geräuschstelle undicht.
■ Festgestellte Undichtigkeiten beseitigen.

## Abgasanlage spannungsfrei einrichten

Nach jeder Montagearbeit an der Abgasanlage muss die Abgasanlage spannungsfrei montiert werden, anderenfalls können Halter, Gummis oder auch das Flexstück geschädigt werden.
■ Der Motor muss kalt sein.
■ Verschraubungen der Klemmschellen lösen.
■ Die Schraube handfest anziehen.
■ Die Abgasanlage so ausmitteln, dass diese nirgends gegenstößt und spannungsfrei sitzt.

☞ Die Haltegummis der Abgasanlage sollten möglichst nicht in ihre Aufsteckrichtung gezogen werden.

■ Die Verschraubungen der Schellen und Klemmhülsen sollten so ausgerichtet werden, dass sie möglichst nicht nach unten herausstehen.
■ Nach dem Anziehen der Klemmschellen

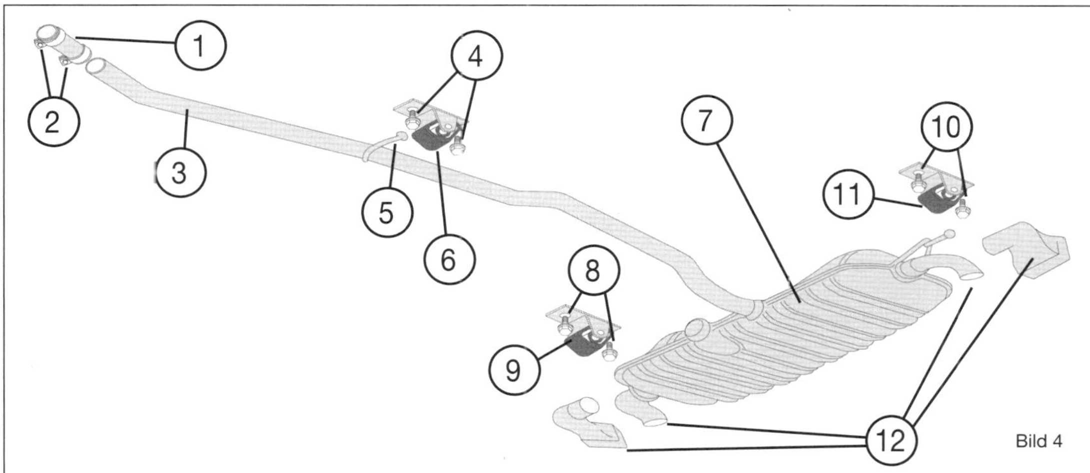

Bild 4

Bild 4
Endschalldämpfer beim Touareg.
1 Doppelschelle
2 Verschraubung
3 Abgasrohr hinten
4 Schrauben
5 Halter
6 Auspuffgummi
7 Endschalldämpfer
8 Schrauben
9 Auspuffgummi
10 Schrauben
11 Auspuffgummi
12 Endrohre (teilweise wechselbar)

die Freigängigkeit der Auspuffanlage prüfen und gegebenenfalls korrigieren.

■ Achten Sie darauf, dass das Flexstück im Übergang zwischen Abgasanlage und Katalysator nicht verdreht montiert wurde oder unter Spannung steht.

■ Prüfen Sie abschließend die Dichtheit der Auspuffanlage.

## Schalldämpfer

Ein Vorschalldämpfer kam bei den in diesem Band vorgestellten Dieselmotoren nicht zum Einsatz. Erkennbare Unterschiede gibt es für die Abgasaufbereitung mit Katalysatoren und Partikelfiltern. Die Montagearbeiten für den Endschalldämpfer sind für die unterschiedlichen Modelle sehr ähnlich. Wir stellen Ihnen an dieser Stelle eine allgemeingültige Beschreibung zur Verfügung.

■ Lassen Sie die Abgasanlage abkühlen.

Tipp: Der Schalldämpfer (7 im Bild 4) ist werkseitig in einem Stück mit dem Abgasrohr (3) nach hinten ausgeführt.

Tipp: Je nachdem, ob der Schalldämpfer mit einer Muffe versehen ist oder nicht, wird der Endschalldämpfer mit einer Doppelschelle (1) als Verbindungsstück montiert oder mit einer Rohrschelle befestigt.

Achtung: Achten Sie darauf, dass die Verschraubungen der Schelle nicht über das Rohr hinausragen. Verdrehen Sie die Schellen so, dass die Verschraubungen hinter dem Rohr in mindestens gleicher Höhe verbaut werden.

### Wechsel des Endschalldämpfers

■ Den Schalldämpfer etwas herunterziehen und etwas Rostlöser in die Bohrung der Haltegummis (6, 9 und 11 im Bild 4) sprühen.

■ Lösen Sie die Verschraubungen (2) der Doppelschelle (1).

■ Schieben Sie die Doppelschelle auf das Abgasrohr.

■ Schieben Sie das Haltegummi (6) vom Abgasrohr herunter.

Tipp: Halten Sie das Abgasrohr mit einem Helfer fest.

■ Schieben Sie das Haltegummi (6) vom Endschalldämpfer herunter und nehmen Sie ihn heraus.

Die Montage erfolgt sinngemäß in umgekehrter Reihenfolge zur Demontage.

■ Für die Montage des Schalldämpfers ersetzen Sie die Lagergummis (6, 9 und 11).

■ Um eine bessere Abdichtung zu erreichen, setzen Sie die Doppelschelle (1) oder die Auspuffmuffe mit etwas Auspuffdichtmasse zusammen.

## Endrohre am Schalldämpfer

Bei vielen Modellen sind die Endrohre vom Endschalldämpfer demontierbar.

■ Das Fahrzeug anheben und aufbocken. Lösen Sie die Schelle auf dem Endrohr (12). Ziehen Sie das Auspuffendrohr ab.

Die Montage erfolgt sinngemäß in umgekehrter Reihenfolge zur Demontage.

■ Richten Sie den Endschalldämpfer zur Kontur des Stoßfängers aus.

■ Setzen Sie die Doppelschelle (1) oder die Auspuffmuffe mit etwas Auspuffdichtmasse zusammen.

Sichtprüfung

Messen

Bild 5
Abgasanlage vorne 2,5-l-TDI-Motor (R5) mit Partikelfilter.
1 Dichtring
2 Schelle
3 Anschluss Differenzdruckgeber (vor dem Partikelfilter)
4 Anschluss Differenzdruckgeber (nach dem Partikelfilter)
5 Temperatursensor (nach dem Partikelfilter)
6 Halter
7 Flexstück
8 Abgasrohr
9 Aufhängung
10 Schrauben
11 Dichtung
12 Muttern
13 Schraube
14 Muttern
15 Halter
16 Temperatursensor (vor dem Partikelfilter)
17 Lambdasonde

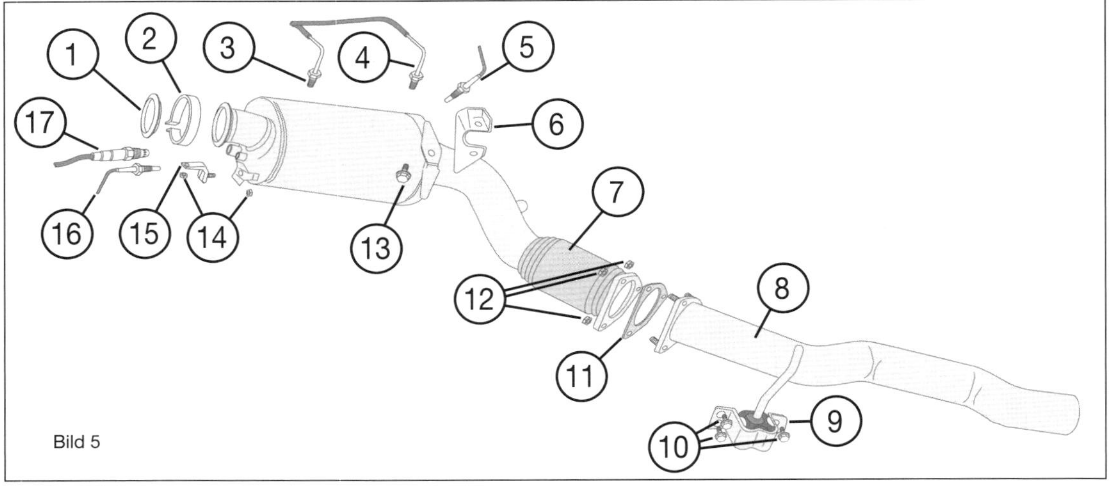

Bild 5

## Abgasanlage am 2,5-l-TDI (5R)

Das Fahrzeug wurde sowohl mit Partikelfilter als auch ohne vertrieben.
- Schalten Sie die Zündung aus und ziehen Sie den Zündschlüssel ab.
- Das Fahrzeug anheben und aufbocken.
- Bauen Sie die Unterbodenabdeckung wie im Kapitel 4 beschrieben ab.

**Fahrzeuge mit Partikelfilter (Bild 5)**

Werden Partikelfilter oder Differenzdrucksensor ersetzt, muss der Drucksensor mit einem geeigneten Diagnosetester zurückgesetzt werden.
- Lösen Sie den Abgasrückführungskühler.
- Lösen Sie den elektrischen Anschluss zu der Lambdasonde (17 im Bild 5).
- Schneiden Sie die Kabelbinder der Leitungsführung zu den Abgasdrucksensoren (3 und 4) durch.
- Legen Sie die Anschlusskabel und Schläuche frei.
- Bauen Sie den Halter des Abgasrückführungskühlers aus.
- Drehen Sie die Muttern (12) ab.
- Drehen sie die Schrauben (10) heraus.
- Nehmen Sie die Dichtung (11) ab.
- Lösen Sie das Abgasrohr vom Abgasrohr hinten am Endschalldämpfer.
- Nehmen Sie das Abgasrohr (8) heraus.
- Lösen Sie die Schelle (2) am Abgasturbolader.
- Bauen Sie die Halter (6 und 15) ab.
- Nehmen Sie den Partikelfilter nach oben heraus.
- Nehmen Sie die Dichtung (1) ab.

**Fahrzeuge ohne Partikelfilter (Bild 6)**

*Abgasrohr mit Katalysator:*
- Drehen Sie die Verschraubungen der Doppelschelle zum Endschalldämpfer (Abgasrohr hinten) los.
- Lösen Sie das Abgasrohr mit Katalysa-

Bild 6
Abgasanlage vorne 2,5-l-TDI-Motor (R5) ohne Partikelfilter.
1 Dichtring
2 Schelle
3 Vorkatalysator
4 Halter
5 Muttern
6 Flexstück
7 Dichtung
8 Abgasrohr mit Katalysator
9 Schrauben
10 Aufhängung
11 Muttern
12 Muttern

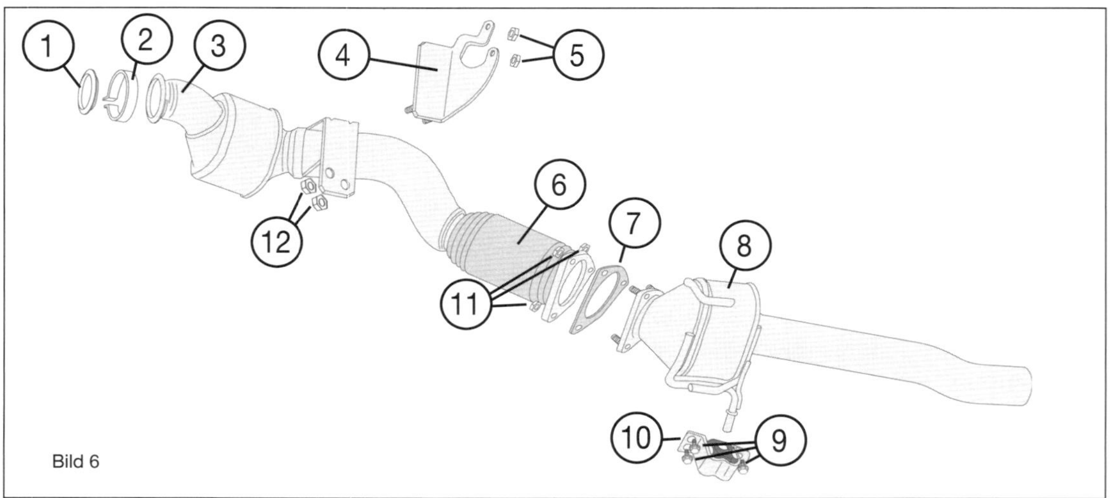

Bild 6

tor (8 im Bild 6) vom Abgasrohr hinten am Endschalldämpfer.

- Drehen Sie die Schrauben (9) heraus.
- Nehmen Sie die Dichtung (7) ab.
- Nehmen Sie das Abgasrohr mit Katalysator (8) heraus.

*Vorkatalysator und Flexstück:*

- Lösen Sie den elektrischen Anschluss zu der Lambdasonde.
- Legen Sie die Anschlusskabel frei.
- Bauen Sie das Abgasrohr mit Katalysator wie beschrieben aus.
- Lösen Sie die Schelle (2 im Bild 6) am Abgasturbolader.
- Nehmen Sie die Dichtung (1) ab.
- Lösen Sie die Verschraubung (5 und 12) und bauen Sie den Halter (4) ab.
- Nehmen Sie den Vorkatalysator (3) mit Flexstück (6) nach oben heraus.

Die Montage erfolgt sinngemäß in umgekehrter Reihenfolge zur jeweiligen beschriebenen Demontage.

- Richten Sie die Bauteile der Abgasanlage wie bereits zum Anfang des Kapitels beschrieben spannungsfrei aus.

## Abgasanlage am 3,0-l-TDI (V6)

Der Touareg wurde mit einem Katalysator und einem Partikelfilter und mit Vorkatalysator, Partikelfilter und Reduktionskatalysator ausgerüstet.

- Schalten Sie die Zündung aus und ziehen Sie den Zündschlüssel ab.
- Das Fahrzeug anheben und aufbocken.
- Bauen Sie die Unterbodenabdeckung wie im Kapitel 4 beschrieben ab.

**Fahrzeuge mit Katalysator und Partikelfilter (Bild 7)**

*Abgasrohr mit Partikelfilter:*

- Unterbauen Sie das Getriebe mit einem geeigneten Getriebeheber.
- Demontieren Sie die Getriebetraverse.
- Bauen Sie den Halter für die Geräuschdämpfung aus.
- Bauen Sie die Verschlauchung zum Differenzdruckgeber ab.

Tipp: Markieren Sie die Einbauposition der Schläuche.

- Entsichern Sie den Steckeranschluss und

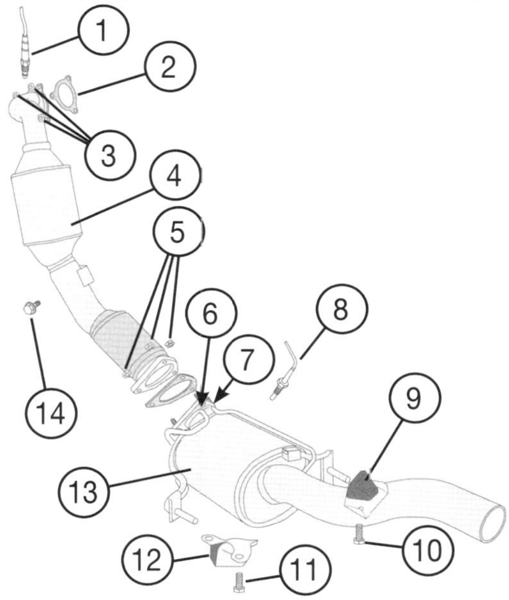

Bild 7

Bild 7
Abgasanlage vorne 3,0-l-TDI-Motor (V6) mit Partikelfilter.
1 Lambdasonde
2 Dichtung
3 Muttern
4 Katalysator
5 Muttern
6 Anschluss Differenzdruckgeber (Vor)
7 Anschluss Differenzdruckgeber (Nach)
8 Abgastemperaturfühler
9 Aufhängung
10 Schraube
11 Schraube
12 Aufhängung
13 Partikelfilter
14 Schraube

ziehen Sie den Steckkontakt des Abgastemperaturfühlers (8) ab.

- Bauen Sie den Abgastemperaturfühler (8) aus.
- Drehen Sie die Muttern (5 im Bild 7) ab.
- Lösen Sie die Doppelschelle zum Endschalldämpfer.
- Schieben Sie die Doppelschelle auf das Abgasrohr des Endschalldämpfers auf.
- Demontieren Sie die Schrauben (10 und 11) der Auspuffaufhängung.
- Nehmen Sie das Abgasrohr mit dem Partikelfilter heraus.

*Katalysator mit Flexstück:*

- Lassen Sie das Kühlmittel wie im Kapitel »6 Kühlsystem« ab.
- Bauen Sie den Partikelfilter wie bereits beschrieben aus.
- Entsichern Sie den Steckkontakt und ziehen Sie den Steckkontakt der Lambdasonde (1 im Bild 7) ab.
- Demontieren Sie das Hitzeschutzblech von oben über dem Turbolader.
- Drehen Sie die Muttern (3) ab.
- Lösen Sie die von oben zugänglichen Sensoren und Anschlüsse am Katalysator.
- Lösen Sie die von unten zugänglichen Sensoren und Anschlüsse am Katalysator.
- Drehen Sie die Schraube des Kühlmittelrohrs unten am Abgasrückführungskühler heraus.

■ Bauen Sie den Wärmeschutz vom Lenkgetriebe ab.
■ Fixieren Sie das Lenkrad in Geradeausstellung mit geeigneten Mitteln.
■ Drehen Sie die Schraube des Kreuzgelenkes in Geradeausstellung heraus und ziehen Sie das Kreuzgelenk vom Lenkgetriebe ab.
■ Drehen Sie die Verschraubung des Katalysators am Motorblock heraus.

⚠ Der Aggregateträger (2 im Bild 8) muss zum Ausbau des Katalysators abgesenkt werden. Die Schrauben an der Getriebetraverse und die Schrauben (3 und 4) dürfen nicht gelöst werden.

■ Drehen Sie die Schrauben (1) heraus.
■ Nehmen Sie den Katalysator mit Flexstück nach unten heraus.

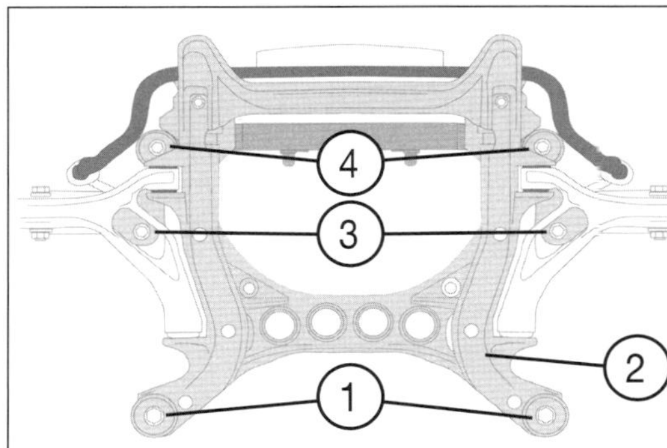


Bild 8

Bild 8
Aggregateträger beim Touareg.
1 Schrauben hinten
2 Aggregateträger
3 Schrauben
4 Schrauben

### Fahrzeuge mit Katalysator, Reduktionskatalysator und Partikelfilter (Bild 9)

*Abgasrohr mit Reduktionskatalysator:*
■ Schalten Sie die Zündung aus und ziehen Sie den Zündschlüssel ab.
■ Das Fahrzeug anheben und aufbocken.
■ Bauen Sie die Unterbodenabdeckung wie auf Seite 36 beschrieben ab.
■ Lösen Sie die Doppelschelle zum Endschalldämpfer.
■ Schieben Sie die Doppelschelle auf das Abgasrohr des Endschalldämpfers auf.
■ Entsichern Sie den Steckkontakt des NOx-Sensors (15 im Bild 9) und ziehen Sie den Steckkontakt ab.
■ Bauen Sie den NOx-Sensor aus und legen die Anschlussleitung frei.
■ Soweit verbaut, entsichern Sie den Steckkontakt des Temperatursensors (9) und legen die Anschlussleitung frei.
■ Drehen Sie die Schraube (18) heraus und nehmen Sie die Schelle (19) ab.
■ Entsichern Sie den Steckkontakt des Einspritzventils für Reduktionsmittel (21) und ziehen Sie den Steckkontakt ab.
■ Ziehen Sie das Einspritzventil (21) heraus und befestigen Sie es mit angeschlossener Leitung an der Karosserie.
■ Drehen Sie die Muttern (11) ab.
■ Nehmen Sie die Dichtung (10) ab.
■ Drehen Sie die Schrauben (13 und 16) heraus.
■ Nehmen Sie den Reduktionskatalysator (14) zusammen mit den Aufhängungen (12 und 17) ab.

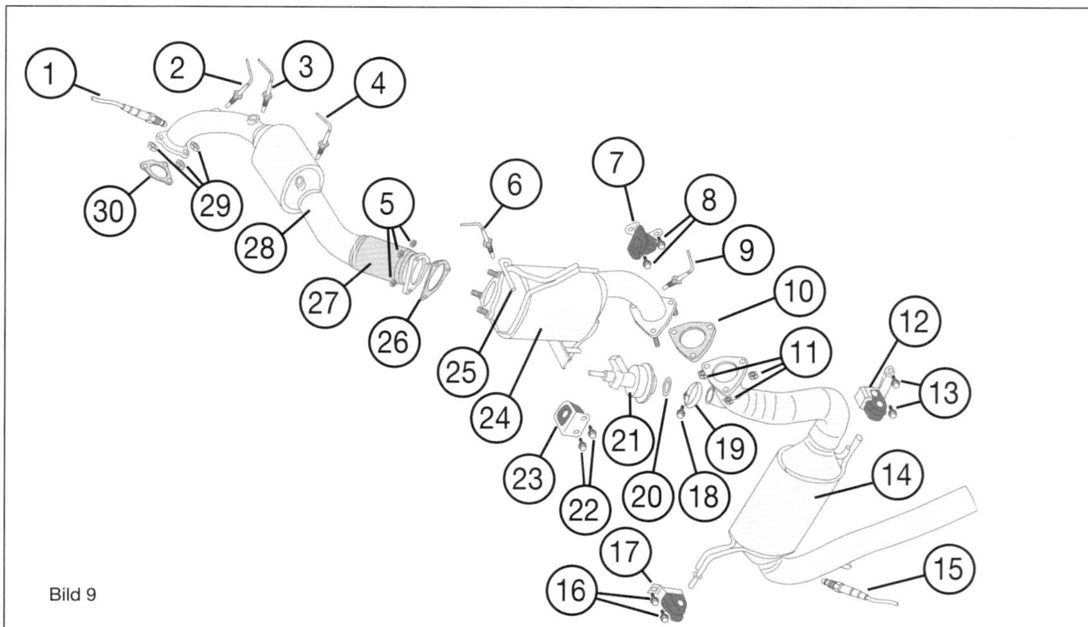


Bild 9

Bild 9
Abgasanlage vorne 3,0-l-TDI-Motor mit Katalysator, Reduktionskatalysator und Partikelfilter.
1 Lambdasonde
2 NOx-Sensor
3 Abgastemperaturfühler (Vorkat) (nur CATA)
4 Abgastemperaturfühler (Nachkat)
5 Muttern
6 Temperaturfühler Partikelfilter
7 Aufhängung
8 Schraube
9 Temperaturfühler
10 Dichtung
11 Muttern
12 Aufhängung
13 Schraube
14 Reduktionskatalysator
15 NOx-Sensor
16 Schraube
17 Aufhängung
18 Schraube
19 Schelle
20 Dichtung
21 Einspritzventil für Reduktionsmittel
22 Schraube
23 Aufhängung
24 Partikelfilter
25 Anschluss Differenzdrucksensor
26 Dichtung
27 Flexstück
28 Vorkatalysator
29 Muttern
30 Dichtung

*Abgasrohr mit Partikelfilter:*
■ Bauen Sie den Halter für die Geräuschdämpfung über dem Aggregateträger aus.

*Motorkennbuchstabe CATA:*
■ Bauen Sie wie bereits beschrieben, den Reduktionskatalysator aus.
■ Bauen Sie den Abgastemperatursensor (9 im Bild 9) aus.

*Motorkennbuchstabe BKS, BUN,CASA, CASB, CASC:*
■ Lösen Sie die Doppelschelle zum Endschalldämpfer.
■ Schieben Sie die Doppelschelle auf das Abgasrohr des Endschalldämpfers auf.
■ Bauen Sie den Temperaturfühler (6) aus dem Partikelfilter aus.

*Weiter für alle Fahrzeuge:*
■ Markieren Sie die Einbauposition der Verschlauchung zum Differenzdrucksensor.
■ Ziehen Sie die Verschlauchung zum Differenzdrucksensor ab.
■ Drehen Sie die Mutter (5) ab.
■ Nehmen Sie die Dichtung (26) heraus.
■ Drehen Sie die Schrauben (8 und 22) heraus.
■ Nehmen Sie den Partikelfilter (14) zusammen mit den Aufhängungen (7 und 23) ab.

*Abgasrohr mit Vorkatalysator:*
■ Lassen Sie, wie im Kapitel 6 bereits beschrieben, das Kühlmittel ab.
■ Bauen Sie den Halter für die Geräuschdämpfung über dem Aggregateträger aus.
■ Bauen Sie wie bereits beschrieben den Reduktionskatalysator aus.
■ Bauen Sie wie bereits beschrieben den Partikelfilter aus.
■ Entriegeln Sie den Steckkontakt der Lambdasonde (1 im Bild 9) und ziehen Sie ihn ab.
■ Bauen Sie die Lambdasonde (1) aus.
■ Bauen Sie das Wärmeschutzblech über dem Turbolader ab.
■ Demontieren Sie den NOx-Sensor (2).
■ Demontieren Sie den Abgastemperaturfühler (3). Beim CATA-Motor ist ein weiterer Temperaturfühler im Partikelfilter verbaut. Auch dieser muss demontiert werden.
■ Demontieren Sie den Abgastemperaturfühler (4) von unten.
■ Drehen Sie die Schraube des Kühlmittelrohrs unten am Abgasrückführungskühler heraus.
■ Bauen Sie den Wärmeschutz vom Lenkgetriebe ab.
■ Fixieren Sie das Lenkrad in Geradeausstellung mit geeigneten Mitteln.
■ Drehen Sie die Schraube des Kreuzgelenkes in Geradeausstellung heraus und ziehen Sie das Kreuzgelenk vom Lenkgetriebe ab.
■ Drehen Sie die Verschraubung des Katalysators am Motorblock heraus.

⚠ Der Aggregateträger (2 im Bild 8) muss zum Ausbau des Katalysators abgesenkt werden. Die Schrauben an der Getriebetraverse und die Schrauben (3 und 4) dürfen nicht gelöst werden.

■ Drehen Sie die Schrauben (1) heraus.
■ Lösen Sie die Verschraubungen des Vorkatalysators am Motor.
■ Nehmen Sie den Vorkatalysator (28 im Bild 9) mit Flexstück nach unten heraus.

Die Montage erfolgt sinngemäß in umgekehrter Reihenfolge zu der jeweilig beschriebenen Demontage.
■ Um eine bessere Abdichtung zu erreichen, setzen Sie die Doppelschelle oder die Auspuffmuffe mit etwas Auspuffdichtmasse zusammen.
■ Wenn Verschraubungen in alte Gewinde erfolgen, verwenden Sie etwas Montagepaste, um die Korrosion etwas einzuschränken.

## Flexstück ersetzen

Der Ersatz des Flexstückes ist seitens des Fahrzeugherstellers nicht vorgesehen. Hinsichtlich einer zeitwertgerechten Reparatur und den horrenden Kosten der Bauteile ist der Ersatz des Flexstückes durch Einschweißen durchaus rentabel.
■ Fahrzeug mit der Hebebühne anheben, Fahrzeug zwischen den Hebebühnensäulen ausrichten und die vier Aufnahmeteller an den vom Fahrzeughersteller vorgeschriebenen Hebebühnenaufnahmepunkten platzieren.
■ Bauen Sie den Schalldämpfer wie bereits beschrieben aus.
■ Beschaffen Sie sich ein passendes Flexrohr (Bild 10) im Zubehör. Als Originalteil ist es nicht lieferbar. Hier ist lediglich der Ersatz des Schalldämpfers vorgesehen.

- Markieren Sie die Einbauposition der Auspuffrohrstücke zum Flexrohr.
- Trennen Sie das Flexrohr entsprechend der Länge des Flexrohres aus dem Endschalldämpfer heraus.

☞ Führen Sie die Schnitte möglichst gerade aus.

- Verschweißen Sie zuerst die eine Seite des Auspuffrohrs mit dem Flexrohr.
- Richten Sie das noch lose Auspuffrohrstück entsprechend Ihrer Markierung aus.
- Verschweißen Sie das zweite Auspuffrohrstück mit dem Flexrohr.
- Versiegeln Sie die Schweißnähte mit etwas Zinkspray.
- Bauen Sie die Auspuffanlage wieder ein.
- Verwenden Sie etwas Auspuffmontagepaste für die Verbindung zwischen Endschalldämpfer und Abgasrohr.
- Prüfen Sie die Dichtigkeit der Abgasanlage wie bereits beschrieben.

## SCR-System (Adblue®)

⚠ Das Reduktionsmittel kann Haut, Augen und Atmungsorgane reizen. Bei Hautkontakt mit dieser Flüssigkeit sofort mit viel Wasser abwaschen. Suchen Sie gegebenenfalls einen Arzt auf.

⚠ Achten Sie zu jedem Zeitpunkt darauf, dass kein Reduktionsmittel auf Verkleidungs- oder Karosserieteile gelangt. Sollte dies geschehen sein, waschen Sie das Reduktionsmittel mit klarem Wasser und einem fusselfreien Baumwolltuch wieder heraus. Falls sich das Reduktionsmittel bereits kristallisiert haben sollte, benutzen Sie warmes Wasser und einen Schwamm. Nicht entfernte Reduktionsmittelreste kristallisieren nach einiger Zeit und können die betroffene Oberfläche beschädigen. Informationen über Lagerung und Entsorgung erfragen Sie bei Ihrem Händler.

**Reduktionsmitteltank entleeren und befüllen**

*Entleeren:*

- Den Arbeitsbereich um den AdBlue®-Einfüllstutzen mit Folie und saugfähigem Papier großflächig abdecken.
- Den Verschlussdeckel am AdBlue®-Einfüllstutzen abschrauben.
- Die Ansaugseite der Absaugpumpe mit einem Schlauch aus dem Umrüstsatz der Pumpe verlängern.

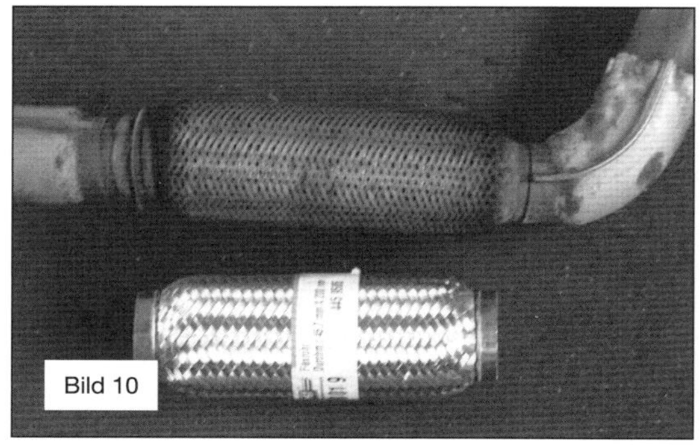

Bild 10

Bild 10
Reparatureinsatz für das Flexstück am Schalldämpfer.

- Die AdBlue®-Flüssigkeit über den Einfüllstutzen mit der Pumpe absaugen.

*Befüllen:*

- Arbeitsbereich um den Einfüllstutzen mit Folie und saugfähigem Papier großflächig abdecken.
- Neues AdBlue® bis zu den Füllstandsmarkierungen in den Einfüllstutzen einfüllen.
- Die Folie und das Papier entfernen.

⚠ Es darf kein Papier in den Einfüllstutzen und den Additiv-Behälter gelangen, da sonst Schäden an der »AdBlue®-Anlage« drohen.

- Reste von AdBlue® entfernen.
- Den Verschlussdeckel am Einfüllstutzen festschrauben.
- Nach Beenden des beschriebenen Arbeitsablaufs die Absaugpumpe sorgfältig mit Wasser spülen.

☞ Das abgesaugte Reduktionsmittel darf keinesfalls wiederverwendet werden. Informationen über Lagerung und Entsorgung erfragen Sie bei Ihrem Händler.

## Arbeiten am Abgasrückführungssystem

Die Abgasrückführungssysteme unterscheiden sich für die einzelnen Motoren. Wir stellen Ihnen zum Ausbau des AGR-Ventils beispielhaft eine Vorgangsbeschreibung zu den unterschiedlichen Motoren vor.

**Montage am AGR-Ventil beim 2,5-l-TDI-Motor (BAC und BLK)**

Das AGR-Ventil ist zusammen mit der Saugrohrklappe in einem Gehäuse verbaut. Das Gehäuse ist am Saugrohr verschraubt und kann nur komplett ersetzt werden.

- Lassen Sie den Motor abkühlen.
- Bauen Sie die Motorabdeckung oben ab.

■ Reinigen Sie den Bereich um das Gehäuse des AGR-Ventils mit der Saugrohrklappe gründlich.
■ Ziehen Sie die Unterdruckverschlauchung von den Ansteuerdosen (2 im Bild 11) ab.
■ Lösen Sie die Schelle des Luftführungsschlauchs vom Ladeluftkühler.
■ Ziehen Sie den Luftführungsschlauch ab.
■ Verschließen Sie die Öffnungen mit passenden Stopfen.
■ Drehen Sie die beiden Schrauben des Verbindungsrohrs zur Abgasseite heraus.
■ Drehen Sie die Schrauben (1) am Ansaugrohr heraus.
■ Nehmen Sie das AGR-Ventil-Gehäuse (3) vom Ansaugrohr ab.

Die Montage erfolgt sinngemäß in umgekehrter Reihenfolge.
■ Prüfen Sie die Funktion der pneumatischen Ansteuerung für das AGR-Ventil und die Saugrohrklappe wie im Anschluss beschrieben.
■ Kontrollieren Sie den Zustand der Anschlussschläuche.
■ Prüfen Sie den Zustand des Dichtrings (4) und ersetzen Sie ihn so weit erforderlich. Ersetzen Sie die Dichtung (7).

**Montage am AGR-Ventil beim 2,5-l-TDI-Motor (BPD und BPE)**
Das AGR-Ventil und die Saugrohrklappe werden elektrisch angesteuert. Das AGR-Ventil ist zusammen mit seinem Stellmotor und dem Rückmeldepotenziometer in einem separaten Gehäuse verbaut.
■ Lassen Sie den Motor abkühlen.
■ Bauen Sie die Motorabdeckung oben ab.
■ Reinigen Sie den Bereich um das AGR-Ventil (3 im Bild 12) gründlich.
■ Reinigen Sie den Bereich um die Saugrohrklappe (1) gründlich.
■ Lösen Sie die Schelle des Luftführungsschlauchs vom Ladeluftkühler.
■ Ziehen Sie den Luftführungsschlauch ab.
■ Verschließen Sie die Öffnungen mit passenden Stopfen.
■ Ziehen Sie den Anschlussstecker am Saugrohrklappenmodul (10) ab.
■ Drehen Sie die drei Schrauben (11) des Saugrohrklappengehäuses zum AGR-Ventil heraus.
■ Nehmen Sie das Saugrohrklappenmodul

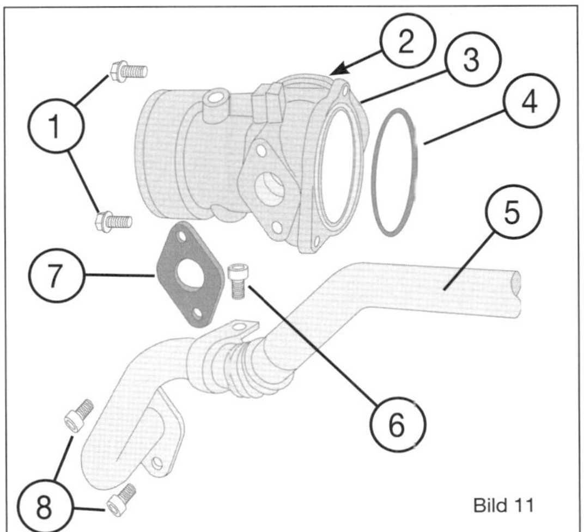

Bild 11

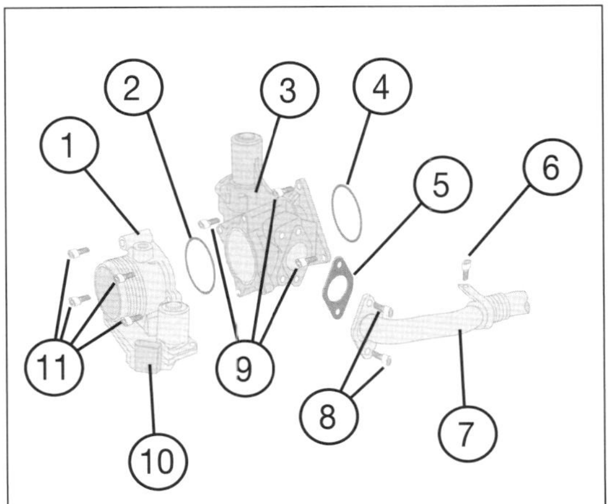

Bild 12

(1) vom AGR-Ventil ab.
■ Ziehen Sie den Anschlussstecker am AGR-Ventil ab.
■ Drehen Sie die Schrauben (8) des Verbindungsrohrs (7) zur Abgasseite am AGR-Ventil heraus.
■ Drehen Sie die Schrauben des AGR-Ventils zum Saugrohr (9) heraus.
■ Nehmen Sie das AGR-Ventil (3) ab.

Die Montage erfolgt sinngemäß in umgekehrter Reihenfolge.
■ Prüfen Sie den Zustand der Dichtringe (2 und 4) und ersetzen Sie sie so weit erforderlich.

**Montage am AGR-Ventil beim 3,0-l-TDI-Motor (BKS und BUN)**
■ Demontieren Sie wie beschrieben (Kapitel 4) die Motorabdeckung oben und unten.
■ Bauen Sie das Saugrohroberteil ab.

Bild 11
AGR beim 2,5-l-TDI-Motor (BAC und BLK).
1 Schrauben
2 Unterdruckdose
3 AGR-Ventil
4 O-Ring
5 Anschlussleitung
6 Schraube
7 Dichtung
8 Schrauben

Bild 12
AGR beim 2,5-l-TDI-Motor (BPD und BPE).
1 Saugrohrklappenmodul
2 O-Ring
3 AGR-Ventil
4 O-Ring
5 Dichtung
6 Schraube
7 Verbindungsrohr
8 Schrauben
9 Schrauben
10 Elektrischer Anschluss
11 Schrauben

Bild 13
AGR beim 3,0-l-TDI-Motor (BKS und BUN).
1 Ansteuerleitung
2 Schrauben
3 AGR-Ventil
4 Dichtung
5 Dichtung
6 Verbindungsleitung
7 Schrauben

Bild 14
AGR beim 3,0-l-TDI-Motor (CASA, CASB, CASC).
1 Elektrischer Anschluss
2 AGR-Ventil
3 Elektrischer Anschluss
4 Temperaturfühler
5 Dichtung
6 Schrauben
7 Kühlmittelanschluss
8 Dichtung
9 Verbindungsrohr
10 Schrauben

■ Ziehen Sie den Unterdruckschlauch (1 im Bild 13) von der Verstellerdose ab.
■ Drehen Sie die Befestigungsschrauben (2) heraus.
■ Nehmen Sie das AGR-Ventil mit dem Verbindungsrohr (6) zum Saugrohr ab.
■ Drehen Sie die Schrauben (7) heraus.
■ Demontieren Sie das Verbindungsrohr. (6).

Die Montage erfolgt sinngemäß in umgekehrter Reihenfolge.
■ Ersetzen Sie die Dichtungen (4 und 5).

**Montage am AGR-Ventil beim 3,0-l-TDI-Motor (CASA, CASB und CASC)**
■ Demontieren Sie wie beschrieben (Kapitel 4) die Motorabdeckung oben und unten.
■ Lassen Sie wie im Kapitel 6 beschrieben das Kühlmittel ab.
■ Drehen Sie die Schrauben der Halteschellen der Hochdruckleitungen ab.
■ Lösen Sie die Überwurfmuttern der Hochdruckleitungen zwischen den beiden Common-Rail-Speicherrohren.
■ Bauen Sie Hochdruckleitungen aus.
Verschließen Sie alle Öffnungen mit passenden Stopfen.
■ Bauen Sie das Saugrohroberteil aus.
■ Bauen Sie das Ölfiltergehäuse ab.
■ Ziehen Sie die Haltklammer am Anschlussstutzen des AGR-Kühlers ab.
■ Ziehen Sie den Anschlussstutzen zum AGR-Kühler ab.
■ Legen Sie das Anschlusskabel des Temperaturfühlers (1 im Bild 14) am AGR-Kühler frei, entsichern Sie die Steckverbindung und ziehen Sie sie ab.
■ Legen Sie das Anschlusskabel des Stellmotors am AGR-Kühler frei, entsichern Sie die Steckverbindung (3) und ziehen Sie sie ab.
■ Drehen Sie die Schrauben (10) des Verbindungsrohrs des AGR-Ventils zum Ansaugbereich heraus und nehmen Sie die Dichtung (8) ab.
■ Bauen Sie den Kühlmittelschlauch unten (7) ab.
■ Drehen Sie die Schrauben zum Halter heraus.
■ Drehen Sie die Schrauben zur Umschaltklappe (6) heraus.
■ Nehmen Sie das AGR-Ventil (2) mit der Dichtung (5) heraus.

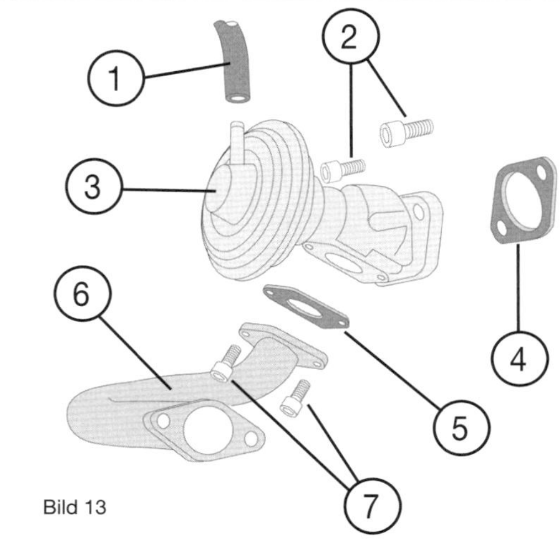

Bild 13

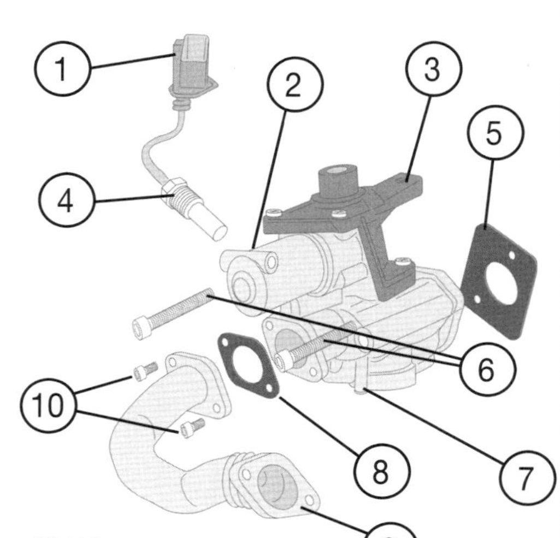

Bild 14

Die Montage erfolgt sinngemäß in umgekehrter Reihenfolge.
■ Ersetzen Sie die Dichtungen.

**Montage am AGR-Ventil beim 3,0-l-TDI-Motor (CATA)**
■ Demontieren Sie wie beschrieben (Kapitel 4) die Motorabdeckung oben und unten.
■ Lassen Sie wie im Kapitel 6 beschrieben das Kühlmittel ab.
■ Nehmen Sie das Umschaltventil für den AGR-Kühler von seinem Halter ab.
■ Öffnen Sie die Schelle und demontieren Sie den Kühlmittelschlauch über dem AGR-Ventil (Stellmotor).
■ Entsichern Sie den Anschlussstecker (1 im Bild 15) und ziehen Sie ihn ab.
■ Reinigen Sie den Bereich um den Stellmortor für das AGR-Ventil gründlich.

■ Drehen Sie die beiden Schrauben (3) heraus und nehmen Sie den Stellmotor (AGR-Ventil) (4) ab.

Die Montage erfolgt sinngemäß in umgekehrter Reihenfolge.
■ Ersetzen Sie die Dichtung (5).
■ Entlüften Sie das Kühlsystem.
■ Lesen Sie den Fehlerspeicher aus.

## Aufladesysteme beim VW Touareg

Alle hier vorgestellten Modelle des VW Touareg sind mit Aufladesystemen wie dem Turbolader ausgerüstet. Die sich ergebende Mehrleistung und das steigende Drehmoment erlauben den Einsatz von Motoren mit kleinerem Hubraum bei erstaunlichen Fahrleistungswerten. Im Laufe der Betriebszeit kann ein Schaden oder einfach normaler Verschleiß am Turbolader den Ausbau und oder Ersatz erforderlich machen. Auch wenn extrem günstige Preise mancher Händler im Netz locken, sollten Sie immer genau nachsehen und sich informieren, wie die Qualität der oftmals aufbereiteten Lader ist. Schließlich kann ein Schaden am Lader auch einen kapitalen Motorschaden zur Folge haben. Wenn es in einem solchen Fall um die Beweislasten geht, werden Sie als privater Schrauber kaum die Möglichkeit haben, nachzuweisen, dass die Reparatur sachgemäß war und die Schadensursache im Bauteil zu finden ist. Fragen Sie deshalb auch in einer Fachwerkstatt nach, was eine Reparatur mit Garantie kosten würde. Das kann durchaus auch eine freie Werkstatt oder oft auch der Lieferant des Turboladers sein.

Sämtliche Schlauchverbindungen sind durch Schellen gesichert. Sichern Sie alle Schlauchverbindungen mit Schlauchschellen, die dem Serienstand entsprechen. Ladeluftsystem muss dicht sein. Selbstsichernde Muttern sind zu ersetzen. Motor nach dem Einbau des Turboladers ca. 1 Minute im Leerlauf laufen lassen und nicht gleich hochdrehen, damit die Ölversorgung des Abgasturboladers sichergestellt ist.

**Arbeiten am Ladeluftsystem**

Wird am Abgasturbolader ein mechanischer

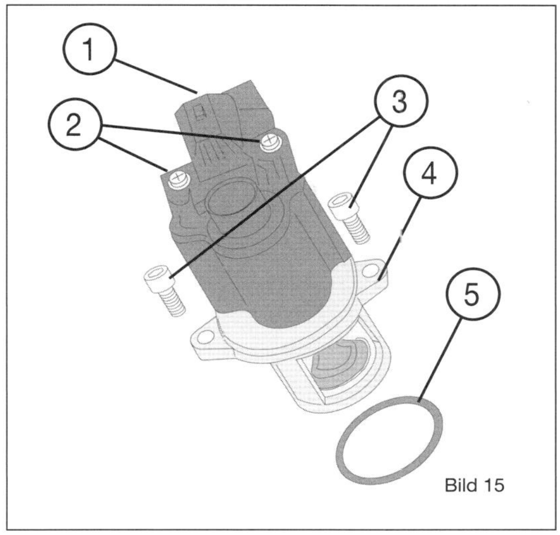

Bild 15

Bild 15
AGR beim 3,0-l-TDI-Motor (CATA).
1 Elektrischer Anschluss
2 Schrauben
3 Schrauben
4 AGR-Ventil
5 O-Ring

Bild 16

Bild 16
Klassischer Laderschaden.
1 Lagerschaden
2 Beschädigtes Turbinenrad

Schaden festgestellt z. B. ein zerstörtes Verdichterrad, genügt es nicht, nur den Turbolader zu ersetzen. Um Folgeschäden zu vermeiden müssen:
a) Luftfiltergehäuse, Luftfiltereinsatz und die Ansaugschläuche auf Verunreinigungen geprüft werden.
b) die gesamte Ladeluftstrecke und der Ladeluftkühler auf Fremdkörper überprüft werden.

Werden Fremdkörper im Ladeluftsystem festgestellt, muss die Ladeluftstrecke gereinigt und der Ladeluftkühler gegebenenfalls ersetzt werden.

Verschließen Sie die Zugänge zum Ladeluftsystem sowohl beim verbleibenden Restsystem am Fahrzeug als auch bei den ausgebauten Teilen, um versehentliches Hereinfallen von Kleinteilen und Verschmutzungen zu verhindern.

## Turbolader aus- und einbauen

**Vorbereitung für die Montagearbeiten**

■ Richten Sie das Fahrzeug zwischen den

Sichtprüfung

Messen

Bild 17
Turbolader bei 2,5-l-TDI-Motor (BAC und BLK).
1 Abgasrohr zum Vorkatalysator
2 Schelle
3 Dichtung
4 Schrauben
5 Federbandschelle
6 Ansaugschlauch zum Luftfilter
7 Turbolader
8 Unterdruckleitung
9 Dichtung
10 Schrauben
11 Halter
12 Mutter
13 Schraube

Bild 18
Turbolader bei 2,5-l-TDI-Motor (BPD und BPE).
1 Schrauben
2 Dichtung
3 Dichtungsring
4 Flanschunterteil
5 Dichtung
6 Schraube
7 Federbandschelle
8 Ansaugschlauch zum Luftfilter
9 Turbolader
10 Unterdruckleitung
11 Muttern
12 Dichtung
13 Schelle
14 Dichtung
15 Abgasrohr zum Partikelfilter

Hebebühnensäulen aus und platzieren Sie die vier Aufnahmeteller an den vom Fahrzeughersteller vorgeschriebenen Aufnahmepunkte für die Hebebühne.
■ Das Fahrzeug mit der Hebebühne anheben.
■ Bauen Sie die Motorabdeckung oben und unten ab.

**Ausbau des Turboladers am 2,5-l-TDI-Motor (BAC und BLK)**

Der Turbolader ist am Motorblock und am Abgaskrümmer verschraubt. Die Ölversorgung und der Ablauf erfolgen über den Anschluss am Motorblock.

■ Demontieren Sie das Luftfiltergehäuse komplett.
■ Lösen Sie das Ladeluftrohr zwischen Turbolader und Ladeluftkühler am Abgasturbolader.
■ Lösen Sie den Luftführungsschlauch zum Abgasturbolader.
■ Ziehen Sie den Unterdruckschlauch der Ladedruckdose vom Turbolader ab.
■ Demontieren Sie die Schelle zum Abgasrohr mit dem Vorkatalysator.
■ Bauen Sie die Geräuschdämmung auf der Motorvorderseite ab.
■ Montieren Sie eine geeignete Abfangvorrichtung für den Motor (VW 10-222A) und stützen Sie sie auf dem Rahmenlängsträger ab.
■ Demontieren Sie das rechte Motorlager.
■ Bauen Sie den Halter (11) aus.
■ Drehen Sie die Schrauben (10) zum Motorblock heraus.
■ Drehen Sie die vier Schrauben zum Abgaskrümmer (4) heraus.
■ Nehmen Sie den Turbolader heraus.
■ Demontieren Sie, soweit noch nicht erfolgt, die Dichtung (9).

Die Montage erfolgt sinngemäß in umgekehrter Reihenfolge.
■ Ersetzen Sie die Dichtung (3 und 9).

**Ausbau des Turboladers am 2,5-l-TDI-Motor (BPD und BPE)**

Der Turbolader ist am Motorblock und am Abgaskrümmer verschraubt. Die Ölversorgung und der Ablauf erfolgen über den Anschluss am Motorblock.

■ Demontieren Sie das Luftfiltergehäuse komplett.

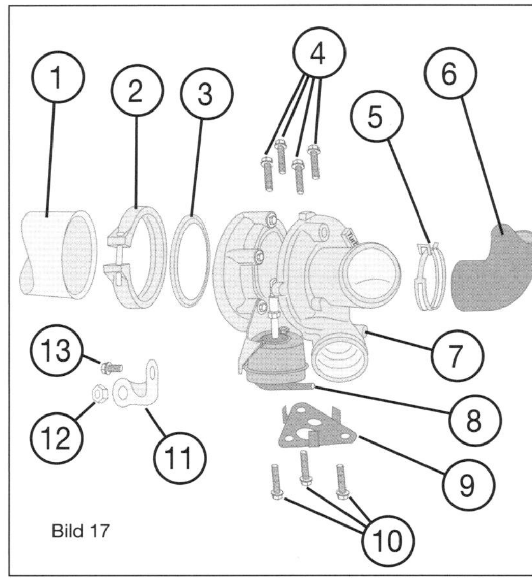

Bild 17

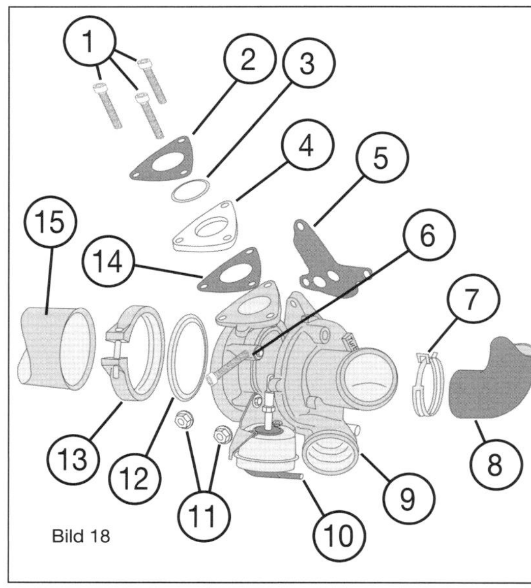

Bild 18

■ Lösen Sie das Ladeluftrohr zwischen Turbolader und Ladeluftkühler am Abgasturbolader (9 im Bild 18).
■ Lösen Sie den Luftführungsschlauch zum Abgasturbolader (8).
■ Bauen Sie den Kühler für die Abgasrückführung aus.
■ Bauen Sie den Abgaskrümmer aus.
■ Ziehen Sie den Unterdruckschlauch (10) der Ladedruckdose vom Turbolader ab.
■ Demontieren Sie den rechten Haubendämpfer und fangen Sie die Motorhaube anderweitig ab.
■ Bauen Sie die Geräuschdämmung auf der Motorvorderseite ab.
■ Montieren Sie eine geeignete Abfangvorrichtung für den Motor (VW 10-222A) und

stützen Sie sie auf den Rahmenlängsträgern ab.

■ Demontieren Sie das rechte Motorlager.
■ Bauen Sie das Abgasrohr zusammen mit dem Partikelfilter aus.
■ Drehen Sie die Schraube (6) heraus.
■ Demontieren Sie die beiden Muttern (11).
■ Nehmen Sie den Turbolader heraus.
■ Demontieren Sie, soweit noch nicht erfolgt, die Dichtungen (2, 3, 5 und 14).

Die Montage erfolgt sinngemäß in umgekehrter Reihenfolge.

Achten Sie auf die Montagereihenfolge, um Schäden an der Dichtung oder am Turbolader zu vermeiden.

■ Setzen Sie den Turbolader auf die Bolzen unten auf.
■ Drehen Sie die Schraube (6) an.
■ Ziehen Sie die beiden Muttern (11) fest.
■ Montieren Sie den Abgaskrümmer mit neuen Dichtungen.
■ Bauen Sie den AGR-Kühler wieder ein.
■ Montieren Sie das Abgasrohr mit dem Partikelfilter wieder.

**Ausbau des Turboladers am 3,0-l-TDI-Motor (BKS und BUN)**

Der Turbolader ist zwischen den Zylinderbänken im hinteren Bereich verbaut. Die Schmierstoffversorgung erfolgt über Druckleitungen.

■ Demontieren Sie das Wärmeschutzblech über dem Turbolader.
■ Stecken Sie einen Lappen oder eine passende Abdeckung in die Öffnung in der Getriebeglocke zur Schwungscheibe ein, um das Hineinfallen von Kleinteilen zu vermeiden.
■ Drehen Sie die Verschraubungen zum Vorkatalysator (29 im Bild 9) heraus und nehmen Sie die Dichtung (30) ab.
■ Unterbauen Sie das Getriebe mit einem geeigneten Getriebeheber und unterstützen Sie es in der Montageposition.
■ Demontieren Sie die Getriebetraverse und bauen Sie das Abgasrohr mit dem Partikelfilter aus.
■ Montieren Sie die Getriebetraverse wieder und nehmen Sie den Getriebeheber heraus.
■ Bauen Sie den Vorkatalysator aus.
■ Drehen Sie die Schraube (25 im Bild 19) heraus.

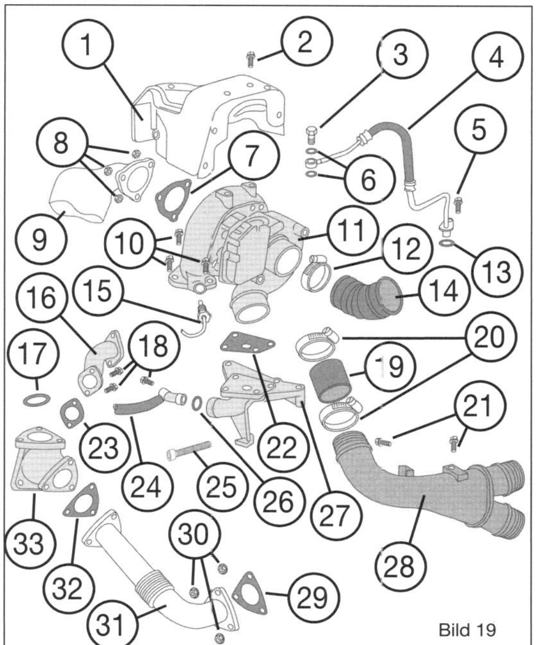

Bild 19

Bild 19
Turbolader bei 3,0-l-TDI-Motor (BKS und BUN).
1 Wärmeschutzblech
2 Schraube(n)
3 Hohlschraube
4 Versorgungsleitung Öl
5 Schraube
6 Dichtringe
7 Dichtung
8 Muttern
9 Katalysator
10 Schrauben
11 Turbolader
12 Schraubschelle
13 Dichtring
14 Luftführungsschlauch
15 Abgastemperaturfühler
16 Verbindungsrohr
17 Dichtring
18 Schrauben
19 Verbindungsschlauch
20 Schraubschelle
21 Schraube
22 Dichtung
23 Dichtung
24 Ölrücklaufleitung
25 Schraube
26 O-Ring
27 Konsole
28 Ladeluftrohr
29 Dichtung
30 Muttern
31 Zwischenrohr zum Krümmer
32 Dichtung
33 Flanschstück

■ Drehen Sie die Schrauben der Ölrücklaufleitungen (24) heraus.
■ Ziehen Sie die Unterdruckleitung an der Unterdruckpumpe ab und legen Sie sie aus dem Arbeitsbereich heraus.
■ Lösen Sie die Kühlmittelleitung von der Spritzwand und legen Sie die Leitung auf dem Motor ab.
■ Lösen Sie die Schelle (20) und ziehen Sie den Verbindungsschlauch (19) vom Turbolader (11) ab.
■ Drehen Sie die Hohlschraube (3) der Ölversorgungsleitung (4) heraus.

Fangen Sie austretendes Restöl mit einem Lappen auf.

■ Legen Sie die Ölversorgungsleitung (4) aus dem Arbeitsbereich heraus.
■ Drehen Sie die beiden Verschraubungen der Kühlmittelleitung am Turbolader heraus.
■ Lösen Sie die Federbandschelle des Kühlmittelschlauchs auf der rechten Seite des Turboladers.
■ Ziehen Sie den Kühlmittelschlauch ab.

Fangen Sie austretendes Restkühlmittel mit einem Lappen auf.

Verschließen Sie die Öffnungen mit passenden Stopfen.

■ Lösen Sie die untere Befestigungsschraube des Turboladers lediglich um zwei Umdrehungen.
■ Drehen Sie die insgesamt sechs Schrauben (10) heraus.

Sichtprüfung Messen

Bild 20
Turbolader bei 3,0-l-TDI-Motor (CASA, CASB und CASC).
1 Wärmeschutzblech
2 Schraube(n)
3 Hohlschraube
4 Versorgungsleitung Öl
5 Schraube
6 Dichtringe
7 Dichtung
8 Muttern
9 Katalysator
10 Schrauben
11 Turbolader
12 Schraubschelle
13 Dichtring
14 Luftführungsschlauch
15 Dichtung
16 Verbindungsrohr
17 Dichtring
18 Schrauben
19 Verbindungsschlauch
20 Schraubschelle
21 Schraube
22 Schrauben
23 Dichtung
24 Ölrücklaufleitung oben
25 O-Ring
26 Ölrücklaufleitung unten
27 Ladeluftrohr
28 Dichtung
29 Muttern
30 Zwischenrohr zum Krümmer
31 Dichtung
32 Flanschstück

■ Entsichern Sie den elektrischen Anschlussstecker am Ladedrucksteller und ziehen Sie ihn ab.
■ Verdrehen Sie den Turbolader etwas und legen Sie das Kühlmittelrohr zur Seite.
■ Nehmen Sie den Turbolader heraus.

Die Montage erfolgt sinngemäß in umgekehrter Reihenfolge.
■ Ersetzen Sie grundsätzlich alle Dichtungen, die demontiert oder gelöst wurden.
■ Fragen Sie nach der Probefahrt den Fehlerspeicher des Motorsteuergerätes ab.

**Ausbau des Turboladers am 3,0-l-TDI-Motor (CASA, CASB und CASC)**

☞ Der Turbolader ist zwischen den Zylinderbänken im hinteren Bereich verbaut. Die Schmierstoffversorgung erfolgt über Druckleitungen.

☞ Der Rücklauf der Ölversorgung erfolgt über eine zweiteilige Leitung. Die Verschraubung des oberen Teils ist erst nach Demontage des Turboladers zugänglich.
■ Demontieren Sie das Wärmeschutzblech über dem Turbolader.
■ Stecken Sie einen Lappen oder eine passende Abdeckung in die Öffnung in der Getriebeglocke zur Schwungscheibe ein, um das Hineinfallen von Kleinteilen zu vermeiden.
■ Drehen Sie die Verschraubungen zum Vorkatalysator (29 im Bild 9) heraus und nehmen Sie die Dichtung (30) ab.
■ Lösen Sie die Schraubschellen und bauen Sie das Luftführungsrohr zwischen Luftfilter und Turbolader aus.
■ Bauen Sie den Anschlussstutzen des Luftführungsschlauches am Turbolader ab.
■ Entsichern Sie den elektrischen Anschlussstecker am Ladedrucksteller und ziehen Sie ihn ab.
■ Drehen Sie die Hohlschraube (3) heraus.

☞ Fangen Sie austretendes Restöl mit einem Lappen auf.
■ Drehen Sie die beiden Schrauben (21) heraus.
■ Lösen Sie die Schraubschelle (20) und ziehen Sie das Ladeluftrohr (19) vom Turbolader ab.
■ Drehen Sie die drei Schrauben (10) heraus.
■ Ziehen Sie vorsichtig unter leichten Dreh- und Kippbewegungen den oberen Teil (24)

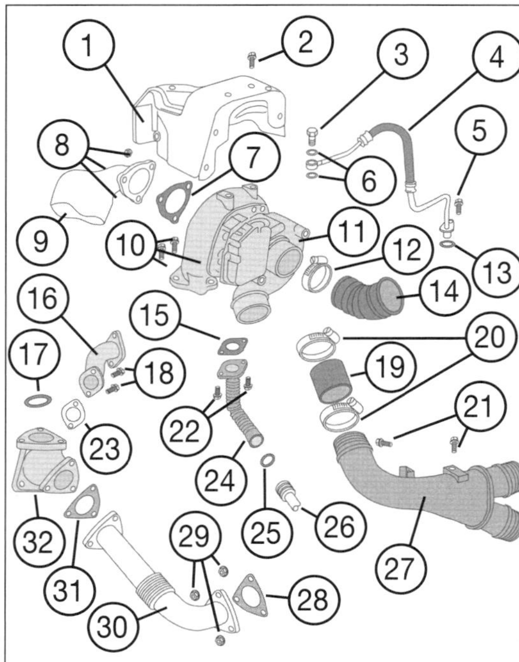

Bild 20

der Ölrücklaufleitung aus dem unteren Teil (26) heraus.

☞ Die Trennstelle befindet sich im Flanschstück (32).
■ Nehmen Sie den Turbolader heraus.

⚠ Stellen Sie den Turbolader nicht auf der Ölrücklaufleitung ab.

Die Montage erfolgt sinngemäß in umgekehrter Reihenfolge.
■ Ersetzen Sie grundsätzlich alle Dichtungen, die demontiert oder gelöst wurden.
■ Fragen Sie nach der Probefahrt den Fehlerspeicher des Motorsteuergerätes ab.

**Ausbau des Turboladers am 3,0-l-TDI-Motor (CATA)**

☞ Der Turbolader ist zwischen den Zylinderbänken im hinteren Bereich verbaut. Die Schmierstoffversorgung sowie der Rücklauf erfolgen über Druckleitungen.
■ Stecken Sie einen Lappen oder eine passende Abdeckung in die Öffnung in der Getriebeglocke zur Schwungscheibe ein, um das Hineinfallen von Kleinteilen zu vermeiden.
■ Lösen Sie die Federbandschellen und bauen Sie das Luftführungsrohr zwischen Luftmassenmesser und Turbolader aus.
■ Drehen Sie die Schrauben des Luftführungsrohrs nach vorne heraus.

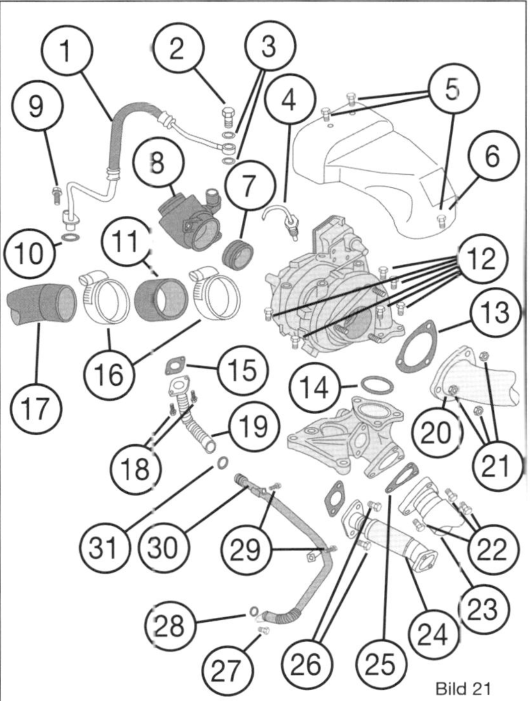

Bild 21

Bild 21
Turbolader bei 3,0-l-TDI-Motor (CATA).
1 Versorgungsleitung Öl
2 Hohlschraube
3 Dichtringe
4 Abgastemperaturfühler
5 Schrauben
6 Hitzeschutzblech
7 Dichtringe
8 Anschlussstutzen
9 Schraube
10 O-Ring
11 Anschlussschlauch
12 Schrauben
13 Dichtung
14 O-Ring
15 Dichtung
16 Schraubschellen
17 Luftführungsrohr
18 Schrauben
19 Ölrücklaufleitung oben
20 Abgasrohr und Vorkatalysator
21 Muttern
22 Schrauben
23 Zwischenrohr
24 Abgasrohr zur AGR-Umschaltklappe
25 Dichtung
26 Schrauben
27 Schraube
28 O-Ring
29 Schrauben
30 Ölrücklaufleitung unten
31 O-Ring

■ Lösen Sie die Schraubschelle (16) und ziehen Sie das Luftführungsrohr nach vorne (11) vom Turbolader ab.
■ Drehen Sie die beiden Schrauben aus dem Anschlussstutzen (8) heraus.
■ Nehmen Sie den Anschlussstutzen mit dem angeschlossenen Luftführungsschlauch ab und legen Sie aus dem Arbeitsbereich hinaus.
■ Entsichern Sie den elektrischen Anschlussstecker am Ladedrucksteller und ziehen Sie ihn ab.
■ Drehen Sie die Hohlschraube (2) heraus.

Tipp: Fangen Sie austretendes Restöl mit einem Lappen auf.

■ Drehen Sie die beiden oberen Schrauben (5) heraus.
■ Lösen Sie die untere Schraube (5).
■ Nehmen Sie das Hitzeschutzblech (6) über dem Turbolader ab.
■ Drehen Sie die Verschraubungen zum Vorkatalysator (21 im Bild 21) heraus und ziehen Sie den Vorkatalysator vom Turbolader ab.
■ Entsichern Sie den Steckkontakt zum Anschlusskabel für den Abgastemperaturfühler (4) und ziehen ihn ab.
■ Drehen Sie die drei Schrauben (12) heraus.
■ Ziehen Sie vorsichtig unter leichten Dreh- und Kippbewegungen den oberen Teil (19) der Ölrücklaufleitung aus dem unteren Teil (30) heraus.

Tipp: Die Trennstelle befindet sich im Flanschstück.

■ Nehmen Sie den Turbolader heraus.

Achtung: Stellen Sie den Turbolader nicht auf der Ölrücklaufleitung ab.

Die Montage erfolgt sinngemäß in umgekehrter Reihenfolge.
■ Ersetzen Sie grundsätzlich alle Dichtungen, die demontiert oder gelöst wurden.
■ Fragen Sie nach der Probefahrt den Fehlerspeicher des Motorsteuergerätes ab.

## Prüfungen am Turbolader

Moderne Turbolader wie die in Ihrem VW Touareg können Drehzahlen von 300.000 1/min erreichen. Die Lagerung erfolgt auf sogenannten hydrodynamischen Lagern. Die Laderwelle schwimmt praktisch auf dem Ölfilm, der sich durch das unter Öldruck stehende Motoröl aufbaut. Schlechte Ölqualität, unzureichende Ölversorgung oder auch unzureichender Ölablauf führen zu frühzeitigen Laderschäden. Da auch schon ein erhöhter Gegendruck durch einen zugesetzten Partikelfilter und viele andere Möglichkeiten in Betracht kommen, muss ein Schaden am Turbolader grundsätzlich immer auf seine Ursache hin untersucht werden.

### Prüfen der Ansteuerung des Ladedruckstellers (VTG-Verstellung)

Die Verstellung kann nur vom Motorsteuergerät angesteuert werden. Mit einem geeigneten Diagnosetester kann ein »Stellgliedtest« durchgeführt werden.

Tipp: Die Verstellung wird über das Motorsteuergerät überwacht. Fehler werden im Fehlerspeicher abgelegt.

### Prüfen der Ansteuerung an der Unterdruckdose (Klappenverstellung)

Tipp: Die Verstellung wird nicht direkt überwacht. Die Auswirkung der Ansteuerung wird über Sensoren erfasst und auf Plausibilität vom Steuergerät geprüft.

■ Ziehen Sie den Unterdruckanschluss am Turbolader ab und stecken Sie einen Schlauch mit einer Handunterdruckpumpe (Minivac-Pumpe) (Bild 22) an.
■ Beaufschlagen Sie die Unterdruckdose

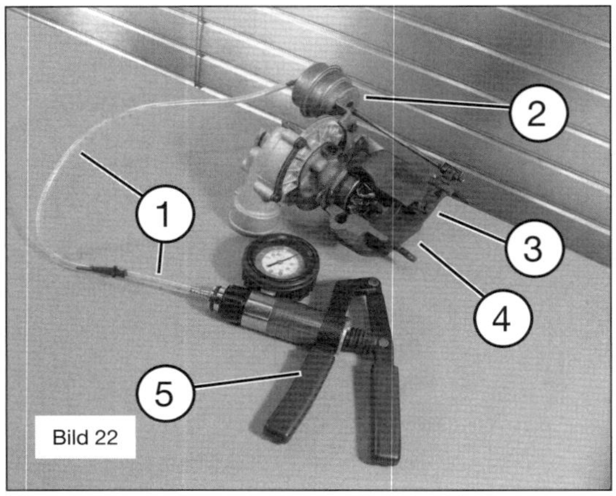


Bild 22
Prüfung der Unterdruckdose.
1 Anschlussschläuche
2 Druckdose
3 Bypassklappe
4 Turbolader
5 Handunterdruckpumpe

mit Unterdruck und beobachten Sie die Bewegung des Betätigungsgestänges.

Es sollte sich ruckfrei und in Abhängigkeit vom Unterdruck von Anschlag zu Anschlag bewegen lassen.

Die Unterdruckdose muss dicht sein. Abfallender Druck bedeutet meist eine defekte Membran in der Unterdruckdose.

**Vorbereitungen für die Druck- und Volumenmessungen am Turbolader**

Mit dieser Prüfung wird das Fördervolumen der Schmierung des Turboladers geprüft. Die Prüfung ist aufgrund der kompakten Bauweise nur schwierig möglich, zudem sehr aufwendig.

■ Prüfen Sie den Motorölstand wie bereits ab Seite 82 beschrieben.

■ Demontieren Sie die Hohlschraube der Ölvorlaufleitung auf Durchlässigkeit und kontrollieren Sie, ob ein Sieb verbaut wurde, das sich eventuell zugesetzt hat.

■ Prüfen Sie die Ölrücklaufleitung des Turboladers auf Durchgängigkeit und eventuelle Verschmutzungen.

**Öldruck am Turbolader**

■ Führen Sie die Vorbereitungsarbeiten wie beschrieben durch.

■ Bauen Sie an den Versorgungsanschluss um die Druckleitung einen Adapter für den Anschluss einer Druckmessuhr bis 10 bar an.

■ Lassen Sie den Motor bei etwa 2000 1/min laufen. Der Öldruck sollte mindesten 2,0 bar erreichen.

Führen Sie die Prüfung über einen Zeitraum von etwa 10 Minuten durch. Kontrollieren Sie den Öldruck in diesem Zeitraum ununterbrochen.

**Ölvolumen am Turbolader**

■ Prüfen Sie den Öldruck am Turbolader wie bereits beschrieben.

■ Bauen Sie an den Ölrücklauf des Turboladers einen Schlauch an, den Sie in einen Messbecher mit mindestens 1 Liter Fassungsvermögen leiten.

■ Verschließen Sie die Bohrung für den Rücklauf im Zylinderblock mit einem geeigneten Stopfen.

■ Lassen Sie den Motor eine Minute im Leerlauf laufen.

Der Ölfluss sollte ohne Unterbrechung erfolgen.

Nach Ablauf der Prüfzeit von einer Minute sollten mindestens 0,3 l Öl durch den Turbolader in den Messbecher geflossen sein. Die Messungen sollten mehrfach durchgeführt werden, um ein gesichertes Ergebnis auswerten zu können.

## Arbeiten am Ladeluftsystem

⚠ Auch die Arbeiten am Ladeluftsystem müssen mit großer Sorgfalt erfolgen. Ein Eindringen von Fremdpartikeln oder Verschmutzungen kann erhebliche Schäden zur Folge haben.

**Kontrollen am Aufladungssystem**

Verwenden Sie nur Schlauchverbindungen oder Schlauchschellen, die dem Serienstand entsprechen.

Schlauchstutzen und Schläuche für das Ladeluftsystem müssen unbeschädigt und dicht sein.

■ Geringe Ölspuren können im Laufe der Betriebszeit schon auftreten, erheblichem Ölverlust muss aber nachgegangen werden.

■ Achten Sie auf die korrekte Lage der Anschlusskabel und Schläuche.

■ Die Ölversorgung und der Ablauf müssen dicht sein.

■ Kühlmittelpumpe und die Anschlüsse am Turbolader müssen dicht sein.

■ Achten Sie auf die korrekte Befestigung der Abschirmbleche und der Geräuschdämmmatten.

**Kontrolle des Ladedrucks mit der Druckmessuhr**

Gerade dann, wenn der Saugrohrdrucksensor in Verdacht steht, den Fehler zu verursachen, ist es erforderlich den Ladedruck über eine Druckmessuhr zur erfassen.

■ Demontieren Sie das Luftführungsrohr am Ansaugkrümmer.

■ Montieren Sie einen passenden Messadapter in die Ladeluftleitung und montieren Sie die Ladeluftleitung mit dem verbauten Messadapter.

■ Schließen Sie eine Druckmessuhr mit einem Messbereich von 5 bar über eine Schlauchverlängerung an.

■ Legen Sie die Messuhr in den Sichtbereich und führen Sie eine Probefahrt durch.

■ Der Ladedruck sollte bei 1,5-1,7 bar liegen.

### Kontrolle des Ladedrucks mit dem Diagnosetester

Die Kontrolle des Ladedrucks kann am einfachsten über den Diagnosetester erfolgen.

Das Ladedrucksystem Ihres Touareg ist mit zwei Sensoren ausgerüstet. Abweichungen vom Sollwert werden in der Regel vom Motorsteuergerät erkannt und im Fehlerspeicher abgelegt.

Die Arbeitsschritte unterscheiden sich für die einzelnen Tester kaum.

■ Stecken Sie den OBD-Tester in die OBD-Anschlussdose ein.

■ Wählen Sie das Fahrzeug wie bereits ab der Seite 34 beschrieben an.

■ Wählen Sie das Motorsteuergerät »Motorsteuerung« an. Der Tester baut nun die Verbindung zu dem Steuergerät auf.

■ Wählen Sie die »Sensordaten« an.

■ Wählen Sie aus der Liste links den »Saugrohrdrucksensor« an.

■ Fahren Sie das Fahrzeug zusammen mit einem zweiten Mechaniker Probe.

Beobachten Sie den Ladedruck und werten Sie ihn aus. Er sollte etwa 0,5 - 0,7 bar über dem Atmosphärendruck erreichen. Das entspricht einem Absolutdruck von 1,5 - 1,7 bar. Im Zweifel beide Sensoren mit dem Oszilloskop prüfen.

### Dichtigkeitsprüfung Bauteile und Leitungen im Ladedrucksystem

Ist der Ladedruck zu niedrig, muss nicht zwingend der Turbolader defekt sein.

Undichte oder gerissene Ladeluftleitung oder Schläuche, ein gerissener Ladeluftkühler oder ein undichtes Druckumluftventil kommen hier auch infrage. Auch die Dichtungen rund um den Ansaugkrümmer müssen in Augenschein genommen werden.

Undichtigkeiten im Ladedrucksystem können leicht auch zu hohen Turboladerdrehzahlen mit Folgeschäden an Turbolader oder sogar am Motor führen.

*Akustische Kontrolle:*

■ Lassen Sie den Motor einige Minuten im Leerlauf laufen und beschleunigen Sie ihn mehrfach aus dem Stand heraus auf etwa 4000 1/min.

■ Hören Sie die Ladeluftleitungen zwischen Turbolader und Ladeluftkühler sowie zum Ansaugkrümmer ab.

Achten Sie auf Zischgeräusche und/ oder auf einen Luftstrom.

*Dichtigkeitsprüfung über Luftdruck:*

■ Demontieren Sie den Luftfilterkasten komplett.

■ Demontieren Sie das Luftführungsrohr am Ansaugkrümmer.

■ Verschließen Sie das Luftführungsrohr zum Ansaugkrümmer mit einem passenden Verschlussstopfen.

■ Schließen Sie einen passenden Verschlussstopfen mit Luftanschluss am Luftfilteranschluss zum Turbolader an.

■ Beaufschlagen Sie das Ladeluftsystem mit etwa 2,0 bar Druckluft über einen Druckminderer.

■ Hören Sie die Ladeluftleitungen zwischen Turbolader und Ladeluftkühler sowie zum Ansaugkrümmer ab.

Achten Sie auf Zischgeräusche und/ oder auf einen Luftstrom.

*Dichtigkeitsprüfung mit einem Nebelgerät:*

■ Sorgen Sie für einen möglichst zugluftfreien Raum für die folgende Prüfung.

■ Demontieren Sie den Luftfilterkasten komplett.

■ Schließen Sie einen passenden Verschlussstopfen mit Luftanschluss am Luftfilteranschluss zum Turbolader an.

■ Schalten Sie das Nebelgerät ein und lassen Sie es einige Minuten laufen.

Beobachten Sie, ob sich Undichtigkeiten am Ansaugtrakt durch austretenden Rauch erkennbar sind.

## Arbeiten an Temperaturfühlern, Lambda- und Druckmesssonden

In Ihrem VW Touareg sind in der Abgasanlage unterschiedliche Sensoren für Druck, Temperatur und die Abgaszusammensetzung verbaut. Die Diagnose sollte ausschließlich über einen geeigneten Motortester erfolgen. Leider sind keine Messwerte für die einzelnen Sensoren seitens des Herstellers bekannt. Oft ist ein Vergleich über Sollwerte auch nicht möglich.

**Messwerte über den Diagnosetester**

Diese Funktion ist eine Merkmal von Diagnosetester mit sehr hoher Diagnosetiefe.

■ Wählen Sie in der Startmaske des Testers »Auswahl« an.

■ Wählen Sie im Kartenreiter »Verbaut« das Feld »1-Motorelektronik« an.

■ Wählen Sie in der Startmaske des Motorsteuergerätes das Feld »Erweiterte Messwerte« an.

■ Wählen Sie aus der Liste die gewünschten Messwerte (Bild 23) an.

■ Clicken Sie auf das Feld »Diagramm«. Die Maske zur grafischen Auswertung ermöglicht eine Auswahl für die unterschiedlichen Darstellungen.

■ Klicken Sie je nach Bedarf das Kästchen neben den Messwerten (2) für die Analoganzeige (3) und/oder die Anzeige des Messwertverlaufs im Oszilloskop an.

**Optische Kontrolle**

In vielen Fällen ist Korrosion oder ein Bissschaden durch Nagetiere ein Grund für einen Fehler, der einem Sensor zugeschrieben wird.

■ Kontrollieren Sie grundsätzlich vor dem Ausbau den Sitz des Steckkontaktes an dem jeweiligen Sensor.

■ Prüfen Sie den Zustand der Steckverbindung.

■ Prüfen Sie den Zustand der Anschlussleitungen.

**Demontagearbeiten**

Alle Verschraubungen, die im Abgassystem verbaut sind, unterliegen verstärkt der Korrosion und können oft nur schwer gelöst werden.

■ Lassen Sie den Motor und die Abgasanlage für die Montagearbeiten abkühlen.

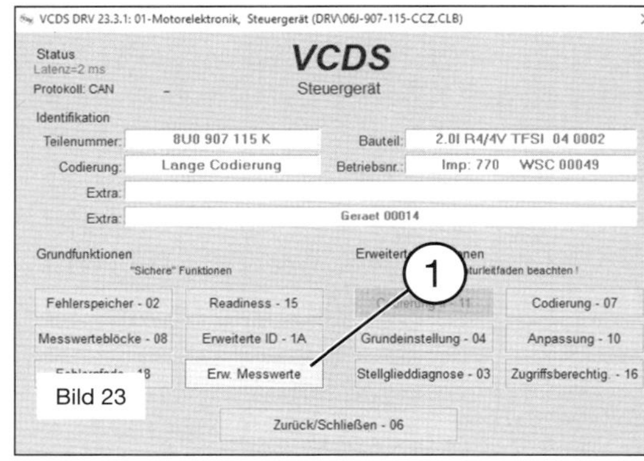


Bild 23
In der Maske Motorsteuergerät.
1 Anwahl zu den Messwerten

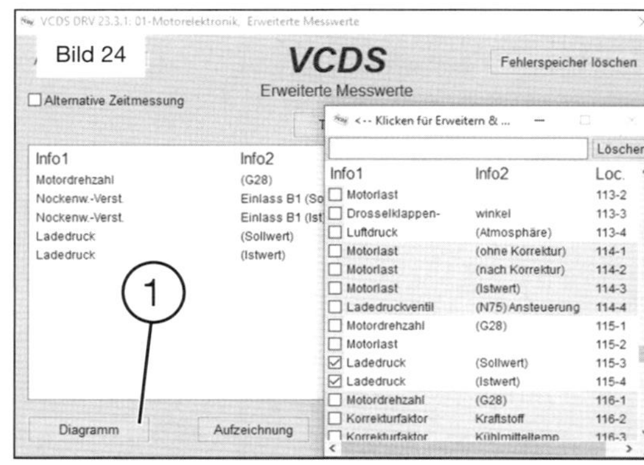


Bild 24
Liste der Messwerte zum Ankreuzen.
1 Anwahl zur grafischen Darstellung

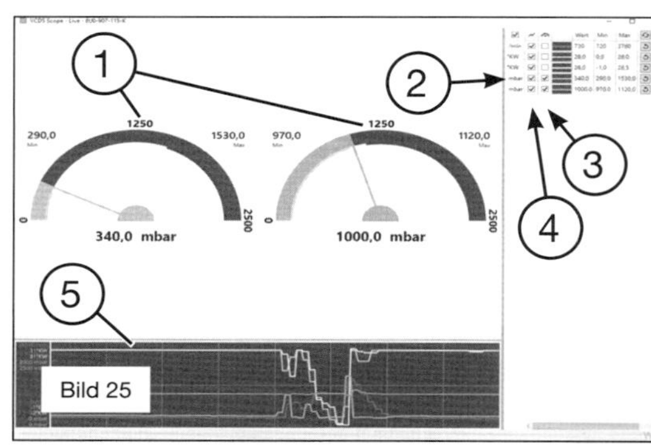


Bild 25
Darstellung der angewählten Messwerte.
1 Analoganzeigen
2 Numerische Anzeigen
3 Anwahl Anzeige analog
4 Anwahl Anzeige Oszilloskop
5 Darstellung Oszilloskop

■ Lesen Sie den Fehlerspeicher aus.

■ Entsichern Sie die Steckkontakte und ziehen Sie sie ab.

■ Drehen Sie die Messsonde mit einem genau passenden Schlüssel (am besten ein Sechskant-Rohrschlüssel) los.

■ Nehmen Sie die Messsonde heraus.

Die Montage erfolgt sinngemäß in umgekehrter Reihenfolge.

■ Die Gewinde der Messsonde vor der Montage mit Paste bestreichen.

☞ Achten Sie darauf, lediglich das Gewinde und nicht die Messöffnungen zu bestreichen.

■ Verlegen Sie die Anschlusskabel in der Position, wie sie im Originalzustand gelegen haben.

# 10 Kraftübertragung

## Getriebetypen beim Touareg

Zum System der Kraftübertragung bei Fahrzeugen mit Schaltgetriebe gehören Getriebe, Kupplung und Achsantrieb. Damit alle Akteure perfekt zusammenarbeiten und die vom Motor produzierte Leistung an die Antriebsräder übertragen, sind sie durch Gelenke, Wellen und Zahnräder miteinander verbunden. Welche Kraft tatsächlich an den Rädern benötigt wird, hängt davon ab, was dem Fahrzeug während der Fahrt abverlangt wird. Der Motor bietet jedoch nur in einem begrenzten Drehzahlbereich eine verwertbare Leistung an. Damit der Wagen beim Beschleunigen und bei Bergfahrten trotzdem genügend Zugkraft entwickelt, ist das Getriebe nötig. Mit seinen verschiedenen Gängen gewährleistet es eine jeweils passende Übersetzung. Je nach Motor werden verschiedene Getriebe verbaut. Gerade beim Ersetzen des Getriebes aus dem Gebrauchtmarkt ist es wichtig, die Getriebe unterscheiden zu können.

**Position der Getriebekennung**
Die Position der Kennnummer für die einzelnen Getriebe haben wir Ihnen ab der Seite 14 im Kapitel 2 bereits zusammengestellt.

**Besonderheiten beim VW Touareg**
Wie bei allen Offroadern üblich, sind neben dem Schalt- oder Automatikgetriebe ein Verteilergetriebe zur Aufteilung der Antriebskraft an die Vorder- und die Hinterachse sowie für die jeweilige Achse ein Achsgetriebe verbaut. Alle Getriebe sollten Sie in die Wartungsarbeiten mit einbeziehen und regelmäßig auf Schäden oder Undichtigkeiten kontrollieren.

## Ölwechsel am Getriebe

■ Das Fahrzeug mit der Hebebühne anheben. Das Fahrzeug muss für die Befüllung und die Kontrolle des Ölstandes gerade angehoben werden oder gerade auf einer ebenen Fläche stehen.

Tipp: Das Fahrzeug zwischen den Hebebühnensäulen ausrichten und die vier Aufnahmeteller an den vom Fahrzeughersteller vorgeschriebenen Hebebühnenaufnahmepunkten platzieren.

■ Die Umgebung der Öleinfüllschraube und der Ölablassschraube am Getriebe reinigen und die Öleinfüllschraube herausschrauben.

Achtung: Das Getriebeöl grundsätzlich nur bei betriebswarmem Getriebe ablassen. Austretendes Getriebeöl in einem geeigneten Behälter auffangen.

Tipp: Das Getriebeöl grundsätzlich vollständig ablaufen lassen. Abgelassenes Getriebeöl fachgerecht entsorgen und niemals wiederverwenden.

Tipp: Nehmen Sie Ihr Serviceheft und Ihren Fahrzeugschein mit und lassen Sie sich nach aktueller Auflistung das passende Öl für Ihr Getriebe, Winkelgetriebe, Achsgetriebe oder den Haldexantrieb zusammenstellen. Wir haben Ihnen hier eine Vergleichsliste zur Übersicht zusammengestellt.

**Öle am Schaltgetriebe**
*6-Gang-Getriebe: 08D:*

| | |
|---|---|
| Informationen | 75W-80 (API GL4) |
| Neubefüllung nach Zerlegung | keine Angabe |
| Befüllung beim Ölwechsel | ca. 1,8 l |

**Öle am Automatik-Getriebe**
Die Automatik-Getriebe müssen über das Getriebeöl Schmierung, Kühlung und den Systemdruck zur Ansteuerung der Kupplungsbeläge realisieren. Achten Sie auf die Vorgaben der Ölhersteller für Ihr Fahrzeug. Die Befüllung beschreiben wir im Detail.

*6-Gang-Automatik-Getriebe 09D:*

| | |
|---|---|
| Informationen | VW G 055 025 A2 |
| Neubefüllung nach Zerlegung | ca. 9,0 l |
| Befüllung mit ATF-Kühlsystem | ca. 12 l |

**Öle am Verteiler-Getriebe**
*Verteilergertriebe OAD:*

Tipp: Die Verschlussschrauben (0AD 301 115 B) zum Ablassen und Einfüllen sollen nach Herstellervorgaben nach der Demontage ersetzt werden.

Sichtprüfung Messen

Bild 1
Ölwechsel am 6-Gang-Schaltgetriebe.
1 Dichtring
2 Einfüllschraube
3 Dichtring
4 Ablassschraube (nicht immer verbaut)

Bild 2
Ölfüllmenge ist beim Überlauf aus der Einfüllschraube erreicht.
1 Getriebegehäuse
2 Einfüllöffnung
3 Getriebeölfüllung
4 Abtropfendes Getriebeöl bei erreichtem Füllstand

| | |
|---|---|
| Informationen | VW G 055 515 A2 |
| Befüllung beim Ölwechsel | ca. 0,85 l |

**Öl am Achsgetriebe vorne**

*Achsgetriebe (Differenzial) OAA:*

| | |
|---|---|
| Informationen | VW G 052 145 S2 |
| Befüllung beim Ölwechsel | 1,0 l |

**Öl am Achsgetriebe hinten**

*Achsgetriebe (Differenzial) OAB/OAC:*

Die Füllmengen können je nach Getriebetyp unterschiedlich ausfallen. Sie liegen zwischen 1,25 l und 1,6 l. Fragen Sie die korrekte Füllmenge und die aktuellen Anforderungen an das Getriebeöl nach den aktuellen Anforderungen bei Ihrem VW-Händler ab.

| | |
|---|---|
| Informationen | VW G 052 145 S2 |
| FKS, FKU, FKV, FKW,FWA, FWB, FWC, GFC, GFD, GLM, GLN, GLP, GLQ, GLR, GNF, GNG, GTH, JSM, | 1,25 l |
| FKY, GLS, GLT, GMP, FLA, JVQ, JVT, FKZ, GFE, GLU, | 1,4 l |
| FLM, FLN, FLP, FLR, FLT, FWF, FWG, FWH, GMQ, GNH, GNN, GTJ, HLQ, HLR, HLS, HLT, HLU, HLV, HLW, GLV, KBR, KLH, KLJ, FLS, HWE, HLX | 1,6 l |

**Ölwechsel am Schaltgetriebe**

- Bauen Sie die Motorabdeckung unten beziehungsweise den Unterfahrschutz wie auf der Seite 35 beschrieben ab.
- Ölablassschraube (4 im Bild 1) herausschrauben und Getriebeöl ablassen.

Nicht bei allen Getrieben wurden Ablassschrauben verbaut. Ist diese nicht vorhanden, bleibt Ihnen nur das alte Getriebeöl abzusaugen.

- Den Magnet (soweit vorhanden) an der Ölablassschraube reinigen.
- Drehen Sie die Öleinfüllschraube (2) heraus, um das Nachströmen von Luft zu ermöglichen.
- Die Ölablassschraube (4) im Getriebe einschrauben und anziehen.

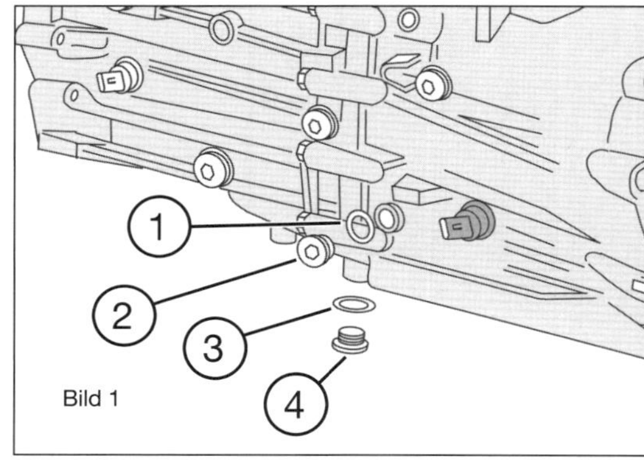

Bild 1

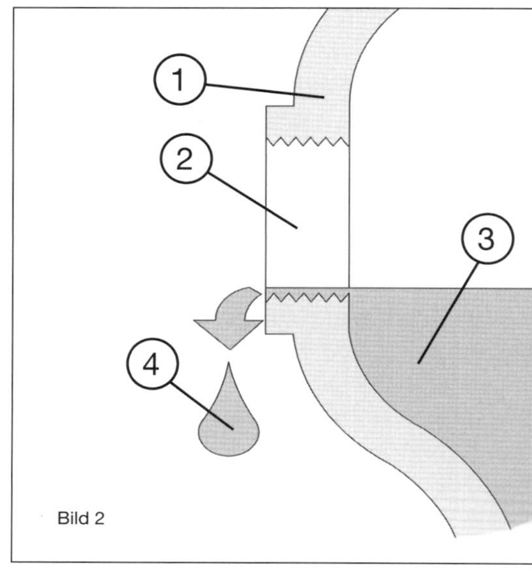

Bild 2

- Verwenden Sie neue Dichtringe (1 und 3) und tragen, wenn überhaupt, sehr wenig Dichtmasse auf.
- Beachten Sie die richtige Ölsorte und Füllmenge sowie die Freigabe für das jeweilige Getriebe.
- Füllen Sie die in den Tabellen angegebene Menge durch die Einfüllschraube (2 im Bild 2) ein.
- Lassen Sie überschüssiges Getriebeöl (4) abtropfen.
- Die Öleinfüllschraube (2 im Bild 1) im Getriebe einschrauben und anziehen.
- Montieren Sie die Unterbodenverkleidung beziehungsweise den Unterfahrschutz wieder.
- Fahrzeug mit der Hebebühne absenken.

**Ölwechsel am Automatikgetriebe**

Das Automatikgetriebe wird durch das Getriebeöl nicht nur geschmiert, sondern die Steuerfunktionen und die Druckerzeugung für die Kupplungsbetäti-

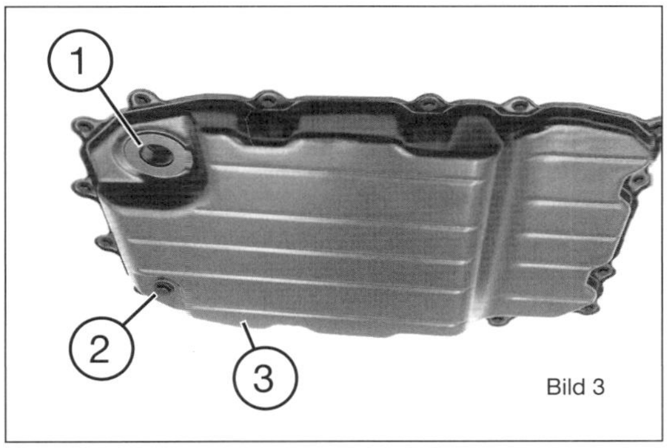


Bild 3
Ölstand im Doppelkupplungsgetriebe.
1 Einfüllschraube mit Überlaufrohr
2 Ölablassschraube
3 Ölwanne

gung erfolgt mit diesem Schmierstoff. Im Laufe der Betriebszeit fallen auch hier Verschmutzungen durch die Reibbeläge der Kupplungspakete, aber auch durch Feuchteeintrag an. Sinnvoll ist es, das gesamte System im Rahmen des Getriebeölwechsels durch eine Werkstatt mit einem entsprechenden Spülgerät spülen zu lassen und dann auch den verbauten Filter auszutauschen.

*Vorbereitungen:*

Tipp: Für den Ölwechsel oder besser das Erreichen des richtigen Füllstandes ist es erforderlich, dass das Fahrzeug absolut gerade steht.

■ Bauen Sie die Motorabdeckung unten beziehungsweise den Unterfahrschutz wie auf der Seite 35 beschrieben ab.
■ Reinigen Sie die Ölwanne um die Ablassschraube (2 im Bild 3) und die Einfüllschraube (1).

*Öl ablassen:*

■ Stellen Sie einen Auffangbehälter unter die Ablassschraube.
■ Drehen Sie die Ablassschraube heraus.
■ Lassen Sie das Getriebeöl ablaufen.
■ Drehen Sie die Einfüllschraube heraus. Auch hier wird noch etwas Öl ablaufen.
■ Setzen Sie einen neuen Dichtring auf die Ablassschraube auf.
■ Ziehen Sie die Ablassschraube (2 im Bild 3) mit 20 Nm an.

*Voraussetzungen zur Ölstandskontrolle:*

Tipp: Der Ölstand ist für die Funktion des Getriebes sehr wichtig. Das Überlaufrohr (2 im Bild 4) ist fest in der Ölwanne verbaut. Wird bei laufendem Motor die Einfüllschraube herausgedreht, wird das Öl, das über der Höhe des Überlaufrohr steht

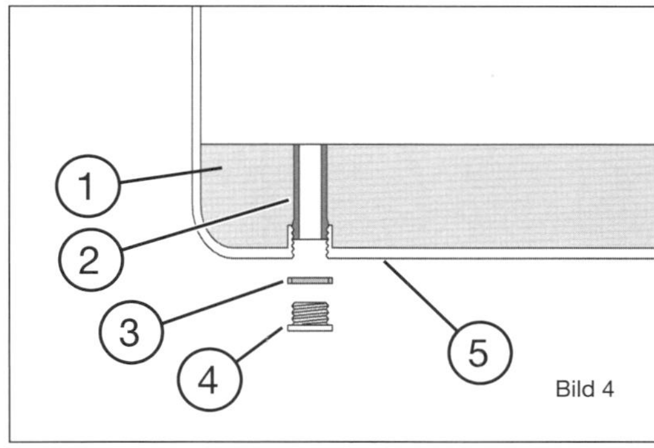


Bild 4
Ölstand im Doppelkupplungsgetriebe.
1 Getriebeöl
2 Füllstandrohr
3 Dichtring
4 Ablassschraube
5 Ölwanne

ablaufen.

■ Für die Kontrolle muss das Fahrzeug waagerecht auf einer Bühne oder einer Grube stehen.
■ Schließen Sie ein Erhaltungsladegerät an.
■ Stellen Sie den Wahlhebel des Getriebes auf die Stellung »P«.
■ Das Getriebe darf nicht im Notlauf sein.
■ Soweit möglich, müssen die elektrischen Verbraucher und die Klimaanlage abgeschaltet sein.
■ Schließen Sie einen geeigneten Diagnosetester an und wählen Sie die Getriebeöltemperatur an.

Tipp: Die Temperatur muss unter 30 °C für die nachfolgenden Arbeiten liegen.

*Getriebeöl auffüllen und Ölstand prüfen:*

■ Positionieren Sie die Auffangwanne so, dass Sie das Getriebe über Füllflaschen oder über ein Ölfüllgerät befüllen und

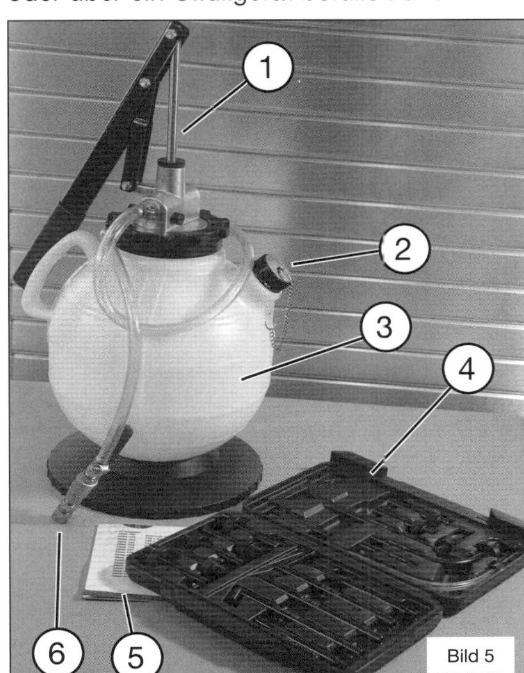


Bild 5
Ölfüllgerät für Automatikgetriebe.
1 Handpumpe
2 Einfüllöffnung
3 Behälter
4 Adapter
5 Adapterliste
6 Anschlussadapter

Bild 6
Ölfüllgerät für Automatikgetriebe.
1 Einfüllschraube
2 Verstellelement Verteilergetriebe
3 Ablassschraube

gleichzeitig aber abtropfendes Öl aus dem Überlaufrohr aufnehmen können.
■ Lassen Sie den Motor laufen und befüllen Sie das Getriebe über die Einfüllschraube und das Füllstandsrohr langsam bis zum Ablaufen über das Füllstandsrohr.
■ Treten Sie die Bremse und schalten Sie alle Fahrstufen durch.
■ Stellen Sie den Wahlhebel des Getriebes auf die Stellung »P«.
■ Füllen Sie, wenn möglich nochmals den Getriebeölstand über das Füllrohr bei laufendem Motor auf.
■ Drehen Sie die Einfüllschraube handfest ein.
■ Lassen Sie den Motor im Leerlauf laufen.
■ Beobachten Sie die Getriebeöltemperatur.
■ Bei einer Temperatur von 35 °C drehen Sie die Einfüllschraube (1 im Bild 3) heraus.
■ Ist zu viel Öl vorhanden, läuft es über das Überlaufrohr ab.
■ Läuft bis auf die kleine Menge, die im Inneren des Überlaufrohrs steht, kein Öl ab, warten Sie 30 Sekunden und füllen Sie bis zum Ablaufen etwas Getriebeöl nach.
■ Lassen Sie das Öl ablaufen, bis es lediglich noch abtropft.

☞ Auslaufendes Getriebeöl auffangen und fachgerecht entsorgen. Das Öl darf nicht wiederverwendet werden.

■ Setzen Sie die Einfüllschrauben (1) wieder ein und ziehen Sie die Einfüllschraube mit 70 Nm wieder an.

☞ Wurden Arbeiten im ATF-Kühlkreislauf durchgeführt, muss das Fahrzeug im Rahmen einer Probefahrt auf etwa 100 °C Getriebetemperatur gebracht werden. Die Fahrstufen müssen hierbei gewechselt worden sein. Anschließend muss das Getriebe wieder abkühlen und der Getriebeölstand wie bereits beschrieben geprüft werden.

■ Soweit vorhanden, Geräuschdämpfung oder Unterfahrschutz wieder einbauen.
■ Führen Sie eine Probefahrt durch und fragen Sie den Fehlerspeicher ab.

### Ölwechsel am Verteilergetriebe

Das Verteilergetriebe ist an das Schalt- oder Automatikgetriebe angeflanscht und verteilt die Antriebskraft über die Kardanwellen zur Vorderachse beziehungsweise zur Hinterachse. Das Verteilergetriebe hat einen

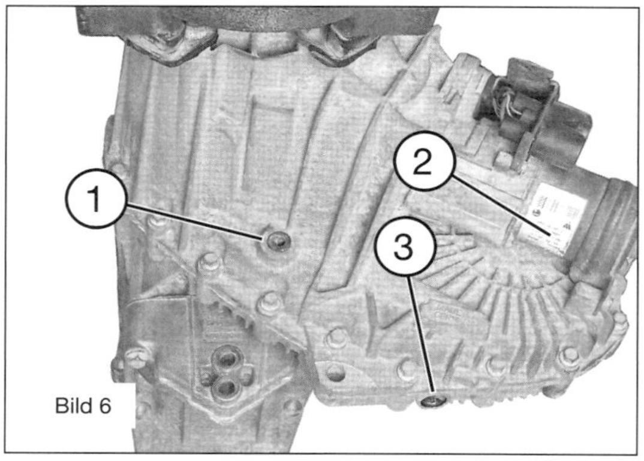

Bild 6

eigenen Ölhaushalt mit eigener Ablass- und Einfüllschraube (Bild 6).
■ Bauen Sie die Motorabdeckung unten beziehungsweise den Unterfahrschutz wie auf der Seite 35 beschrieben ab.
■ Reinigen Sie den Bereich um die Ablassschraube (3 im Bild 6) und die Einfüllschraube (1).
■ Stellen Sie einen Auffangbehälter unter die Ablassschraube.
■ Ölablassschraube (3) herausschrauben und das Getriebeöl ablassen.
■ Drehen Sie die Ablassschraube (3) wieder ein und ziehen Sie sie mit 20 Nm an.
■ Beachten Sie die richtige Ölsorte und Füllmenge sowie die Freigabe für das jeweilige Getriebe.
■ Füllen Sie die in den Tabellen auf Seite 133 angegebene Menge durch die Einfüllschraube (2 im Bild 2) ein.
■ Lassen Sie überschüssiges Getriebeöl (4) abtropfen.
■ Die Öleinfüllschraube (2 im Bild 1) im Getriebe eindrehen und mit 20 Nm anziehen.
■ Soweit vorhanden, Geräuschdämpfung oder Unterfahrschutz wieder einbauen.

### Ölwechsel am Achsgetriebe vorne

Das Achsgetriebe setzt die Kraftübertragung von der Kardanwelle zu den beiden Rädern einer Achse um. Im Gehäuse ist das Differenzial verbaut, was im »offenen« Zustand den Drehzahlunterschied zwischen dem kurveninneren und dem kurvenäußeren Rad ausgleicht. Verbaut kann hier auch eine Sperre für das Differenzial sein.
■ Soweit vorhanden, Geräuschdämpfung oder Unterfahrschutz ausbauen.
■ Reinigen Sie den Bereich um die Ablassschraube (2 im Bild 7) und die Einfüllschraube (1).

■ Stellen Sie einen Auffangbehälter unter die Ablassschraube.
■ Drehen Sie die Einfüllschraube (1) heraus, um das Nachstromen von Luft beim Ablassen des Getriebeöls zu erleichtern.
■ Ölablassschraube (2) herausschrauben und das Getriebeöl ablassen.
■ Drehen Sie die Ablassschraube (3) wieder ein und ziehen Sie sie mit 35 Nm an.
■ Beachten Sie die richtige Ölsorte und Füllmenge sowie die Freigabe für das jeweilige Getriebe.
■ Füllen Sie die in den Tabellen auf Seite 133 angegebene Menge durch die Einfüllschraube (2 im Bild 2) ein.
■ Lassen Sie überschüssiges Getriebeöl (4) abtropfen.
■ Die Öleinfüllschraube (2 im Bild 1) im Getriebe eindrehen und mit 35 Nm anziehen.
■ Soweit vorhanden, Geräuschdämpfung oder Unterfahrschutz wieder einbauen.

**Ölwechsel am Achsgetriebe hinten**
Das Achsgetriebe setzt die Kraftübertragung von der Kardanwelle zu den beiden Rädern einer Achse um. Im Gehäuse ist das Differenzial verbaut, das im »offenen« Zustand den Drehzahlunterschied zwischen dem kurveninneren und dem kurvenäußeren Rad ausgleicht. Verbaut kann hier auch eine Sperre für das Differenzial sein.
■ Soweit vorhanden, Geräuschdämpfung oder Unterfahrschutz ausbauen.
■ Reinigen Sie den Bereich um die Ablassschraube (2 im Bild 8) und die Einfüllschraube (1).
■ Stellen Sie einen Auffangbehälter unter die Ablassschraube.
■ Drehen Sie die Einfüllschraube (1) heraus, um das Nachströmen von Luft beim Ablassen des Getriebeöls zu erleichtern.
■ Ölablassschraube (2) herausschrauben und das Getriebeöl ablassen.
■ Drehen Sie die Ablassschraube (2) wieder ein und ziehen Sie sie mit 35 Nm an.
■ Beachten Sie die richtige Ölsorte und Füllmenge sowie die Freigabe für das jeweilige Getriebe.
■ Füllen Sie die in den Tabellen auf Seite 133 angegebene Menge durch die Einfüllschraube (2 im Bild 2) ein.
■ Lassen Sie überschüssiges Getriebeöl (4) abtropfen.

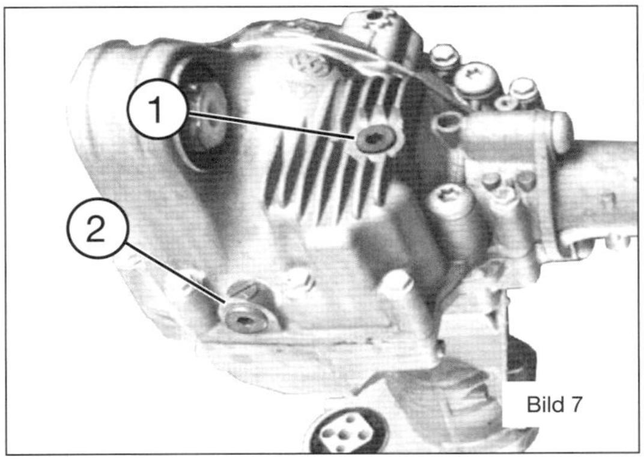

Bild 7

Bild 7
Achsgetriebe Vorderachse.
1 Einfüllschraube
2 Ablassschraube

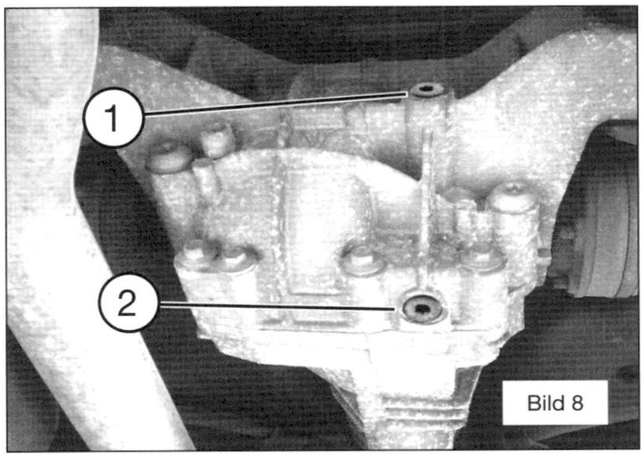

Bild 8

Bild 8
Achsgetriebe Vorderachse.
1 Einfüllschraube
2 Ablassschraube

■ Die Öleinfüllschraube (2 im Bild 1) im Getriebe eindrehen und mit 35 Nm anziehen.
■ Soweit vorhanden, Geräuschdämpfung oder Unterfahrschutz wieder einbauen.

## Montagearbeiten am Getriebe

Die Demontage des Getriebes erfordert einige spezielle Werkzeuge und auch Erfahrung in der Montage. Im Rahmen dieses Buches gehen wir nur auf Arbeiten ein, die üblicherweise in privater Hand von Schraubern angegangen werden. Hinzu kommt, dass der Umfang der Arbeitsbeschreibungen für die Demontage den Rahmen dieses Buches sprengen würde.

## Die Kupplung (manuelles Schaltgetriebe 6-Gang)

Der Kraftfluss vom Motor zum Achsantrieb muss nach Wunsch hergestellt und unterbrochen werden können. Das ist erforderlich, wenn Sie das Fahrzeug starten, mit laufendem Motor fahrbereit stehen oder die Gänge wechseln wollen. Dieses Ankoppeln und Trennen übernimmt bei Fahrzeugen mit Schaltgetriebe die Kupplung. Sie ermöglicht auch ruckfreies Anfahren, indem

sie die unterschiedlichen Drehzahlen von Kurbelwelle und Antriebswelle des Getriebes ausgleicht. Kernstück des Systems Kupplung ist die Mitnehmerscheibe. Der VW Touareg mit manuellem Schaltgetriebe hat eine hydraulisch betätigte Einscheiben-Trockenkupplung mit asbestfreien Belägen und Einmassenschwungrad. Kupplungen sind komplizierte Konstruktionen. Ihr Verschleißteil Mitnehmerscheibe ist nicht ohne Weiteres zugänglich. Dazu muss das Getriebe vom Motor getrennt und nach unten ausgebaut werden. Diese Arbeit erfordert Know-how und Spezialwerkzeuge. Nun ist aber auch jede Kupplung so gut wie wartungsfrei, weil das System den Verschleiß selbsttätig ausgleicht.
Die Mitnehmerscheibe ist gewöhnlich erst nach mehr als 200 - 300.000 Kilometern zu erneuern. Allerdings hängt ihr Verschleiß von Belastung (zum Beispiel Anhängerbetrieb) und sehr wesentlich von der Fahrweise ab.

### Die wichtigsten Teile der Kupplung

Je nach Getriebebauweise und Motorisierung weichen die Kupplungen in konstruktiven Details voneinander ab. Im Wesentlichen aber arbeitet jede Kupplung mit den gleichen Komponenten:

- Das Schwungrad (Motorschwungscheibe) (1 im Bild 9) ist fest mit der Kurbelwelle verbunden. Es hilft, eine gleichmäßige Drehschwingung an das Getriebe weiterzugeben. Sie ist meist als »Zweimassenrad« ausgelegt und sollte grundsätzlich bei Arbeiten an der Kupplung zumindest geprüft werden.
- Die Kupplungsscheibe (Mitnehmerscheibe) (2) sitzt axial beweglich auf der Getriebe-Eingangswelle. Auf beiden Seiten sind Beläge aufgenietet.
- Die Druckplatte (3) ist mit dem Schwungrad fest verschraubt. Beim Tritt aufs Kupplungspedal löst sich über Kupplungshydraulik (oder Mechanik) und Ausrückplatte die Kupplungsscheibe gegen die Kraft der Tellerfeder (Membranfeder) von der Schwungscheibe.

Druckplatten sind korrosionsgeschützt und gefettet. Sie dürfen nur an der Anlauffläche gereinigt werden, sonst wird die Lebensdauer der Kupplung verringert.

### Das hydraulische System

Geberzylinder am Kupplungspedal und Nehmerzylinder am Getriebe sind über eine hydraulische Leitung verbunden. In ihr befindet sich Bremsflüssigkeit, die bei Betätigung der Kupplung die Kraft zwischen Geberzylinder und Nehmerzylinder überträgt. Die Bremsflüssigkeit stammt aus dem Vorratsbehälter auf dem Hauptbremszylinder. Ein Defekt in der Kupplungsbetätigung kann daher einen sinkenden Pegel im Bremsflüssigkeitsbehälter verursachen. Ein ausreichender Flüssigkeitsrest für die Bremse ist allerdings immer garantiert. Auch hier drückt beim Einkuppeln die Tellerfeder der Druckplatte die Mitnehmerscheibe langsam gegen das Motorschwungrad, bis sie sich mit der gleichen Drehzahl dreht. So werden die Kräfte sanft übertragen. Dabei schleifen die Anlageflächen kurze Zeit aufeinander, ehe die Reibung wieder so groß ist, dass die Motorleistung vollständig auf das Getriebe übertragen wird. Wenn Sie das Kupplungspedal treten, überwindet das Ausrücklager die Kraft der Tellerfeder. Die Druckplatte wird entlastet und bei völlig durchgetretenem Pedal zurückgezogen. Die Mitnehmerscheibe kann nun im Raum dazwischen frei umlaufen. Das Kupplungsspiel sorgt dafür, dass das Ausrücklager auf dem Zentralausrücker nicht ständig unter Druck steht. Es verringert sich mit der Abnutzung der Beläge. Die Druckplatte nähert sich dem Ausrücklager. Liegt das Lager dann ohne Spiel an der Tellerfeder (Membranfeder) der Kupplung an, wird die Tellerfeder entlastet und die Kupplung rutscht durch.

### Kupplung prüfen

Schleift nach Ihrem Eindruck die Kupplung, wenn Sie Ihr Fahrzeug im höchsten Gang beschleunigen, dreht der Motor also hoch, ohne dass die Fahrgeschwindigkeit zunimmt, sollten Sie einmal kurz die Funktion

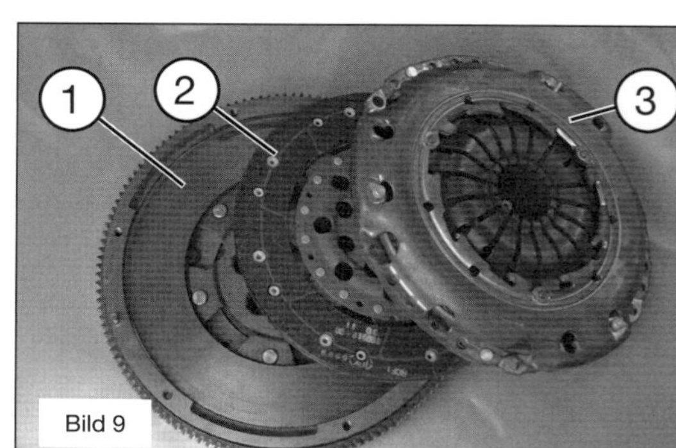


Bild 9

Bild 9
Kupplungsset.
1 Schwungscheibe
2 Mitnehmerscheibe
3 Druckplatte

der Kupplung prüfen. Unternehmen Sie diese Probe allerdings wirklich nur gelegentlich!

■ Ziehen Sie die Handbremse an, die natürlich in Ordnung sein muss.
■ Starten Sie den Motor.
■ Legen Sie den 3. Gang ein, dann langsam einkuppeln und Gas geben.
■ Bei einwandfreier Kupplung wird der Motor dadurch abgewürgt.

**Trennen der Kupplung prüfen**
Treten kratzende oder krachende Geräusche beim Schalten auf, trennt meistens die Kupplung nicht mehr richtig. Machen Sie deshalb eine Probe, und zwar mit dem nicht synchronisierten Rückwärtsgang, damit Sie die mögliche Ursache der Geräusche durch ein defektes Getriebe ausschließen.
■ Lassen Sie den Motor im Leerlauf drehen.
■ Kupplungspedal voll durchtreten, etwa drei Sekunden warten, dann Rückwärtsgang einlegen. Wenn Sie jetzt das kratzende Geräusch hören, läuft die Mitnehmerscheibe nicht ganz frei. Dann trennt die Kupplung nicht sauber.
■ Kontrollieren Sie die Funktion der hydraulischen Übertragungselemente. Eventuell muss die Kupplungsbetätigung entlüftet werden. Zu viel Spiel verursacht schnell ein zu hohes Arbeitsspiel und damit reicht der Betätigungsweg der Kupplungsmechanik nicht mehr aus.
■ Teile der Kupplungsbetätigung auf Undichtigkeiten untersuchen.

## Montage Kupplungspedal

Der Lagerbock des Kupplungspedals und das Kupplungspedal können zerlegt werden. Der Kupplungsgeberzylinder kann einzeln ersetzt werden.
■ Die Zündung ausschalten, den Schlüssel abziehen und das Lenkschloss einrasten.

**De- und Montage des Kupplungspedals**
■ Stellen Sie den Fahrersitz so weit wie möglich nach hinten.
■ Stellen Sie das Lenkrad so weit wie möglich nach oben.
■ Demontieren Sie die Armaturenbrettverkleidung unten im Fahrerfußraum.
■ Drücken Sie das Kupplungspedal bis Anschlag durch.

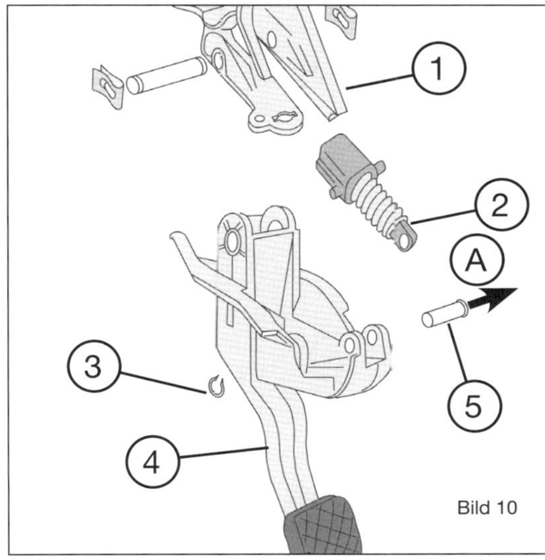

Bild 10

Bild 10
Pedalrückstellung.
1 Pedalträger
2 Übertotpunktfeder
3 Sicherungsklammer
4 Kupplungspedal
5 Lagerbolzen
A Demontagerichtung für den Lagerbolzen

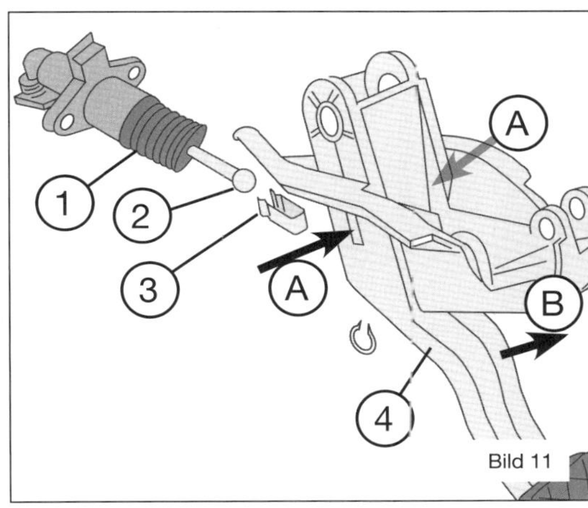

Bild 11

Bild 11
Kupplungspedalwerk.
1 Kupplungsgeberzylinder
2 Lagerkugel
3 Halteklammer
4 Kupplungspedal
A Eindrücken zum Ausrasten
B Bewegungsrichtung Kupplungspedal

■ Demontieren Sie die Sicherungsklammer (3 im Bild 10).
■ Ziehen Sie den Lagerbolzen (5) heraus.
■ Nehmen Sie die Übertotpunktfeder (2) heraus.
■ Lassen Sie das Kupplungspedal wieder los und ziehen Sie es bis Anschlag zurück.
■ Entsichern Sie die Klammer (3 im Bild 11) mit geeignetem Werkzeug an beiden Stellen (A) und ziehen Sie die Klammer (3) etwas aus dem Kupplungspedal heraus.
■ Drücken Sie die Betätigungsstange mit der Lagerkugel (2) bis Anschlag nach vorne.
■ Entsichern Sie die Sicherungsklammer (2 im Bild 12) und nehmen Sie sie ab.
■ Entsichern Sie die Sicherungsklammer (1) und nehmen Sie sie ab.

Die Sicherungsklammer sitzt als Verdrehsicherung im Kupplungspedalträger ein.
■ Verschieben Sie den Lagerbolzen (3) nach links (A).

Sichtprüfung Messen

Bild 12
Kupplungspedal.
1 Sicherungsklammer
2 Sicherungsklammer
3 Lagerbolzen
4 Pedalträger
5 Kupplungspedal
A Demontagerichtung für den Lagerbolzen

Bild 13
Kupplungspedalschalter.
1 Kupplungspedalschalter vorne (VW F194) »Interlockschalter«
2 Kupplungspedalträger
3 Kupplungspedalschalter hinten (VW F36)
4 Kupplungspedal

■ Nehmen Sie das Kupplungspedal heraus.

Die Montage erfolgt sinngemäß in umgekehrter Reihenfolge.

⚠ Achten Sie darauf, dass die Sicherungsklammer (1 im Bild 12) in der Aussparung im Pedalträger (2) als Verdrehsicherung einliegt.

■ Prüfen Sie die Funktion der Kupplung.
■ Lesen Sie den Fehlerspeicher aus.

**Demontage der Kupplungspedalschalter**

Die beiden Kupplungsschalter sind im Pedalträger befestigt. Der Zugang erfolgt über den Fahrerfußraum. Verbaut sind zwei unterschiedliche Kupplungsschalter. Die Arbeitsschritte für die Demontage sind identisch.

■ Lesen Sie den Fehlerspeicher aus, arbeiten Sie ihn soweit erforderlich ab und löschen Sie ihn gegebenenfalls.
■ Die Zündung ausschalten und den Schlüssel abziehen.
■ Stellen Sie den Fahrersitz so weit wie möglich nach hinten.
■ Stellen Sie das Lenkrad so weit wie möglich nach oben.
■ Demontieren Sie die Armaturenbrettverkleidung unten im Fahrerfußraum.
■ Entsichern Sie den Steckkontakt des entsprechenden Kupplungsschalters und ziehen Sie ihn ab.
■ Verdrehen Sie den Kupplungsschalter etwa 45° gegen den Uhrzeigersinn (nach links).
■ Nehmen Sie den Kupplungsschalter ab.

**Montage des vorderen Kupplungsschalters (1 im Bild 13)**

■ Prüfen Sie die Funktion des Kupplungsschalters und fragen Sie den Fehlerspeicher ab.
■ Belassen Sie das Kupplungspedal (4) in unbestätigter Ruhestellung.
■ Setzen Sie den Kupplungsschalter (1) in die Montageöffnung im Pedalträger (2) ein.
■ Verdrehen Sie den Kupplungsschalter etwa 45° im Uhrzeigersinn (nach rechts).
■ Drücken Sie das Kupplungspedal bis zum Anschlag durch.
■ Stecken Sie den Steckkontakt des entsprechenden Kupplungsschalters wieder auf.

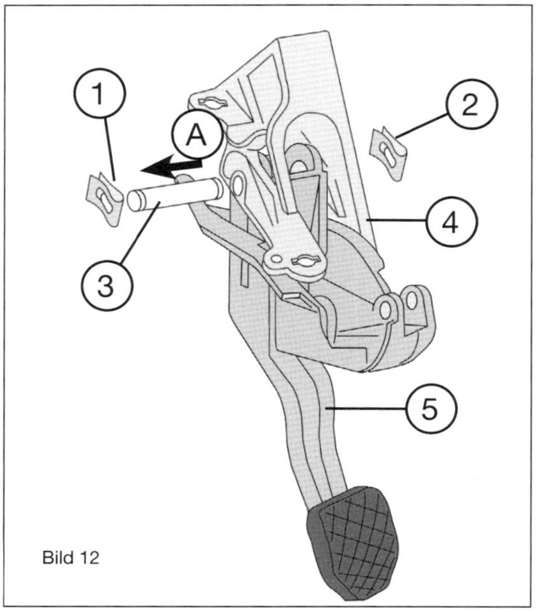

Bild 12

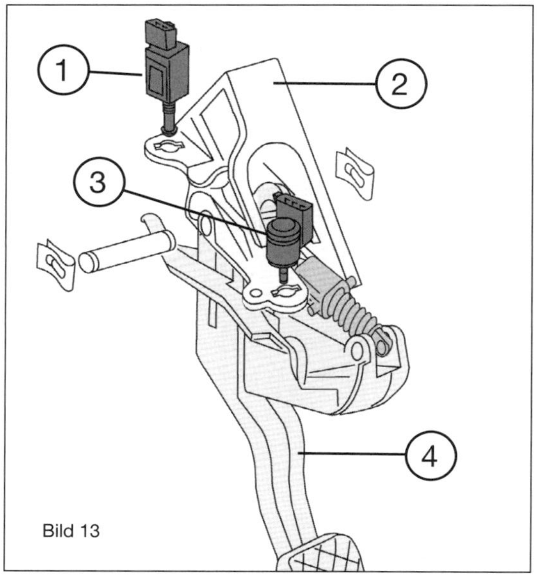

Bild 13

**Montage des hinteren Kupplungsschalters (3 im Bild 13)**

■ Belassen Sie das Kupplungspedal (4) in unbetätigter Ruhestellung.

Verbaut wurden zwei unterschiedliche Kupplungsschalter. Unterscheidbar sind sie daran, ob am Ende des Taststiftes, der die Position des Kupplungspedals erfasst, eine helle Abdeckkappe verbaut ist.

*Montage des Kupplungsschalters ohne helle Abdeckkappe:*

■ Prüfen Sie die Funktion des Kupplungsschalters und fragen Sie den Fehlerspeicher ab.
■ Ziehen Sie den Taststift bis Anschlag heraus.

■ Setzen Sie den Kupplungsschalter (3) in die Montageöffnung im Pedalträger (2) ein.
■ Verdrehen Sie den Kupplungsschalter etwa 45° im Uhrzeigersinn (nach rechts).
■ Stecken Sie den Steckkontakt des entsprechenden Kupplungsschalters wieder auf.

*Montage des Kupplungsschalters mit heller Abdeckkappe:*

Ist unter dem Aufnahmehaken der Anschlagbolzen erkennbar, kann der Taststift (3 im Bild 14) nicht herausgezogen werden. Der Kupplungsschalter würde sonst zerstört.

Ist das der Fall, muss der Taststift vorsichtig hineingedrückt (A) werden und gleichzeitig der obere Teil des Kupplungsschalters im Uhrzeigersinn (B) bis Anschlag verdreht werden.
■ Ziehen Sie den Taststift nun bis Anschlag heraus.
■ Belassen Sie das Kupplungspedal (4) in unbetätigter Ruhestellung.
■ Setzen Sie den Kupplungsschalter (3) in die Montageöffnung im Pedalträger (2) ein.
■ Verdrehen Sie den Kupplungsschalter etwa 45° im Uhrzeigersinn (nach rechts).
■ Stecken Sie den Steckkontakt des entsprechenden Kupplungsschalters wieder auf.
■ Lesen Sie den Fehlerspeicher aus und löschen Sie ihn gegebenenfalls.

### De- und Montage des Kupplungspedalgummis

■ Ziehen Sie die Gummibeläge von der Pedaltrittplatte ab.
■ Schieben Sie das neue Pedalgummi über die Ecken auf die Pedaltrittplatte auf.

## Hydraulische Kupplungsbetätigung (6-Gang-Getriebe)

### Fehlersuche für das hydraulische Kupplungssystem

Da der Montageaufwand für die Bauteile der hydraulischen Kupplung recht hoch ist, sollten Sie grundsätzlich die nachfolgend beschriebenen Prüfungen durchführen, um den Fehler genau bestimmen zu können.

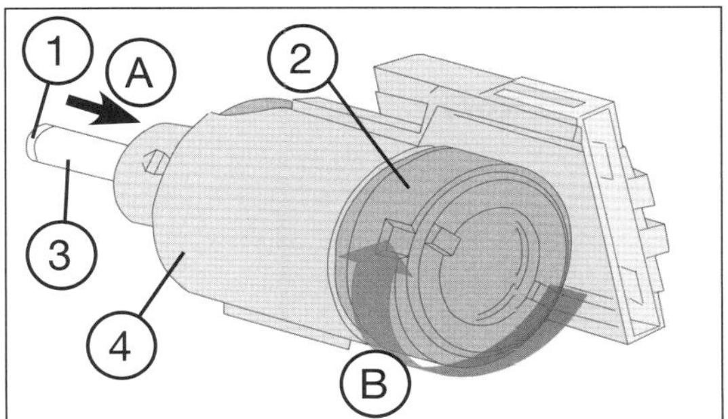

Bild 14

Bild 14
Kupplungsschalter mit heller Kappe.
1 »Helle« Kappe
2 »Oberer« Teil
3 Taststift
4 Kupplungsschalter
A Bewegungsrichtung Taststift eindrücken
B Bewegungsrichtung zum Verdrehen

*Das Kupplungspedal ist schwergängig oder macht Geräusche:*

■ Prüfen Sie die Übertotpunktfeder und die Pedallagerung auf Spiel oder Geräusche.
■ Wenn mit etwas Sprühfett Verbesserung eintritt, prüfen Sie die Lagerung.
■ Lässt sich das Geräusch auf die Übertotpunktfeder beziehen, muss diese ersetzt werden.

*Das Kupplungspedal verbleibt nach der Betätigung in der unteren Stellung hängen:*
■ Ziehen Sie das Kupplungspedal nach oben und prüfen Sie, ob es die obere Ruhestellung erreicht. Ist das nicht der Fall, kann es sein, dass die Entlüftungsbohrung im Geberzylinder nicht frei wird und der Zylinder keinen automatischen Spielausgleich durchführen kann. Ein dauerhaft auf dem Kupplungspedal abgelegter Fuß oder eine verklemmte Fußmatte können hier schon die Fehlfunktion verursachen.

*Undichte Kupplungshydraulik:*

Die Kupplungshydraulik kann sowohl äußere als auch innere Undichtigkeiten aufweisen. Die inneren Undichtigkeiten sind deutlich schwieriger nachzuweisen.
■ Kontrollieren Sie die Abdichtungen des Geberzylinders in Richtung des Fußraums.
■ Ein Hinweis sind feuchte Manschetten oder auch Spuren von Bremsflüssigkeit im Bereich der Druckstange des Geberzylinders oder am Pedalbock.
■ Prüfen Sie den Anschlussschlauch zum Vorratsbehälter am Geberzylinder.
■ Prüfen Sie den Druckanschluss auf festen Sitz und Dichtigkeit am Geberzylinder.
■ Überprüfen Sie die Leitung zum Nehmerzylinder und die Entlüftungsschraube am Nehmerzylinder.

Bild 15
Kupplungspedalerie.
1 Lagerbock Fußhebelwerk
2 Mutter
3 Schraube
4 Lagerbolzen
5 Sicherungsklammer
6 Geberzylinder
7 Lagerbolzen
8 Sicherungsklammer
9 Lagerbock Kupplungspedal
10 Schrauben
11 Lagerkugel mit Druckbolzen
12 Übertotpunktfeder
13 Kupplungspedal
14 Sicherungsclip (Aufnahme Lagerkugel)
15 Lagerbolzen
16 Sicherungsclip

■ Prüfen Sie, ob Rückstände von Bremsflüssigkeit um den Übergang zwischen Motor und Getriebe festzustellen sind.

☞ Soweit Fehler festgestellt werden, müssen diese zuerst beseitigt werden. Anschließen entlüften Sie die Kupplungshydraulik und prüfen Sie erneut die Funktion.

*Die Kupplung trennt nicht richtig:*
Als Ursache kommen hier auch mechanische Fehler infrage, die dann schon mit deutlich mehr Aufwand nachgeprüft werden müssen:
■ an der Kupplungsdruckplatte,
■ dem Zweimassenrad,
■ der Verzahnung der Kupplungsscheibe, auf der Getriebewelle,
■ am Ausrücklager.

**Demontage des Geberzylinders**
Die Kupplungsbetätigung erfolgt hydraulisch über Geber- und Nehmerzylinder. Als Überträger wird Bremsflüssigkeit verwendet.

⚠ Vermeiden Sie Augen- und Hautkontakt. Tragen Sie Schutzhandschuhe und geeigneten Augenschutz.

■ Demontieren Sie die Abdeckung über der Pedalanlage am Armaturenbrett im Fußraum.

☞ Ausgetretene Bremsflüssigkeit sofort aufnehmen und mit Bremsenreiniger abspülen. Bremsflüssigkeit kann lackierte und beschichtete Flächen schädigen.

■ Markieren Sie den Stand der Bremsflüssigkeit mit einem wasserfesten Stift an der Außenseite des Vorratsbehälters, um später eine Überfüllung zu vermeiden.
■ Saugen Sie so viel Bremsflüssigkeit aus dem Vorratsbehälter ab, dass der Nachlauf zum Kupplungsgeberzylinder nicht mehr erfolgen kann.
■ Ziehen Sie den Anschlussschlauch vom Vorratsbehälter zum Geberzylinder ab und verschließen Sie die Öffnung.
■ Klemmen Sie die Batterie ab.
■ Achten Sie darauf, dass die Radiocodierung (soweit erforderlich) vorliegt.
■ Demontieren Sie die beiden Wischerarme.
■ Bauen Sie die Wasserkastenabdeckung ab.
■ Drehen Sie die vier Schrauben aus dem Deckel der E-Box im Wasserkasten heraus.
■ Entsichern Sie die Mehrfachsteckverbindungen links in der E-Box im Wasserkasten und ziehen Sie sie ab.

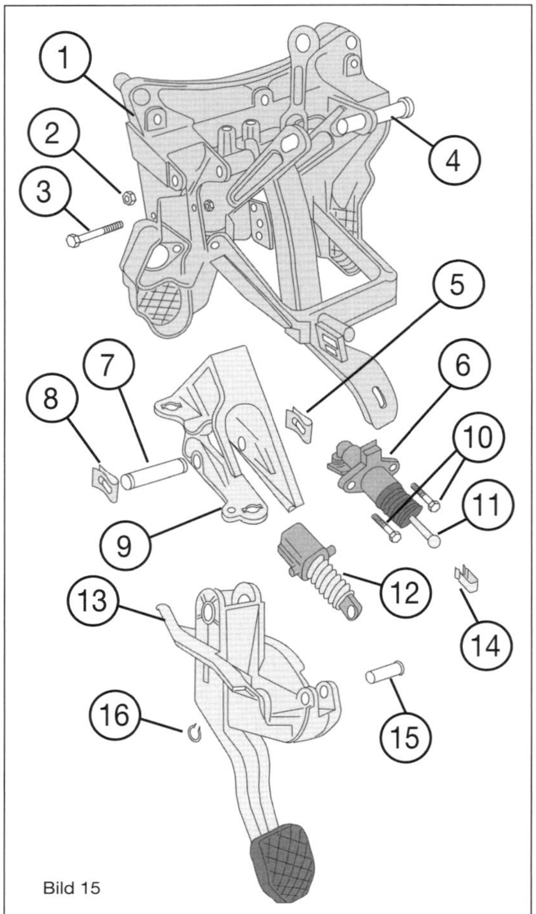

Bild 15

■ Nehmen Sie die Dichtung des linken Kabelstrangs aus dem Kasten der E-Box im Wasserkasten heraus.
■ Entsichern Sie die Mehrfachsteckverbindungen rechts in der E-Box im Wasserkasten und ziehen Sie sie ab.
■ Lösen Sie die verschraubten Anschlussleitungen.
■ Nehmen Sie die Dichtung des rechten Kabelstrangs aus dem Kasten der E-Box im Wasserkasten heraus.
■ Drehen Sie die vier Befestigungsschrauben der E-Box im Wasserkasten heraus.
■ Nehmen Sie das Oberteil der E-Box im Wasserkasten heraus.
■ Clipsen Sie das Unterteil der E-Box im Wasserkasten aus der Karosserie heraus.
■ Ziehen Sie die Sicherungsklammer für die Druckleitung bis Anschlag aus dem Kupplungsgeberzylinder heraus.
■ Ziehen Sie die Druckleitung (Rohr/Schlauchleitung) aus dem Geberzylinder heraus.
■ Verschließen Sie die Öffnungen mit passenden Stopfen.

■ Stellen Sie den Fahrersitz so weit wie möglich nach hinten.
■ Stellen Sie das Lenkrad so weit wie möglich nach oben.
■ Demontieren Sie die Armaturenbrettverkleidung unten im Fahrerfußraum.
■ Drücken Sie das Kupplungspedal bis Anschlag durch.
■ Demontieren Sie die Sicherungsklammer (16 im Bild 15).
■ Ziehen Sie den Lagerbolzen (15) heraus.
■ Nehmen Sie die Übertotpunktfeder (12) heraus.
■ Lassen Sie das Kupplungspedal wieder los und ziehen Sie es bis Anschlag zurück.
■ Entsichern Sie die Klammer (3 im Bild 11) mit geeignetem Werkzeug an beiden Stellen (A) und ziehen Sie die Klammer (3) etwas aus dem Kupplungspedal heraus.
■ Drücken Sie die Betätigungsstange mit der Lagerkugel (2) bis Anschlag nach vorne.
■ Drehen Sie die beiden Schrauben (10 im Bild 15) heraus.
■ Nehmen Sie den Geberzylinder nach innen ab.

Die Montage erfolgt sinngemäß in umgekehrter Reihenfolge.
■ Tragen Sie etwas säurefreies Fett auf die Lagerkugel (11 im Bild 15) auf.
■ Sprühen Sie etwas Sprühfett auf die Lagerbolzen (7 und 15) auf, um eine leichtgängige Funktion zu erhalten.
■ Entlüften Sie die Kupplungshydraulik wie wir im Anschluss beschreiben.
■ Prüfen Sie die Funktion der Kupplung.
■ Lesen Sie den Fehlerspeicher aus und löschen Sie ihn gegebenenfalls.

### Demontage des Nehmerzylinders
■ Einen nicht fasernden Lappen unter den Nehmerzylinder legen, um damit die abtropfende Bremsflüssigkeit aufzufangen.
■ Den Sicherungsclip der Asnschlussleitung mit einem Schraubendreher aus der Hydraulikleitung für den Kupplungsnehmerzylinder clipsen.
■ Die Hydraulikleitung am Anschluss des Anschlussstücks abziehen.

Tipp: Um das Auslaufen von Bremsflüssigkeit zu verhindern, verschließen Sie die abgezogene Hydraulikleitung mit der Verschlusskappe des Entlüftungsventils.

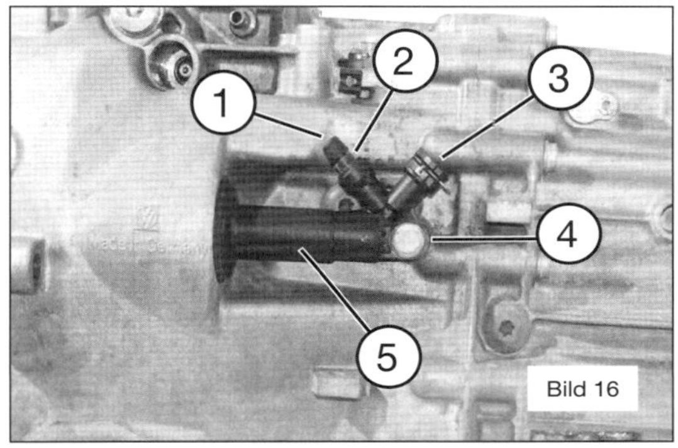


Bild 16
Nehmerzylinder im Getriebe.
1 Staubkappe
2 Entlüftungsnippel
3 Anschluss Druckleitung
4 Schraube
5 Kupplungsnehmerzylinder

■ Die anderen Hydraulikanschlüsse mit den passenden Stopfen verschließen.
■ Das Getriebe ausbauen.
■ Den Sicherungsclip mit einem Schraubendreher aus dem Anschlussstück ausclipsen.
■ Das Anschlussstück abziehen.
■ Schraube (4 im Bild 16) herausdrehen.
■ Den Kupplungsnehmerzylinder abnehmen.

Der Einbau erfolgt sinngemäß in umgekehrter Reihenfolge.

Tipp: Tragen Sie Molybdänsulfid-Paste auf die Anlagestelle am Ausrückhebel auf. So wird eine geräuscharme und leichtgänge Funktion erreicht.
■ Die Staubkappe (19) des Entlüftungsnippels entfernen.
■ Entlüften Sie die Kupplungsbetätigung.

### Entlüften der Kupplungshydraulik
Tipp: Das Entlüften der Anlage ohne ein Entlüftungsgerät ist nicht zu empfehlen. Die Leitungsführung und das geringe Fördervolumen der Zylinder machen eine Druckentlüftung oder ein Absaugen über den Entlüftungsnippel erforderlich. Beim Absaugen muss dringend darauf geachtet werden, dass der Vorratsbehälter nicht leergesaugt wird und der Geberzylinder keine Luft zieht.
■ Die Staubkappe (1 im Bild 16) von der Entlüftungsschraube abziehen.
■ Geeignetes Bremsenfüll- und Entlüftungsgerät anschließen.
■ Zum Entlüften muss ein Entlüfterschlauch auf den Entlüftungsnippel (2) aufgesteckt werden.
■ Den Entlüfterschlauch mit Auffangbehälter auf den Entlüftungsnippel (2) stecken.
■ Das System mit dem Entlüftungsgerät am

Sichtprüfung Messen

Bild 17
Kupplung und Schwungscheibe.
1 Schrauben
2 Druckplatte
3 Zentrierwerkzeug
4 Membranfeder
5 Schwungrad

Vorratsbehälter mit einem Druck von etwa 1 bar beaufschlagen.
■ Die Entlüftungsschraube etwa eine halbe Umdrehung lösen.
■ Ca. 100 $cm^3$ Bremsflüssigkeit in den Auffangbehälter ausströmen lassen und den Entlüftungsnippel wieder schließen.
■ Das Kupplungspedal 15- bis 20-mal sehr schnell von Anschlag zu Anschlag bewegen.
■ Die Entlüftungsschraube wieder etwa eine halbe Umdrehung lösen.
■ Etwa 50 $cm^3$ Bremsflüssigkeit ausströmen lassen.
■ Die Entlüftungsschraube wieder anziehen.

☞ Nach Beendigung des Entlüftungsvorgangs, wenn der Druck des Entlüftungsgerätes wieder abgebaut ist, das Kupplungspedal bitte noch 10-mal mit dem Fuß treten.

■ Prüfen Sie die Funktion der Kupplung.
■ Machen Sie eine Probefahrt.

☞ Ausgetretene Bremsflüssigkeit sofort aufnehmen und mit Bremsenreiniger abspülen. Bremsflüssigkeit kann lackierte und beschichtete Flächen schädigen.

## Kupplung beim manuellen 6-Gang-Getriebe

### Demontage der Kupplung

■ Das Getriebe ausbauen.
■ Eine geeignete Haltesperre zum Blockieren des Motors anbauen.
■ Stecken Sie ein geeignetes Zentrierwerkzeug (3 im Bild 17) in Schwungscheibe und Kupplungsmitnehmerscheibe ein.
■ Die Schrauben (1) der Druckplatte (2) herausschrauben. Die Schrauben (1) jeweils in Schritten von 1,5 Umdrehungen diagonal lösen.
■ Die Druckplatte und die Kupplungsscheibe abnehmen.
■ Die Reibfläche der Druckplatte entfetten und mit grober Schmirgelleinwand anrauen.
■ Die Druckplatte (2) und die Kupplungsscheibe (Mitnehmerscheibe) prüfen.
■ Das Schwungrad (5) auf Verschleiß und Beschädigung prüfen.
■ Den Zentralausrücker auf Geräusche, rauen Lauf, Undichtigkeit, Verschleiß und Beschädigung prüfen.

Die Montage erfolgt sinngemäß in umgekehrter Reihenfolge.

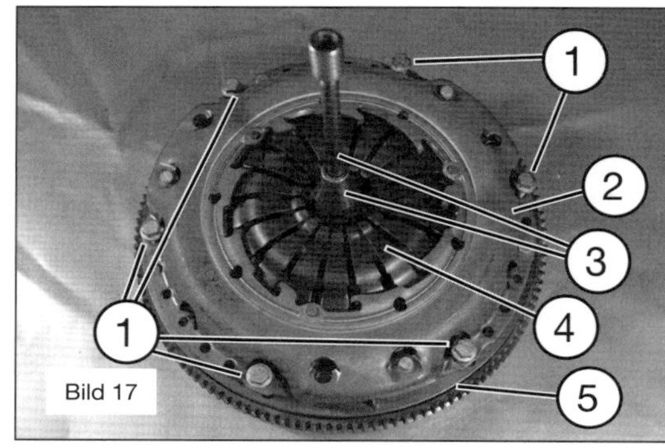

Bild 17

■ Setzen Sie zur Montage das Zentrierwerkzeug (3) ein.
■ Ziehen Sie die Schrauben gleichmäßig und über Kreuz an.
■ Entlüften Sie das Kupplungssystem wie bereits beschrieben.

### Wo liegt der Schaden – Kupplung, Betätigung oder Zweimassenrad?

Krachende Geräusche beim Gangeinlegen oder beim Gangwechsel, schwergängige Schaltvorgänge bei laufendem Motor?
■ Eine schlecht trennende Kupplung muss nicht zwangsläufig durch einen Schaden an der Kupplung oder der Druckplatte verursacht werden. Die Kupplungsbetätigung erfolgt bei modernen Systemen über ein hydraulisches System, das sich selbsttätig nachstellt. Die Rückstellung der Kupplung kann durch ein ausgeschlagenes Zweimassenrad größer ausfallen. Das wiederum kann den Hubweg verkürzen und die Kupplung wird nicht vollständig getrennt.
■ Auch dann, wenn die Verzahnung der Mitnehmerscheibe nicht leichtgängig auf der Getriebewelle verschoben werden kann, wird die Kupplung nicht ganz von der Druckplatte getrennt und schleift weiter an.

### Druckplatte prüfen

Die Druckplatte ist auf die Schwungscheibe aufgeschraubt. Eine Wärmeabgabe ist nur sehr schlecht möglich.
■ Die Druckplatte beziehungsweise die Reibfläche auf Risse und Riefen sowie die Membranfeder (4) auf Brüche prüfen.

Die Zungen der Membranfeder (4) auf Verschleiß und gleichmäßige Höhe prüfen.

### Kupplungsscheibe prüfen

■ Reibbeläge (1 im Bild 18) der Kupplungs-

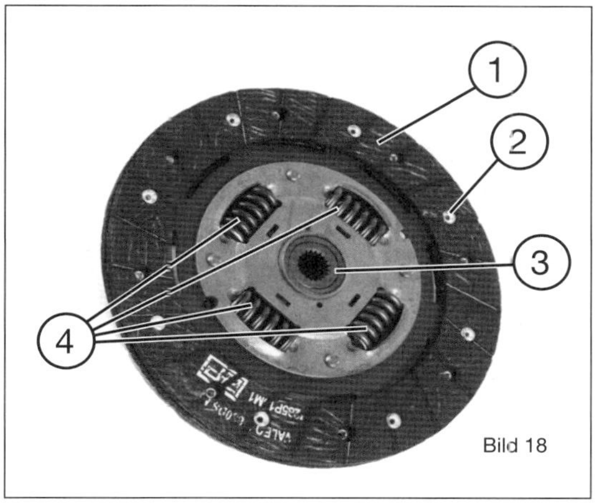

Bild 18

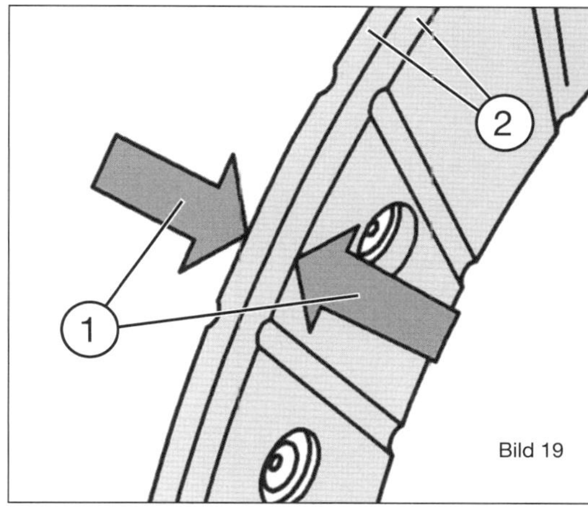

Bild 19

Bild 18
Mitnehmerscheibe.
1 Reibbelag
2 Belagnieten
3 Mittenverzahnung
4 Torsionsfedern

Bild 19
Kupplung und Schwungscheibe.
1 Messpunkt Belagstärke
2 Reibbeläge

scheibe auf Verölung, Risse, Ausbrüche und Verschleiß prüfen.

■ Die Dämpferfedern (4) auf Brüche und festen Sitz prüfen.

■ Das Keilwellenprofil in der Mitte (3) auf Verschleiß und Ausbrüche prüfen.

Die Kupplungsscheibe muss sich mit geringem Kraftaufwand auf der Antriebswelle des Getriebes verschieben lassen.

■ Prüfen Sie den Zustand der Vernietungen (2) und den festen Sitz der Beläge auf dem Belagträger.

■ Prüfen Sie den Seitenschlag. Er sollte 0,5 mm nicht überschreiten.

## Schwungrad demontieren

Verbaut sind bei allen Dieselmotoren des VW Touareg »Zwei-Massen Schwungräder«. Die Arbeiten an diesem Schwungrad unterscheiden sich für die Getriebebautypen nicht wesentlich. Wir stellen Ihnen an dieser Stelle eine allgemeingültige Beschreibung zur Verfügung.

■ Die Kupplung wie bereits beschrieben demontieren.

■ Die Schrauben (2 im Bild 20) am Schwungrad (1) herausdrehen.

■ Eine Haltesperre in der Verzahnung des Schwungrades zum Blockieren des Motors anbauen.

■ Das Schwungrad (1) von der Kurbelwelle abnehmen. Dabei auf die Einbaulage des Schwungrades (1) achten (die Lochabstände lassen nur eine Montageposition zu).

Die Montage erfolgt sinngemäß in umgekehrter Reihenfolge.

■ Achten Sie auf die Einbauposition.

Bild 20

Bild 20
Schwungscheibe auf der Kurbelwelle.
1 Schwungrad (Scheibe)
2 Schrauben

■ Ziehen Sie die Schrauben über Kreuz mit dem vorgegebenen Anzugsdrehmoment an.

## Schaltknauf und Manschette

Die Vorgehensweise für den Schaltknauf am Schaltgetriebe unterscheidet sich von der für den Wahlhebel am Automatikgetriebe.

**Vorgehensweise Schaltgetriebe**

■ Clipsen Sie die Schaltmanschette (Schaltsack) aus der Mittelkonsole aus.

■ Ziehen Sie die Schaltmanschette (Schaltsack) nach oben.

■ Lösen Sie die Klemmschelle.

■ Ziehen Sie die Schaltmanschette (Schaltsack) zusammen mit dem Schaltknauf nach oben vom Schalthebel ab.

Die Montage erfolgt sinngemäß in umgekehrter Reihenfolge.

■ Prüfen Sie den Zustand der Schelle. Sie ist in der Regel wiederverwendbar.

**Vorgehensweise Automatikgetriebe**

■ Stellen Sie den Wahlhebel auf die Position »Parken«.

Bild 21
Wahlhebel beim Automatikgetriebe.
1 Betätigungsknopf
2 Einleger
3 Wahlhebel
4 Sicherungsbügel
A Herausziehen bis zum Einrasten
B Herausziehen

■ Hebeln Sie den Einleger (2 im Bild 21) auf der Rückseite des Wahlhebels (3) von oben heraus.
■ Ziehen Sie den Sicherungsbügel (4) unter der Abdeckung heraus (B).
■ Ziehen Sie den Betätigungsknopf (1) im Schalthebel so weit heraus (A), bis er einrastet.
■ Ziehen Sie den Wahlhebel (3) gerade nach oben ab.

Die Montage erfolgt sinngemäß in umgekehrter Reihenfolge.

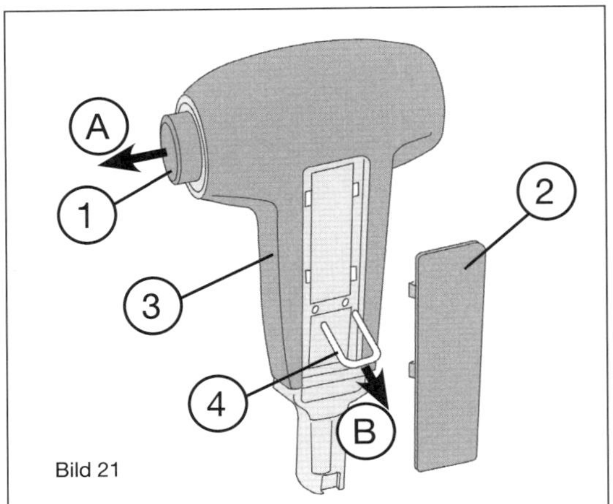

Bild 21

## Schaltzüge und Betätigung

Die Schaltbetätigung der Getriebe erfolgt ausschließlich über Schaltzüge. Wie für die meisten Arbeiten am Touareg sind auch für den Wechsel der Schaltzüge recht umfangreiche Arbeitsschritte erforderlich.

Die Schaltbetätigung ist auf der Oberseite des Getriebes verbaut und von unten nach dem Ausbau der Kardanwellen und des Verteilergetriebes durch Absenken des Schaltgetriebes erreichbar.

**Schaltzüge beim 6-Gang-Getriebe aus- und einbauen**
■ Klemmen Sie die Batterie ab.
■ Demontieren Sie den Schalthebel wie bereits beschrieben.
■ Nehmen Sie die Geräuschdämmung aus der Mittelkonsole heraus.
■ Demontieren Sie den Aschenbecher und nehmen Sie die Abdeckung für die Schaltbetätigung ab.
■ Drehen Sie die Schrauben des Schaltgehäuses (7 im Bild 22) heraus.

*Fahrzeuge mit 2,5-l-TDI-Motor:*
■ Demontieren Sie den Laufführungsschlauch zwischen Saugrohr und Ladeluftkühler.

*Weiter für alle Fahrzeuge:*
■ Bauen Sie das Verteilergetriebe aus. Die Arbeitsschritte hierzu werden wir in diesem Kapitel noch im Detail beschreiben.
■ Heben Sie mit einem geeigneten Motor- und Getriebeheber das Schaltgetriebe so weit an, dass Sie die Haltevorrichtung (VW 785/1B), die für den Ausbau des Verteilergetriebes benötigt wird, abbauen können.
■ Legen Sie eine Holzlatte (etwa 5 cm hoch) zwischen Schaltgetriebe und Achsträger ein.
■ Lassen Sie das Getriebe auf die Holzlatte ab und nehmen Sie den Getriebeheber heraus.
■ Ziehen Sie die Abdeckkappen (1) von den Schaltzuglagern (15) ab.
■ Demontieren Sie die Sicherungsklammern (16) und nehmen Sie die Schaltzuglager von

Bild 22
Schaltzüge beim 6-Gang-Schaltgetriebe.
1 Abdeckkappen
2 Sicherungsklammern
3 Schaltzug (vor/zurück)
4 Wahlzug (rechts/links)
5 Seilzugarretierung
6 Sicherungklammern
7 Schaltgehäuse
8 Sicherungsklammern
9 Seilzughalter am Getriebe
10 Gummilager
11 Stützhülse
12 Schalthebel am Getriebe
13 Muttern
14 Wählhebel am Getriebe
15 Schaltzuglager
16 Sicherungsklammer

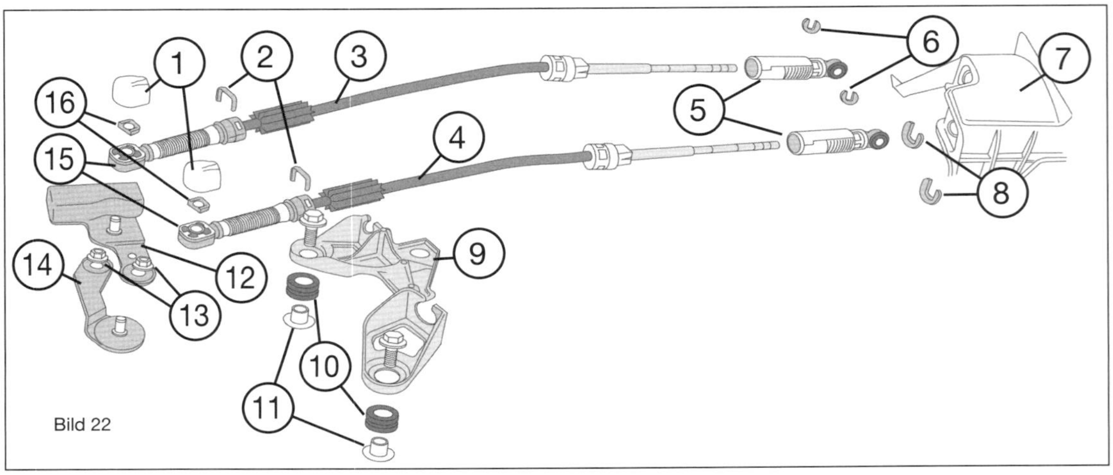

Bild 22

den Lagerbolzen des Schalthebels und des Wahlhebels des Getriebes ab.

- Demontieren Sie die Sicherungsklammern (2) und nehmen Sie den Schaltzug (3) und den Wahlzug (4) vom Seilzughalter (9) ab.
- Nehmen Sie das Schaltgehäuse mit den eingebauten Schaltzügen heraus.
- Demontieren Sie die entsprechende Sicherungsklammer (6) und nehmen Sie die entsprechende Seilzugarretierung (5) von dem Betätigungshebel des Handschalthebels ab.
- Demontieren Sie die entsprechende Sicherungsklammer (6) und nehmen Sie den Schaltzug aus dem Schaltgehäuse (7) heraus.

Die Montage erfolgt sinngemäß in umgekehrter Reihenfolge.

Die Bohrung für das Seilzuglager (15) am Schaltzug (3) hat einen Durchmesser von 8 mm.

Die Bohrung für das Seilzuglager (15) am Wahlzug (4) hat einen Durchmesser von 10 mm.

- Fetten Sie die Lagerbolzen auf dem Schalthebel (12) und dem Wahlhebel (14) leicht ein.

**Schaltzüge beim 6-Gang-Getriebe einstellen**

Die Voraussetzung für die korrekte Einstellung sind unbeschädigte Schaltzüge und Lagerungen sowie eine spielfreie Mechanik der Schalthebelkonsole.

- Die Aufnahmen der Schaltzüge müssen schadfrei sein.

Für die Grundeinstellung der Schaltzüge werden zum einen der Schalthebel und zum anderen die Schaltwelle des Getriebes fixiert. Die Schaltzüge werden für die Fixierung entsichert und nach Erreichen der Einstellposition wieder arretiert.

*Öffnen der Seilzugarretierungen:*

Die Vorgehensweise ist für beide Schaltseile grundsätzlich gleich. Lediglich die Bewegungsrichtung für den Schalthebel ändert sich entsprechend des Schaltzuges, der gerade geöffnet werden soll.

- Halten Sie die Hülse (5 im Bild 24) in Position (mit dem Schraubendreher (1) in der Lücke der Hülse gegenhalten) und bewegen Sie den Schalthebel so, dass der entsprechende Zug gezogen (B) wird.

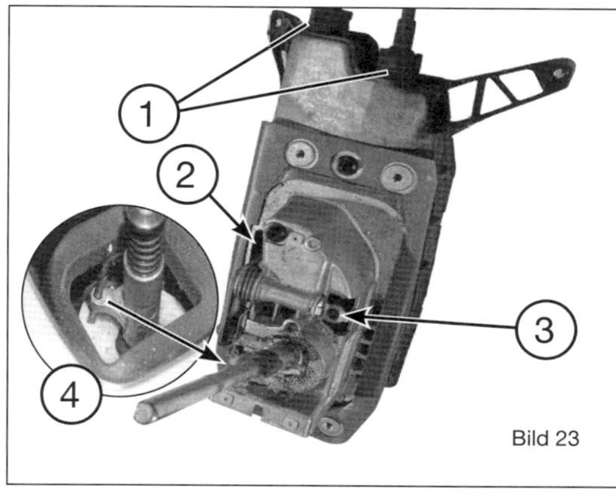


Bild 23

Bild 23
Zugang zu den Seilzugsicherungen.
1 Schaltzüge
2 Zugang zum Wahlseilzug
3 Zugang zum Schaltseilzug
4 Passbohrungen Schalthebelpositionierung

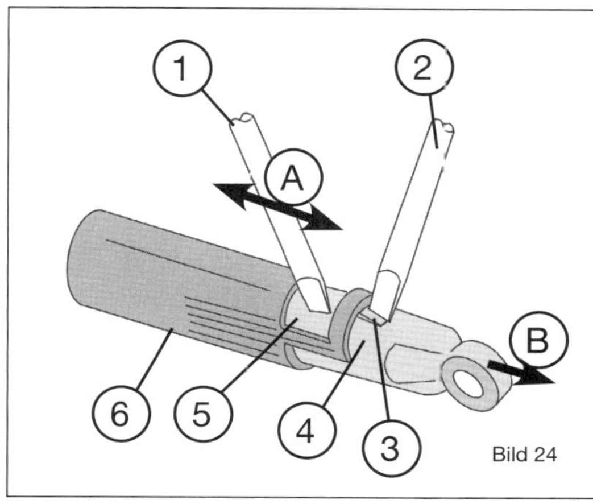


Bild 24

Bild 24
Seilzugsicherung für die Schaltzüge.
1 Schraubendreherposition zum Festhalten
2 Schraubendreherposition zum Drücken der Nase
3 Sicherungsnase
4 Lagerhülse
5 Sicherungshülse
6 Sicherungshülse
A Gegenhalten
B Zugrichtung Schaltzug

*Verriegeln der Seilzugarretierungen:*

Die Vorgehensweise ist für beide Schaltseile grundsätzlich gleich. Lediglich die Bewegungsrichtung für den Schalthebel ändert sich entsprechend des Schaltzuges, der gerade verriegelt werden soll.

- Drücken Sie mit einem Schraubendreher (2) die Rastnase (3) ein. Die Zugarretierung wird von der verbauten Feder wieder gespannt.

*Einstellung der Züge:*

- Drücken Sie den Schalthebel ganz nach links und öffnen Sie die Seilzugarretierung für den Schaltseilzug über die Öffnung (3 im Bild 23).

Zum Öffnen der Arretierung des Wahlseilzuges muss der Schalthebel in Richtung 1. Gang gedrückt werden.

- Drücken Sie den Schalthebel ganz nach links in die Position des 1. Ganges und öffnen Sie die Seilzugarretierung für den Wahlseilzug über die Öffnung (2).

Bild 25
1 Hülse Schaltknauf
2 Abdeckung
3 Leiterplatte mit Schalter für Tiptronic
4 Abdeckung und Rahmen
5 Halter vorne
6 Schalthebel
7 Halter hinten
8 Schaltbetätigung
9 Magnet Wahlhebelsperre (N110)
10 Magnet Wahlhebelsperre (N380)
11 Deckel Schaltbetätigung
12 Sicherungsklammer
13 Sicherungsklammer
14 Schaltzug

■ Bringen Sie den Schalthebel in die Position, in der die beiden Bohrungen zur Schalthebelpositionierung übereinander stehen (4).
■ Fixieren Sie die Position des Schalthebels durch Einstecken eines passenden Werkzeugs in die Bohrungen (4).

*Einstellung am Getriebe:*
■ Demontieren Sie den Unterfahrschutz beziehungsweise die Geräuschdämmung unter dem Getriebe.
■ Schalt- und Wahlzug sind an der Schalthebelkonsole entsichert und der Schalthebel über die Passbohrungen positioniert.
■ Greifen Sie auf der linken Getriebeseite nach oben. Über dem Kupplungsnehmerzylinder ist der Wahlhebel am Getriebe erreichbar.
■ Bewegen Sie den Wahlhebel nach vorne in die Schaltgasse für den 1. und 2. Gang.
■ Drehen Sie gleichzeitig den Hebel für die Schaltwellenarretierung im Uhrzeigersinn nach oben. Die Schaltwelle des Getriebes ist nun arretiert.

Der Hebel für die Schaltwellenarretierung befindet sich auf der rechten Getriebeseite unterhalb des Seilzughalters.
■ Öffnen Sie nun die beiden Schaltzugarretierungen im Schaltgehäuse des Schalthebels wie berets auf Seite 146 beschrieben.
■ Drehen Sie den Hebel für die Schaltwellenarretierung gegen den Uhrzeigersinn nach unten. Die Schaltwelle des Getriebes ist nun wieder freigegeben.

*Funktionsprüfung:*
Die Einstellung der Schaltzüge ist in Ordnung wenn:
■ Der Schalthebel unbelastet in der Schaltgasse für den 3. und 4. Gang steht.
■ Die Gänge sich bei laufendem Motor und betätigter Kupplung ohne Hakeln durchschalten lassen.
■ Montieren Sie den Unterfahrschutz beziehungsweise die Geräuschdämmung unter dem Getriebe.
■ Bauen Sie die Geräuschdämmung und die Abdeckung in der Mittelkonsole ein.

**Schaltzüge beim Automatikgetriebe aus- und einbauen**
■ Demontieren Sie den Wählhebel wie bereits beschrieben.

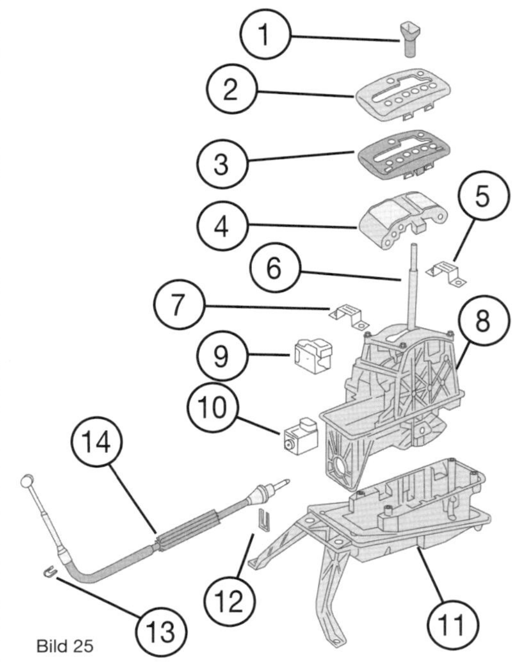

Bild 25

■ Schalten Sie die Zündung aus.
■ Klemmen Sie die Batterie ab.
■ Demontieren Sie die Mittelkonsole.
■ Nehmen Sie die Geräuschdämpfung aus der Mittelkonsole heraus.
■ Entsichern Sie den Steckkontakt zur Schaltbetätigung und ziehen Sie ihn ab.
■ Demontieren Sie den Halter hinten und nehmen Sie die Steckverbindung aus dem Halter heraus.
■ Entsichern Sie den Steckkontakt zur Beleuchtung der Schaltbetätigung und ziehen Sie ihn vorsichtig vom Rahmen ab.
■ Ziehen Sie die Verrastungen vorsichtig nach außen und nehmen Sie den Rahmen (4 im Bild 25) nach oben ab.
■ Drehen Sie die Klemmschraube am Wählhebelseilzug mit einem passenden Steckeinsatz (VW T40031) heraus.
■ Demontieren Sie den Halter hinten (7) und vorne (5).
■ Ziehen Sie die Schaltbetätigung (8) etwas nach hinten.
■ Ziehen Sie den Sicherungsclip (12) vom Schaltzug ab und nehmen Sie den Schaltzug aus der Schaltbetätigung (8) heraus.
■ Schieben Sie die Dichtmanschette aus dem Gehäuse heraus.
■ Demontieren Sie den Unterfahrschutz beziehungsweise die Geräuschdämmung unter dem Getriebe.

■ Unterbauen Sie das Getriebe mit einem geeigneten Getriebeheber und lösen Sie die hintere Traverse.
■ Senken Sie das Getriebe etwas ab.
■ Ziehen Sie den Sicherungsclip (13) vom Schaltzug ab.
■ Hebeln Sie den Wählhebelseilzug (14) am Schalthebel des Getriebes ab.

Die Montage erfolgt sinngemäß in umgekehrter Reihenfolge.

Wenn Sie vor dem Ausbau des Seilzuges ein Seil oder eine Leine befestigen, können Sie den neuen Zug recht leicht in die richtige Position einfädeln.

**Schaltzüge beim Automatikgetriebe einstellen**

Die Voraussetzung für die korrekte Einstellung sind unbeschädigte Schaltzüge und Lagerungen sowie eine spielfreie Mechanik der Schalthebelkonsole.
■ Die Aufnahmen der Schaltzüge müssen schadfrei sein.

Für die Grundeinstellung des Wählzuges wird der Wählzug am Getriebehebel ausgehängt. Der Zug wird an der Klemmung im Schalthebelwerk gelöst. Nach dem Einhängen am Getriebeschalthebel und der Ausrichtung des Gangwahlhebels wird die Klemmung wieder verschraubt.
■ Demontieren Sie den Unterfahrschutz beziehungsweise die Geräuschdämmung unter dem Getriebe.
■ Unterbauen Sie das Getriebe mit einem geeigneten Getriebeheber und lösen Sie die hintere Traverse.
■ Senken Sie das Getriebe etwas ab.
■ Stellen Sie den Wahlhebel auf die Stellung »S«.
■ Hebeln Sie den Wählhebelseilzug am Schalthebel des Getriebes ab.
■ Stellen Sie den Schalthebel des Getriebes auf die Stellung »D«.
■ Schalten Sie die Zündung aus.
■ Klemmen Sie die Batterie ab.
■ Demontieren Sie die Mittelkonsole.
■ Nehmen Sie die Geräuschdämpfung aus der Mittelkonsole heraus.
■ Entsichern Sie den Steckkontakt zur Schaltbetätigung und ziehen Sie ihn ab.
■ Entsichern Sie den Steckkontakt zur Beleuchtung der Schaltbetätigung und ziehen Sie ihn vorsichtig vom Rahmen ab.
■ Ziehen Sie die Verrastungen vorsichtig nach außen und nehmen Sie den Rahmen nach oben ab.
■ Drehen Sie die Klemmschraube am Wählhebelseilzug mit einem passenden Steckeinsatz (VW T40031) um etwa eine Umdrehung los.
■ Drücken Sie den Wählhebelseilzug am Schalthebel des Getriebes wieder auf.
■ Vermitteln Sie den Schalthebel so genau wie möglich in der Fahrstufe »D«.
■ Ziehen Sie die Klemmschraube am Wählhebelseilzug mit einem passenden Steckeinsatz (VW T40031) wieder fest.

Die Montage erfolgt sinngemäß in umgekehrter Reihenfolge.
■ Prüfen Sie, ob sich alle Fahrstufen bei laufendem Motor ohne Hakeln zielgenau einlegen lassen.
Fragen Sie den Fehlerspeicher ab.

Achten Sie auf die Funktion der Rückwärtsgangsperre.

## Achsgelenkwellen

De- und Montage der Achsgelenkwellen der Vorderachse unterscheiden sich nur unwesentlich. Die beschriebenen Montagearbeiten sind sowohl für die rechte als auch für die linke Seite anwendbar.
■ Fahrzeug anheben und verzurren.

Wenn das Fahrzeug nicht verzurrt wird, besteht die Gefahr, dass es von der Hebebühne abrutscht.
■ Demontieren Sie die Motorabdeckung und/oder Getriebeabdeckung unten (soweit verbaut).

**Prüfen der Gelenkwellen**

Gelenkwellen unterliegen zwar Verschleiß, aber es gibt eigentlich nur drei Gründe, eine Achsgelenkwelle zu zerlegen. Zuerst einmal möchten wir den Hintergrund für diese Arbeiten genauer beleuchten.

■ *Spiel an den Gelenken (Bild 26):*

Halten Sie den Lageraußenring mit der Hand fest und verdrehen Sie die Achswelle. Sie sollte möglichst kurze schnelle Bewegungen machen (einfach schnell hin- und herdrehen). So bemerken

Sichtprüfung Messen

Bild 26
Spiel an den Gelenken der Achswellen prüfen.
1 Gelenkwelle
2 Gelenkwellentopf (Lageraußenring)

Bild 27
Beschädigte Achswellenmanschette.
1 Gelenkwelle
2 Gelenkwellentopf
3 Achswellenmanschette

Sie ein mögliches Lagerspiel in den Achswellen sehr schnell. Spiel an den Gelenken sollte immer nachgegangen werden.

Denken Sie daran, dass Ihr Fahrzeug beim Anheben einen anderen Winkel der Achswelle bewirkt. Die Prüfungen sollten immer am Boden stattfinden. Eine Grube in der Garage oder eine Mutterbühne ist hier sehr hilfreich. Stellen Sie übermäßiges Spiel fest, sollte die Gelenkwelle erneuert oder zerlegt und repariert werden. Zumeist zeigen sich bei der Demontage erhebliche Schäden an Lagerflächen oder Kugeln.

Wird das Spiel zu groß (mehr als 2 mm Spiel in der Verdrehung), kann die Antriebswelle »auseinanderfliegen« und sorgt dann im günstigsten Fall für eine Panne. Im schlimmsten Fall kann die Achswelle weitere Schäden verursachen, wenn sie aus den Führungen herausrutscht.

■ *Geräusche:*
Die Prüfung der Achsgelenkwellen auf diese Schäden erfolgt in der Regel bei einer Probefahrt. Es sollten hier enge Radien gefahren werden können (Supermarktparkplatz) und auch der Lastwechsel vom Beschleunigen zum Schiebebetrieb simuliert werden.

Gefahren vermeiden! Auf den Verkehr achten! Geräusche an den Achswellen lassen sich leider nur für das radseitige Gelenk sicher orten.

Die Getriebeseite wird oftmals als »Getriebeschaden« wahrgenommen. Sollten also Geräusche beim Lastwechsel entstehen, nehmen Sie auch die Antriebswellen einmal genauer unter die Lupe. Ein deutliches »Klackern« oder durchaus schon »Schläge« gerade beim Kurvenfahren in engen Radien weisen auf einen Achswellenschaden hin.

Je lauter diese Geräusche werden, umso dringender besteht Handlungsbedarf. Auch hier sind oft an den zerlegten Wellen sehr gut sichtbare Schäden vorhanden.

■ *Manschette beschädigt (Bild 27):*
Das Ende der Lagerungen einer Achswelle wird natürlich schneller erreicht, wenn Schmutz, Wasser und Straßendreck durch eine defekte Manschette eindringen können.

Kontrollieren Sie die Lenkmanschetten und die Gelenkmanschette regelmäßig. Bei Schäden führt an einer Reinigung des Gelenkes und dem Ersatz der Manschette kein Weg vorbei.

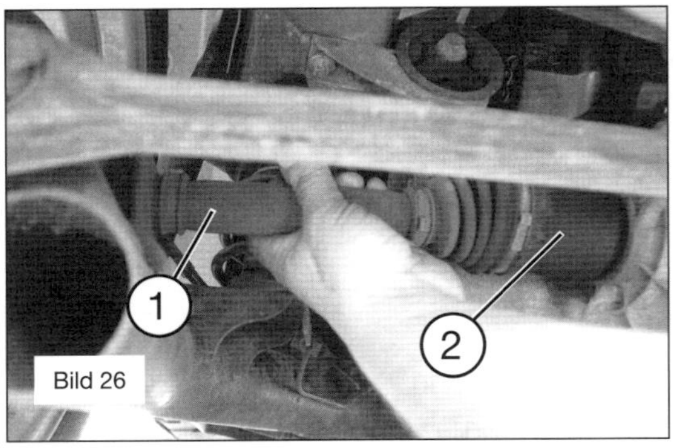

Bild 26

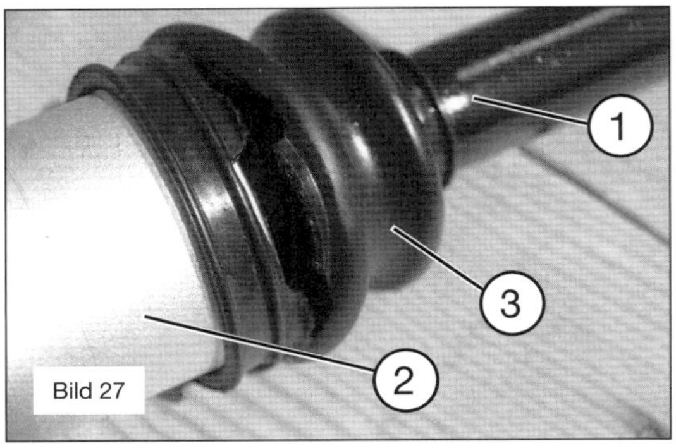

Bild 27

Achten Sie auch auf kleine Fettspritzer im Radlaufbereich oder an den Bremsteilen. Oftmals zeichnen schon kleinste Schäden an der Manschette deutliche Spuren. Durch die hohe Drehzahl wird das Fett im Gelenk sehr schnell in der Landschaft verteilt. Daraufhin läuft das Gelenk trocken und wird mit der Unterstützung des eindringenden Schmutzes ein erhebliches Verschleißverhalten entwickeln.

## Achsgelenkwellen (vorne)

De- und Montage der Achsgelenkwelle der Vorderachse unterscheiden sich nur unwesentlich. Die beschriebenen Montagearbeiten sind sowohl für die rechte als auch für die linke Seite anwendbar.

■ Lassen Sie eine zweite Person fest auf die Bremse treten und lösen Sie die Zentralschraube (1 im Bild 28) des Radlagers.

Das Fahrzeug darf nun weder auf den Rädern abgestellt noch bewegt werden. Durch die Belastung werden die Radlager beschädigt.

■ Drehen Sie die Zentralschraube heraus.
■ Fahrzeug mit der Hebebühne anheben.

■ Bauen Sie das entsprechende Rad ab.
■ Drehen Sie die Schrauben (1 im Bild 29) am Getriebeflansch der Achswelle heraus.
■ Drücken Sie die Spurstange mit einem geeigneten Abdrücker (VW T10187) vom Achsschenkel ab.
■ Drücken Sie die Antriebswelle aus der Zahnung des Radlagerflansches heraus.

In den ersten Fahrzeugbaureihen wurde die Zahnung der Antriebswelle in die Zahnung des Radlagerflansches eingeklebt. Die Verklebung sollte mit dem Sicherungsmittel (VW D154 000 A1) wieder hergestellt werden.

■ Fangen Sie den Achsschenkel mit einem geeigneten Getriebeheber ab.
■ Drücken Sie das Führungsgelenk oben mit einem geeigneten Abdrücker (VW T10187) vom Achsschenkel ab.
■ Lösen Sie die Schraube des Luftfederdämpfers am Querlenker unten.
■ Demontieren Sie den Halter der Bremsleitung am Achsschenkel.
■ Demontieren Sie die Koppelstange vom Stabilisator.

Verletzungsgefahr: Bei Fahrzeugen mit entkoppelbarem Stabilisator muss dieser vor der Demontage der Koppelstange zuerst gekoppelt werden oder bereits gekoppelt sein.

■ Ziehen Sie die Schraube des Luftfederdämpfers am Querlenker unten heraus.
■ Lassen Sie den Getriebeheber mit dem darauf abgelegten Achsschenkel so weit ab, dass Sie die Gelenkwelle aus der Zahnung der Radnabe herausnehmen können.
■ Nehmen Sie die Antriebswelle heraus.

Die Montage erfolgt sinngemäß in umgekehrter Reihenfolge.
■ Tragen Sie etwas Montagepaste auf die Zahnung der Antriebswelle und des Radlagers auf, soweit diese nicht verklebt werden müssen, bevor Sie die Achswelle in das Radlager einschieben.
■ Ziehen Sie die Antriebswelle soweit erforderlich mit dem Einzieher (VW T10206) ein.

## Achsgelenkwellen (hinten)

Die De- und Montage der Achsgelenkwellen der Hinterachse unterscheiden sich nur unwesentlich. Die beschriebenen Montagearbeiten sind sowohl für die rechte als auch für die linke Seite anwendbar.

Bild 28
Zentralschraube der Achswelle vorne.
1 Zwölfkant-Zentralschraube
2 Drehmomentschlüssel mit passender Stecknuss

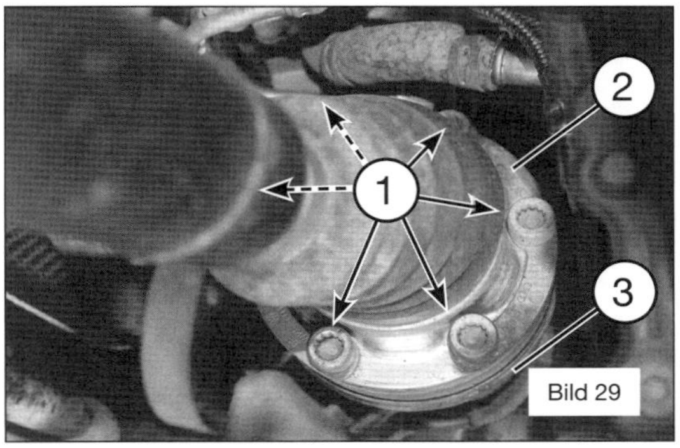


Bild 29
Verschraubungen am Getriebeflansch vorne.
1 Schrauben am Getriebeflansch
2 Achswelle
3 Getriebeflansch

■ Messen Sie die Leergewichtslage (siehe Kapitel 11).
■ Lassen Sie eine zweite Person fest auf die Bremse treten und lösen Sie die Zentralschraube (1 im Bild 28) des Radlagers.

Das Fahrzeug darf nun weder auf den Rädern abgestellt noch bewegt werden. Durch die Belastung werden die Radlager beschädigt.

■ Drehen Sie die Zentralschraube heraus.
■ Fahrzeug mit der Hebebühne anheben.
■ Bauen Sie das entsprechende Rad ab.
■ Drehen Sie die Schrauben (1 im Bild 29) am Getriebeflansch der Achswelle heraus.
■ Drehen Sie die Schraube des Querlenkers am Achsschenkel unten heraus.
■ Soweit vorhanden, entsichern Sie die Steckverbindung und ziehen Sie den Steckkontakt für die elektronische Dämpferregelung ab.
■ Drehen Sie die untere Schraube des Stoßdämpfers auf der entsprechenden Seite los und ziehen Sie sie etwa 2 cm heraus.
■ Lösen Sie das Bremsseil vom Achsträger.
■ Lösen Sie die Spurstange der entsprechenden Seite am Achsschenkel, ziehen Sie nach unten und hängen Sie sie hinter der Schraube des Stoßdämpfers ein.

Bild 30
Gelenkmanschette anheben.
1 Manschette
2 Innenring des Gelenks
3 Gelenktopf

Bild 31
Gelenk abwischen, um es besser erkennen zu können.

Bild 32
Bauweise mit Rastring auf der vorderen Wellenspitze.
1 Gleichlaufgelenk
2 Welle
3 Kunststoffhammer

⚠ Verletzungsgefahr: Bei Fahrzeugen mit entkoppelbaren Stabilisator muss dieser vor der Demontage der Koppelstange zuerst gekoppelt werden oder bereits gekoppelt sein.

■ Drücken Sie die Antriebswelle aus der Zahnung des Radlagerflansches heraus.

☞ In den ersten Fahrzeugbaureihen wurde die Zahnung der Antriebswelle in die Zahnung des Radlagerflansches eingeklebt. Die Verklebung sollte mit dem Sicherungsmittel (VW D154 000 A1) wieder hergestellt werden.

■ Schwenken Sie das Innengelenk vom Anschlussflansch am Radgetriebe weg.
■ Ziehen Sie die Zahnung aus der Verzahnung der Radlagerflansches heraus.
■ Nehmen Sie die Achswelle heraus.

Die Montage erfolgt sinngemäß in umgekehrter Reihenfolge.

■ Tragen Sie etwas Montagepaste auf die Zahnung der Antriebswelle und des Radlagers auf, soweit diese nicht verklebt werden müssen, bevor Sie die Achswelle in das Radlager einschieben.
■ Ziehen Sie die Antriebswelle soweit erforderlich mit den Einzieher (VW T10206) ein.

## Gelenkwellen zerlegen

**Achsmanschette außen (radseitig) wechseln:**

■ Die entsprechende Antriebswelle wie bereits beschrieben ausbauen.
■ Die Gelenkwelle mit Schutzbacken im Schraubstock einspannen.
■ Die Antriebswellenmanschette (1 im Bild 30) aufschneiden und abziehen.
■ Fett über dem Gelenktopf abwischen.
■ Das Gleichlaufgelenk (1 im Bild 32) mit einem Kunststoffhammer (3) von der Antriebswelle (2) treiben.
■ Den Sicherungsring ausbauen.
■ Das Gleichlaufgelenk reinigen.
■ Die kleine Klemmschelle auf die Antriebswelle aufschieben.
■ Die neue Antriebswellenmanschette auf die Antriebswelle aufschieben.
■ Den neuen Sicherungsring einbauen.
■ Das Gleichlaufgelenk bis zur Oberkante des Innensterns mit im Lieferumfang enthaltenem Fett befüllen.

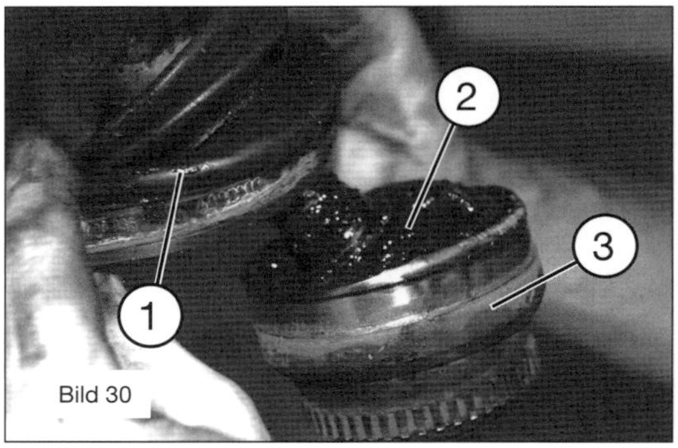

Bild 30

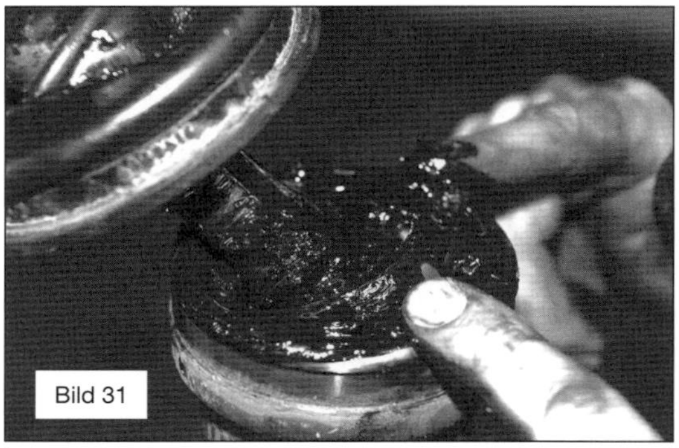
Bild 31

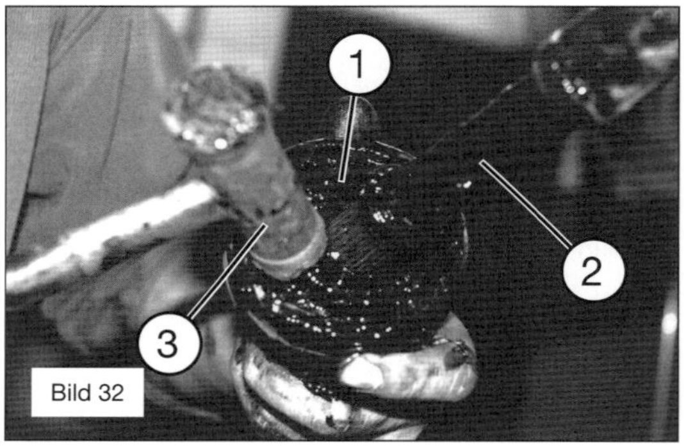

Bild 32

■ Das Gleichlaufgelenk mit einem Plastikhammer auf die Antriebswelle auftreiben, bis der Sicherungsring einrastet.
■ Die Manschette und Gleichlaufgelenk mit der Restmenge Fett befüllen.
■ Die Antriebswellenmanschette auf das Gleichlaufgelenk aufschieben.

☞ Der Wulst der Manschette muss in der Nut am Gleichlaufgelenk liegen.

■ Die Klemmschellen (2 im Bild 34) auf der Antriebswellenmanschette (3) positionieren und befestigen.
■ Antriebswelle aus dem Schraubstock lösen und abnehmen.
■ Antriebswelle wieder einbauen.

**Topfgelenk (radseitig) zerlegen**

Die Antriebswellen beim Touareg für den

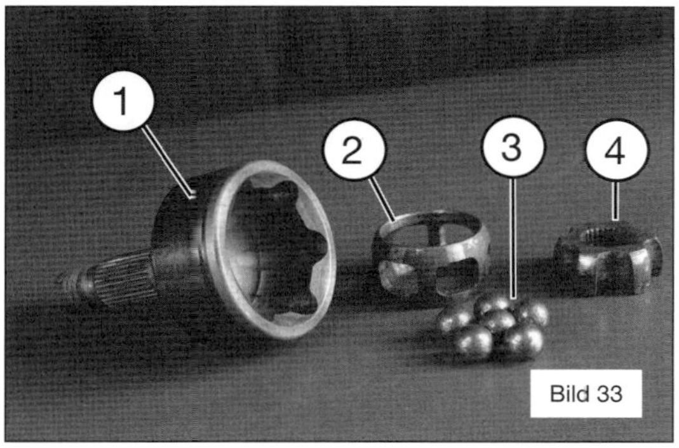

Bild 33

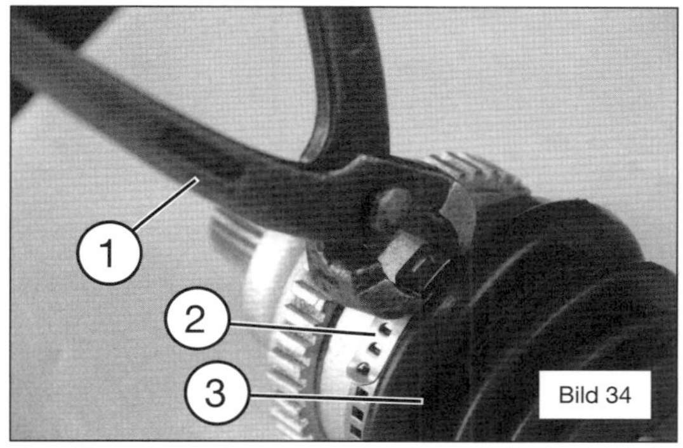

Bild 34

Bild 33
Radseitiges Gelenk der Achswelle.
1 Gelenktopf
2 Kugelkäfig
3 Kugeln
4 Innenring

Bild 34
1 Zange
2 Federbandschelle
3 Achswellenmanschette

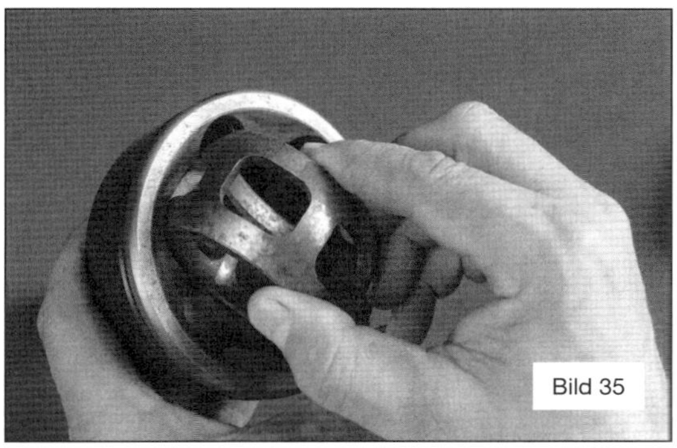
Bild 35

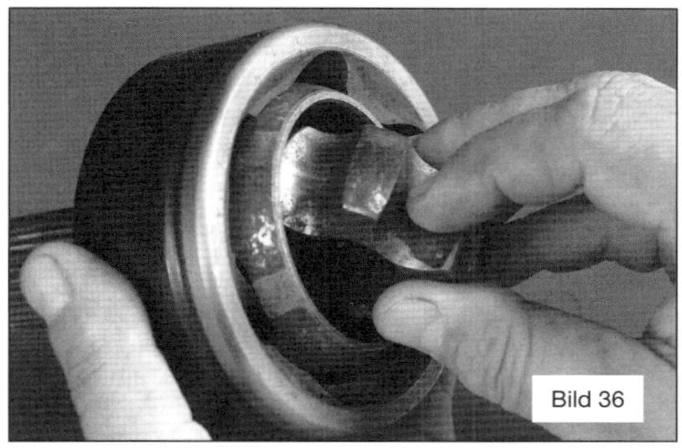
Bild 36

Bild 35
Kugelkäfig hochkant in den Gelenktopf einsetzen.

Bild 36
Im Detail.
Gelenkinnenring in den Kugelkäfig einfädeln.

Bild 37

Bild 37
Oftmals gibt es für das Einsetzen in den Kugelkäfig eine Position mit Flachstellen seitlich.

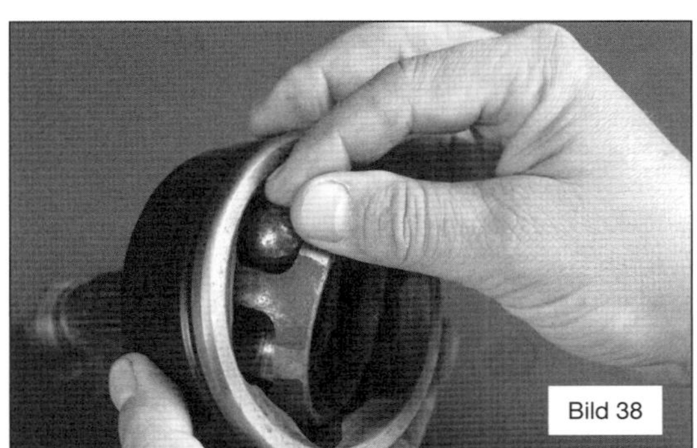
Bild 38

Bild 38
Einsetzen der Kugeln in den Kugelkäfig.

Radantrieb unterliegen dem Verschleiß und die Manschetten können durch Steinschlag oder Alterung beschädigt werden.

Grundsätzlich sollten Sie beim Zerlegen von Achsgelenken die Übertragungsteile wie die Kugeln oder Lager wieder in die gleiche Position einbauen, in der sie vor der Demontage gewesen sind. Sie können die Bauteile mit einem Lackstift oder wasserfesten Filzstift markieren.

Hilfreich ist, eine Ablage aus Pappe zur Ablage der Einzelteile vorzubereiten.

*Zerlegen des radseitigen Gelenks:*

Die beiden radseitigen Gelenke sind Kugelgelenkwellen. Die Montagearbeit ist identisch.

- Bauen Sie die entsprechende Antriebswelle wie bereits beschrieben aus.
- Entfernen Sie die beiden Klemmbänder auf der entsprechenden Manschette.
- Die Achsmanschette mit einem Cuttermesser aufschneiden und abnehmen.
- Wischen Sie das Fett am Rand des Gelenktopfes (1 im Bild 30) ab, damit Sie den Innenring (2) des Gelenks erkennen können.
- Bauen Sie das Gelenk von der Achswelle wie beschrieben ab.
- Kippen Sie den Innenring zur Seite und nehmen Sie eine Kugel nach der anderen wie im Bild 38 gezeigt heraus.
- Verdrehen Sie den Gelenkinnenring so weit, dass Sie ihn, wie im Bild 36 gezeigt herausnehmen können.
- Verdrehen Sie den Kugelkäfig so weit, dass Sie ihn über die Aussparungen (Bild 35) vom Gelenkwellenkopf abnehmen können.

Sichtprüfung Messen

Bild 39
Einbaulage der Achswellenbauteile im Gelenktopf.

Bild 40
Klemmband vorbiegen.
1 Spraydose
2 Klemmband

Bild 39

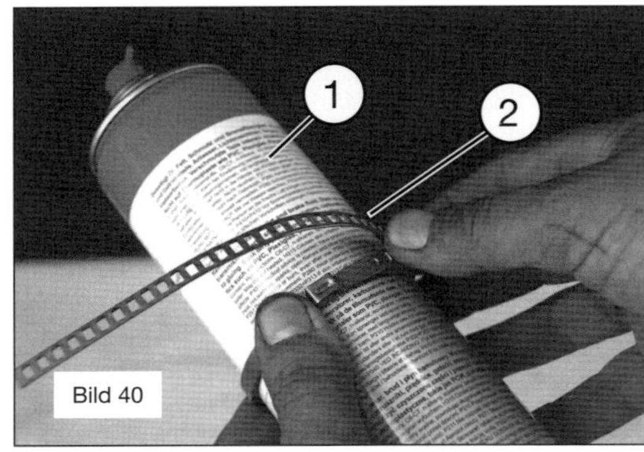

Bild 40

■ Achten Sie darauf, dass die Kugeln nicht auf den Boden fallen.
■ Reinigen Sie alle Bauteile gründlich und untersuchen Sie sie nach Schäden oder Verschleißspuren.

Sind Schäden oder Verschleiß erkennbar, muss das Gelenk erneuert werden.

Es sind beide Gelenke als Ersatzteil lieferbar.

Die Montage erfolgt sinngemäß in umgekehrter Reihenfolge.

■ Stecken Sie die kleine Schelle auf die Manschette auf.
■ Stecken Sie die neue Manschette auf die Achswelle auf.
■ Tragen Sie etwas Fett auf die Laufbahnen der Kugeln und auf die Kugeln auf.
■ Montieren Sie das Kugelgelenk.
■ Geben Sie den Rest des Fettes in das Kugelgelenk hinein.
■ Stecken Sie die Achswelle in das Innengelenk ein.
■ Schlagen Sie das Gelenk mit einem Kunststoffhammer auf die Welle auf.

Positionieren Sie die Achswellenmanschette so, dass sie beim Bewegen des Gelenkes nicht zu straff gespannt wird. Sie könnte sonst vom Gelenktopf rutschen.

■ Montieren Sie die beiden neuen Klemmbänder (Schellen) auf der entsprechenden Manschette.
■ Die Klemmbänder werden mit einer speziellen Zange zugebogen. Mit etwas Geschick gelingt das auch mit einer Beißzange (1 im Bild 34).
■ Biegen Sie die Klemmbänder (2 im Bild 39) über einer Spraydose (1) vor. So lassen sie sich leichter montieren.
■ Reinigen Sie die Achsgelenkwelle und bauen Sie sie wieder ein.

*Achsmanschette innen (getriebeseitig) wechseln:*

■ Die entsprechende Antriebswelle ausbauen.
■ Die Federbandschelle der Manschette öffnen.
■ Ziehen Sie die Schrauben aus der Achswelle heraus und nehmen Sie sie mit den Anlageplatten ab.
■ Lösen Sie den Ring der Manschette vom Gelenk mit vorsichtigen Hammerschlägen vom Lagerring.
■ Die Antriebswellenmanschette getriebeseitig auf die Achswelle zurückschieben.
■ Den Sicherungsring öffnen und Innen- und Außenring abnehmen.
■ Schwenken Sie den Innenring so weit in den Außenring ein, dass Sie ähnlich wie im Bild 38 die Kugeln nacheinander herausnehmen können.

Der Gelenkinnenring lässt sich ähnlich wie im Bild 36 gezeigt herausnehmen.

■ Der Kugelkäfig lässt sich wie im Bild 35 gezeigt in einer Position herausschwenken.
■ Legen Sie die Bauteile vertauschungssicher auf einem Lappen ab.
■ Reinigen Sie alle Bauteile gründlich und untersuchen Sie sie nach Schäden oder Verschleißspuren.
■ Sind Schäden oder Verschleiß erkennbar, muss das Gelenk erneuert werden.
■ Die Antriebswelle aus dem Schraubstock lösen und abnehmen.
■ Die neue Antriebswellenmanschette auf die Antriebswelle aufschieben.
■ Die Klemmschelle auf die Antriebswelle aufschieben.
■ Die Antriebswelle mit Schutzbacken in den Schraubstock einspannen.
■ Die Gelenknabe mit dem im Lieferumfang enthaltenem Fett befüllen.
■ Das Achswellengelenk entgegen der Demontagereihenfolge wieder montieren.

Die Laufbahnen vor der Montage der Kugel mit etwas Fett bestreichen.

■ Antriebswellenmanschette und die Gelenknabe mit der Restmenge Fett befüllen.

■ Die Antriebswellenmanschette auf die Gelenknabe aufschieben.

■ Die Klemmschellen auf der Antriebswellenmanschette positionieren, verschließen und befestigen.

■ Antriebswelle aus dem Schraubstock lösen und abnehmen.

■ Die Antriebswelle wieder einbauen.

## Kardanwellen De- und Montage

**De- und Montage der Kardanwelle vorne**

An der Kardanwelle werden seitens Volkswagen keine Reparaturen durchgeführt, bei Schäden wird diese komplett ersetzt.

■ Führen Sie die Arbeiten an der Kardanwelle auf einer Zwei-Säulen-Hebebühne durch.

■ Markieren Sie alle Bauteile der Kardanwelle zueinander (Gelenkscheiben zum Getriebeflansch bzw. zum Flansch des Achsgetriebes und zum Kardanflansch).

Sonst kann eine Unwucht entstehen, die wiederum Schäden an der Lagerung oder am Kardan oder auch schwer zu ortende Geräusche verursachen kann.

Volkswagen empfiehlt beim Auftreten von Dröhngeräuschen, die der Kardanwelle zugeordnet werden, die Kardanwelle zu lösen und um ein Loch versetzt erneut zu montieren. Soweit das Dröhngeräusch noch vorhanden ist, kann dieser Vorgang bis zu fünfmal wiederholt werden.

*Fahrzeuge mit automatischem Getriebe:*

■ Stellen Sie den Wahlhebel auf die Schaltposition »N«.

*Weiter für alle Fahrzeuge:*

■ Betätigen Sie das Bremspedal mit einem geeigneten Werkzeug (VW 1869/2).

■ Heben Sie das Fahrzeug mit der Hebebühne an.

■ Demontieren Sie den Unterfahrschutz beziehungsweise die Geräuschdämmung unter dem Fahrzeug.

■ Prüfen Sie, ob die Kardanwelle bereits mit einem Farbpunkt markiert worden ist.

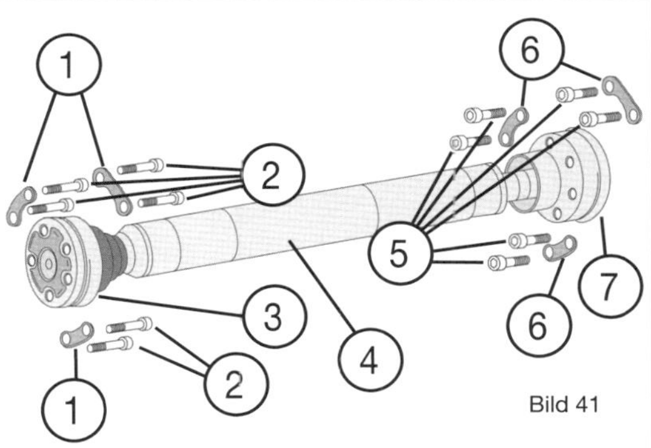

Bild 41

Bild 41
Kardanwelle vorne.
1 Unterlagplatte
2 Schraube
3 Anschlussgelenk Achsgetriebe vorne
4 Kardanwelle
5 Schraube
6 Unterlagplatte
7 Anschlussgelenk Verteilergetriebe

Ist das nicht der Fall, markieren Sie die Positionen der beiden Anschlussgelenke (3 und 7 im Bild 41) zu dem jeweiligen Flansch am Verteilergetriebe beziehungsweise am Achsgetriebe.

■ Drehen Sie die unteren Schrauben (2) heraus, lassen Sie aber zusammen mit den Unterlagplatten (1) in den Bohrungen des Gelenkes (3) stecken.

■ Drehen Sie die unteren Schrauben (5) heraus, lassen Sie aber zusammen mit den Unterlagplatten (1) in den Bohrungen des Gelenkes (3) stecken.

■ Lassen Sie das Fahrzeug ab und demontieren Sie das Werkzeug zum Betätigen der Bremse (VW 1869/2).

■ Heben Sie das Fahrzeug an und drehen Sie beide Vorderräder in die gleiche Richtung, bis Sie die Kardanwelle um 180° verdreht haben.

■ Betätigen Sie das Bremspedal mit einem geeigneten Werkzeug (VW 1869/2).

■ Heben Sie das Fahrzeug mit der Hebebühne an.

■ Drehen Sie die verbliebenen Schrauben am Verteilergetriebe und am Achsgetriebe heraus, lassen Sie aber zusammen mit den Unterlagplatten (1) in den Bohrungen des jeweiligen Gelenkes (3) stecken.

■ Unterbauen Sie das Getriebe mit einem geeigneten Getriebeheber.

■ Demontieren Sie die Schraube im Gummilager des Halters am Verteilergetriebe.

■ Drehen Sie die vier Schrauben des Getriebeträgers am Aufbau heraus.

■ Nehmen Sie die Kardanwelle vorne heraus.

Die Montage erfolgt sinngemäß in umgekehrter Reihenfolge.

■ Ersetzen Sie die Schrauben (2 und 5).

Bild 42
Kardanwelle hinten.
1 Hardyscheibe
2 Dichtring
3 Schrauben (Hardyscheibe am Verteilergetriebe)
4 Schrauben Flansch Kardanwelle an der Hardyscheibe
5 Scheiben
6 Kardanwelle mit Schiebestück
7 Farbmarkierungen
8 Schrauben
9 Schraube
10 Kardanwelle
11 Schrauben
12 Unterlagplatten
13 Anschlussgelenk zum Hinterachsgetriebe

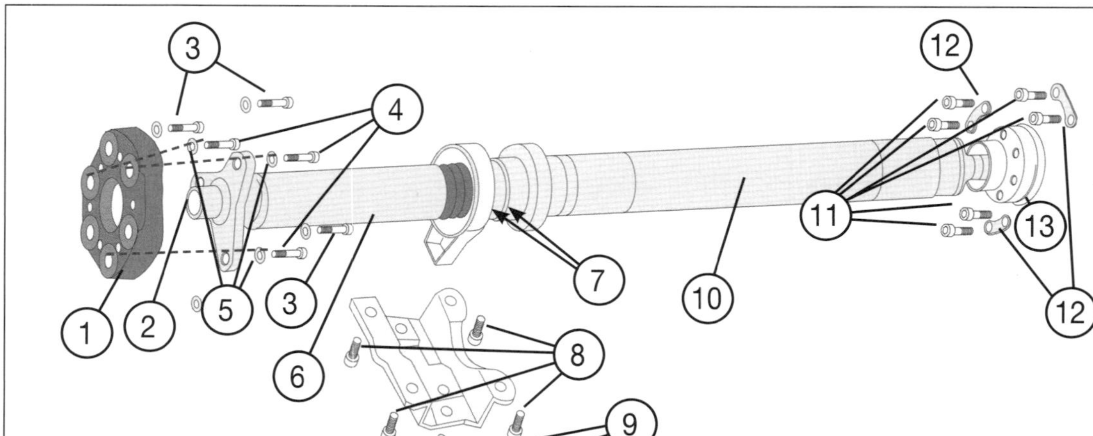

Bild 42

## De- und Montage der Kardanwelle hinten

Die Kardanwelle grundsätzlich mit einem zweiten Monteur aus- und einbauen. Vor dem Ausbauen die Position aller Teile zueinander kennzeichnen. Alle Teile in gleicher Stellung zusammenbauen, andernfalls können Unwuchten entstehen, die Schäden an der Lagerung und Brummgeräusche verursachen.

Die Kardanwelle nicht knicken, sondern grundsätzlich nur gestreckt lagern und transportieren. Die Ablage soll so erfolgen, dass der Halter nach oben zeigt.

An der Kardanwelle werden seitens Volkswagen keine Reparaturen durchgeführt, bei Schäden wird diese komplett ersetzt.

Volkswagen empfiehlt beim Auftreten von Dröhngeräuschen, die der Kardanwelle zugeordnet werden, die Kardanwelle zu lösen und um ein Loch versetzt erneut zu montieren. Soweit das Dröhngeräusch noch vorhanden ist, kann dieser Vorgang bis zu fünfmal wiederholt werden.

*Fahrzeuge mit automatischem Getriebe:*
- Stellen Sie den Wahlhebel auf die Schaltposition »N«.

*Weiter für alle Fahrzeuge:*
- Betätigen Sie das Bremspedal mit einem geeigneten Werkzeug (VW 1869/2).
- Heben Sie das Fahrzeug mit der Hebebühne an.
- Demontieren Sie den Unterfahrschutz beziehungsweise die Geräuschdämmung unter dem Fahrzeug.

Prüfen Sie, ob die Kardanwelle bereits mit einem Farbpunkt markiert worden ist. Ist das nicht der Fall, markieren Sie die Positionen der beiden Anschlussgelenke (beziehungsweise der Hardyscheibe) zu dem jeweiligen Flansch am Verteilergetriebe beziehungsweise am Achsgetriebe.

- Markieren Sie die Einbauposition des Flansches der Kardanwelle (4) zur Hardyscheibe (1)
- Demontieren Sie den hinteren Teil der Auspuffanlage.
- Drehen Sie die unteren Schrauben (11) heraus, lassen Sie aber zusammen mit den Unterlagplatten (12) in den Bohrungen des Gelenkes (13) stecken.
- Drehen Sie die unteren Schrauben (3) heraus.
- Lassen Sie das Fahrzeug ab und demontieren Sie das Werkzeug zum Betätigen der Bremse (VW 1869/2).
- Heben Sie das Fahrzeug an und drehen Sie beide Vorderräder in die gleiche Richtung, bis Sie die Kardanwelle um 180° verdreht haben.
- Betätigen Sie das Bremspedal mit einem geeigneten Werkzeug (VW 1869/2).
- Heben Sie das Fahrzeug mit der Hebebühne an.
- Drehen Sie die verbliebenen Schrauben am Verteilergetriebe und am Achsgetriebe heraus. Die Schrauben am Achsgetriebe lassen Sie aber zusammen mit den Unterlagplatten (12) in den Bohrungen des jeweiligen Gelenkes (13) stecken.
- Unterbauen Sie den Aggregateträger der Hinterachse mit einem geeigneten Getriebe-

heber und drehen Sie die beiden vorderen Schrauben des Aggregateträgers heraus.
■ Senken Sie den Aggregateträger um 5 cm ab.
■ Drehen Sie die Schrauben (9) um etwa 2 Umdrehungen los.
■ Drehen Sie die Schrauben (8) heraus.
■ Drücken Sie das Anschlussgelenk (13) vom Hinterachsgetriebe ab. Heben Sie das Anschlussgelenk über den Anschlussflansch am Hinterachsgetriebe und ziehen Sie die Kardanwelle vorsichtig vom Zentrierzapfen des Anschlussflansches am Verteilergetriebe.

Der Dichtring (2) darf nicht beschädigt werden. Im Schadensfall muss nach VW-Vorgaben die Kardanwelle ersetzt werden.

■ Nehmen Sie die Kardanwelle heraus.

Die Montage erfolgt sinngemäß in umgekehrter Reihenfolge.
■ Ersetzen Sie die Schrauben (3 und 11).
■ Richten Sie vor dem Anziehen der Schrauben (9) die Kardanwelle beziehungsweise das Zwischenlager spannungsfrei aus.

## Verteilergetriebe aus- und einbauen

Die Getriebe werden nach unten ausgebaut. Benötigt werden Abfangvorrichtung, Motor- und Getriebeheber, Getriebeaufnahme und diverse Adapter und Zusatzhaken für die Anhängevorrichtung. Reparaturen an ausgebauten Getrieben gehören allerdings in die darauf spezialisierte Fachwerkstatt.

■ Heben Sie das Fahrzeug mit der Hebebühne an.
■ Demontieren Sie den Unterfahrschutz beziehungsweise die Geräuschdämmung unter dem Fahrzeug.
■ Demontieren Sie den hinteren Teil der Auspuffanlage.
■ Bauen Sie die Kardanwelle hinten wie bereits beschrieben aus.
■ Bauen Sie die Kardanwelle vorne wie bereits beschrieben aus.

Soweit ein Tilgergewicht um den Kardanflasch für den Hinterachsantrieb verbaut ist, markieren Sie die Montagerichtung. Gelegentlich findet sich auch der Schriftzug »TOP« auf dem Tilgergewicht. Dieser muss dann oben stehen.

Für die Demontage wird seitens Volkswagen der Getriebeheber mit der Justierplatte (VW 3282/37) ausgerüstet. Das Getriebe wird so in der Einbauposition ausgerichtet. Soweit Sie das Getriebe mit anderen Hilfsmitteln ausrichten, achten Sie auf eine sichere Befestigung.

■ Entsichern Sie die Steckkontakte des Verteilergetriebes und ziehen Sie sie ab.
■ Bauen Sie, soweit noch nicht erfolgt, die Getriebetraverse aus.
■ Drehen Sie die seitlichen und die unteren Verbindungsschrauben zwischen Verteilergetriebe und Getriebe heraus.
■ Lassen Sie den Getriebeheber etwa 6 cm ab.
■ Fangen Sie das Getriebe in dieser Einbauhöhe ab. Volkswagen verwendet hierfür die Haltevorrichtung (VW 7851B), die in den Rahmenbohrungen über Ketten eingehängt wird. Alternativ können auch ein Holzklotz und Spanngurte verwendet werden.

Achten Sie auf eine sichere Befestigung.

■ Drehen Sie die oberen Verbindungsschrauben zwischen Verteilergetriebe und Getriebe heraus.
■ Ziehen Sie die Entlüftungsleitung vom Verteilergetriebe ab.
■ Ziehen Sie das Verteilergetriebe vom Getriebe ab.
■ Lassen Sie das Verteilergetriebe über den Getriebeheber ab.
■ Achten Sie auf den Verbleib der Passhülsen zwischen Verteilergetriebe und Getriebe.

Die Montage erfolgt sinngemäß in umgekehrter Reihenfolge.
■ Ölen Sie den Dichtring in der Verbindung zwischen Verteilergetriebe und Getriebewelle leicht ein.
■ Fetten Sie die Verzahnung der Antriebswelle des Verteilergetriebes und die Verzahnung des Getriebes leicht ein.
■ Schieben Sie das Verteilergetriebe bis zur Anlage am Getriebe auf das Getriebe auf.
■ Prüfen Sie den Ölstand im Verteilergetriebe, wenn das Verteilergetriebe fertig montiert ist.
■ Achten Sie auf die Einbaurichtung des Tilgergewichtes.
■ Achten Sie auf die Dichtigkeit der Abgasanlage.

## Getriebe aus- und einbauen

Das Getriebe wird nach unten ausgebaut. Die Kardanwellen müsssen demontiert werden. Das Verteilergetriebe wird vom Getriebe abgebaut.

Bei Fahrzeugen mit Luftfederung muss vor dem Anheben des Fahrzeugs der »Wagenhebermodus« aktiviert werden. Hierzu muss die Taste »Lock« 5 Sekunden lang bei eingeschalteter Zündung betätigt werden. Hinweise dazu finden Sie in der Fahrzeugbedienungsanleitung im Heft »Rat und Tat«.

**Schaltgetriebe aus- und einbauen**

- Klemmen Sie die Batterie ab.
- Demontieren Sie den Schalthebel wie bereits beschrieben.
- Nehmen Sie die Geräuschdämmung aus der Mittelkonsole heraus.
- Demontieren Sie den Aschenbecher und nehmen Sie die Abdeckung für die Schaltbetätigung ab.
- Drehen Sie die Schrauben des Schaltgehäuses (7 im Bild 22) heraus.

*Fahrzeuge mit 2,5-l-TDI-Motor:*

- Demontieren Sie den Luftführungsschlauch zwischen Saugrohr und Ladeluftkühler.

*Weiter für alle Fahrzeuge:*

- Bauen Sie das Verteilergetriebe wie bereits beschrieben aus.
- Demontieren Sie den Halter für die Geräuschdämmung unter dem Fahrschemel.
- Bauen Sie das Abgasrohr beziehungsweise das Abgasrohr mit dem Partikelfilter wie bereits beschrieben aus.
- Unterbauen Sie das Getriebe mit einem geeigneten Getriebeheber und heben Sie es leicht an.
- Legen Sie einen Holzklotz mit einer Höhe von 5 cm zwischen Getriebe und Aggregateträger ein.
- Lassen Sie den Getriebeheber ab und stellen Sie ihn zur Seite.
- Bauen Sie den Halter für das Abgasrohr von den Starterschrauben ab.
- Demontieren Sie den Starter und befestigen Sie ihn mit angeschlossenen Kabeln am Aufbau.
- Bauen Sie den Halter für das Kühlmittelrohr von der Getriebeschraube (links) ab.
- Drehen Sie die Schrauben zum Motor oben heraus.
- Clipsen Sie den Entlüftungsschlauch des Getriebes aus dem Halter am Getriebe aus.
- Lösen Sie die Druckleitung zum Kupplungsnehmerzylinder von dem Halter am Getriebe.
- Drehen Sie die Schraube (4 im Bild 16) des Kupplungsnehmerzylinders heraus.
- Nehmen Sie den Kupplungsnehmerzylinder mit der angeschlossenen Druckleitung ab und befestigen Sie ihn am Aufbau.

Das Kupplungspedal darf nicht mehr betätigt werden, da sonst der Nehmerzylinder zerstört wird.

Für die Demontage wird seitens Volkswagen der Getriebeheber mit der Justierplatte (VW 3282/37) ausgerüstet. Das Getriebe wird so in der Einbauposition ausgerichtet. Soweit Sie das Getriebe mit anderen Hilfsmitteln ausrichten, achten Sie auf eine sichere Befestigung.

- Heben Sie das Getriebe so weit an, dass Sie den Holzklotz zwischen Getriebe und Aggregateträger herausnehmen können.
- Senken Sie den Motor so weit ab, dass er an der Stirnwand anliegt.
- Drehen Sie die unteren Schrauben zum Motor heraus.
- Schwenken Sie das Schaltgehäuse nach unten heraus und befestigen Sie es am Getriebe.
- Hebeln Sie das Getriebe vom Motor ab.
- Verdrehen Sie hierbei das Getriebe im Uhrzeigersinn, um es mit der überstehenden Gehäusenase über den Flansch des vorderen Achsgetriebes zu führen.

Achten Sie auf den Verbleib der Passhülsen zwischen Motor und Getriebe.

- Senken Sie das Getriebe mit dem Getriebeheber langsam ab.

Der Einbau erfolgt sinngemäß in umgekehrter Reihenfolge.

- Reinigen Sie die Verzahnung der Getriebeeingangswelle gründlich.

Wenn die Verzahnung der Mitnehmerscheibe nicht leichtgängig auf der Getriebewelle verschoben werden kann, wird die Kupplung nicht ganz von der Druckplatte getrennt und schleift weiter an.

**Automatikgetriebe aus- und einbauen**

Das Getriebe wird nach unten ausgebaut. Die Kardanwellen müssen demontiert werden. Das Verteilergetriebe wird vom Getriebe abgebaut.

■ Klemmen Sie die Batterie bei eingeschalteter Zündung ab.
■ Demontieren Sie die Motorabdeckung oben.

*5-Zylinder-TDI-Motoren:*

■ Befestigen Sie eine 2 cm dicke Holzlatte mit Klebeband an der Rückseite der Tandempumpe.

Die Holzlatte dient als Anlage an der Spritzwand, wenn der Motor für den Getriebeausbau angekippt werden muss.

■ Lösen Sie die Kühlmittelschläuche von der Motorstirnseite.
■ Demontieren Sie die Geräuschdämmung auf der Stirnseite.
■ Drehen Sie die Schrauben (6 im Bild 43) heraus.
■ Bauen Sie den Halter (1) der Geräuschdämmung ab.
■ Demontieren Sie den Dichtdeckel (5) mit einem Ausziehhaken.
■ Setzen Sie das Verdrehwerkzeug (VW T10225) auf die Kurbelwelle und Verschrauben Sie es.

*Weiter für alle Fahrzeuge:*

■ Demontieren Sie die Geräuschdämpfung oder den Unterfahrschutz unter dem Motor und dem Getriebe.
■ Demontieren Sie den Halter für den Unterfahrschutz am Aggregateträger vorne und der Getriebekonsole hinten.
■ Drehen Sie die Befestigungsschrauben für die Kühlmittelleitungen am rechten Motorlager heraus, ziehen Sie die Kühlmittelleitungen nach oben und befestigen Sie die Kühlmittelleitungen mit Kabelbindern beweglich am Motorlager.
■ Ziehen Sie den Sicherungsclip am Schaltzug ab.
■ Hebeln Sie den Schaltzug am Getriebe ab.
■ Nehmen Sie den Schaltzug am Getriebe ab und legen Sie ihn aus dem Arbeitsbereich heraus.
■ Demontieren Sie den Halter des Schaltzuges vom Getriebe ab.

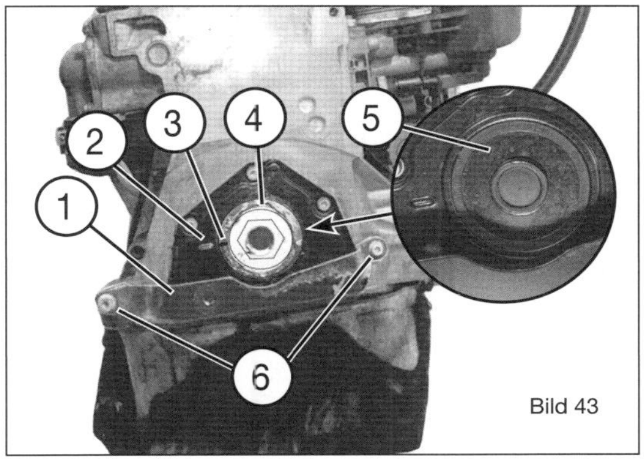

Bild 43

■ Reinigen Sie den Bereich um die Anschlussleitungen für den ATF-Getriebeölkühler gründlich.
■ Drehen Sie die Schraube der Anschlussleitungen für den ATF-Getriebeölkühler heraus.
■ Ziehen Sie die Leitungen ab und verschließen Sie die Öffnungen mit passenden Dichtstopfen.
■ Drehen Sie die Schraube am Halter der Leitungen zum ATF-Getriebeölkühler heraus und befestigen Sie die Leitung außerhalb des Arbeitsbereiches an der Karosserie.
■ Drehen Sie die unteren Schrauben, die das Getriebe mit dem Motor verbinden, heraus.
■ Bauen Sie das Verteilergetriebe wie bereits beschrieben aus.
■ Bauen Sie Sie das Abgasrohr beziehungsweise das Abgasrohr mit dem Partikelfilter wie bereits beschrieben aus.

*5-Zylinder-TDI-Motoren:*

■ Bauen Sie das Abschirmblech im Bereich der Lenkmanschette im Radlauf rechts aus.
■ Bauen Sie das Abschirmblech im Bereich der Einfüllöffnung des Getriebes an der Ölwanne ab.
■ Entsichern Sie die Steckkontakte und ziehen Sie die elektrischen Anschlüsse ab.

*Weiter für alle Fahrzeuge:*

■ Unterbauen Sie das Getriebe mit einem geeigneten Getriebeheber und heben Sie es leicht an.
■ Soweit noch nicht erfolgt, demontieren Sie die Halter, die für den Ausbau des Verteilergetriebe benötigt wurden.
■ Legen Sie einen Holzklotz mit einer Höhe von 5 cm zwischen Getriebe und Aggregateträger ein.

Bild 43
Abstecken der Nockenwelle und der Kurbelwelle beim 5-Zylinder-TDI-Reihenmotor.
1 Halter
2 Markierung Deckel
3 Markierung auf dem Absteckwerkzeug
4 Verdrehwerkzeug »VW T10225«
5 Dichtdeckel Kurbelwelle
6 Schrauben

Bild 44
6-Zylinder TDI-Motoren.
A Verschraubungen Wandler
1 Schrauben Starter
2 Schrauben oben
3 Schraube
4 Schrauben unten

Achten Sie darauf, dass die Leitungen zum ATF-Kühler nicht eingeklemmt werden.

■ Lassen Sie den Getriebeheber ab und stellen Sie ihn zur Seite.

*5-Zylinder-TDI-Motoren:*
■ Drehen Sie die Befestigungsmuttern auf den Starterschrauben ab und nehmen Sie den Halter für das Abgasrohr ab.

*Weiter für alle Fahrzeuge:*
■ Drehen Sie die Schrauben des Starters (1 im Bild 44) heraus und bauen Sie den Starter aus.

*5-Zylinder-TDI-Motoren:*
■ Verdrehen Sie den Motor in Drehrichtung über das Verdrehwerkzeug (4 im Bild 43) so weit, dass Sie eine Verschraubung (A im Bild 44) des Wandlers über die Starteröffnung erreichen können.
■ Drehen Sie die Schraube heraus.
■ Verdrehen Sie den Motor in Drehrichtung über das Verdrehwerkzeug (4 im Bild 43) um 60° weiter, sodass Sie die nächste der Schrauben erreichen können.

*6-Zylinder-TDI-Motoren:*
■ Setzen Sie den Führungsbolzen (des Adapters (VW T40058) in die Bohrung der Kurbelwelle (riemenscheibenseitig) ein.
■ Verdrehen Sie den Motor in Drehrichtung an dem Sechskant des Adapters (VW T40058) so weit, dass Sie eine Verschraubung (A im Bild 44) des Wandlers über die Starteröffnung erreichen können.
■ Drehen Sie die Schraube heraus.
■ Verdrehen Sie den Motor in Drehrichtung an der Zentralschraube der Riemenscheibe weiter, sodass Sie die nächste der Schrauben erreichen können.

*Weiter für alle Fahrzeuge:*
■ Drehen Sie die Schraube heraus und wiederholen Sie die Arbeitsschritte, bis Sie alle sechs Schrauben herausgedreht haben.
■ Drehen Sie die Befestigungsmuttern auf den Verbindungsschrauben ab und nehmen Sie den Halter für das Kühlmittelrohr ab.
■ Drehen Sie die verbliebenen Verbindungsschrauben zwischen Motor und Getriebe heraus.

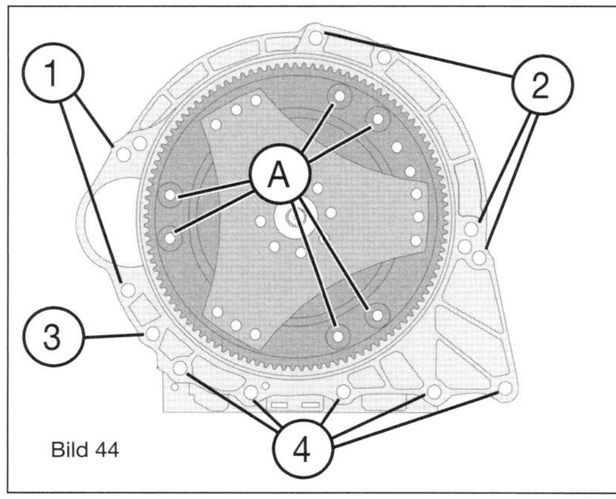

Bild 44

Achten Sie auf den Verbleib der Passhülsen zwischen Motor und Getriebe.
■ Hebeln Sie das Getriebe vom Motor ab.

Drücken Sie hierbei den Wandler von der Mitnehmerscheibe auf der Kurbelwelle in die Getriebeglocke, ohne ihn hierbei zu verdrehen.
■ Senken Sie das Getriebe mit dem Getriebeheber langsam ab.
■ Markieren Sie die Einbauposition des Wandlers zur Getriebeglocke.
■ Sichern Sie den Drehmomentwandler gegen Herausfallen.

## Achsgetriebe aus- und einbauen

**Achsgetriebe Vorderachse**
Das Achsgetriebe ist auf dem Aggregateträger verschraubt. Da hier recht viele Komponenten angebaut sind, ist der Montageaufwand sehr hoch. Der Aggregateträger muss um etwa 20 cm abgesenkt werden, kann aber eingebaut bleiben.
■ Demontieren Sie, wie beschrieben, die Geräuschdämpfung oder den Unterfahrschutz unter dem Fahrzeug.
■ Demontieren Sie die Vorderräder und die Radhausschalen auf beiden Seiten.

*Bei Fahrzeugen mit Luftfederung:*
■ Lösen Sie die Anschlüsse der Federbeine und lassen Sie die Luft ab und ziehen Sie die Anschlüsse wieder mit dem richtigen Drehmoment an.

*Weiter für alle Fahrzeuge:*
■ Hängen Sie den oberen Achslenker mit geeignetem Werkzeug leicht vorgespannt nach oben an der Karosserie auf.

■ Demontieren Sie den Wärmeschutz am Achsantrieb im Radhaus vorne rechts.
■ Drehen Sie die Verschraubungen der Kardanwelle am Achsgetriebe los.
■ Drehen Sie die Verschraubungen der Antriebswellen am Achsgetriebe los.
■ Demontieren Sie (soweit vorhanden) das Abschirmblech des Lenkgetriebes.
■ Fixieren Sie das Lenkrad in Geradeausstellung mit geeigneten Mitteln.
■ Drehen Sie die Schraube des Kreuzgelenkes in Geradeausstellung heraus und ziehen Sie das Kreuzgelenk vom Lenkgetriebe ab.
■ Hängen Sie die Druckleitung zum Lenkgetriebe aus der Halterung aus.
■ Demontieren Sie die beiden Kühlmittelrohre vom linken Rahmenträger.
■ Um den Achsträger im vorderen Bereich zu sichern, hängen Sie geeignete Zugspindeln (VW 10-222A/11) in die Ösen am rechten und linken Motorträger ein.
■ Legen Sie ein Kantholz von etwa 30 cm Länge in den Bügel der Spindel ein und positionieren Sie sie so, dass sie am Querlenker und am Aggregateträger anliegen.
■ Unterbauen Sie den Motorträger mit einem geeigneten Getriebeheber und heben Sie ihn leicht an.
■ Schrauben Sie die Schrauben (1 und 4 im Bild 45) heraus.

Soweit die Bohrung in den Aggregatelagern rund ist, kann die Position des Aggregateträgers mit einem Fixierwerkzeug gesichert werden.

Zwar kann der Aggregateträger über Fixierschrauben recht sicher auf die alte Position wieder montiert werden, es bleibt aber ein Restrisiko, dass der Aggregateträger leicht versetzt eingebaut wird oder aber, dass eine Achseinstellung bereits vor Ihrer Montage nicht in den Toleranzen lag. Führen Sie deshalb grundsätzlich immer zum Abschluss der Arbeiten eine Achsvermessung durch. Die Achsvermessung ist in der Regel günstiger, als möglicherweise schief ablaufende Reifen ersetzen zu müssen.
■ Bauen Sie die Koppelstangen rechts und links am Stabilisator ab.
■ Senken Sie den Aggregateträger über die verbauten Spindeln (VW 10-222A/11) um etwa 50 mm ab.
■ Bauen Sie die Schraubverbindung des Federbeins unten rechts und links aus.

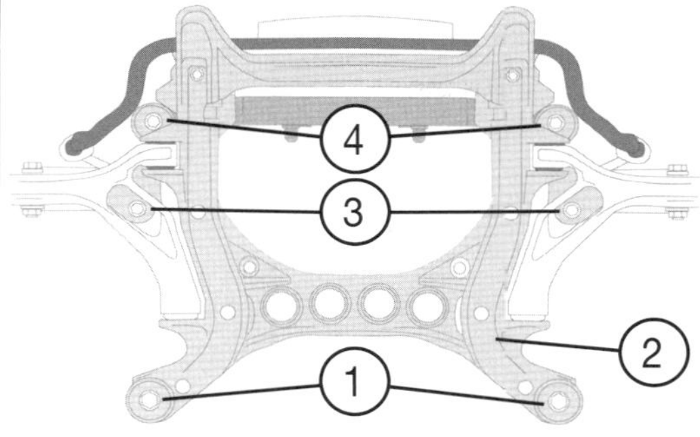

Bild 45

Bild 45
Aggregateträger beim Touareg.
1 Schrauben hinten
2 Aggregateträger
3 Schrauben
4 Schrauben

■ Drehen Sie die Schraube zur Sicherung des Motorträgers am Aufbau mit einer zusätzlichen Scheibe im Motorträger und dem Längsträger links und rechts ein.
■ Unterbauen Sie den Aggregateträger mit einem geeigneten Getriebeheber unter dem Achsgetriebe vorne.
■ Sichern Sie den Aggregateträger mit geeigneten Gurten und demontieren Sie die Zugspindeln (VW 10-222A/11), die unter den Querlenkern und dem Achsträger verbaut worden sind.
■ Demontieren Sie die Entlüftungsleitung und senken Sie den Aggregateträger um 20 cm ab.
■ Drehen Sie die Befestigungsschrauben des Achsgetriebes am Aggregateträger heraus.
■ Nehmen Sie die linke Antriebswelle vom Achsgetriebe ab und heben Sie das Achsgetriebe aus den Befestigungspunkten.
■ Nehmen Sie das Achsgetriebe nach hinten heraus.

**Achsgetriebe Hinterachse**
Das Achsgetriebe der Hinterachse ist im Aggregateträger hinten verbaut und mit recht wenig Aufwand auszubauen.
■ Bauen Sie den Unterfahrschutz und den hinteren Teil der Abgasanlage aus.
■ Demontieren Sie die Antriebswellen und die Kardanwelle wie bereits beschrieben.
■ Soweit verbaut, bauen Sie den Motor für die Quersperre aus.
■ Unterbauen Sie das Achsgetriebe mit einem geeigneten Getriebeheber und heben Sie es leicht an.
■ Lösen Sie die Verschraubungen am Aggregateträger hinten und lassen Sie das Achsgetriebe mit einem Getriebeheber ab.

Die Montage erfolgt für beide Achsgetriebe sinngemäß in umgekehrter Reihenfolge.

# 11 Fahrwerk

## Arbeiten am Fahrwerk

Bei der Instandsetzung von tragenden und radführenden Bauteilen, zum Beispiel an Unfallfahrzeugen, können Schäden am Fahrwerk unentdeckt bleiben. Diese unentdeckten Schäden führen unter Umständen im späteren Fahrbetrieb zu schweren Folgeschäden. Bei Unfallfahrzeugen müssen deshalb die im Folgenden aufgeführten Bauteile auf jeden Fall in der beschriebenen Weise und Reihenfolge kontrolliert werden.
Wichtig ist immer auch eine Vermessung des Fahrwerks. Werden dabei keine Abweichungen von den Sollwerten festgestellt, liegen auch keine Verformungen am Fahrwerk vor.

**Sicht- und Funktionsprüfung für das Lenksystem**

- Sichtprüfung auf Verformung und Risse.
- Spielprüfung der Spurstangengelenke und des Lenkgetriebes.
- Sichtprüfung auf defekte Falten- und Fettbälge.
- Elektrische Leitungen auf Scheuer-, Schnitt- und Knickstellen untersuchen.
- Verschraubungen und Lenkgetriebe auf Dichtheit kontrollieren.
- Lenkgetriebe und Leitungen auf festen Sitz überprüfen.
- Einwandfreie Funktion über den gesamten Lenkeinschlag prüfen, indem die Lenkung von Anschlag zu Anschlag betätigt wird. Dabei muss das Lenkrad mit gleichbleibender Betätigungskraft, ohne zu haken, drehbar sein.

**Sicht- und Funktionsprüfung für das Fahrwerk**

- Alle in den Montageübersichten dargestellten Bauteile auf Verformung, Risse und sonstige Beschädigungen überprüfen.
- Beschädigte Teile ersetzen.
- Fahrzeug auf einem Computer-Achsmessstand vermessen lassen.
- Räder und Reifen auf Rundlauf und Unwucht untersuchen.
- Reifen auf Einschnitte und Stoßverletzungen im Profil und an den Flanken überprüfen.
- Bereifung auf Fülldruck (Angaben in der Tankklappe), Zustand, Reifenlaufbild und Profiltiefe prüfen.
- Bei Beschädigungen am Scheibenrad und/oder am Reifen ist der Reifen oder auch das ganze Rad zu ersetzen. Dies gilt auch, wenn ein Unfallhergang und Schäden am Fahrzeug auf eine mögliche, wenngleich nicht sichtbare Beschädigung schließen lassen.
- Reifen sollten nicht älter als 6 Jahre sein.

**Elektronische Fahrzeugsysteme**

Sicherheitsrelevante Systeme wie zum Beispiel: ABS/EDS, Airbag, elektronisch geregelte Fahrwerksysteme, elektromechanische Lenk- und sonstige Fahrerassistenzsysteme müssen mit einem Fahrzeugdiagnose-, Mess- und Informationssystem auf eventuell gespeicherte Fehlermeldungen abgefragt werden. Wurden in den Fehlerspeichern der genannten Systeme Fehler gespeichert, sind diese entsprechend den Vorgaben von Volkswagen zu beseitigen. Nach erfolgter Reparatur sind die jeweils betroffenen Systeme nochmals auf Fehlerspeichereinträge zu prüfen, um sicher zu sein, dass die Funktion wieder gewährleistet ist.

**Hinweise und Vorschriften**

- Schweiß- und Richtarbeiten an tragenden und radführenden Bauteilen der Radaufhängung sind nicht zulässig.
- Selbstsichernde Muttern sowie korrodierte Schrauben und Muttern müssen immer ersetzt werden.
- Gummimetalllager haben einen begrenzten Verdrehbereich. Ziehen Sie deshalb die Schraubverbindungen an den Bauteilen mit Gummimetalllagern erst dann fest, wenn das Radlagergehäuse angehoben ist (siehe »Radlagerung in Leergewichtslage heben«).

## Prüfungen an der Achslagerung

**Achsgelenke und Achslager: Sichtprüfung**

- Bitte prüfen Sie die Dichtungsbälge der Achsgelenke auf Undichtigkeiten und Beschädigungen.
- Weiterhin prüfen Sie die Achslager: Es

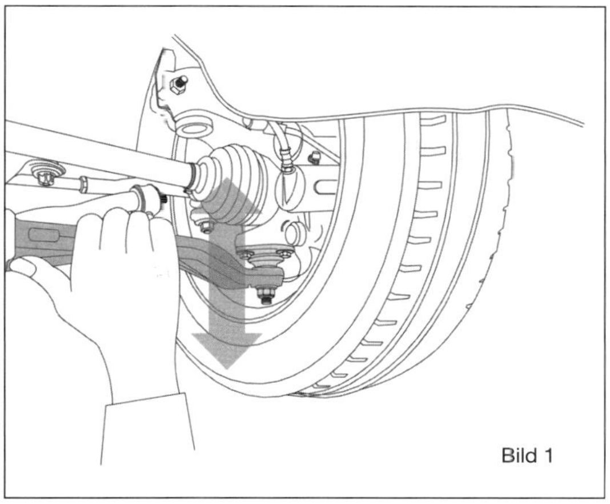
Bild 1

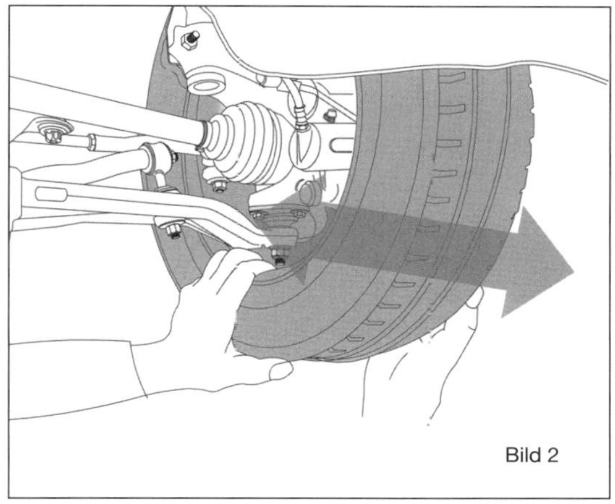
Bild 2

Bild 1
Axialspiel prüfen.

Bild 2
Radialspiel prüfen.

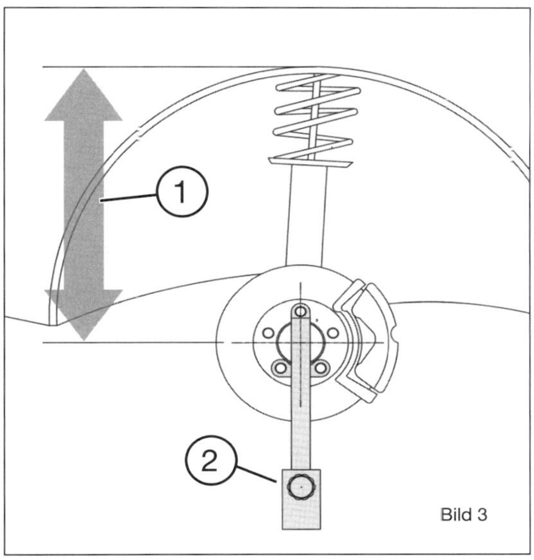

Bild 3

Bild 3
Leergewichtslage herstellen.
1 Abstand von Radmitte zum Radlauf als Ruhemaß
2 Adapter auf einem Getriebeheber

darf kein Spiel vorhanden sein, das vulkanisierte Gummilager darf keine Risse und poröse Stellen aufweisen.

**Achsgelenk prüfen (Bilder 1 und 2)**

Es darf bei beiden Prüfungen kein fühl- oder sichtbares »Spiel« vorhanden sein. Während der Prüfungen das Achsgelenk beobachten. Eventuell vorhandenes Radlagerspiel oder »Spiel« im Federbeinlager oben berücksichtigen. Gummibalg auf Beschädigung prüfen, ggf. Achsgelenk ersetzen.

*Axialspiel prüfen:*

■ Achslenker kräftig in Pfeilrichtung (Bild 1) nach unten ziehen und wieder hochdrücken.

*Radialspiel prüfen:*

■ Rad unten kräftig in Pfeilrichtung nach innen und außen drücken (Bild 2).

■ Auf beschädigungsfreien und nicht verdrillten Dichtbalg achten.

**Radlagerung in Leergewichtslage (Bild 3)**

Alle Schrauben an Fahrwerksteilen mit Gummimetalllagern müssen grundsätzlich in Leergewichtslage (unbeladenem Zustand) festgezogen werden. Gummimetalllager haben einen begrenzten Verdrehbereich. Achsbauteile mit Gummimetalllagern müssen deshalb vor dem Festziehen in eine Position gebracht werden, die der Position im Fahrbetrieb entspricht (Leergewichtslage). Anderenfalls wird das Gummimetalllager verspannt, eine geringere Lebensdauer wäre dann die Folge. Durch Anheben der entsprechenden Radaufhängung mit dem Motor- und Getriebeheber und der Aufnahme kann diese Position auf der Hebebühne simuliert werden. Bevor die entsprechende Radaufhängung angehoben wird, muss das Fahrzeug auf beiden Fahrzeugseiten an den Tragarmen der Hebebühne mit den Spanngurten verzurrt werden.

Wird das Fahrzeug nicht verzurrt, besteht die Gefahr, dass das Fahrzeug von der Hebebühne abrutschen kann!

■ Radnabe so weit drehen, bis eine der Bohrungen für Radschrauben oben steht.

■ Aufnahme mit einer Radschraube an die Radnabe anbauen.

■ Das Festziehen der betroffenen Schrauben/Muttern darf nur dann erfolgen, wenn das Maß (1) zwischen der Radnabenmitte und der Unterkante Radhaus erreicht ist.

■ Das Maß (1) ist abhängig von der Standhöhe des eingebauten Fahrwerks und wird im Stand bei unbeladenen Zustand in neutraler Federlage ermittelt.

Bild 4
Radaufhängung vorne.
1 Muttern
2 Lagerbock
3 Schrauben
4 Schrauben
5 Höhensensor
6 Querlenker oben
7 Muttern
8 Federbein
9 Querlenker unten
10 Mutter
11 Mutter
12 Schraube
13 Radlagergehäuse (Achsschenkel)
14 Mutter
15 Mutter
16 Koppelstange
17 Schraube
18 Schraube
19 Mutter
20 Stabilisator

## Achsgelenk aus- und einbauen

### Querlenker oben/unten instandsetzen

Der Wechsel des Traggelenkbolzens ist nicht vorgesehen. Im Zubehör werden die Querlenker unten ab etwa 130 Euro, die oberen ab etwa 55 Euro gehandelt. Das macht den Wechsel der Bolzen aber auch den Wechsel der Lagergummies unwirtschaftlich. Die Querlenker bewegen sich unter Last in den Gummilagern. Um eine gleichmäßige Bewegung gewährleisten zu können, sollten Sie grundsätzlich die Querlenker achssymetrisch (auf beiden Seiten die gleichen Bauteile) tauschen.

### Querlenker oben wechseln

- Erfassen Sie die Höhenlage der Vorderachse im eingefederten Zustand.

Die Messung erfolgt am besten zwischen Radlaufkante und Radmitte.

- Notieren Sie sich den Messwert.

*Fahrzeuge mit Luftfederung:*

- Bringen Sie das Fahrzeug wie im Fahrerhandbuch beschrieben in die Wagenheberstellung.
- Klemmen Sie die Batterie bei eingeschalteter Zündung ab.

*Weiter für alle Fahrzeuge:*

- Das Fahrzeug mit der Hebebühne anheben und das entsprechende Rad abbauen.
- Demontieren Sie die Radhausschale auf der entsprechenden Seite.

⚠ Bei Fahrzeugen mit entkoppelbarem Stabilisator koppeln Sie den Stabilisator vor der weiteren Montage.

- Drehen Sie die Verschraubung (18) der Koppelstange heraus und nehmen Sie die Koppelstange vom Stoßdämpfer ab.
- Demontieren Sie den Halter des Fahrzeughöhensensors (5) (soweit verbaut).
- Fangen Sie den Achsschenkel mit einem geeigneten Getriebeheber ab.

*Fahrzeuge mit Luftfederung:*

- Demontieren Sie die Luftleitung, lassen Sie den Druck ab und verschließen Sie die Anschlüsse mit passenden Stopfen.

- Drehen Sie die Mutter des Führungsgelenks oben ab und drücken Sie den Führungsgelenkbolzen mit einem entsprechenden Abdrückwerkzeug (VWT10187) ab.

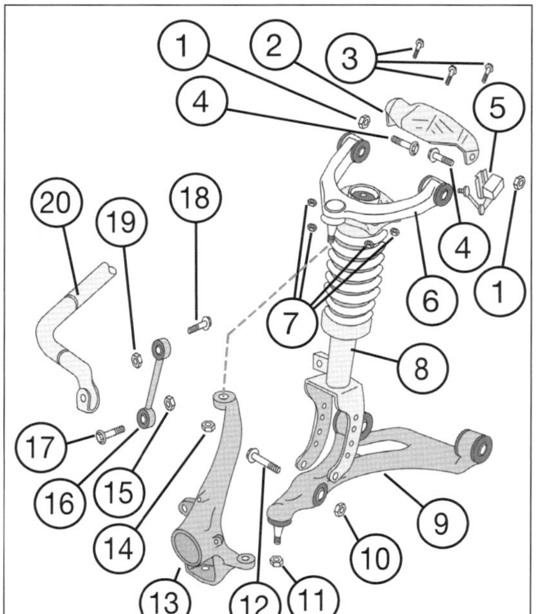

Bild 4

- Drehen Sie die Mutter (10) ab, lassen aber die Schraube (12) noch stecken.
- Drehen Sie die Muttern (7) ab.
- Ziehen Sie die Schraube (12) heraus und nehmen Sie das Federbein heraus.
- Drehen Sie die Verschraubungen (3) heraus und nehmen Sie den Lagerbock (2) zusammen mit dem oberen Querlenker heraus.
- Markieren Sie die Position des oberen Querlenkers (6) im Lagerbock (2).
- Drehen Sie die Verschraubungen (4) heraus und nehmen Sie den oberen Querlenker (6) aus dem Lagerbock (2) heraus.

Die Montage erfolgt sinngemäß in umgekehrter Reihenfolge.

- Achten Sie auf die Position des oberen Querlenkers im Lagerbock.
- Ersetzen Sie die Schrauben nach jeder Demontage.
- Ziehen Sie die Verschraubungen mit Gummilagerungen erst nach dem Anheben der Fahrwerksseite in die zuvor festgestellte Höhenlage an.

### Querlenker unten wechseln

- Erfassen Sie die Höhenlage der Vorderachse im eingefederten Zustand.

Die Messung erfolgt am besten zwischen Radlaufkante und Radmitte.

■ Notieren Sie sich den Messwert.
■ Das Fahrzeug mit der Hebebühne anheben und das entsprechende Rad abbauen.
■ Die Geräuschdämpfung oder Unterfahrschutz (soweit verbaut) ausbauen.
■ Demontieren Sie die entsprechende Antriebswelle wie bereits beschrieben.
■ Drehen Sie die Mutter (11) des Traggelenks unten ab und drücken Sie den Traggelenkbolzen mit einem entsprechenden Abdrückwerkzeug (VWT10187) ab.

Tipp: Fixieren Sie den Querlenker oben mit geeignetem Werkzeug (Federspanner VW 552), um ein Absacken nach dem Lösen der Verschraubung des Federbeins zu verhindern.

■ Drehen Sie die Verschraubung (12) des Federbeins unten heraus.
■ Lösen Sie die Verschraubungen des unteren Querlenkers am Aggregateträger und ziehen Sie die Schrauben heraus.
■ Nehmen Sie den entsprechenden Querlenker heraus.

Die Montage erfolgt sinngemäß in umgekehrter Reihenfolge.

■ Ersetzen Sie die Schrauben nach jeder Demontage.
■ Ziehen Sie die Verschraubungen mit Gummilagerungen erst nach dem Anheben der Fahrwerksseite in die zuvor festgestellte Höhenlage an.

## Achslenker Hinterachse

■ Erfassen Sie die Höhenlage der Hinterachse im eingefederten Zustand.

elektr. Messen: Die Messung erfolgt am besten zwischen Radlaufkante und Radmitte.

■ Notieren Sie sich den Messwert.

Achtung: Bei Fahrzeugen mit entkoppelbarem Stabilisator koppeln Sie den Stabilisator vor der weiteren Montage.

Achtung: Die Verschraubungen des Querlenkers am Aggregateträger hinten sind mit Exzenterscheiben ausgeführt. Die Einbauposition der Verschraubung muss wieder erreicht werden, da hier Einfluss auf die Radspur und den Nachlauf der Hinterachse genommen werden kann.

*Fahrzeuge mit Luftfederung:*

■ Bringen Sie das Fahrzeug wie im Fahrerhandbuch beschrieben in die Wagenheberstellung.

### Querlenker Hinterachse

■ Markieren Sie die Einbaulage der Exzenterscheiben zum Aggregateträger.
■ Drehen Sie die Schrauben am Aggregateträger hinten heraus.
■ Drehen Sie die Schraube (17 im Bild 5) heraus.
■ Ziehen Sie den Achsschenkel etwas nach außen und nehmen Sie den Querlenker heraus.

Die Montage erfolgt sinngemäß in umgekehrter Reihenfolge.

Tipp: Zwar kann durch die Markierung der Einbauposition der Exzenterscheiben die Achseinstellung recht genau wieder hergestellt werden. Es kann aber nicht sicher festgestellt werden, ob diese Einstellung nicht durch vorherige Schäden bereits falsch gewesen ist. Lassen Sie eine Achsvermessung durchführen.

■ Ziehen Sie die Verschraubungen mit Gummilagerungen erst nach dem Anheben der Fahrwerksseite in die zuvor festgestellte Höhenlage an.

### Achslenker und Spurhebel

■ Drehen Sie die Schraube (4) heraus.
■ Drehen Sie die Schraube (5) heraus.
■ Nehmen Sie den Achslenker (6) heraus.

Die Montage erfolgt sinngemäß in umgekehrter Reihenfolge.

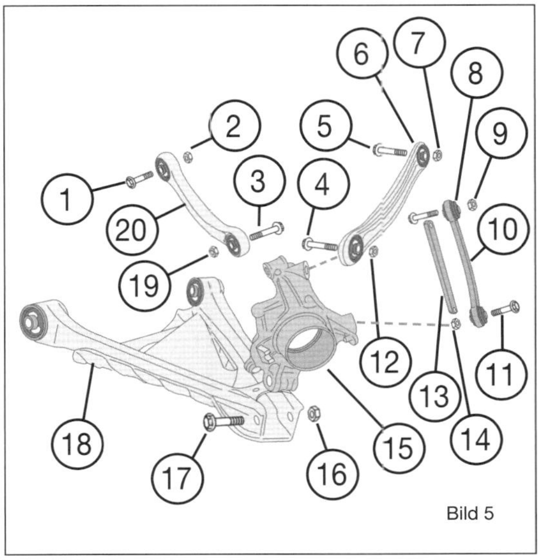


Bild 5

Bild 5
Achslenker Hinterachse.
1 Schraube
2 Mutter
3 Schraube
4 Schraube
5 Schraube
6 Achslenker oben hinten
7 Mutter
8 Spurstange
9 Mutter
10 Spurstange
11 Schraube
12 Mutter
13 Steinschlagschutz
14 Mutter
15 Achsschenkel (Radlagergehäuse)
16 Mutter
17 Schraube
18 Querlenker
19 Mutter
20 Achslenker oben vorne

■ Ziehen Sie die Verschraubungen mit Gummilagerungen erst nach dem Anheben der Fahrwerksseite in die zuvor festgestellte Höhenlage an.

**Querlenkerlager (Gummimetalllager) im Querlenker wechseln**

Auch hier sollten Sie überlegen, ob der Neuteilersatz des Querlenkers nicht die bessere Wahl ist. Die Gummilager müssen aus dem Querlenker ausgepresst werden.

Ersetzen Sie grundsätzlich alle Gummilager in den Querlenkern gleichzeitig. Unterschiedliche Härtegrade können merklichen Einfluss auf die Radführung haben.

■ Bauen Sie den Querlenker wie schon beschrieben aus.
■ Markieren Sie die Einbaurichtung der Lager.

Gummimetalllager haben einen begrenzten Verdrehbereich. Deshalb die Schraubverbindungen an den Bauteilen mit Gummimetalllagern erst dann festziehen, wenn das Radlagergehäuse in Leergewichtslage (Bild 3) angehoben ist.

■ Drücken Sie die Querlenkerlager mit einem Presswerkzeug für Gummimetalllager (Silentlager) oder einer Gewindestange und passenden Hülsen heraus.

Achten Sie darauf, dass sich das Lager nicht verkantet und gerade hineinrutscht.

■ Reinigen Sie die Sitzfläche gründlich.
■ Fetten Sie die Sitzfläche leicht ein.
■ Drücken Sie die Querlenkerlager mit einem Presswerkzeug für Gummimetalllager (Silentlager) oder einer Gewindestange und passenden Hülsen hinein.

## Radlagereinheit vorne und hinten aus- und einbauen

Es wurden unterschiedliche Radlagersätze verbaut. Beide Bautypen werden nach außen abgezogen. Das Radlager für das 16″-Fahrwerk (4) ist mit einem Federspreizring ausgerüstet. Dieser wird bei der Demontage zerstört. Das größere Radlager (5) für die 16″-, 17″- und 18″-Fahrwerke sind mit einem herkömmlichen Sicherungsring ausgerüstet.

Das Fahrzeug darf ohne montierte Antriebswellen und den Radlagern weder auf den Rädern abgestellt noch bewegt werden. Durch die Belastung werden die Radlager beschädigt.

Die Vorgehensweise für die Radlager-Montage unterscheidet sich nicht wesentlich. Wir werden Ihnen die Besonderheiten in der Abfolge der Arbeitsschritte gesondert hervorheben.

■ Lösen Sie die Zentralmutter (5 im Bild 6) der Antriebswelle.
■ Das Fahrzeug mit der Hebebühne anheben und das entsprechende Rad abbauen.
■ Demontieren Sie den Halter des Fahrzeughöhensensors (soweit verbaut).
■ Entsichern Sie den Steckkontakt und ziehen Sie den elektrischen Anschluss ab.
■ Drehen Sie die Schraube am Achsschenkel (Radlagergehäuse) heraus und demontieren Sie den ABS-Sensor.
■ Demontieren Sie den Bremssattel und befestigen Sie ihn mit einem Kabelbinder am Fahrzeugaufbau.
■ Bauen Sie die Bremsscheibe ab.

*Radlager hinten:*
■ Hängen Sie die Bremsseile am Achsschenkel aus.
■ Demontieren Sie die Bremsbacken für die Handbremse in der Bremsscheibe hinten.

*Radlager vorne:*
■ Demontieren Sie das Abschirmblech (2).

*Weiter für alle Radlager:*
■ Bauen Sie die entsprechende Antriebswelle wie beschrieben aus.

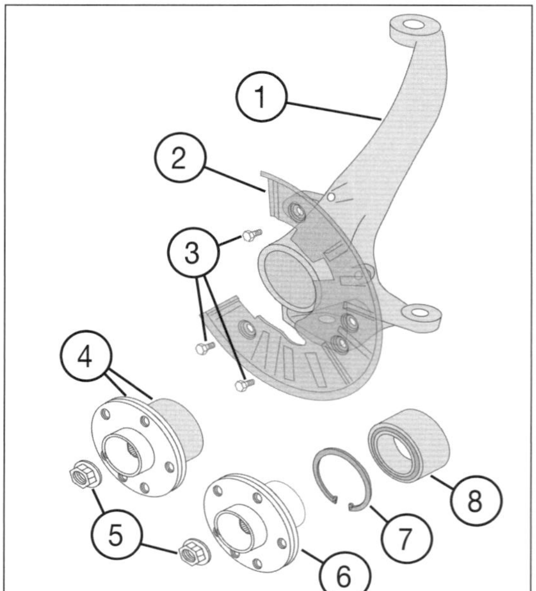

Bild 6

Bild 6
Radlagereinheit vorne.
1 Achsschenkel (Radlagergehäuse
2 Abschirmblech
3 Schrauben
4 Radnabe mit Lager (16″- Fahrwerk)
5 Zentralmuttern
6 Radnabe (17″-, 18″- und größere Fahrwerke)
7 Sicherungsring
8 Radlager

■ Montieren Sie die Anlageplatten am Achsschenkel (Radlagergehäuse). Je nach Hersteller werden diese unterschiedlich verschraubt.
■ Montieren Sie das Druckgehäuse je nach Ausführung außen über der Radnabe oder durch die Radschrauben der Radnabe hindurch.
■ Montieren Sie die Zugspindel mit einem passenden Gegenlager von der Innenseite.

*Fahrzeuge mit 16˝-Fahrwerk:*
■ Ziehen Sie nun mit der Zugspindel das Radlager (4) aus dem Achsschenkel heraus.

*Fahrzeuge mit 17˝-, 18˝- und größeren Fahrwerken:*
■ Ziehen Sie nun mit der Zugspindel die Radnabe (6) aus dem Achsschenkel heraus.
■ Demontieren Sie den Sicherungsring (7).
■ Ziehen Sie nun mit der Zugspindel das Radlager (8) aus dem Achsschenkel heraus.

Der Einbau erfolgt sinngemäß in umgekehrter Reihenfolge.

⚠ Das Radlager ist zur Innenseite mit einem Magnetspurring ausgestattet. Das Radlager darf keinen Kontakt zu magnetischen Materialien bekommen. Der Magnetspurring kann unbrauchbar werden und das Radlager muss erneut ersetzt werden. Prüfen Sie die Magnetspur (Bild 7) des Radlagers unbedingt vor der endgültigen Montage der Achsbauteile.

■ Reinigen Sie die Sitzflächen der Radlagereinheit im Achsschenkel (Radlagergehäuse) mit Schleifpapier.

⚠ Achten Sie darauf, dass sich das Lager nicht verkantet und gerade hineinrutscht.

## Federbein Vorderachse aus- und einbauen

⚠ Stoßdämpfereinheiten sollten grundsätzlich nur achsweise ersetzt werden!

⚠ Der Stoßdämpfer hat auch Radführungsaufgaben. Es ist sehr wichtig, auf seinen Zustand zu achten.

■ Erfassen Sie die Höhenlage der Vorderachse im eingefederten Zustand.

Die Messung erfolgt am besten zwischen Radlaufkante und Radmitte.

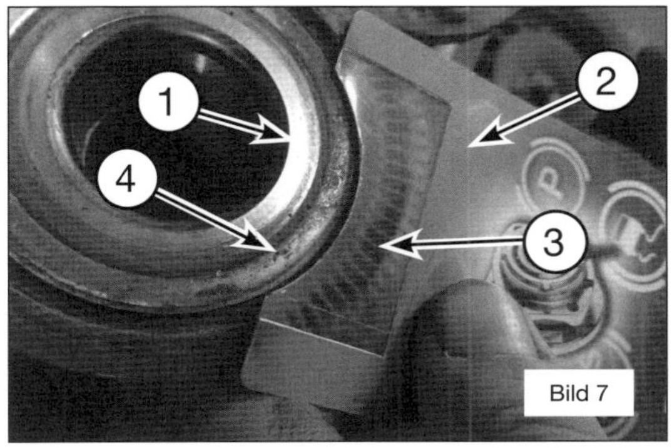

Bild 7

Bild 7
Vor dem Einbau. Kontrolle der Magnetspur des Radlagers mit einer Prüfkarte.
1 Radlager
2 Kontrollkarte
3 Kontrollfeld für Magnetfelder am Sensorring
4 Sensorring

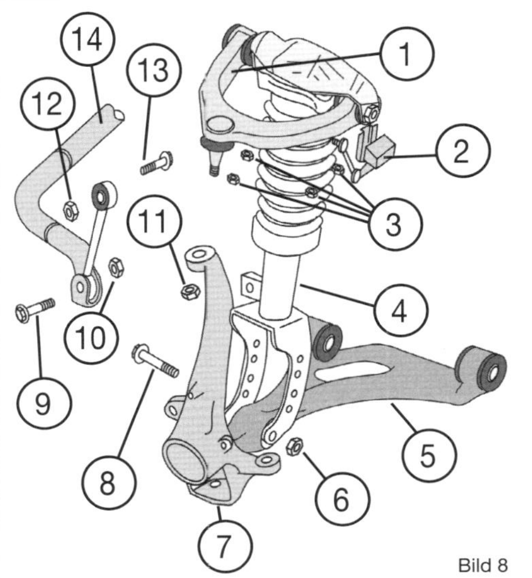

Bild 8

Bild 8
Stoßdämpfer vorne.
1 Querlenker oben
2 Höhensensor
3 Muttern
4 Federbein vorne
5 Querlenker unten
6 Mutter
7 Achsschenkel
8 Schraube
9 Schraube
10 Mutter
11 Mutter
12 Mutter
13 Schraube
14 Stabilisator

■ Notieren Sie sich den Messwert.

*Fahrzeuge mit Luftfederung:*
■ Bringen Sie das Fahrzeug wie im Fahrerhandbuch beschrieben in die Wagenheberstellung.
■ Klemmen Sie die Batterie bei eingeschalteter Zündung ab.
■ Demontieren Sie die Luftleitung, lassen Sie den Druck ab und verschließen Sie die Anschlüsse mit passenden Stopfen.

*Weiter für alle Fahrzeuge:*
■ Das Fahrzeug mit der Hebebühne anheben und das entsprechende Rad abbauen.
■ Demontieren Sie die Radhausschale auf der entsprechenden Seite.
■ Demontieren Sie den Halter des Fahrzeughöhensensors (2 im Bild 8) (soweit verbaut).
■ Demontieren Sie die Verschraubung (13) und bauen Sie die Koppelstange des Stabilisators vom Stoßdämpfer (4) ab.

Sichtprüfung Messen

Bild 9
Stoßdämpfer vorne.
1 Stoßdämpfer
2 Beilage unten
3 Federunterlage
4 Feder
5 Schutzkappe
6 Anschlagpuffer
7 Schutzhülle
8 Unterlage oben
9 Federteller oben
10 Domlager
11 Mutter

Bild 10
Stoßdämpfer hinten.
1 Lagerbock
2 Muttern
3 Schwenklager
4 Schrauben
5 Federbein
6 Schraube
7 Achsschenkel (Radlagergehäuse)
8 Mutter
9 Koppelstange
10 Stabilisator hinten
11 Mutter

⚠ Bei Fahrzeugen mit entkoppelbarem Stabilisator koppeln Sie den Stabilisator vor der weiteren Montage.

■ Drehen Sie die Mutter (11) des Führungsgelenks oben ab und drücken Sie den Führungsgelenkbolzen mit einem entsprechenden Abdrückwerkzeug (VWT10187) ab.

■ Drehen Sie die Mutter der Spurstange ab und drücken Sie den Führungsgelenkbolzen mit einem entsprechenden Abdrückwerkzeug (VWT10187) ab.

⚠ Achten Sie darauf, dass die Dichtbälge des Gelenkbolzens nicht beschädigt werden.

■ Fangen Sie den Achsschenkel mit einem geeigneten Getriebeheber ab.

*Fahrzeuge mit Luftfahrwerk:*

■ Drehen Sie die drei Schrauben (3 im Bild 4) heraus.

☞ Der Lagerbock wird zusammen mit dem Federbein und dem oberen Querlenker ausgebaut.

☞ Auf der rechten Seite muss das Motorsteuergerät ausgebaut werden.

*Fahrzeuge mit Stahlfedern:*

■ Drehen Sie die Mutter (6) ab lassen aber die Schraube (8) noch stecken.

■ Drehen Sie die Muttern (3) ab.

*Weiter für alle Fahrzeuge:*

■ Ziehen Sie die Schraube (8) heraus und nehmen Sie das Federbein (4) heraus.

Der Einbau erfolgt sinngemäß in umgekehrter Reihenfolge.

■ Lassen Sie eine Fahrwerksvermessung durchführen.

## Federbein Hinterachse aus- und einbauen

■ Erfassen Sie die Höhenlage der Hinterachse im eingefederten Zustand (Bild 3).

Die Messung erfolgt am besten zwischen Radlaufkante und Radmitte.

■ Notieren Sie sich den Messwert.

⚠ Bei Fahrzeugen mit entkoppelbarem Stabilisator koppeln Sie den Stabilisator vor der weiteren Montage.

■ Das Fahrzeug mit der Hebebühne anheben und das entsprechende Rad abbauen.

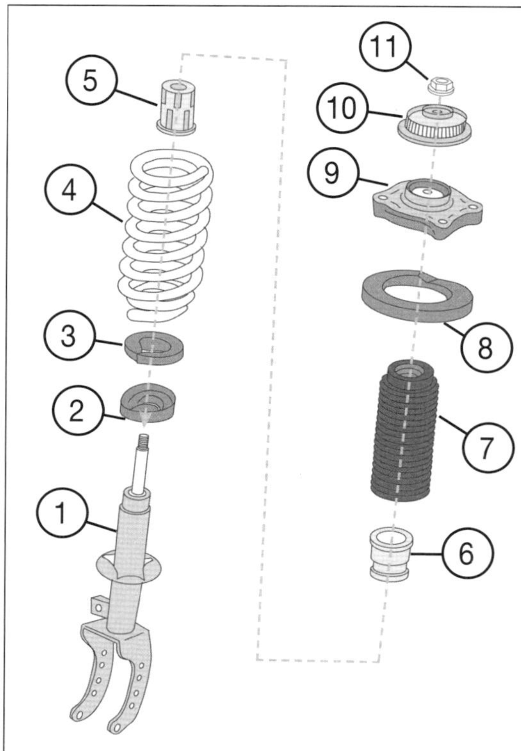

Bild 9

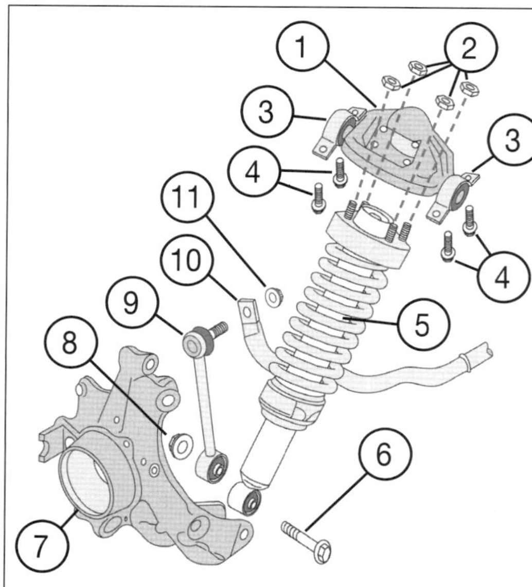

Bild 10

■ Bauen Sie die Radhausschale auf der entsprechenden Seite aus.

*Fahrzeuge mit Luftfederung:*

■ Bringen Sie das Fahrzeug wie im Fahrerhandbuch beschrieben in die Wagenheberstellung.

■ Klemmen Sie die Batterie bei eingeschalteter Zündung ab.
■ Demontieren Sie die Luftleitung, lassen Sie den Druck ab und verschließen Sie die Anschlusse mit passenden Stopfen.
■ Legen Sie den elektrischen Anschluss zum Verstellungsventil des Dämpfers frei.
■ Entsichern Sie den Steckkontakt und ziehen Sie ihn ab.

*Weiter für alle Fahrzeuge:*
■ Das Fahrzeug mit der Hebebühne anheben und das entsprechende Rad abbauen.
■ Demontieren Sie die Radhausschale auf der entsprechenden Seite.
■ Demontieren Sie den Halter des Fahrzeughöhensensors (soweit verbaut).
■ Drehen Sie die Schrauben (4) heraus.
■ Lösen Sie die Verschraubung (7).
■ Drücken Sie mit einer Holzlatte den Achsschenkel (7) nach unten.
■ Ziehen sie die Schraube (6) heraus.
■ Nehmen Sie das Federbein (5) heraus.

Der Einbau erfolgt sinngemäß in umgekehrter Reihenfolge.

⚠ Gummimetalllager haben einen begrenzten Verdrehbereich. Achsbauteile mit Gummimetalllagern müssen deshalb vor dem Festziehen in die Position gebracht werden, die dem Fahrbetrieb entspricht (Leergewichtslage).

## Feder vorne oder hinten aus- und einbauen

■ Bauen Sie das Federbein wie beschrieben aus.
■ Spannen Sie die Feder mit einem Federspanner (3 im Bild 12) vor, bis das Domlager (1) spannungslos ist.
■ Lösen Sie die Mutter (11 im Bild 10 beziehungsweise 12 im Bild 11)) mit einer passenden Stecknuss (4 im Bild 13) und einer Ratsche mit Zentralbohrung (3).

☞ Ersatzweise kann auch ein verkröpfter Ringschlüssel und ein passender Innensechskanteinsatz für die Kolbenstange zum Einsatz kommen.

*Stoßdämpfer vorne (Bild 9):*
■ Nehmen Sie die Mutter (11), das Domlager (10), die Federunterlage (9), die Unterlage oben (8), die Feder (4), den Faltenbalg (7) den Anschlagpuffer (6), die Federunterlage (3) und die Beilage (2) vom Federbein (1) ab.

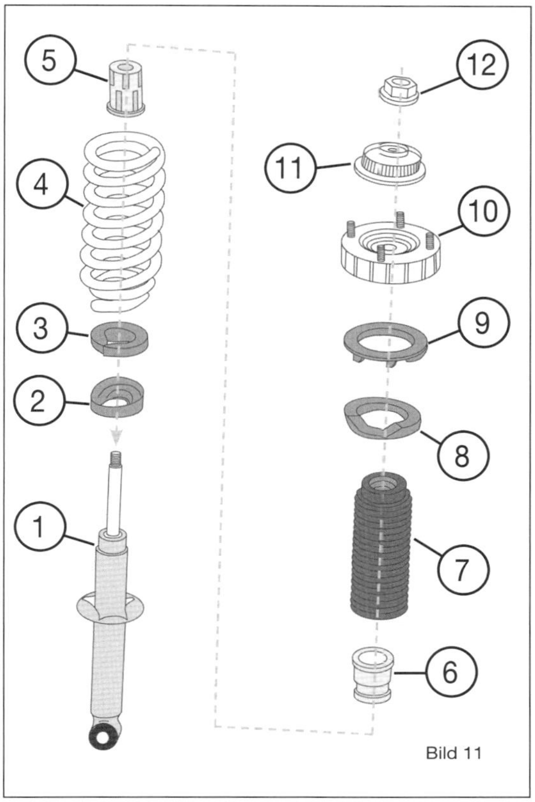


Bild 11
Stoßdämpfer hinten.
1 Stoßdämpfer
2 Beilage unten
3 Federunterlage
4 Feder
5 Schutzkappe
6 Anschlagpuffer
7 Schutzhülle
8 Unterlage oben
9 Beilage oben
10 Federteller oben
11 Domlager
12 Mutter

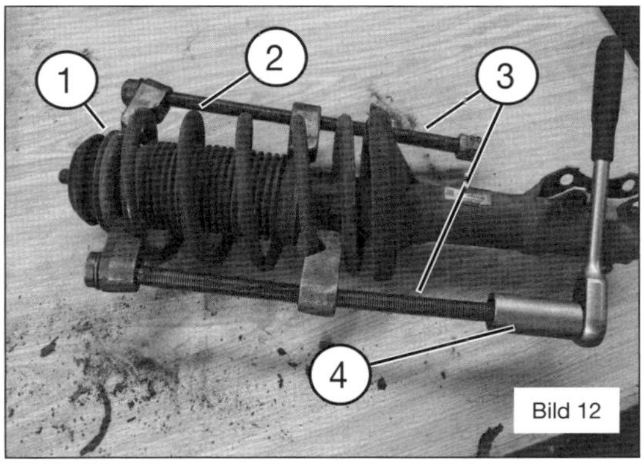


Bild 12
Feder spannen.
1 Domlager
2 Feder
3 Federspanner
4 Ratsche mit passender Stecknuss

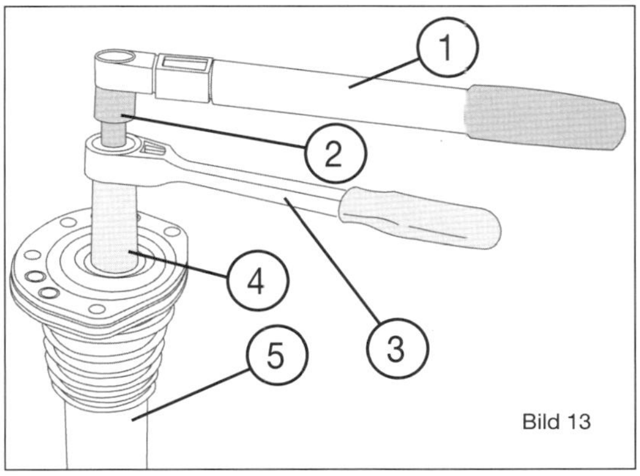


Bild 13
Demontage Stoßdämpfer vorne.
1 Drehmomentschlüssel
2 Stecknusseinsatz
3 Ratsche mit Zentralbohrung
4 Stecknuss
5 Stoßdämpfer

*Stoßdämpfer hinten (Bild 11):*

■ Nehmen Sie die Mutter (12), das Domlager (11), die Federteller (10), die Unterlage oben (9), die Feder (4), den Faltenbalg (7) den Anschlagpuffer (6), die Federunterlage (3) und die Beilage (2) vom Federbein (1) ab.

Der Einbau erfolgt sinngemäß in umgekehrter Reihenfolge.

■ Verwenden Sie eine neue Mutter (11).

■ Kontrollieren Sie den Zustand der Bauteile, die wiederverwendet werden sollen.

Achten Sie darauf, dass die richtige Beilage (2) verbaut worden ist. Fahrwerksfedern (4) und Beilagen (2) sind durch Farbpunkte (an der Fahrwerksfeder) und Bauteilfarbe (die Beilage) gekennzeichnet.

| Markierung auf der Feder | Markierung der Beilage |
|---|---|
| 1x, 2x oder 3x grün | schwarz |
| 1x, 2x oder 3x grün und 1x blau | blau |
| 1 x, 2x oder 3x grün und 1x beige | beige |

■ Lassen Sie eine Fahrwerksvermessung durchführen.

## Reparaturhinweise Luffedersysteme

Reparaturen am Luftfahrwerk dürfen Sie an einen Fahrwerksspezialisten vergeben. Neben Prüfung der einzelnen Komponenten der Montage muss die Grundfüllung mit Argon oder Corgon über einen Füllanschluss erfolgen.

■ Bei Laufleistungen über 200.000 km müssen bei Schäden an der Luftfeder beide Seiten einer Achse erneuert werden.

■ Werden undichte Stoßdämpfer festgestellt, muss das komplette Luftfederbein ersetzt werden. Das Dämpferöl schädigt den Luftfederbalg.

■ Das Federbein muss einen Restdruck von 3 bar aufweisen. Der Wulst unter dem Restdruckhalteventil weist hier einen merklichen Widerstand gegen Eindrücken auf.

Lässt sich der Wulst eindrücken, sind Schäden am Restdruckventil, beziehungsweise am Federbein oder am Rollbalg zu erwarten.

## Stabilisatoren und Koppelstangen vorne und hinten

**Entkoppelbarer Stabilisator Ölstandkontrolle im Vorratsbehälter**

■ Schalten Sie das hydraulische System für den entkoppelbaren Stabilisator mit Hilfe eines geeigneten Diagnosetester drucklos.

■ Demontieren Sie die Schlussleuchte hinten links.

■ Ziehen Sie den Stopfen aus der Einfüllöffnung heraus.

■ Markieren Sie den Einfüllschlauch der Füllflasche auf das Maß 135 mm.

■ Schieben Sie den Schlauch bis zur Markierung in den Vorratsbehälter ein.

Die richtige Füllmenge ist erreicht, wenn der Schlauch gerade so kein Öl mehr erreichen kann und so dann kein Öl mehr abgesaugt werden kann.

**Entkoppelbaren Stabilisator entlüften**

Die Vorgehensweise unterscheidet sich für die beiden Stabilisatoren nicht wesentlich.

Die Entlüftungsnippel befinden sich am jeweiligen Entkopplungselement.

■ Demontieren Sie, wie beschrieben, die Geräuschdämpfung oder den Unterfahrschutz unter dem Fahrzeug.

■ Stecken Sie auf die jeweiligen Entlüftungsnippel einen Schlauch mit 6 mm Innendurchmesser auf und sichern Sie ihn mit einem Kabelbinder.

■ Führen Sie die freien Enden der Schläuche je Achse in eine Flasche zusammen.

Führen Sie den Entlüftungsvorgang über die geführten Funktionen eines geeigneten Diagnosetesters durch. Folgen Sie den Anweisungen des Testers.

**Koppelstangen am Stabilisator**

■ Bauen Sie das entsprechende Rad ab.

■ Drehen Sie Muttern der Koppelstange am Stabilisator und am Federbein (Vorderachse) beziehungsweise am Achsschenkel (Hinterachse) ab.

Im Gewinde der Gelenkköpfe ist ein Vielzahn zum Gegenhalten verbaut.

■ Nehmen Sie die Koppelstange ab.

Der Einbau erfolgt sinngemäß in umgekehrter Reihenfolge.

■ Achten Sie auf die Höhenlage des Fahrwerks beim Anziehen der Schraube am Achsschenkel der Hinterachse.

Gummimetalllager haben einen begrenzten Verdrehbereich. Achsbauteile mit Gummimetalllagern müssen deshalb vor dem Festziehen in die Position gebracht werden, die dem Fahrbetrieb entspricht (Leergewichtslage).

**Stabilisator an der Vorderachse**

■ Heben Sie das Fahrzeug mit einer Hebebühne an und bauen Sie die Vorderräder ab.
■ Lösen Sie die Koppelstangen rechts und links am Stabilisator.
■ Demontieren Sie, wie beschrieben, die Geräuschdämpfung oder den Unterfahrschutz unter dem Fahrzeug.

*Fahrzeuge mit entkoppelbaren Stabilisatoren:*

Bei Fahrzeugen mit entkoppelbarem Stabilisator, koppeln Sie den Stabilisator vor der weiteren Montage.
■ Schalten Sie das hydraulische System für die entkoppelbaren Stabilisatoren mit Hilfe eines geeigneten Diagnosetester drucklos.

Das hydraulische System muss nach der Montage mit einem geeigneten Diagnosetester entlüftet werden.
■ Markieren Sie die hydraulischen Anschlussleitungen vertauschungssicher.
■ Lösen Sie die Anschlussleitungen an der Stabilisatorschelle.

Halten Sie die Schlauchleitung mit einem passenden Schlüssel gegen.
■ Entsichern Sie die elektrischen Steckverbindungen und ziehen Sie sie ab.

*Fahrzeuge mit aktiver Aufbaukontrolle:*

■ Demontieren Sie die Schelle für das Stabilisatorlager auf der Oberseite des Aggregateträgers

*Weiter für alle Fahrzeuge:*

■ Drehen Sie die beiden Schrauben der Stabilisatorschellen heraus.
■ Nehmen Sie die Stabilisatorschellen ab.
■ Kennzeichnen Sie die Einbaulage des Stabilisatorlagers auf dem Stabilisator.
■ Nehmen Sie den Stabilisator heraus.
■ Demontieren Sie die Stabilisatorlagerhälften vom Stabilisator.

Der Einbau erfolgt sinngemäß in umgekehrter Reihenfolge.
■ Beachten Sie die angebrachten Markierungen zum Stabilisatorlager.
■ Achten Sie darauf, dass der größere Außendurchmesser zur Fahrzeugaußenseite zeigt.

**Stabilisator an der Hinterachse**

■ Heben Sie das Fahrzeug mit einer Hebebühne an und bauen Sie die Vorderräder ab.
■ Demontieren Sie, wie beschrieben, die Geräuschdämpfung oder den Unterfahrschutz unter dem Fahrzeug.
■ Lösen Sie die Koppelstangen rechts und links am Achsschenkel.

*Fahrzeuge mit entkoppelbaren Stabilisatoren:*

Bei Fahrzeugen mit entkoppelbarem Stabilisator koppeln Sie den Stabilisator vor der weiteren Montage.
■ Schalten Sie das hydraulische System für die entkoppelbaren Stabilisatoren mit Hilfe eines geeigneten Diagnosetester drucklos.

Das hydraulische System muss nach der Montage mit einem geeigneten Diagnosetester entlüftet werden.
■ Markieren Sie die hydraulischen Anschlussleitungen vertauschungssicher.
■ Lösen Sie die Anschlussleitungen im Bereich des linken Radlaufs.

Halten Sie die Schlauchleitung mit einem passenden Schlüssel gegen.

*Weiter für alle Fahrzeuge:*

■ Demontieren Sie die Koppelstangen rechts und links.
■ Lösen Sie beide Spurstangen vom jeweiligen Achsschenkel.
■ Ziehen Sie die Schraube für den Stoßdämpfer etwas heraus und hängen Sie die Spurstange rechts und links darunter fest.
■ Kennzeichnen Sie die Einbaulage des Stabilisatorlagers auf dem Stabilisator.
■ Drehen Sie die beiden Schrauben der Stabilisatorschellen heraus.
■ Nehmen Sie die Stabilisatorschellen ab.
■ Nehmen Sie den Stabilisator heraus.
■ Demontieren Sie die Stabilisatorlagerhälften vom Stabilisator.

Der Einbau erfolgt sinngemäß in umgekehrter Reihenfolge.
■ Beachten Sie die angebrachten Markierungen zum Stabilisatorlager.
■ Achten Sie darauf, dass der größere Außendurchmesser zur Fahrzeugaußenseite zeigt.

# 12 Servolenkung

Die hydraulisch unterstützte Zahnstangenlenkung Ihres VW Touareg zeichnet sich durch besonders geringe Bedienungskräfte bei hoher Lenkpräzision aus. Servolenkungen erleichtern durch Hilfskraft die Lenkarbeit erheblich. Sie sorgen für größtmöglichen Komfort beim Rangieren und für präzises Lenkgefühl bei schnellen Autobahnfahrten.

Die Möglichkeit, mit geringem Kraftaufwand am Lenkrad eine relativ direkte Lenkung zu erreichen, dennoch den Fahrer relativ unbehelligt von den Fahrbahnstößen zu lassen, wird mit Hilfe der Servotronik über Steuerventile realisiert. Der Lenkwinkel und die Fahrgeschwindigkeit sind Messgrößen, die die Ansteuerung der Lenkung beeinflussen.

## Prüfungen an der Lenkung

Die Lenkung ist eine Baugruppe, von der die Fahrsicherheit besonders stark abhängt. Defekte, falsche Einstellungen und fehlerhafte Reparaturarbeiten können fatale Auswirkungen haben. Nach einem Unfall und bei Beschädigung der Vorderachse können verschiedene Lenkungsteile ersetzt werden. Als Instandsetzung an der Servolenkung ist aber nur das Ersetzen der Faltenbälge sowie der Spurstangen und Spurstangenköpfe üblich. Für bestimmte Arbeiten kann es nötig sein, die Lenkzwischenwelle aus- und einzubauen, die das Kreuzgelenk unten an der Lenksäule mit dem Kreuzgelenk des Lenkritzels am Lenkgetriebe verbindet.

### Lenkungsspiel prüfen

■ Die Räder geradeaus stellen. Von außen durchs geöffnete Fenster greifen und das Lenkrad kurz hin- und herdrehen.

Auf die Felge achten: Bewegt sich das Vorderrad wie erforderlich sofort mit? Eine Hilfsperson kann die Spurstangenköpfe umfassen und das Lagerspiel bei Lenkbewegung fühlen oder in Extremfällen sogar beobachten.

■ Falls Spiel bemerkt wird, muss das Nachstellen in der Werkstatt erfolgen oder das Lenkgetriebe ersetzt werden.

Wenn die Lenkung um die Geradeausstellung kein Spiel hat, aber bei stärkerem Einschlag spürbar klemmt, ist die Zahnstange verschlissen. Das dürfte zwar erst nach einer gehörigen Fahrstrecke der Fall sein, aber dann muss das Lenkgetriebe ausgetauscht werden!

### Manschetten der Lenkzahnstange prüfen

Mit einer Taschenlampe die Gummimanschetten ableuchten, mit denen die aus ihrem Gehäuse austretende Zahnstange links und rechts geschützt wird.

■ Gründlich auch auf kleinste Verschleißspuren prüfen.

Dringen durch einen rissigen oder beschädigten Faltenbalg Schmutz und Feuchtigkeit ein, verbinden sie sich mit dem Fett des Lenkgetriebes zu einer zerstörerischen Schleifpaste.

■ Das Fahrzeug mit der Hebebühne anheben und gegen Abrutschen oder Kippen sichern.

■ Die Lenkung voll nach rechts oder links einschlagen. Um Risse in den Falten zu erkennen, muss der Faltenbalg Stück um Stück auseinandergezogen werden. Eine verschlissene Manschette sollte man sofort austauschen. Sie kann bei eingebautem Lenkgetriebe ersetzt werden.

■ Klemmschellen müssen fest auf der Manschette sitzen. Zum Wechseln des Faltenbalgs wird daher eine spezielle Schlauchbinderzange empfohlen.

### Lenksäule überprüfen

⚠ Wenn an der Lenksäule gearbeitet wurde, muss danach auf sichtbare Schäden und Funktion geprüft werden.

■ Lässt sich die Säule ohne zu haken und ohne Schwergängigkeit drehen?

■ Lässt sie sich (soweit in der Ausstattung vorgesehen) in Längsrichtung und in der Höhe leicht verstellen?

■ Lässt sich das Rohr der Säule deutlich nach vorn und hinten oder seitlich bewegen? Dann ist etwas faul, die Lenksäule muss ausgetauscht werden.

### Lenksäule richtig tragen

■ Den Aus- und Einbau der Lenksäule empfehlen wir hier nicht, weil diese Arbeiten mit dem Aus- und Einbau von Airbags verbunden sind, die ganz klar in die Fachwerkstatt gehört. Wenn Sie aber eine ausgebaute oder eine einzubauende Lenksäule zu transportieren haben, müssen Sie beachten, dass die falsche Behandlung der Lenksäule schon ein Sicherheitsrisiko darstellt.

⚠ Eine mechanische Beschädigung kann sich auf die Funktion der Servotronic (Steuergerät) des Lenksystems auswirken, die für die Gestaltung verschiedener Lenkparameter sorgt.

■ Die Lenksäule immer mit beiden Händen tragen. Fassen Sie dazu die Säule fest am Mantelrohr oben und im Bereich des oberen Kreuzgelenkes an der Gelenkwelle an.

■ Wird die Lenksäule am Deformationselement, am Klemmhebel oder an den beiden Gewichtsausgleichsfedern gehalten, können schon Vorschädigungen entstehen.

■ Die Kreuzgelenke dürfen niemals überstreckt oder belastet werden. Legen Sie das Lenkgetriebe grundsätzlich sicher auf einer Ebene ab.

## Arbeiten an der Lenkung

### Spurstangenkopf aus- und einbauen

■ Fahrzeug mit der Hebebühne anheben und gegen Abrutschen oder Kippen sichern.

■ Das entsprechende Rad abbauen.

■ Mutter von Spurstangenkopf lösen, aber noch nicht abschrauben. Die Mutter zum Schutz des Gewindes einige Umdrehungen auf dem Zapfen lassen.

■ Den Spurstangenkopf vom Radlagergehäuse mit einem Kugelgelenkabzieher abdrücken.

■ Die Mutter nach dem Abdrücken des Spurstangenkopfes abschrauben.

⚠ Beim Abdrücken die Gummitülle und das Gewinde nicht beschädigen.

■ Die Kontermutter (4 im Bild 1) lösen.

■ Die Position vom Spurstangenkopf (3) auf der Spurstange (2) kennzeichnen.

■ Den Spurstangenkopf von der Spurstange abdrehen. Hierzu die Schlüsselflächen am Spurstangenkopf (3) und an der Spurstange (2) nutzen.

Der Einbau erfolgt sinngemäß in umgekehrter Reihenfolge.

■ Den Spurstangenkopf bis zur angebrachten Markierung auf die Spurstange drehen.

■ Den Spurstangenkopf mit der Kontermutter sichern.

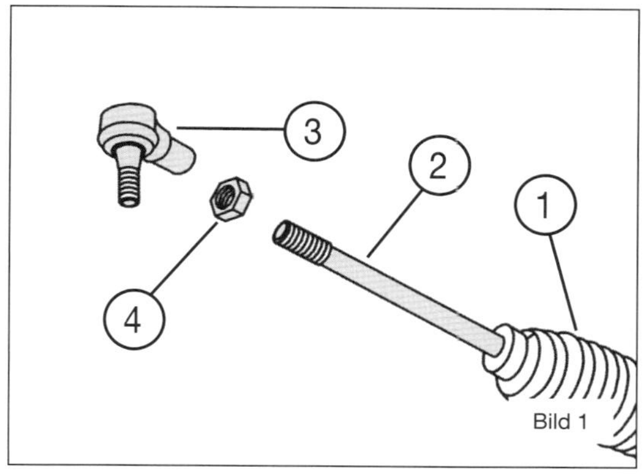


Bild 1
Spurstange in Teilen.
1 Faltenbalg
2 Spurstange
3 Kugelgelenkkopf (Spurstangenkopf)
4 Kontermutter

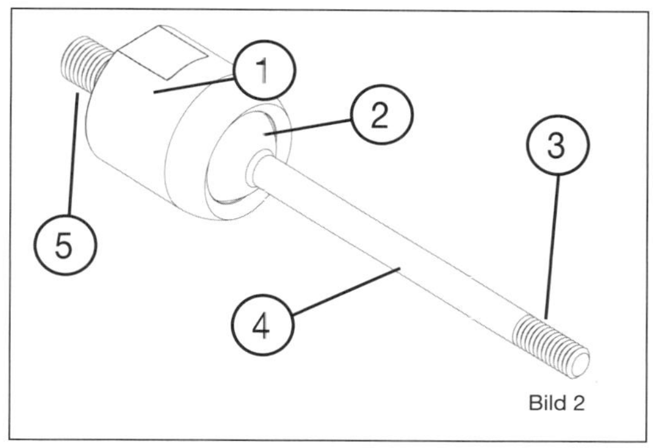


Bild 2
Spurstange ausgebaut.
1 Abflachung oder Sechskant für einen Schraubenschlüssel
2 Gelenkpfanne
3 Spurstangengewinde
4 Spurstange
5 Gewinde zur Befestigung in der Zahnstange der Lenkung

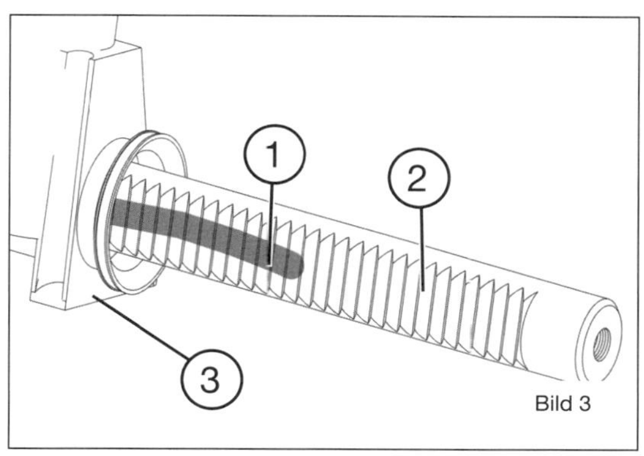


Bild 3
Nachfetten der Zahnstange der Lenkung.
1 Spur Lagerfett
2 Zahnstange der Lenkung unter der Manschette
3 Lenkgetriebe

■ Den Spurstangenkopf mit neuer Mutter verschrauben.

■ Das Rad anbauen und mit Anzugsdrehmoment festziehen.

■ Die Fahrzeugvermessung durchführen (lassen).

### Spurstange aus- und einbauen

Die Spurstangen rechts und links sind baugleich. Die Demontagearbeiten unterscheiden sich nicht wesentlich.

■ Demontieren Sie das entsprechende Vorderrad.

■ Mutter von Spurstangenkopf lösen, aber noch nicht abschrauben. Die Mutter zum Schutz des Gewindes einige Umdrehungen auf dem Zapfen lassen.

■ Den Spurstangenkopf vom Radlagergehäuse mit einem Kugelgelenkabzieher abdrücken.
■ Die Mutter nach dem Abdrücken des Spurstangenkopfes abschrauben.
■ Reinigen Sie den Bereich um den Faltenbalg des Lenkgetriebes gründlich.
■ Öffnen Sie die Klemmschelle und schieben Sie den Faltenbalg zurück.
■ Drehen Sie die Spurstange mit einem geeigneten Schlüssel los.

Der Einbau erfolgt sinngemäß in umgekehrter Reihenfolge.

**Lenkmanschette wechseln**
■ Fahrzeug mit der Hebebühne anheben.
■ Rad an der betreffenden Seite abbauen.
■ Bauen Sie an der betroffenen Seite den Spurstangenkopf wie beschrieben ab.
■ Drehen Sie die Kontermutter (4 im Bild 1) von der Spurstange ab.
■ Die Schellen am Faltenbalg (Lenkmanschette) lösen und abnehmen.
■ Ziehen Sie die Lenkmanschette (1) über die Spurstange ab.

☞ Reinigen Sie die Lenkstange im Lenkgetriebe, die Spurstange und die Auflageflächen der Manschetten gründlich und fetten (1 im Bild 3) Sie sie leicht ein.

⚠ Verschmutzungen können das Lenkgetriebe schädigen.

■ Schieben Sie die Schellen auf die neue Manschette und diese dann auf die Zahnstange und die Lenkung auf.

Die weitere Montage erfolgt sinngemäß in umgekehrter Reihenfolge.

☞ Die Laschen und Klemmstellen an den Schellen müssen so ausgerichtet werden, dass sie nirgendwo anliegen oder schleifen können. Sie können beim Hängenbleiben leicht die Manschette herunterschieben oder beschädigen.

**Lenkung aus- und einbauen**

⚠ Bei Fahrzeugen mit entkoppelbarem Stabilisator, koppeln Sie den Stabilisator vor der weiteren Montage.

■ Das Fahrzeug mit der Hebebühne anheben und Unterbodenverkleidungen ausbauen.
■ Demontieren Sie die Vorderräder.
■ Drücken Sie die Vor- und die Rücklaufschlauchleitung zum Lenkgetriebe mit Schlauchklemmen dicht.
■ Mutter von Spurstangenkopf lösen, aber noch nicht abschrauben. Die Mutter zum Schutz des Gewindes einige Umdrehungen auf dem Zapfen lassen.
■ Den Spurstangenkopf vom Radlagergehäuse mit einem Kugelgelenkabzieher abdrücken.
■ Die Mutter nach dem Abdrücken des Spurstangenkopfes abschrauben.
■ Bauen Sie die linke Spurstange vom Lenkgetriebe ab.
■ Bauen Sie den Halter der Hydraulikleitungen am Lenkgetriebe ab.
■ Demontieren Sie die Druck- und die Rücklaufleitung vom Lenkgetriebe.
■ Drehen Sie das Lenkgetriebe bis Anschlag nach links.
■ Demontieren Sie das Hitzeschutzblech so weit verbaut.
■ Drehen Sie die Schraube aus dem Kreuzgelenk vor dem Lenkgetriebe heraus.
■ Ziehen Sie das Kreuzgelenk vom Lenkgetriebe ab.

⚠ Sichern Sie das Lenkrad gegen Verdrehen. Es besteht die Gefahr, dass die Wickelfeder für den Lenkradairbag beschädigt wird.

■ Demontieren Sie das Wärmeschutzblech über dem Lenkgetriebe.
■ Demontieren Sie die Schrauben für das Lenkgetriebe im Aggregateträger.
■ Verschieben Sie das Lenkgetriebe zur rechten Fahrzeugseite.
■ Schwenken Sie das Lenkgetriebe auf der linken Seite nach unten.
■ Nehmen Sie das Lenkgetriebe zu der linken Fahrzeugseite heraus.

Der Einbau erfolgt sinngemäß in umgekehrter Reihenfolge.
■ Achten Sie auf den Sitz des Kreuzgelenkes zur Lenksäule.
■ Prüfen Sie den Stand der Lenkhydraulikflüssigkeit und füllen Sie sie bei Bedarf nach.
■ Entlüften Sie das Lenkgetriebe zunächst, ohne den Motor laufen zu lassen, indem Sie mehrfach von Lenkanschlag zu Lenkanschlag das Lenkgetriebe betätigen.
■ Die Fahrzeugvermessung durchführen.

Führen Sie die Lenkwinkelkalibrierung mit einem geeigneten Diagnosetester durch.

# 13 Bremsanlage

## Die Bremsen des VW Touareg

Der VW Touareg wird kraftvoll und sicher über ein Hydraulik-Zweikreis-Bremssystem mit rundum Scheibenbremsen verzögert. Die vorderen Scheibenbremsen sind innenbelüftet, die Bremsscheiben hinten sind derzeit durchweg für alle Motorisierungen massiv. Die mechanische Feststellbremse wirkt auf die Hinterräder. Die Bremsunterstützung erfolgt pneumatisch durch Vakuumbremskraftverstärker. In ihnen wird der hydraulische Druck, der dann an den Bremsen wirkt, mehr als verdoppelt. Auf diese Weise werden etwa 60 % der wirkenden Bremskraft aufgebracht. Das Vakuum für den Unterdruck im Bremskraftverstärker wird dem Saugrohr entnommen oder mit einer Vakuumpumpe erzeugt. Je nach Motorisierung werden unterschiedliche Bremsenmodelle eingesetzt. Welche Bremsen in einem bestimmten Fahrzeug verbaut sind, wird unter anderem in der Ausstattungsliste durch Codenummern dokumentiert. Die Ausstattungscodierung können Sie sich bei Ihrem VW-Händler ausdrucken lassen. Die Codierungen sind für die Kombinationen Bremssattel/Bremsscheibe/Bremstrommel und Bremsbelag wichtig.

### Antiblockiersystem (ABS)

Der VW Touareg verfügt serienmäßig über ein Antiblockiersystem. Die Bremsanlage des ABS ist diagonal aufgeteilt. Die Bremskraftverstärkung erfolgt pneumatisch durch den Vakuumbremskraftverstärker. Fahrzeuge mit ABS haben keinen mechanischen Bremskraftregler. Eine speziell abgestimmte Software im Steuergerät übernimmt die Bremskraftverteilung für die Hinterachse.

⚠ Störungen am ABS haben Einfluss auf die Bremsanlage und die Verstärkung. Es muss mit einem veränderten Bremsverhalten gerechnet werden. Nach Aufleuchten der Kontrollleuchte für ABS und Kontrollleuchte für Bremsanlage können die Hinterräder beim Bremsen frühzeitig blockieren! Die recht unauffälligen, aber sehr wichtigen Funktionen für beispielsweise die Gespannstabilisierung fallen aus. Grundsätzlich ist es möglich, ein ABS-Steuergerät zu reparieren. Einige Firmen haben sich auf die Instandsetzung spezialisiert und liefern eine kostengünstige Alternative zum Neuteilersatz. Hydraulikeinheit und Steuergerät bilden eine Einheit. Eine Trennung ist nur im ausgebauten Zustand möglich.

■ Neue Steuergeräte aus dem Ersatzteilbereich sind nicht codiert. Sie sind nach dem Einbau mit einem geeigneten Diagnosetester zu codieren. In der Regel muss das beim VW/Audi-Vertragshändler erfolgen. Die Kontrollleuchte für ABS und die Kontrollleuchte für ESP und ASR blinken, solange das Steuergerät für ABS nicht codiert ist.

■ Wenn ein Steuergerät instandgesetzt worden ist, wird die Reparaturfirma die vorhandene Codierung sichern und das instandgesetzte Steuergerät betriebsbereit ausliefern.

### ABS und ESP

Im VW Touareg kommt ein ABS/ESP-System zum Einsatz. Es besteht neben dem Eingriff auf die Bremsanlage die Möglichkeit, mit dem Bordnetzsystem und der Motorsteuerung einige Neuerungen umzusetzen. Es sind nun folgende Funktionen realisiert worden: ABS (Blockierverhinderer beim Bremsen), ASR (verhindert durchdrehende Räder), EBV (regelt den Bremsdruck an der Hinterachse), ESP (Stabilitätsprogramm, um Schleudern einzudämmen) und das MSR (reduziert das Motormoment zum Anfahren auf glatter Straße über den Eingriff in das System E-Gas).

### Eigenschaft der Bremsflüssigkeit

☞ Die im Hydrauliksystem zirkulierende Flüssigkeit ist Bremsflüssigkeit nach dem Standard »FMVSS 116 DOT 4«, wovon auch die Weiterentwicklung »DOT 4 plus« erhältlich ist.

⚠ Bremsflüssigkeit auf keinen Fall mit mineralölhaltigen Flüssigkeiten (Öl, Benzin, Reinigungsmittel) in Verbindung bringen. Mineralöle beschädigen die Dichtungen und Gummitüllen der Bremsanlage!

⚠ Bremsflüssigkeit ist giftig, sie darf wegen ihrer ätzenden Wirkung auch nicht mit Lack in Berührung kommen. Eventuell ausgetretene Bremsflüssigkeit mit viel Wasser abspülen!

Sichtprüfung  Messen

Bild 1
Ausgleichsbehälter im Motorraum.
1 Ausgleichsbehälter
2 Deckel
3 Stecker Warnkontakt
4 Minimal-Markierung
5 Maximal-Markierung

Bild 2
Durchgerostete Bremsleitungen sind durchaus auch bei modernen Fahrzeugen noch zu finden.

Bremsflüssigkeit ist hygroskopisch, das heißt, sie nimmt aus der umgebenden Luft Feuchtigkeit auf und ist darum stets in luftdicht verschlossenen Behältern aufzubewahren.

## Bremsflüssigkeitsstand (abhängig vom Belagverschleiß) prüfen

Der Stand der Bremsflüssigkeit ist an den Markierungen des Bremsflüssigkeitsbehälters abzulesen.

- Der Bremsflüssigkeitsstand (Menge) ist stets in Abhängigkeit vom Bremsbelagverschleiß zu beurteilen. Im Fahrbetrieb sinkt durch Abnutzung und automatische Nachstellung der Bremsbeläge der Flüssigkeitsstand geringfügig ab.
- Bei einem Flüssigkeitsstand an der »MIN«-Markierung und etwas darüber ist kein Nachfüllen erforderlich, wenn die Bremsbelagverschleißgrenze nahezu erreicht ist.
- Sind die Bremsbeläge neu bzw. weit von der Belagverschleißgrenze entfernt, muss der Flüssigkeitsstand zwischen der »MIN«- und der »MAX«-Markierung liegen.
- Die »MAX«-Markierung darf jedoch nicht überschritten werden, damit die Flüssigkeit nicht aus dem Bremsflüssigkeitsbehälter austritt.
- Ist der Flüssigkeitsstand unter die »MIN«-Markierung abgesunken, muss bevor Bremsflüssigkeit ergänzt wird, das ganze Bremssystem überprüft werden, ggf. sind Reparaturen einzuleiten.

## Bremsanlage auf Undichtigkeiten und Beschädigung prüfen

**Sichtprüfung**
Folgende Bauteile müssen auf Undichtigkeiten und Beschädigungen überprüft werden:

- Hauptbremszylinder
- Bremskraftverstärker
- Hydraulikeinheit
- Bremssättel

*Weiterhin sind zu prüfen:*

- Vorhandensein der Staubkappen an den Entlüftungsventilen für Bremsflüssigkeit.
- Dass die Bremsschläuche nicht verdreht sind und dass sie beim maximalen Lenkeinschlag keine Fahrzeugbauteile berühren.
- Dass Bremsschläuche nicht porös und brüchig sind.
- Dass Bremsschläuche und Bremsleitungen keine Scheuerstellen aufweisen.
- Dass Bremsanschlüsse und Befestigungen richtig sitzen, nicht undicht und frei von Korrosion sind.

Festgestellte Mängel sind durch entsprechende Reparaturmaßnahmen zu beseitigen.

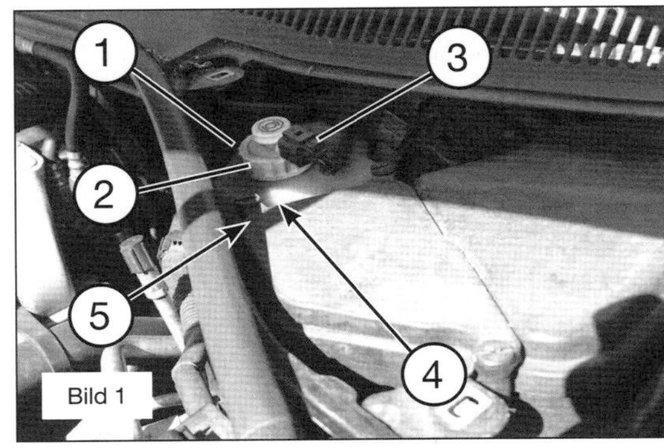

Bild 1

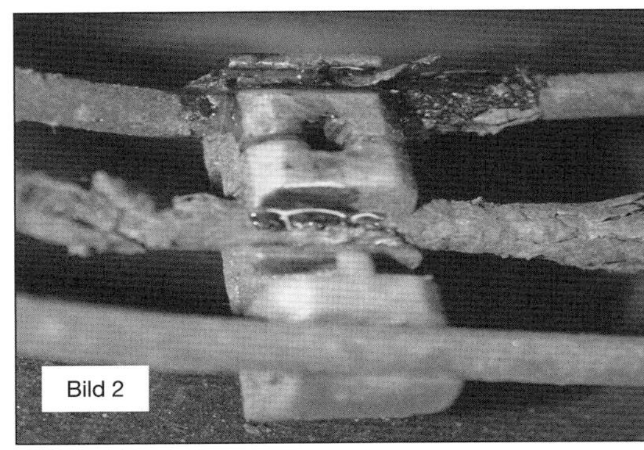
Bild 2

**Dichtigkeitsprüfung unter Druck**
Diese Prüfung erfordert ein Prüfgerät für Bremssysteme mit Adapter. Prüfvoraussetzung ist, dass Funktion und Dichtheit der Bremsanlage gegeben sind.

- Entlüftungsventil an einem der vorderen Bremssättel herausschrauben. Das Prüfgerät für Bremssysteme anschließen und entlüften.
- Bremspedal mit einem Feststeller belasten, bis das Druckmanometer 50 bar Überdruck anzeigt.

Während der Prüfdauer von 45 Sekunden darf der Druckabfall nicht mehr als 4 bar betragen. Bei größerem Druckabfall Bremssystem prüfen, wenn erforderlich Hauptbremszylinder ersetzen.

## Technische Daten Bremsanlage

Zur Übersicht die wichtigsten technischen Daten der Bremsanlage:

### Scheibenbremse vorne

*Abmessungen an der Bremsscheibe:*

| PR Nummer | 1LB | 1LC | 1LE / 1LA | 1LF | 1LT / 1LU |
|---|---|---|---|---|---|
| Bremssattel | FN3 (16´) | Brembo (17") | | Brembo (18") | Brembo (18" Plus) |
| Durchmesser innenbelüftete Scheibe | 308 mm | 330 mm | | 308 mm | 368 mm |
| Dicke | 29,5 mm | 32 mm | | 29,5 mm | 36 mm |
| Verschleißgrenze | 25,5 mm | 30 mm | | 25,5 mm | 34 mm |
| Seitenschlag | 0,06 mm | | | | |
| Verschleißgrenze | 2 mm Bremsbelag ohne Rückplatte | | | | |

### Scheibenbremse hinten

*Abmessungen an der Bremsscheibe:*

| PR Nummer | 1KE | 1KF/2EE / 1KQ | 1KD/2ED |
|---|---|---|---|
| Bremssattel | FN 44 (16") | Brembo (17") | Brembo (18" Plus) |
| Durchmesser innenbelüftete Scheibe | 314 mm | 330 mm | 358 mm |
| Dicke | 22 mm | 28 mm | |
| Verschleißgrenze | 18 mm | 26 mm | |
| Seitenschlag | 0,06 mm | | |
| Verschleißgrenze | 2 mm Bremsbelag ohne Rückplatte | | |

### Feststellbremse hinten

*Abmessungen an der Trommelbremse:*

| Bezeichnung | (Trommelbremse 16") | (Trommelbremse 17") |
|---|---|---|
| Durchmesser | 185 mm | 210 mm |
| Belagbreite | 30 mm | |
| Belagdicke | 5,5 mm | |
| Verschleißgrenze ohne Rückplatte | 2 mm | |

## Bremsanlage mit Gerät entlüften

### Normale Entlüftung

Den Arbeitsablauf zum Entlüften der Bremsanlage sollten Sie grundsätzlich genau einhalten.

■ Bremsenfüll- und Entlüftungsgerät anschließen. Das bedeutet den Adapter statt Verschlussdeckel auf Bremsflüssigkeitsbehälter aufschrauben, den Druck am Entlüftungsgerät einstellen und Befüllschlauch des Gerätes an den Adapter anschließen.

■ Abdeckkappen von den Entlüftungsventilen abziehen, Schlauch der Entlüfterflasche aufstecken und dann Entlüftungsventile mit einem passenden Schlüssel in folgender Reihenfolge öffnen und jeweiligen Radbremszylinder/Bremssattel entlüften:

1. Bremssattel hinten links
2. Bremssattel vorn links
3. Bremssattel vorn rechts
4. Bremssattel hinten rechts

■ Entlüftungsventil bei aufgestecktem Schlauch der Entlüfterflasche so lange geöffnet lassen, bis blasenfreie Bremsflüssigkeit ausströmt.

☞ Geeigneten Entlüfterschlauch verwenden. Er muss straff auf dem Entlüftungsventil sitzen, damit keine Luft in die Bremsanlage gelangen kann!

**Vorentlüftung**
Wenn bei Fahrzeugen mit EDS, EDS/ASR oder EDS/ASR/ESP eine Kammer des Bremsflüssigkeitsbehälters komplett leergelaufen ist (z. B. bei Undichtigkeiten der Bremsanlage), muss zuerst eine Vorentlüftung erfolgen.

- Bremssattel vorn links und vorn rechts gleichzeitig zusammen entlüften.
- Bremssattel hinten links und hinten rechts gleichzeitig zusammen entlüften.
- Entlüftungsventile bei aufgesteckten Schläuchen der Entlüfterflasche so lange geöffnet lassen, bis blasenfreie Bremsflüssigkeit ausströmt.
- Anschließend kann über eine Funktion mit dem Diagnosetester die Hydraulikeinheit nochmals entlüftet werden. Hierbei werden die einzelnen Steuerventile angesteuert und auch die geringe Restmenge im Hydraulikaggregat in die Entlüftung mit einbezogen. Zum Entlüften der Hydraulikeinheit ist ein Vordruck von 2 bar nötig.
- Danach die Bremsanlage normal entlüften.

## Bremsanlage ohne Gerät entlüften

Steht kein Bremsenfüll- und Entlüftungsgerät zur Verfügung, muss die Bremsanlage mit einfachen Mitteln entlüftet werden. Nötig dafür sind neue Bremsflüssigkeit und ein geeigneter, möglichst durchsichtiger Kunststoffschlauch, wie ihn Baumärkte im Sortiment haben. Er muss straff auf der Entlüfterschraube Radbremszylinder/Bremssattel sitzen, damit keine Luft in die Bremsanlage gelangen kann.

- Wenn erforderlich, die Entlüftungsventile einige Stunden vor der Arbeit mit Rostlöser einsprühen. Das mindert das Risiko, dass die Ventile beim Lösen abgerissen werden.
- Entlüftungsreihenfolge wie bei »Entlüftung normal«.
- Staubkappe vom Entlüftungsventil abziehen, Ventilnippel säubern, den Kunststoff-

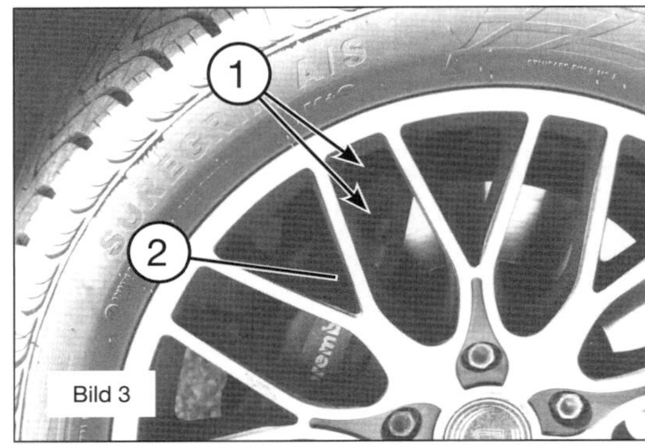


Bild 3

Bild 3 Entlüftungsventil am Bremssattel vorne.
1 Entlüftungsventil
2 Bremssattel

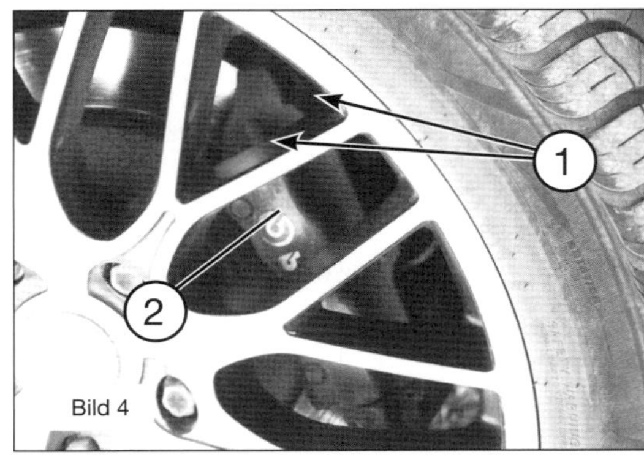


Bild 4

Bild 4 Entlüftungsventil am Bremssattel hinten.
1 Entlüftungsventil
2 Bremssattel

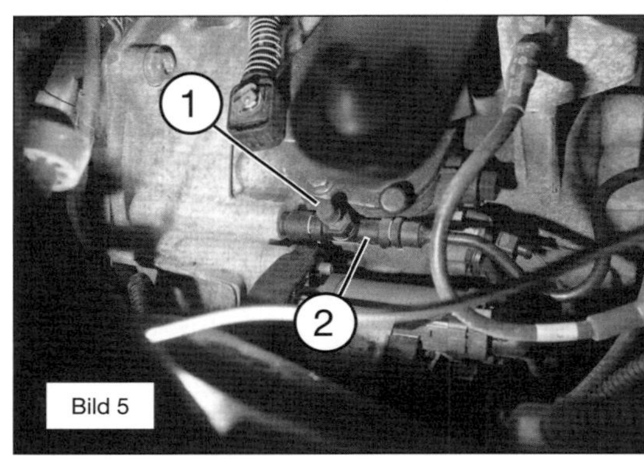


Bild 5

Bild 5 Entlüftungsventil am Kupplungszylinder.
1 Entlüftungsventil
2 Anschlussstück zwischen Druckleitung und Kupplungsnehmerzylinder

schlauch auf den Nippel schieben und das freie Schlauchende in einen teilweise mit Bremsflüssigkeit gefüllten Auffangbehälter stecken.

- Entlüftungsschraube mit einem Ringschlüssel maximal eine Umdrehung lösen.
- Ein Helfer tritt das Bremspedal langsam bis zum Boden, damit die Bremsflüssigkeit und die darin eingeschlossene Luft herausgepumpt werden.

☞ Auf Schlauch und Auffangbehälter achten: die Luftbläschen müssen zu sehen sein.

- Das Bremspedal am Boden halten.
- Nun die Entlüftungsschraube schließen, erst dann das Bremspedal zurücknehmen.
- Diesen Vorgang so lange wiederholen, bis keine Luftbläschen mehr aufsteigen, es ist

dann keine Luft mehr im System. Dabei aber ständig den Stand der Bremsflüssigkeit im Ausgleichsbehälter beobachten. Bei Bedarf nachfüllen, aber nur so viel, dass der vorherige Stand im Bremsflüssigkeitsbehälter nicht überschritten wird. Dadurch wird verhindert, dass bei einem späteren Wechsel der Bremsbeläge zu viel Bremsflüssigkeit im System ist und der Behälter beim Zurückdrücken der Bremskolben überläuft.

■ Nach dem letzten Durchgang muss der Helfer das Bremspedal wieder am Boden halten, bis das Entlüftungsventil endgültig geschlossen ist (Schraube nicht anknallen).

■ Die Arbeit an den anderen Entlüftungsventilen wiederholen.

■ Lässt sich die Bremse nach vorgenannter Methode nicht vollständig entlüften, alle Entlüftungsventile schließen, den Motor starten und mehrfach die Bremse betätigen. Dann nochmals einen Entlüftungsdurchgang vornehmen.

■ Zum Schluss noch einmal alle Bremsleitungen, Entlüftungsventile (angezogen?), den Stand im Bremsflüssigkeitsbehälter und die Funktion der Bremsen bei einer (vorsichtigen) Probefahrt prüfen. Dabei einmal so stark bremsen, dass die ABS-Regelung greift.

## Bremsflüssigkeit wechseln

⚠ Bremsflüssigkeit ist giftig! Sie darf wegen ihrer ätzenden Wirkung auch nicht mit Lack in Berührung kommen. Eventuell ausgetretene Bremsflüssigkeit mit viel Wasser abspülen!

**Ausfließende Bremsflüssigkeitsmengen**

| Reihenfolge Entlüftungsventile | Bremsflüssigkeit |
|---|---|
| Bremssattel vorn links | 0,20 Liter |
| Bremssattel vorn rechts | 0,20 Liter |
| Bremssattel hinten links | 0,30 Liter |
| Bremssattel hinten rechts | 0,30 Liter |
| Kupplungsnehmerzylinder | 0,15 Liter |

■ Verschlussdeckel vom Bremsflüssigkeits-Vorratsbehälter abschrauben. Das Sieb darf nicht aus dem Behälter entfernt werden!

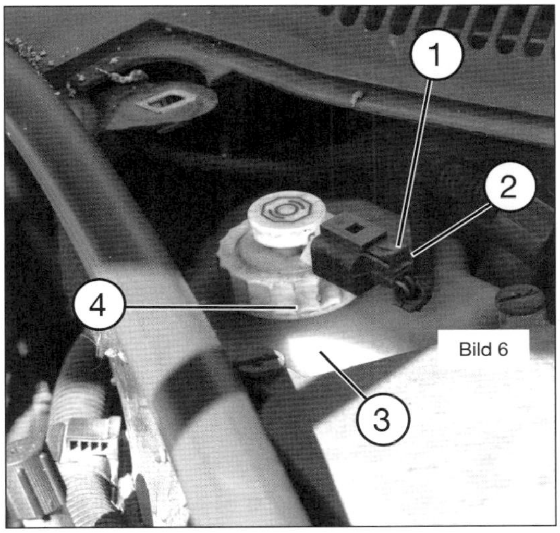


Bild 6
Bremslichtschalter am Hauptbremszylinder.
1 Sicherung Steckkontakt für den Füllstandssensor
2 Steckkontakt für den Füllstandssensor
3 Bremsflüssigkeitsbehälter
4 Deckel mit Füllstandssensor

■ Mit dem Saugschlauch vom Bremsenfüll- und Entlüftungsgerät so viel Bremsflüssigkeit wie möglich absaugen. Abgesaugte Bremsflüssigkeit darf nicht wieder verwendet werden.

■ Adapter (aus dem Bremsenentlüftungswerkzeug) auf den Bremsflüssigkeits-Vorratsbehälter schrauben, den richtigen Druck am Bremsenfüll- und Entlüftungsgerät einstellen (Bedienungsanleitung des Gerätes beachten) und den Befüllschlauch des Geräts an den Adapter anschließen.

■ Abdeckkappe des Entlüftungsventils am Bremssattel vorn links abziehen und Entlüfterschlauch der Auffangflasche auf das Ventil stecken, Entlüftungsventil öffnen und die entsprechende Bremsflüssigkeitsmenge (siehe Tabelle) ausfließen lassen. Entlüftungsventil mit 10 Nm schließen. Abdeckkappe am Entlüftungsventil des Bremssattels vorn links wieder aufstecken.

■ Diesen Arbeitsablauf an der rechten Fahrzeugseite vorn wiederholen.

■ Schrauben Sie ggf. beide Räder an der Hinterachse ab, um nun dort an die Entlüftungsventile zu gelangen. Abdeckkappe am Entlüftungsventil des Bremssattels hinten links abziehen und Entlüfterschlauch der Auffangflasche auf das Entlüftungsventil hinten links stecken, Entlüftungsventil öffnen und die entsprechende Bremsflüssigkeitsmenge (siehe Tabelle) ausfließen lassen. Entlüftungsventil mit 10 Nm schließen. Abdeckkappe am Entlüftungsventil des Bremssattels hinten links wieder aufstecken.

■ Diesen Arbeitsablauf an der rechten Fahrzeugseite hinten wiederholen.

Sichtprüfung

Messen

Bild 7
Hauptbremszylinder.
1 Vorratsbehälter
2 Füllstandsgeber
3 Anschluss Kupplungsgeberzylinder
4 Bremskraftverstärker
5 Befestigungsclip
6 Dichtgummis
7 O-Ring
8 Bremsleitung zum ABS
9 Bremsdruckgeber
10 Bremsleitung zum ABS
11 Hauptbremszylinder
12 Muttern

## Bremslichtschalter aus- und einbauen

Ab dem Produktionsdatum KW 48 im Jahr 2006 sind keine Bremslichtschalter mehr verbaut. Das Signal wird vom Bremsdruckgeber im ESP-System und dem Löseschalter der Magnetspule erzeugt. Hier entfällt dann auch der Bremsdruckgeber im Hauptbremszylinder.

Der Bremslichtschalter wurde durch eine neue Version ersetzt. Die alte Version darf zudem nicht mehr verbaut werden.

Die neue Version ist an einer hellen Kappe am Betätigungsstift erkennbar.

- Demontieren Sie die Fußraumverkleidung auf der Fahrerseite.
- Entsichern Sie den Steckkontakt und ziehen Sie ihn ab.
- Verdrehen Sie den Bremslichtschalter um etwa 45° gegen den Uhrzeigersinn nach links und ziehen Sie ihn heraus.

Die Montage erfolgt sinngemäß in umgekehrter Reihenfolge.

Das Bremspedal darf für die Montage des Bremslichtschalters nicht betätigt werden. Bei der Montage erfolgt die Grundeinstellung des Bremslichtschalters.
Stecken Sie den Bremslichtschalter gerade in die Montageöffnung ein.

- Verdrehen Sie ihn um etwa 45° im Uhrzeigersinn nach rechts.

Der Bremslichtschalter muss hörbar oder spürbar verrasten.

- Stecken Sie den Steckkontakt wieder auf.
- Prüfen Sie die Funktion des Bremslichtschalters und des Bremslichtes.
- Lesen Sie den Fehlerspeicher aus und löschen Sie ihn gegebenenfalls.

## Hauptbremszylinder aus- und einbauen

- Radio-Codierung beachten, Batterie abklemmen, Batterieverkleidung ausbauen.
- Bauen Sie die Wasserkastenabdeckung aus.
- Ziehen Sie die Abdichtung zum Motorraum ab und demontieren Sie die Stirnwand des Wasserkastens.
- Ausreichend mit nicht fasernden Lappen im Bereich des Hauptbremszylinders auslegen und so viel Bremsflüssigkeit wie möglich mit dem Bremsenfüll- und Entlüftungsgerät oder mit einer Absaugvorrichtung aus dem Ausgleichsbehälter absaugen.

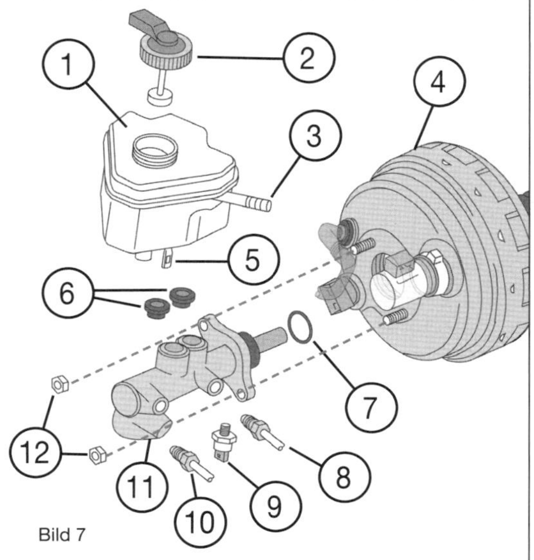

Bild 7

- Entsichern Sie den Steckkontakt am Füllstandsgeber (2 im Bild 7) und ziehen Sie ihn ab.
- Entsichern Sie (soweit verbaut) den Steckkontakt am Bremsdruckgeber (9) und ziehen Sie ihn ab.
- Bei Fahrzeugen mit Schaltgetriebe den Nachlaufschlauch für den Kupplungsgeberzylinder (3) abziehen und hochbinden oder mit einem handelsüblichen Werkzeug (Hazet 4590) abklemmen und dann abziehen.
- Entsichern Sie die beiden Befestigungsclips (5) auf der Unterseite des Vorratsbehälters (1) und ziehen Sie ihn vom Hauptbremszylinder (11) ab.
- Clipsen Sie die Bremsleitung vorne links aus dem Halter am Hauptbremszylinder aus.
- Alle Bremsleitungen am Hauptbremszylinder mit einem Bremsleitungsschlüssel lösen und abschrauben.
- Die Bremsleitungen mit geeigneten Verschlussstopfen verschließen.
- Die Muttern (12) vom Hauptbremszylinder (11) abschrauben.
- Den Hauptbremszylinder (11) vorsichtig aus dem Bremskraftverstärker (4) herausnehmen.

Der Einbau erfolgt sinngemäß in umgekehrter Reihenfolge.

Beim Zusammensetzen des Hauptbremszylinders mit dem Bremskraftverstärker auf richtigen Sitz der Druckstange im Hauptbremszylinder achten.

Darauf achten, dass der Dichtring zwischen Hauptbremszylinder und Bremskraftverstärker ordnungsgemäß eingebaut ist.

- Füllen Sie die Bremsflüssigkeit wieder auf den alten Stand.
- Bremsanlage entlüften. Eventuell auch den Kupplungsgeberzylinder entlüften.
- Betätigen Sie Bremse und Kupplung mehrfach und kontrollieren Sie den Flüssigkeitsstand erneut.

## Funktion des Bremskraftverstärkers prüfen

- Bremspedal bei stehendem Motor mehrere Male kräftig durchtreten (dadurch wird der im Gerät vorhandene Unterdruck abgebaut).
- Bremspedal jetzt mit mittlerer Fußkraft in Bremsstellung halten und Motor starten.

Bei einem einwandfrei funktionierenden Bremskraftverstärker gibt das Bremspedal dabei unter dem Fuß spürbar nach (Verstärkung wird wirksam).
Senkt sich das Pedal nicht, liegt eine Störung vor.

Diese kann in der Unterdruckversorgung (Leitung, Pumpe, Anschluss) oder am Bremskraftverstärker selbst zu finden sein. In diesem Fall muss er ersetzt werden. Reparaturen an diesem Bauteil sind nicht vorgesehen.

## Bremsscheiben und Beläge prüfen

### Bremsbeläge prüfen

Mit einer Taschenlampe durch einen Durchbruch in der Felge leuchten. Die Dicke des äußeren Belages durch Sichtprüfung ermitteln. Den inneren Belag anleuchten und einen Spiegel anhalten. Dann die Dicke des inneren Belages durch Sichtprüfung ermitteln.

- Zur besseren Beurteilung der Restbelagdicke durch die Felgenöffnung einen Prüfspiegel benutzen oder zur besseren Übersicht das Rad abnehmen.

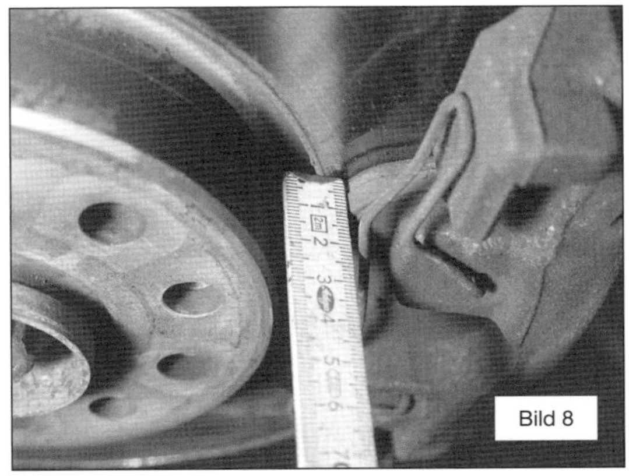
Bild 8

Bild 8
Belagstärke mit Rückenplatte feststellen.

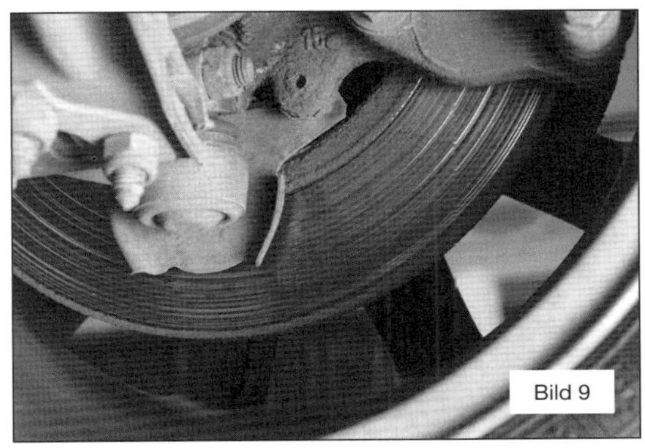
Bild 9

Bild 9
Eine Bremsscheibe mit tiefen Riefen muss ersetzt werden.

- Die Anbauposition des Rades kennzeichnen (RV = rechts vorne, LV = links vorne, RH = rechts hinten, LH = links hinten).
- Die Dicke des äußeren und inneren Belages messen oder abschätzen. Bei der Belagdicke (2,0 mm ohne Rückenplatte) haben die Bremsbeläge ihre Verschleißgrenze erreicht und müssen ersetzt werden.
- Das entsprechende Rad in der gekennzeichneten Position wieder anschrauben.
- Die Radbefestigungsschrauben über Kreuz mit dem entsprechenden Drehmoment anziehen und soweit verbaut die Radschraubenkappen aufstecken.

### Bremsscheiben prüfen

Wenn die Scheibenbremsbeläge ersetzt werden müssen, sind unbedingt auch die Bremsscheiben auf Verschleiß zu prüfen. Typische Fehlerbilder, die für eine Erneuerung sprechen sind:

- Risse,
- Riefen,
- Rost und
- Grat am Bremsscheibenrand.
- Blauverfärbungen durch Überhitzung.

Ggf. Bremsscheiben ersetzen (grundsätzlich achsweise).

Sichtprüfung Messen

Bild 10
Scheibenbremsanlage vorne (FN3 16 ´´).
1 Schraube
2 Staubschutzkappen
3 Führungsbolzen
4 Schraube
5 Steckkontakt Verschleißanzeige
6 Bremsscheibe
7 Schraube
8 Bremsbeläge
9 Stattelträger
10 Klammer
11 Bremssattel
12 Abdeckung

Bild 11
Bremskolben im Bremssattel zurückstellen.
1 Bremssattel
2 Adapter auf dem Bremskolben
3 Bremskolbenrücksteller

## Bremsscheiben und Beläge vorne

Verbaut wurden drei unterschiedliche Bremssättel in den Fahrzeugen, die wir in diesem Buch vorstellen. Bei Fahrzeugen mit dem 2,5-l-Motor wurde, gekennzeichnet mit der PR-Nummer »1LB«, die 16´´-Bremse FN3 verbaut. Bei Fahrzeugen mit 3,0-l-Motor wurde, gekennzeichnet mit der PR-Nummer »1LC« oder »1LE«, die 17´´-Brembo-Bremse in zwei Varianten verbaut.

### Bremsbeläge wechseln

⚠ Weiter zu verwendende Bremsbeläge beim Ausbau kennzeichnen. Die Beläge an gleicher Stelle wieder einbauen, sonst kann eine ungleichmäßige Bremswirkung entstehen!

- Radschrauben lösen, aber noch nicht herausdrehen.
- Das Fahrzeug mit der Hebebühne anheben.
- Bauen Sie die vorderen Räder ab.
- Mit einem Schraubendreher die Klammer (10 im Bild 10) aus dem Sattel heraushebeln.
- Steckverbindung für Bremsbelag aus der Halterung ausclipsen.
- Steckverbindung (5) für Bremsbelagverschleißanzeige trennen.

*Fahrzeuge mit der 16´´-F3N-Bremse:*

- Drehen Sie die Schraube (1) heraus und nehmen Sie die Abdeckung (12) ab.
- Ziehen Sie Abdeckkappen vom Entlüftungsnippel auf dem Bremssattel ab.
- Legen Sie Anschlusskabel der Bremsbelagverschleißanzeige frei.
- Bremsbeläge (8) mit geeignetem Werkzeug etwas zurückdrücken.
- Staubschutzkappe (2) abnehmen und Führungsbolzen (3) für die Bremssattelbefestigung herausschrauben.
- Mit einem Schraubendreher die Führungsbuchse (3) im Bremssattel etwas zurückdrücken.
- Den Bremssattel (11) nach oben klappen.
- Den Bremssattel (11) mit Draht am Aufbau befestigen.
- Die Bremsbeläge (8) und die Haltefedern herausnehmen, dabei die Leitung für Bremsbelagverschleißanzeige durch die Öffnung im Bremssattel führen.

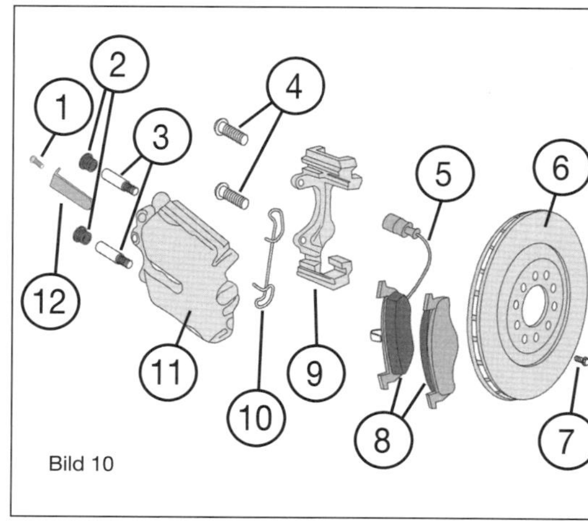

Bild 10

Bild 11

*Fahrzeuge mit der 17´´-1LC-Brembo-Bremse:*

- Drehen Sie die Schraube (2 im Bild 12) heraus und treiben Sie mit einem Durchschlag den Stift (5) heraus.
- Hängen Sie die Belagverschleißanzeige aus der Haltefeder heraus.
- Nehmen Sie den Stift (5) und die Haltefeder (7) heraus.
- Drücken Sie die Bremsbeläge etwas zurück und nehmen Sie sie aus dem Bremssattel heraus.

*Fahrzeuge mit der 17´´-1LE-Brembo-Bremse:*

- Treiben Sie mit einem Durchschlag den Stift (8 im Bild 13) heraus.
- Nehmen Sie den Stift (8) und die Haltefeder (7) heraus.
- Drücken Sie die Bremsbeläge etwas zurück und nehmen Sie sie aus dem Bremssattel heraus.

Der Einbau erfolgt sinngemäß in umgekehrter Reihenfolge.

- Bremssattelgehäuse reinigen.

☞ Für das Reinigen des Bremssattelgehäuses ist ausschließlich Spiritus zu verwenden.

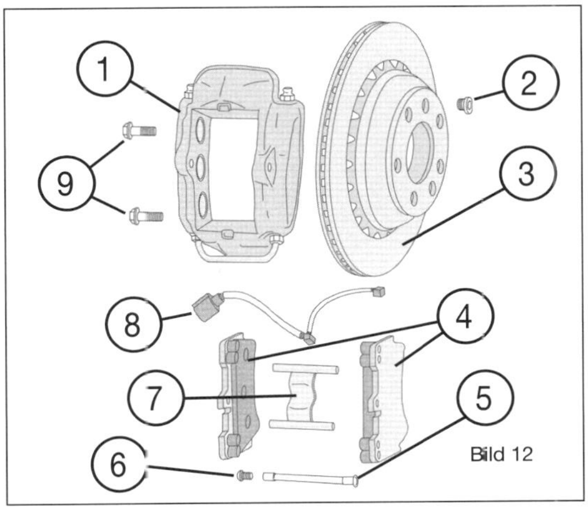

Bild 12

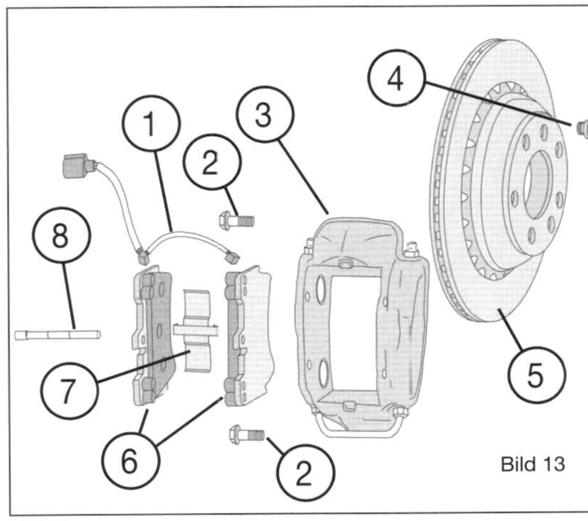

Bild 13

Bild 12
Scheibenbremsanlage vorne (Brembo 17˝ 1LC).
1 Bremssattel
2 Schraube
3 Bremsscheibe
4 Bremsbeläge
5 Stift
6 Schraube
7 Haltefeder
8 Warnkontakt
9 Schrauben

Bild 13
Scheibenbremsanlage vorne (Brembo 17˝ 1LE).
1 Warnkontakt
2 Schraube
3 Bremssattel
4 Schraube
5 Bremsscheibe
6 Bremsbelag
7 Haltefeder
8 Stift

Vor dem Zurückdrücken mit einer Entlüfterflasche Bremsflüssigkeit aus dem Bremsflüssigkeitsbehälter absaugen, sonst kann, wenn zwischenzeitlich Bremsflüssigkeit nachgefüllt wurde, Bremsflüssigkeit auslaufen und zu Schäden führen.

■ Vor dem Einsetzen neuer Bremsbeläge müssen die Kolben mit der Kolbenrücksetzvorrichtung (1 im Bild 11) in den Zylinder gedrückt werden.

■ Die Bremsbeläge (8 im Bild 11) in den Sattelträger (9) einsetzen.

Darauf achten, dass die Bremsbeläge (8) in den Belaghalteblechen oder Spreizfedern sitzen.

■ Die Steckverbindung für die Bremsbelagverschleißanzeige verbinden.

■ Räder wieder anbauen.

Nach dem Ersetzen von Bremsbelägen Bremspedal im Stand mehrmals kräftig durchtreten, damit die Bremsbeläge ihren dem Betriebszustand entsprechenden Sitz einnehmen.

Nach dem Bremsbelagwechsel den Bremsflüssigkeitsstand prüfen.

**Bremsscheiben vorne wechseln**

Der Wechsel der Bremsscheiben fällt für die verbauten Systeme sehr ähnlich aus.

Beim F3N-System mit dem Schwimmsattel, müssen der Bremssattel und der Bremssattelträger demontiert werden.

Bei den Fahrzeugen mit den Brembo-Systemen muss der Bremssattel demontiert werden.

Wenn Sie die Bremsscheiben erneuern, müssen Sie auch neue Bremsbeläge verwenden.

Werden Beläge und Scheiben wiederverwendet, markieren Sie die Einbauposition der Bremsscheiben und Beläge.

■ Radschrauben lösen, aber noch nicht herausdrehen.

■ Das Fahrzeug mit der Hebebühne anheben.

■ Bauen Sie die vorderen Räder ab.

■ Demontieren Sie die Bremsbeläge wie bereits beschrieben.

*Fahrzeuge mit der 16˝-F3N Bremse:*

■ Drehen Sie die beiden Schrauben (4 im Bild 10) heraus und nehmen Sie den Sattelträger (9) ab.

■ Lösen Sie die Schraube (7 im Bild 10) durch einige Hammerschläge. Sie ist recht oft festgerostet.

■ Nehmen Sie die Bremsscheibe (6) von der Radnabe ab.

Auch hier kann Rostbildung dafür sorgen, dass die Bremsscheibe sehr fest sitzt. Im Extremfall helfen nur gezielte Hammerschläge von hinten auf die Bremsscheibe, um sie zu lösen. Der Ersatz ist dann nicht mehr abzuwenden.

*Fahrzeuge mit der 17˝ Brembo Bremse (1LC und LE):*

■ Lösen Sie die Bremsleitung am Achsschenkel (Radlagergehäuse) und der Halterung so weit, dass die Stahlleitung zum Bremssattel nicht verbogen werden muss.

■ Drehen Sie die beiden Schrauben (9 im Bild 12) oder (2 im Bild 13) heraus und nehmen Sie den Bremssattel (1 beziehungsweise 3 im Bild 13) ab.

■ Befestigen Sie den Bremssattel am Aufbau.

■ Lösen Sie die Schraube (2 im Bild 12)

Bild 14
Scheibenbremse hinten
(FN44 16˝1KE).
1 Ankerplatte am Achsschenkel
2 Nachsteller
3 Bremsbacke
4 Haltefeder
5 Spannschloss (Spreizer)
6 Bremsscheibe
7 Schraube
8 Warnkontakt
9 Bremsbelag
10 Sattelträger
11 Klammer
12 Bremssattel
13 Führungsbolzen
14 Staubschutzkappen
15 Abdeckung
16 Schraube
17 Schrauben
18 Feder
19 Feder
20 Radnabe

Bild 15
Scheibenbremse hinten
(Brembo 17 ˝1KF /1KQ).
1 Ankerplatte am Achsschenkel
2 Nachsteller
3 Bremsbacke
4 Haltefeder
5 Spannschloss (Spreizer)
6 Bremsscheibe
7 Schraube
8 Bremssattel
9 Schrauben
10 Schutzblech
11 Schraube
12 Bremsbelag
13 Stift
14 Haltefeder
15 Warnkontakt
16 Feder
17 Feder
18 Radnabe

oder (4 im Bild 13) durch einige Hammerschläge. Sie ist recht oft festgerostet.
■ Nehmen Sie die Bremsscheibe (3) von der Radnabe ab.

Auch hier kann Rostbildung dafür sorgen, dass die Bremsscheibe sehr fest sitzt. Im Extremfall helfen nur gezielte Hammerschläge von hinten auf die Bremsscheibe, um sie zu lösen. Der Ersatz ist dann nicht mehr abzuwenden.

Die Montage erfolgt sinngemäß in umgekehrter Reihenfolge.
■ Reinigen Sie die Auflagefläche der Bremsscheibe auf der Radnabe sehr gründlich.

Sehr gut und einfach gelingt das mit einer Topfbürste auf dem Winkelschleifer oder der Bohrmaschine.

⚠ Geringe Korrosionsreste können das saubere Aufliegen der Bremsscheibe verhindern. Daraus resultiert eine ungleichmäßige Wärmeableitung, die schnell einen Verzug der Scheibe nach sich ziehen kann.
■ Tragen Sie im Bereich der Auflage der Bremsscheibe auf der Radnabe etwas (sehr wenig!) Montagepaste oder Kupferpaste auf, so wird das Festkorrodieren etwas hinausgezögert.
■ Ersetzen Sie die Befestigungsschraube in der Bremsscheibe in jedem Fall.

## Die Scheibenbremse hinten

Die hintere Bremse ist zumindest als Betriebsbremse als Scheibenbremse ausgeführt. In der Bremsscheibe sind Bremsbacken verbaut. Die Feststellbremse ist eine Trommelbremse.

### Bremsbeläge wechseln

⚠ Werden Beläge und Scheiben wiederverwendet, markieren Sie die Einbauposition der Bremsscheiben und Beläge.

Wenn die Bremsbeläge erneuert werden, müssen die Bremssättel über einen geeigneten Diagnosetester zurückgestellt werden.
■ Die Radschrauben lösen, aber noch nicht herausdrehen.
■ Das Fahrzeug mit der Hebebühne anheben.
■ Bauen Sie die hinteren Räder ab.
■ Die Steckverbindung für Bremsbelagverschleißanzeige trennen.

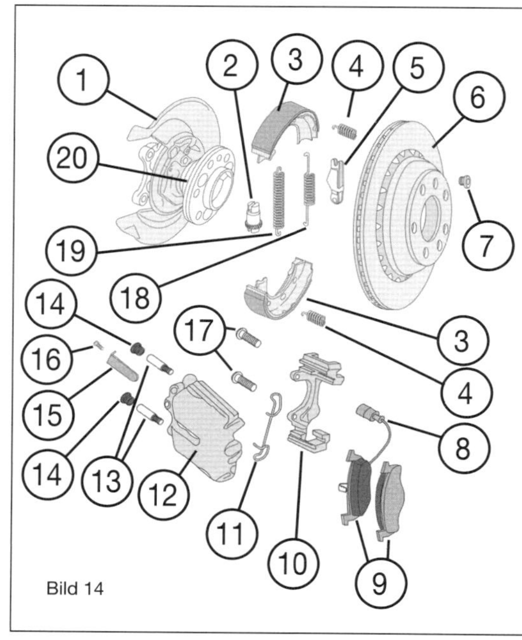

Bild 14

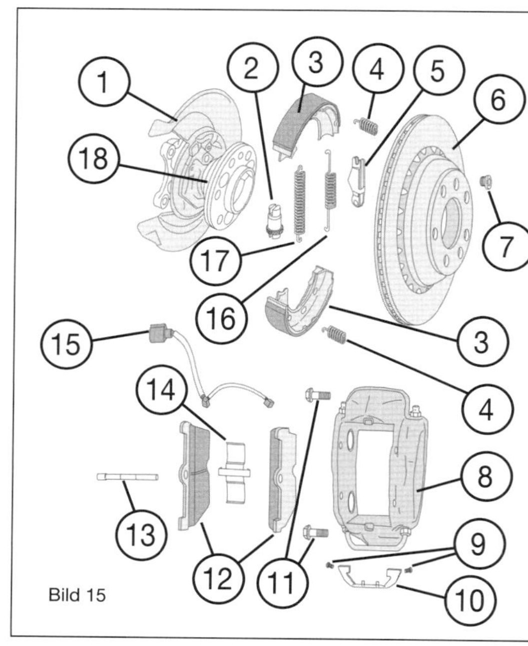

Bild 15

*Fahrzeuge mit der 16˝-1KE-Bremse:*
■ Drehen Sie die Schraube (16 im Bild 14) heraus und nehmen Sie die Abdeckung (15) ab.
■ Ziehen Sie Abdeckkappen vom Entlüftungsnippel auf dem Bremssattel ab.
■ Legen Sie Anschlusskabel der Bremsbelagverschleißanzeige frei.
■ Bremsbeläge (9) mit geeignetem Werkzeug etwas zurückdrücken.
■ Staubschutzkappe (2 im Bild 10) abnehmen und Führungsbolzen (3) für die Bremssattelbefestigung herausschrauben.
■ Mit einem Schraubendreher die Füh-

rungsbuchsen (13) im Bremssattel etwas zurückdrücken.
■ Den Bremssattel (12) nach oben klappen.
■ Den Bremssattel (12) mit Draht am Aufbau befestigen.
■ Die Bremsbeläge (9) und die Haltefedern herausnehmen, dabei die Leitung für Bremsbelagverschleißanzeige durch die Öffnung im Bremssattel führen.

*Fahrzeuge mit der 17″-1KF-Bremse:*
■ Treiben Sie mit einem Durchschlag den Stift (13 im Bild 15) heraus.
■ Nehmen Sie den Stift (13) und die Haltefeder (14) heraus.
■ Drücken Sie die Bremsbeläge etwas zurück und nehmen Sie sie aus dem Bremssattel heraus.

Die Montage erfolgt sinngemäß in umgekehrter Reihenfolge.

Tipp: Vor dem Zurückstellen mit einer Entlüfterflasche Bremsflüssigkeit aus dem Bremsflüssigkeitsbehälter absaugen. Es kann sonst, wenn zwischenzeitlich Bremsflüssigkeit nachgefüllt wurde, Bremsflüssigkeit auslaufen und zu Schäden führen.

■ Vor Einsetzen neuer Bremsbeläge müssen die Kolben mit der Kolbenrücksetzvorrichtung (Bild 11) in den Zylinder gedrückt werden.
■ Bremssattelgehäuse reinigen.

Tipp: Für das Reinigen des Bremssattels ausschließlich Spiritus verwenden.

■ Neue Befestigungsschrauben auf das vorgeschriebene Drehmoment festziehen.
■ Steckverbindung für die Bremsbelagverschleißanzeige (soweit verbaut) verbinden.
■ Räder wieder anbauen.

Tipp: Nach dem Ersetzen von Bremsbelägen Bremspedal im Stand mehrmals kräftig durchtreten, damit die Bremsbeläge ihren dem Betriebszustand entsprechenden Sitz einnehmen.

Hinweis: Nach dem Bremsbelagwechsel den Bremsflüssigkeitsstand prüfen und gegebenenfalls auffüllen.

**Bremsscheiben hinten wechseln**

Tipp: Wenn Sie die Bremsscheiben erneuern, müssen Sie auch neue Bremsbeläge verwenden. Sollen Beläge und Scheiben wiederverwendet werden, markieren Sie die Einbauposition von Bremsscheiben und Belägen.

■ Demontieren Sie die Bremsbeläge wie bereits beschrieben.
■ Lösen Sie die Feststellbremse.
■ Stellen Sie den Nachsteller (2 im Bild 14) so weit zurück, dass die Feststellbremse nicht mehr anschleift.

*Fahrzeuge mit der 16″-1KE-Bremse:*
■ Drehen Sie die Schrauben (17) heraus und bauen Sie den Sattelträger (10) ab.
■ Drehen Sie die Schraube (7 im Bild 14) in der Bremsscheibe (6) heraus. Verwenden Sie unbedingt einen passenden Schlüssel.

Tipp: Lösen Sie die Schraube durch einige Hammerschläge. Sie sind recht oft festgerostet.

■ Nehmen Sie die Bremsscheibe (7) von der Radnabe (20) ab.

Tipp: Auch hier kann Rostbildung dafür sorgen, dass die Bremsscheibe sehr fest sitzt. Im Extremfall helfen nur gezielte Hammerschläge von hinten auf die Bremsscheibe, um sie zu lösen. Der Ersatz ist dann nicht mehr abzuwenden.

*Fahrzeuge mit der 17″-1KF-Bremse:*
■ Drehen Sie die Schrauben (11) heraus und bauen Sie den Bremssattel (8) ab.
■ Drehen Sie die Schraube (7 im Bild 15) in der Bremsscheibe (6) heraus. Verwenden Sie unbedingt einen passenden Schlüssel.

Tipp: Lösen Sie die Schraube durch einige Hammerschläge. Sie sind recht oft festgerostet.

■ Nehmen Sie die Bremsscheibe (6) von der Radnabe (18) ab.

Tipp: Auch hier kann Rostbildung dafür sorgen, dass die Bremsscheibe sehr fest sitzt. Im Extremfall helfen nur gezielte Hammerschläge von hinten auf die Bremsscheibe, um sie zu lösen. Der Ersatz ist dann nicht mehr abzuwenden.

Die Montage erfolgt sinngemäß in umgekehrter Reihenfolge.
■ Reinigen Sie die Auflagefläche der Bremsscheibe auf der Radnabe sehr gründlich.

Tipp: Sehr gut und einfach gelingt das mit einer Topfbürste auf dem Winkelschleifer oder der Bohrmaschine.

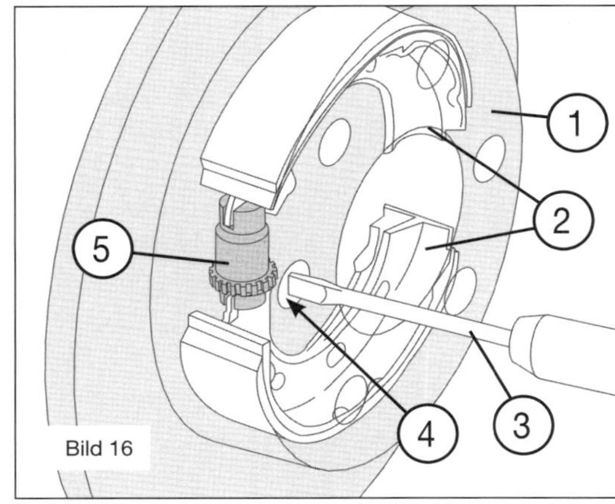


Bild 16
Einstellen der Feststellbremse (Trommelbremse).
1 Bremsscheibe
2 Bremsbacken
3 Schraubendreher
4 Gewinde/Bohrung Radschraube
5 Einsteller

⚠ Geringe Korrosionsreste können das saubere Aufliegen der Bremsscheibe verhindern. Daraus resultiert eine ungleichmäßige Wärmeableitung, die schnell einen Verzug der Scheibe nach sich ziehen kann.

■ Tragen Sie im Bereich der Auflage der Bremsscheibe auf der Radnabe etwas Montagepaste oder Kupferpaste auf. So wird das Festkorrodieren etwas hinausgezögert.
■ Ersetzen Sie die Befestigungsschraube (8) in der Bremsscheibe (7) in jedem Fall.
■ Führen Sie eine Grundeinstellung der Bremsbacken der Feststellbremse durch.

## Die Feststellbremse hinten

Die Feststellbremse ist eine Trommelbremse. Sie wird über ein Rastpedal im Fahrerfußraum betätigt. Im Bereich der Mittelkonsole befindet sich die Seilwaage, die Betätigungskraft über die hinteren Bremszüge und die beiden Spannschlösser (Spreizer) an die Bremsbacken weitergibt.

**Demontage der Bremsbacken**

■ Bauen Sie die Bremsscheiben wie bereits beschrieben aus.

⚠ Weiter zu verwendende Bremsbeläge müssen beim Ausbau gekennzeichnet werden. Sie müssen an gleicher Stelle wieder eingebaut werden, da sonst ungleichmäßige Bremswirkung entsteht.

☞ Die Bremsen sind achssymmetrisch aufgebaut. Entsprechend setzen Sie zuerst eine Seite instand und belassen die andere Seite im zusammengebauten Zustand.

☞ So haben Sie ein Muster zum Gucken, wenn doch mal vergessen gehen sollte, was wie zusammengebaut war.

■ Die Radschrauben lösen, aber noch nicht herausdrehen.
■ Das Fahrzeug mit der Hebebühne anheben und Unterbodenverkleidungen ausbauen.
■ Die Hinterräder demontieren.
■ Über eine Radschraubenbohrung (4 im Bild 16) den Einsteller (5) zusammendrehen.
■ Die Bremsscheibe wie bereits beschrieben abbauen.
■ Die Federn (18 und 19 im Bild 14) oder (16 und 17 im Bild 15) aushängen.
■ Die beiden Haltefedern (4) andrücken und um 90° verdrehen. Sie rasten so aus dem Ankerblech (1) aus.
■ Die Haltefedern (4) aus den Bremsbelägen (3) herausnehmen.
■ Die Bremsbeläge (3) abnehmen.

Die Montage erfolgt sinngemäß in umgekehrter Reihenfolge.

■ Reinigen Sie Bremsbeläge (2) und Bremstrommel/Scheibe (6) mit Schleifpapier und Bremsenreiniger.
■ Kontrollieren Sie, dass der Einsteller (2 im Bild 15 oder 16) sich leichtgängig verdrehen lässt.
■ Achten Sie darauf, dass der Spreizer (5) nicht schwergängig ist.

☞ Er ist oft der Grund für eine schlechte Bremsleistung der Handbremse.

■ Reinigen Sie die Bremsträgerplatte (Ankerplatte) (3) gründlich und tragen Sie etwas Kupferpaste auf die Anlagepunkte der Bremsbeläge auf der Ankerplatte auf.

**Grundeinstellung Handbremsbeläge**

☞ Natürlich ist die Grundeinstellung der Handbremse nur bei Fahrzeugen mit mechanischer Handbremse erforderlich.

☞ Die Grundeinstellung der Bremsbeläge sollte immer dann erfolgen, wenn die Beläge de- oder montiert beziehungsweise die Bremsscheibe erneuert wurde. Die Einsteller funktionieren NICHT automatisch.

■ Eine Radschraube herausdrehen.
■ Das Fahrzeug mit der Hebebühne anheben und Unterbodenverkleidungen ausbauen.

⚠ Sichern Sie das Fahrzeug auf der Hebebühne mit Spanngurten, um ein Herunterfallen oder Abrutschen zu verhindern.

■ Durch die Bohrung der Radschraube mit Hilfe eines Schraubendrehers den Einsteller an seinem Zahnrad verdrehen.

■ Drehen Sie den Einsteller zuerst so weit heraus, dass die Bremsbacken merklich anliegen.
■ Ziehen Sie den Handbremshebel mehrfach fest an.
■ Lösen Sie den Einsteller wieder so weit, dass die Beläge gerade so in der Trommel anliegen.

Zur Kontrolle den Schraubendreher herausziehen und das Rad von Hand verdrehen. Die Bremsbeläge dürfen nur leicht anschleifen.

**Leerweg der Feststellbremse prüfen**
■ Heben Sie das Fahrzeug mit einer Hebebühne an.
■ Betätigen Sie die Feststellbremse so weit, dass zwei Zähne hörbar einrasten.
■ Prüfen Sie, dass die Hinterräder sich ohne Anschleifen durchdrehen lassen.
■ Betätigen Sie die Feststellbremse so weit, dass fünf bis sieben Zähne hörbar einrasten.
■ Prüfen Sie, dass die Hinterräder sich nicht mehr durchdrehen lassen.
■ Führen Sie die Grundeinstellung für die Handbremsbeläge wie beschrieben durch.
■ Passen Sie die Einstellung der Bremsseile soweit unbedingt erforderlich an.

Die Korrektur der Bremszugeinstellung an der Seilzugwaage ist nicht vorgesehen.

**Demontage des Bremsseils vorne**
■ Demontieren Sie die Fußraumverkleidung auf der Fahrerseite.
■ Bauen Sie die Mittelkonsole aus.
■ Demontieren Sie die Blende der Einstiegsleiste auf der Fahrerseite.
■ Demontieren Sie die Kunststoffabdeckung des Feststellbremsenpedals.
■ Drücken Sie die kleinere Feder (Auslösefeder) zusammen und drücken Sie die größere Feder (Spannvorrichtung) herunter.
■ Sichern Sie den Hebel der Spannvorrichtung mit einem passenden Bohrer in der vorhandenen Bohrung.
■ Hängen Sie das Bremsseil durch die Aussparung im Hebelgehäuse aus.
■ Clipsen Sie den Seilzug aus der Aufnahme heraus, heben den Teppich an und ziehen das Bremsseil aus der Fußbetätigung heraus.

Messen Sie die Gewindelänge am vorderen Bremszug und drehen Sie die Mutter an der Seilwaage ab.

Die Montage erfolgt sinngemäß in umgekehrter Reihenfolge.

**Demontage der Bremsseile hinten**
■ Heben Sie das Fahrzeug an.
■ Demontieren Sie beide Hinterräder. Bauen Sie den Unterfahrschutz (soweit vorhanden) im hinteren Bereich aus.
■ Bauen Sie die Mittelkonsole aus.

Messen Sie die Gewindelänge am vorderen Bremszug und notieren Sie den Messwert.

■ Drehen Sie die Mutter an der Seilwaage so weit los, dass Sie die beiden hinteren Bremszüge aus der Seilwaage aushängen können.
■ Verdrehen Sie die Radnabe so weit, dass Sie über die Verschlussschraube für den Versteller ober über eine Bohrung der Radschraube den Nippel des Bremsseiles erreichen können.
■ Für das linke Handbremsseil drücken Sie den Nippel so weit nach unten, dass Sie ihn aus dem Spannschloss (Spreizer) (5 im Bild 15 und 16) aushängen können.
■ Für das rechte Handbremsseil drücken Sie den Nippel soweit nach oben, dass Sie ihn aus dem Spannschloss (Spreizer) (5 in den Bildern 14 und 15) aushängen können.
■ Clipsen Sie das jeweilige Handbremsseil aus dem Halter am Kraftstofftank aus.
■ Lösen Sie das Handbremsseil aus dem Halter am Aggregateträger.
■ Ziehen Sie das Handbremsseil heraus.

Die Montage erfolgt sinngemäß in umgekehrter Reihenfolge.
■ Achten Sie darauf, dass der Nippel des Handbremsseils spürbar im Spannschloss (Spreizer) (5 im Bild 14 und 15) einrastet.
■ Hängen Sie die Handbremsseile wieder in die Seilwaage im Bereich der Mittelkonsole ein.

Achten Sie darauf, dass die Bremsseile wieder in der originalen Einbaulage verbaut worden sind.

■ Verdrehen Sie die Einstellmutter auf dem Bremsseil vorne an der Seilwaage auf das zuvor ermittelte Maß.
■ Prüfen Sie den Betätigungsweg, die Betätigung beider Bremsen.
■ Führen Sie wenn erforderlich eine Grundeinstellung für die Handbremsbeläge wie bereits beschrieben durch.

# 14 Elektrische Anlage

Schon im Stand, aber erst recht während der Fahrt benötigt der VW Touareg elektrischen Strom. Motorsteuerung, diverse Stellmotoren und die Kraftstoffeinspritzung müssen mit Elektroenergie versorgt werden. Alle weiteren unbedingt erforderlichen oder für die Sicherheit und Bequemlichkeit eingebauten automatischen Systeme sowie natürlich die gesamte Lichtanlage sind ohne elektrische Energie arbeitsunfähig.
Viele Störungen und Funktionsprüfungen gerade in diesem Bereich gehören, ähnlich wie bei anderen Baugruppen, in die Fachwerkstatt. Denn zum genauen Erkennen und Beseitigen der Mängel muss häufig das auch in anderen Kapiteln schon mehrfach erwähnte Fahrzeugdiagnosegerät angeschlossen und der Fehlerspeicher abgefragt werden.
Der Diagnoseanschluss im Fahrzeug (Steckkontakt für das Werkstattsystem) befindet sich, wie inzwischen international festgelegt, im Fußraum Fahrerseite neben der A-Säule. Nun sind die meisten Innovationen im Kraftfahrzeug heute zwar von immer komplizierterer Elektronik geprägt, Reparaturen an der elektrischen Anlage sind aber durchaus nicht in jedem Fall von ihr verursacht. Oft sitzt nur ein Kabel lose, sind Sicherungen durchgebrannt oder Kontakte korrodiert oder messtechnisch zu ermittelnde Bauteile sind defekt. Nicht wenige Störungen an der Elektrik lassen sich mit einfachen Mitteln beheben. Natürlich muss man sich etwas auskennen und die Grundbegriffe verstehen.

## Arbeiten an der Spannungsversorgung

Zu allererst haben wir es im Touareg noch immer mit elektrischen Bauteilen zu tun, die schon die gesamte Entwicklungsgeschichte des Automobils begleiten: Batterie, Anlasser (Starter) und Lichtmaschine (Drehstromgenerator). Sie sind zusammen für die Arbeitsaufnahme des Motors verantwortlich. Um seine Aufgabe zu erfüllen, ist jedes dieser drei Bauteile auf das andere angewiesen. Wir wenden uns hauptsächlich ihnen zu.

**Einbaulage der Relais und Sicherungen**
Die Sicherungen für das Bordnetz finden Sie im Fahrerfußraum unter der Armaturentafel und an der Batterie unterhalb des Fahrerfußraums. Die Belegung des Sicherungsträgers ist in Ihrem Bordbuch unter dem Begriff »Sicherung« für Ihren Modelltyp genau beschrieben. Ersetzen Sie niemals eine Sicherung gegen eine stärkere. Das kann erhebliche Schäden auch im Bordnetzsteuergerät verursachen.

## Batterie

**Unterschiedliche Batteriekonzepte**
Für den Touareg gab es unterschiedliche Konzepte für die Spannungsversorgung. Die Hauptbatterie sitzt unter dem linken Vordersitz. Zusätzlich konnte eine Zweitbatterie geordert werden. Diese ist dann in der Reserveradwanne im Kofferraum verbaut.
Der Fremdstartpunkt befindet sich im Motorraum links im Bereich der Spritzwand.

**Batterie an- und abklemmen**
Auf das Prüfen (Sichtprüfung, Batterietester) und Laden sowie auf Warnhinweise und allgemeine Sicherheitsregeln bei Arbeiten an der Batterie (Kennzeichnungen auf der Batterie selbst) gehen wir in diesem Ratgeber nur begrenzt ein. Sie sind ausführlich in der Bedienungsanleitung des Fahrzeugs behandelt.
⚠ Um Beschädigungen der Batteriepolklemmen und der Batteriepole zu vermeiden, schreibt der Hersteller vor:
- Die Batteriepolklemmen dürfen nur gewaltfrei von Hand aufgesteckt werden.
- Die Batteriepole dürfen nicht gefettet werden.
- Die Batteriepolklemmen sind so zu montieren, dass der Batteriepol bündig mit der Klemme abschließt oder aus ihr herausragt.
- Nach dem Anziehen der Batteriepolklemmen mit dem vorgeschriebenen Anzugsdrehmoment von 6 Nm dürfen die Verschraubungen nicht nochmals nachgezogen werden.
- Durch das Abschrauben der Batterie-Minuspolklemme (Stromunterbrechung) wird

das sichere Arbeiten an der elektrischen Anlage gewährleistet. Das Abschrauben der Batterie-Pluspolklemme ist nur für den Ausbau der Batterie erforderlich. In jedem Fall müssen die Hinweise zum Anklemmen der Batterie beachtet werden.

*Abklemmen:*

■ Zündung und alle elektrischen Verbraucher ausschalten, Zündschlüssel abziehen.
■ Bei Fahrzeugen mit Batteriekasten die Verriegelung an der vorderen Kastenseite öffnen und den Deckel abnehmen.
■ Bei Fahrzeugen mit Batterieschutzhülle die Abdecklasche der Schutzhülle öffnen.
■ Die Befestigungsmutter Batteriepolklemme Masseleitung lösen und die Minuspolklemme von der Batterie abnehmen.

⚠ Falls wie beim Batterieausbau die Pluspolklemme auch abgenommen wird: Immer zuerst die Minusklemme abnehmen!

■ Die Batterie-Masseleitung sollte an der Karosserie nicht gelöst werden.

*Anklemmen:*

■ Die Batteriepolklemme Masseleitung in der richtigen Stellung auf den Minuspol der Batterie stecken und die Befestigungsmutter mit 6 Nm anziehen. Dabei auf festen Sitz der Batterieklemme achten.

⚠ Falls wie beim Batterieausbau die Pluspolklemme auch abgenommen wird: Immer zuerst die Pluspolklemme wieder anklemmen! Erst danach die Masseleitung wie beschrieben anklemmen.

Nach Anklemmen der Batterie und Einschalten der Zündung leuchtet die Kontrollleuchte für ESP und ASR dauerhaft. Die Kontrollleuchte erlischt automatisch, wenn mit 15 bis 20 km/h eine Wegstrecke geradeaus gefahren wird. Dadurch wird der Geber für Lenkwinkel wieder aktiviert.

Bei Fahrzeugen ab Dezember 2006 erlöschen die Kontrollleuchten nicht automatisch. Hier muss nach der Probefahrt die Zündung erneut ein- und ausgeschaltet werden. So werden die Fehler auf den Status »sporadisch« gesetzt und nach vierzig Fahrzyklen ohne erneute Fehlereinträge gelöscht.

*Arbeitsschritte nach Anklemmen der Batterie:*

■ Zündung mit dem Zündschlüssel einschalten und wieder ausschalten.
■ Fehlerspeicher auslesen: »Geführte Fehlersuche« mit dem Fahrzeugdiagnosegerät.
■ Uhrzeiteinstellung prüfen ggf. nach Bedienungsanleitung neu einstellen.
■ Zündung einschalten und mit Fensterheberschalter alle Fenster bis Endanschlag öffnen und wieder vollständig schließen.
■ Die Taster für die Fensterheber nach oben ziehen und mindestens eine Sekunde lang in dieser Stellung halten.
■ Anschließend bei geschlossenen Fenstern den Fensterheberschalter ziehen, bis das Relais hörbar schaltet.
■ Die Komfortschaltung der Fensterheber prüfen: Die Fenster müssen ohne Halten des Schalters schließen.
■ Alle elektrischen Verbraucher auf Funktion prüfen.

*Batterie anklemmen:*

■ Die Schraubverbindungen mit den geforderten Anzugsdrehmomenten anziehen: Muttern an den Polklemmen 6 Nm, M8-Schraube am Klemmbügel 35 Nm.
■ Die Fehlerspeicher abfragen und mögliche Einträge mit Unterspannung löschen.
■ Batterie nach dem Einbau auf festen Sitz prüfen.

⚠ Bei einer lose montierten Batterie bestehen folgende Gefahren: verkürzte Lebensdauer durch Rüttelschäden (Explosionsgefahr!), Schädigung der Gitterplatten, Beschädigung des Batteriegehäuses durch den Befestigungsbügel (möglicher Säureaustritt, hohe Folgekosten) und mangelhafte Crash-Sicherheit.

**Batterie unter dem Fahrersitz aus- und einbauen**

■ Demontieren Sie die Sitzverkleidung des linken Vordersitzes.
■ Drehen Sie die Schrauben der Sitzschienenbefestigung heraus.
■ Klappen Sie das Sitzgestell zusammen mit dem Sitz nach hinten.
■ Drehen Sie die Schraube für die Luftführung auf dem Batteriekasten heraus und nehmen Sie die Luftführung ab.
■ Öffnen Sie die Verschlüsse des Batteriekastens und nehmen Sie den Deckel ab.
■ Batterie wie beschrieben abklemmen.
■ Befestigungsschraube seitlich abbauen.
■ Die Griffe nach oben klappen und die Batterie herausnehmen.

Sichtprüfung Messen

Die Montage erfolgt sinngemäß in umgekehrter Reihenfolge.

**Zweitbatterie im Kofferraum aus- und einbauen**

■ Demontieren Sie den Kofferraumboden.
■ Öffnen Sie die Halteklammer auf der rechten Seite des Batteriekastens.
■ Demontieren Sie die beiden Haltebänder.
■ Batterie wie beschrieben abklemmen.
■ Die Griffe nach oben klappen und die Batterie herausnehmen.

Die Montage erfolgt sinngemäß in umgekehrter Reihenfolge.

## Anlasser (Starter) aus- und einbauen

Die Starterbatterie befindet sich im Motorraum des Fahrzeugs. Zum Aus- und Einbau des Anlassers muss die Starterbatterie abgeklemmt werden.

Die nachfolgende Arbeitsbeschreibung beschreibt den Aus- und Einbau des Anlassers für Fahrzeuge mit Schaltgetriebe. Der Aufbau bei Fahrzeugen mit dem automatischen Getriebe ist aber technisch gleich.

Nicht alle Fahrzeuge verwenden den gleichen Starter. Für viele Motorentypen werden spezielle Bauweisen verwendet. Wenn Sie sich beim Zubehörhändler einen Anlassermotor besorgen, achten Sie darauf, dass er dem Original entspricht. Weiterhin können Sie Ihren alten Starter in den meisten Fällen als Altteil zurückgeben. Heben Sie sich die Quittung auf, um das Altteilepfand bei der Rückgabe Ihres alten Starters auslösen zu können.

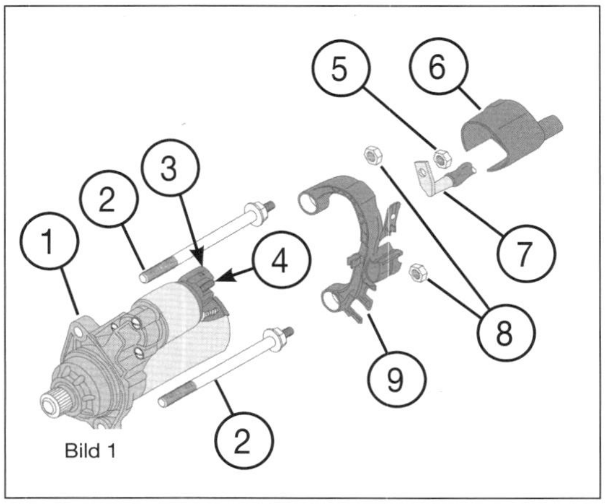


Bild 1
Startermotor.
1 Starter
2 Doppelschraube
3 Anschluss (KL50)
4 Anschluss (KL30)
5 Mutter
6 Abdeckkappe
7 Anschlusskabel (KL30)
8 Muttern
9 Kabelhalter

**Korrosionskontrolle**

Wenn Sie Korrosionsspuren erkennen können, reinigen Sie die Anschlüsse (3 und 4 im Bild 1) gründlich, und wenn erforderlich erneuern Sie die Anschlussklemmen. Ein Übergangswiderstand durch Korrosion bedeutet immer einen Leistungsverlust des Starters und somit auch eine geringere Starterdrehzahl.

**De- und Montage des Starters**

■ Die Masseleitung der Batterie bei ausgeschalteter Zündung abklemmen.
■ Demontieren Sie den Unterfahrschutz beziehungsweise die Geräuschdämmung unter dem Fahrzeug.

*Fahrzeuge mit 2,5-l-TDI-Motoren:*

■ Demontieren Sie die Verschraubung des Halters am Abgasrohr und am Kabelrohr im Bereich des Starters.
■ Bauen Sie den Halter des Abgasrohres aus.
■ Bei Fahrzeugen mit Dieselpartikelfilter bauen Sie diesen wie bereits beschrieben aus.
■ Öffnen Sie die Druckknöpfe und nehmen Sie die Wärmeschutzmanschette über dem Magnetschalter ab.
■ Entsichern Sie den Steckkontakt (3) und ziehen Sie ihn ab.
■ Ziehen Sie die Abdeckkappe (6) vom Plusanschluss des Starters ab.
■ Drehen Sie die Mutter (5) ab und nehmen Sie das Anschlusskabel (7) ab.
■ Die Schrauben (2) herausschrauben.
■ Den Starter nach oben herausnehmen.

*Fahrzeuge mit 3,0-l-TDI-Motoren:*

■ Bauen Sie den Drehstromgenerator aus.
■ Bei Fahrzeugen mit Automatikgetriebe drehen Sie die Befestigungsschrauben in der Mitte der Leitung zum ATF-Kühler und unter dem Generator heraus. Lassen Sie die Leitung aber angeschlossen in der Einbauposition hängen.
■ Drehen Sie die hintere Schraube der Motorstütze über dem Starter heraus.
■ Die Schrauben (2) herausschrauben.
■ Den Starter herausnehmen.

Der Einbau erfolgt sinngemäß in umgekehrter Reihenfolge.

■ Den Zahnkranz auf Verschleiß und Beschädigung prüfen.
■ Prüfen Sie die Funktion des Starters.

## Generator (Lichtmaschine) aus- und einbauen

Beim Einbau bereits gelaufener Keilrippenriemen beachten Sie die beim Ausbau gekennzeichnete Laufrichtung!

- Achten Sie vor dem Einbau des Keilrippenriemens darauf, dass alle Aggregate (Generator, Klimakompressor) fest montiert sind.
- Beim Auflegen des Riemens auf korrekten Sitz des Keilrippenriemens in den Riemenscheiben achten!

**De- und Montage des Generators**

- Zündung und alle elektrischen Verbraucher ausschalten und den Zündschlüssel abziehen.
- Die Masseanschlussleitung der Batterie abklemmen.
- Den Keilrippenriemen wie im Kapitel 4 beschrieben entspannen und von der Riemenscheibe des Generators abnehmen.

Fahrzeug zwischen den Hebebühnensäulen ausrichten und die vier Aufnahmeteller an den vom Fahrzeughersteller vorgeschriebenen Hebebühnenaufnahmepunkten platzieren.

- Bauen Sie die Motorabdeckung oben wie bereits im Kapitel 4 beschrieben ab.

*Demontage beim 2,5-l-TDI- Motor:*

- Die Geräuschdämpfung unter dem Motor wie beschrieben ausbauen.
- Schalten Sie die Zündung aus und ziehen Sie den Zündschlüssel ab.
- Klemmen Sie die Batterie unter dem linken Vordersitz ab.
- Klemmen Sie die Zweitbatterie (soweit verbaut) im Kofferraum ab.
- Bauen Sie die Motorabdeckung oben wie bereits beschrieben ab.
- Bauen Sie die Motorhaube ab.
- Entsichern Sie den Steckkontakt und ziehen Sie die DF-Leitung vom Generator ab.
- Ziehen Sie die Abdeckkappe vom Plusanschluss des Generators ab und demontieren Sie die Mutter.
- Nehmen Sie das Pluskabel vom Generator ab.
- Bauen Sie die Hohlschraube der Druckleitung von der Servopumpe für die Lenkung ab.
- Verschließen Sie die Anschlüsse mit den passenden Stopfen.

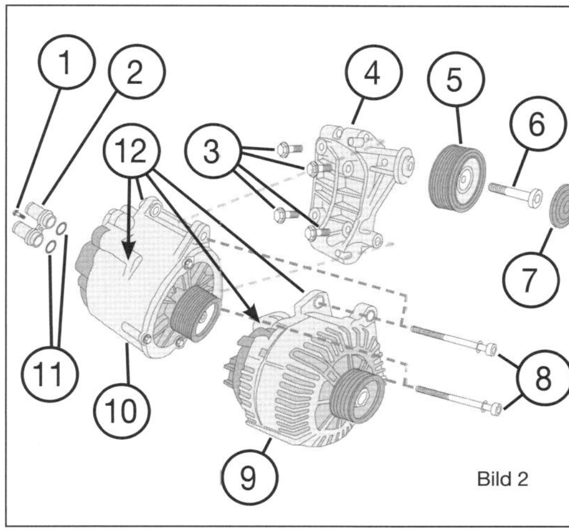

Bild 2

Bild 2
Generatoren am 3,0-l-TDI-Motor.
1 Schraube
2 Anschlussstutzen Generator
3 Schrauben
4 Generatorträger
5 Umlenkrolle
6 Schraube
7 Deckel
8 Schrauben
9 Luftgekühlter Generator
10 Wassergekühlter Generator
11 O-Ringe
12 Gleitbuchsen

- Demontieren Sie das Kühlmittelrohr oben.
- Fangen Sie den Motor mit einer geeigneten Abfangvorrichtung auf und bauen Sie das linke Motorlager (Drehmomentstütze) aus.
- Drehen Sie die Befestigungsschrauben des Generatorhalters am Motorblock heraus.
- Nehmen Sie den Generator heraus.
- Nehmen Sie die torsionselastische Kupplung am Generator ab.

*Demontage beim 3,0-l-TDI-Motor:*

- Bauen Sie das Luftfiltergehäuse komplett aus.
- Demontieren Sie die Ladeluftrohre auf der rechten Motorseite und der Motorvorderseite.
- Bei Fahrzeugen mit luftgekühltem Generator lassen Sie das Kühlmittel ab und bauen den Kühlmittelschlauch zum Thermostaten ab.
- Kennzeichnen Sie die Laufrichtung des Keilrippenriemens und bauen Sie ihn wie im Kapitel 4 beschrieben aus.
- Hebeln Sie den Deckel (7 im Bild 2) ab.
- Drehen Sie die Schraube (6) heraus.
- Nehmen Sie die Umlenkrolle (5) ab.
- Bei Fahrzeugen mit wassergekühltem Generator drücken Sie die Zulaufschläuche zum Generator mit geeigneten Schlauchklemmen zu, öffnen Sie die Federbandschellen und ziehen Sie die Kühlmittelschläuche am Generator ab.
- Drehen Sie die beiden Schrauben (8) heraus.
- Bei Fahrzeugen mit wassergekühltem Generator nehmen Sie den Generator zuerst vom Generatorträger ab und klemmen dann die Anschlusskabel ab.

■ Bei Fahrzeugen mit luftgekühltem Generator werden die Anschlusskabel vor der Demontage des Generators vom Generatorträger abgeklemmt.
■ Entsichern Sie den Steckeranschluss »DF« am Generator und ziehen Sie ihn ab.
■ Ziehen Sie die Schutzkappe am Generatoranschlusskabel ab und schrauben Sie die Plusleitung ab.
■ Nehmen Sie den Generator nach oben aus dem Fahrzeug heraus.

Der Einbau erfolgt sinngemäß in umgekehrter Reihenfolge.

Prüfen Sie, dass die Gleitbuchse in den hinteren Befestigungen des Generators gängig sind.

Lauffläche und Freilauf der Riemenscheibe auf Beschädigung prüfen.
■ Schraubverbindungen mit den angegebenen Anzugsdrehmomenten anziehen.

Achten Sie auf die markierte Laufrichtung bei gebrauchten Keilrippenriemen.
■ Den Motor starten und den Riemenlauf kontrollieren.
■ Motor abstellen.

**Freilaufriemenscheibe für Generator aus- und einbauen (Bild 4)**
■ Den Generator wie bereits beschrieben ausbauen.
■ Die Abdeckkappe des Freilaufs abbauen.
■ Riemenscheibe (1) mit einem Gabelschlüssel (2) lösen. Die Generatorwelle mit Ratsche (3) und Vielzahn (4) gegenhalten.

Der Einbau erfolgt sinngemäß in umgekehrter Reihenfolge.
■ Lauffläche und Freilauf der Riemenscheibe auf Beschädigung prüfen.
■ Den Motor starten und den Riemenlauf kontrollieren.
■ Den Fehlerspeicher abfragen.

## Scheinwerfer vorne ausbauen

Der Ausbau der Scheinwerfer ist für den Wechsel der Glühlampen vorne erforderlich. Die vorderen Scheinwerfer sind mit einem recht einfachen Mechanismus gesichert und können nach vorne herausgezogen werden. Die Vorgehensweise unterscheidet sich für das Vor- und das Nach-

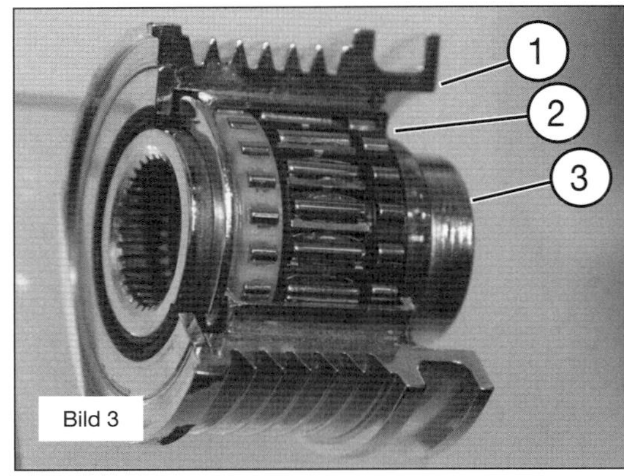


Bild 3

Bild 3
Generatorfreilauf als Schnittmodell.
1 Riemenscheibe (Außenrotor)
2 Sperrlager (drehrichtungsgebunden)
3 Freilaufnabe

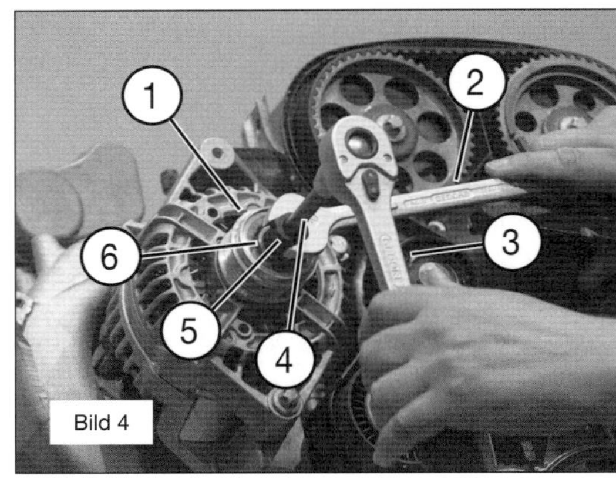


Bild 4

Bild 4
Ausbau des Generatorfreilaufs.
1 Riemenscheibe
2 Schlüssel
3 Ratsche
4 Passender Vielzahn für die Generatorwelle
5 Einsatz für die Freilaufnabe
6 Freilaufnabe

facelift Modell. Wir stellen Ihnen an dieser Stelle beide Varianten vor.
Die folgende Beschreibung kann auf beide Scheinwerfer angewendet werden.

**Lebensgefahr durch Hochspannung**
Die Xenon- oder Gasentladungslampen arbeiten mit Hochspannung. Es besteht Lebensgefahr bei einem Stromschlag.
■ Schalten Sie die Zündung und alle elektrischen Verbraucher aus.
■ Ziehen Sie den Zündschlüssel ab und legen Sie ihn außerhalb der Reichweite (über 2 m) entfernt ab.
■ Die elektrische Steckverbindung am Scheinwerfer vom Motorraum aus entsichern und abziehen.
■ Betätigen Sie nicht die Lichthupe.
■ Entsichern Sie den Steckkontakt und ziehen Sie den Anschlussstecker vom Scheinwerfer ab.
■ Stellen Sie den Lichtschalter auf die Stellung »0«.

**Demontage des Scheinwerfers bis 2006**
Die Montagearbeit unterscheidet sich für die beiden Einbauseiten und für die Scheinwerferbauart unwesentlich.

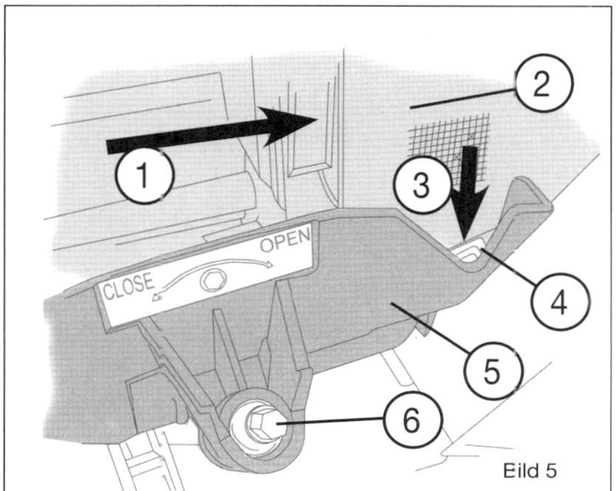

Bild 5

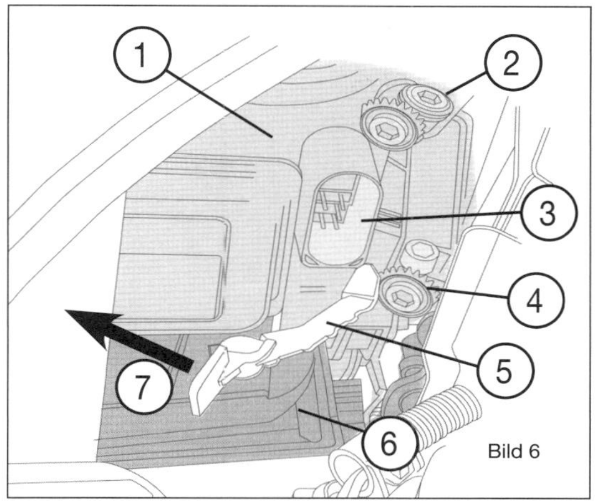

Bild 6

Bild 5
Demontage des Scheinwerfers bis 2006.
1 Bewegungsrichtung zum Ausbau
2 Scheinwerfer
3 Betätigungsrichtung der Raste
4 Scheinwerferraste
5 Halteplatte Scheinwerfer
6 Verriegelungsschraube

Bild 6
Demontage des Scheinwerfers ab 2006.
1 Scheinwerfer
2 Einstellrad Höhe
3 Anschlussstecker
4 Einstellrad Richtung
5 Hebel Verriegelung
6 Halteplatte Scheinwerfer
7 Bewegungsrichtung zum Ausbau

Der Scheinwerfer ist auf einer Haltplatte (5 im Bild 5) eingeschoben. Am hinteren Ende zugänglich von oben hinter dem Schlossträger ist die Verriegelung (6) erreichbar.

■ Stecken Sie eine passende Ratschennuss auf und drehen Sie den Sechskant (6) im Uhrzeigersinn, nach rechts, bis Sie einen Widerstand bemerken.

Der Scheinwerfer wird hierbei bereits etwas nach vorne verschoben.

■ Betätigen Sie (3) die Raste (4).
■ Schieben Sie den Scheinwerfer nach vorne von der Halteplatte ab.
■ Ziehen Sie den Scheinwerfer vorsichtig nach vorne von den Haltern unter dem Scheinwerfer ab und nehmen Sie ihn aus der Karosserie heraus.

Achten Sie darauf, weder den Scheinwerfer noch den Kotflügel oder Stoßfänger zu beschädigen.

Der Einbau erfolgt sinngemäß in umgekehrter Reihenfolge.

■ Prüfen Sie die Ausrichtung des demontierten Scheinwerfers in der Karosserie.
■ Prüfen Sie die Einstellung und die Funktionen des Scheinwerfers.
■ Fragen Sie den Fehlerspeicher ab.

**Demontage des Scheinwerfers ab 2006**

Die Montagearbeit unterscheidet sich für die beiden Einbauseiten und für die Scheinwerferbauart unwesentlich.

Der Scheinwerfer ist auf einer Haltplatte (6 im Bild 6) eingeschoben. Am hinteren Ende, zugänglich von oben, hinter dem Scheinwerfer neben dem Scheinwerferanschlussstecker ist die Verriegelung erreichbar.

■ Betätigen Sie die Verriegelung, in dem Sie den Hebel (5) nach vorne drücken.
■ Drücken Sie den Scheinwerfer seitlich von außen etwas nach innen und schieben Sie ihn nach vorne.
■ Ziehen Sie den Scheinwerfer vorsichtig nach vorne von den Haltern unter dem Scheinwerfer ab und nehmen Sie ihn aus der Karosserie heraus.

Achten Sie darauf, weder den Scheinwerfer noch den Kotflügel oder Stoßfänger zu beschädigen.

Der Einbau erfolgt sinngemäß in umgekehrter Reihenfolge.

■ Prüfen Sie die Ausrichtung des demontierten Scheinwerfers in der Karosserie.
■ Prüfen Sie die Einstellung und die Funktionen des Scheinwerfers.
■ Fragen Sie den Fehlerspeicher ab.

## Leuchtmittel im Scheinwerfer wechseln

Im VW Touareg wurden unterschiedliche Scheinwerfersysteme verbaut. Für alle Systeme gilt, dass der Scheinwerfer wie bereits beschrieben ausgebaut werden muss.

Der Scheinwerfer und seine Bauteile bestehen aus Kunststoff.

■ Verwenden Sie ausschließlich die freigegebenen Leuchtmittel in der richtigen Stärke.
■ Reflektor und Scheinwerfer können bei Überhitzung verformt und/oder beschädigt werden.
■ Achten Sie auf den richtigen und festen Sitz des Leuchtmittels in der Fassung. Reflektor und Scheinwerfer können beschädigt

werden, wenn die Leuchtmittel nicht genau in der Einbauposition ausgerichtet sind oder in den Scheinwerfer hineinfallen.

⚠ Beim Einbau einer Lampe nicht den Glaskolben berühren. Die Finger hinterlassen Fettspuren auf dem Glaskolben, die beim Einschalten der Lampe verdampfen und den Glaskolben trüben.

■ Prüfen Sie die Funktionen und Einstellung des Scheinwerfers.

## Nebelscheinwerfer

Die Nebelscheinwerfer sind im vorderen Stoßfänger verschraubt.

**Demontage des Nebelscheinwerfers**

■ Ziehen Sie die jeweilige Abdeckung für die Abschleppöse vorne ab.
■ Ziehen Sie die Abdeckung des Nebelscheinwerfers aus der Stoßfängerverkleidung heraus.
■ Drehen Sie die beiden Befestigungsschrauben zur Fahrzeugmitte am Nebelscheinwerfer heraus.
■ Drehen Sie die eine Befestigungsschraube über dem Nebelscheinwerfer heraus und nehmen Sie die Unterlegscheibe darunter ab.
■ Nehmen Sie den Scheinwerfer heraus.
■ Entsichern Sie den Steckkontakt und ziehen Sie den Anschlussstecker am Nebelscheinwerfer ab.

Der Einbau erfolgt sinngemäß in umgekehrter Reihenfolge.

⚠ Beim Einbau einer Lampe nicht den Glaskolben berühren. Die Finger hinterlassen Fettspuren auf dem Glaskolben, die beim Einschalten der Lampe verdampfen und den Glaskolben trüben.

■ Prüfen Sie die Funktionen und Einstellung des Scheinwerfers.

**Wechsel der Leuchtmittel im Nebelscheinwerfer**

■ Bauen Sie den Nebelscheinwerfer wie bereits beschrieben aus.
■ Verdrehen Sie die Lampenfassung gegen den Uhrzeigersinn nach links und nehmen Sie das Leuchtmittel heraus.

☞ Leuchtmittel und Fassung sind ein Bauteil und können nicht weiter zerlegt werden.

Der Einbau erfolgt sinngemäß in umgekehrter Reihenfolge.

⚠ Beim Einbau einer Lampe nicht den Glaskolben berühren. Die Finger hinterlassen Fettspuren auf dem Glaskolben, die beim Einschalten der Lampe verdampfen und den Glaskolben trüben.

■ Prüfen Sie die Funktionen und Einstellung des Scheinwerfers.

| Funktion | Leuchtmittel |
|---|---|
| Nebelscheinwerfer (H11) | 12V 55W |

## Scheinwerfer einstellen

**Voraussetzungen**

■ Der Reifendruck muss in Ordnung sein.

👁 Die Scheinwerferscheiben dürfen weder beschädigt noch verschmutzt sein.

■ Reflektoren und Glühlampen sind intakt.
■ Die Fahrzeugbelastung muss hergestellt sein.

☞ Das Fahrzeug muss einige Meter gerollt bzw. vorn und hinten mehrmals durchgefedert werden, damit sich die Federn setzen.

☞ Das Fahrzeug und Scheinwerfer-Einstellgerät müssen auf einer ebenen Fläche stehen, eingestellt und ausgerichtet sein.

■ Scheinwerferhöhenverstellung prüfen, indem die maximale Stufe eingestellt und dabei das Licht der Scheinwerfer beobachtet wird.
■ Anschließend das Rändelrad für die Leuchtweitenregelung falls vorhanden in Position »0« stellen.

**Einstellung Scheinwerfer (Abblendlicht)**

☞ Das Fahrzeug muss sich im fahrbereiten Zustand befinden (Leermasse, Kraftstoffbehälter voll oder entsprechendes Zusatzgewicht).

■ Die Vorderräder müssen in Geradeausstellung stehen.
■ Reifendruck prüfen und richtigstellen.
■ Fahrersitz mit 75 kg oder einer Person belasten und Leuchtweitenregulierung auf »0« stellen (manuelle Einstellung innen).
■ Motorhaube öffnen.
■ Scheinwerfer-Einstellgerät zum Fahrzeug ausrichten und Höheneinstellung nach Mitte der Scheinwerfer vornehmen.

■ Fernlicht und Abblendlicht einschalten, dann die Lichteinstellung der beiden Leuchten prüfen und soweit erforderlich die Einstellung korrigieren.

**Einstellung Nebelscheinwerfer**

Der Zugang zu der Einstellschraube ist über eine Bohrung in der Stoßfängerverkleidung möglich. Für die Verstellung ist meistens ein Kreuzschraubendreher erforderlich.

Das Neigungsmaß für Nebelscheinwerfer beträgt 2,0 %.

■ Drehen Sie zum Verstellen der Leuchtweite die Einstellschraube.

■ Eine Seitenverstellung ist nicht vorgesehen.

## Blinkleuchten im Rückspiegel

In den Spiegelblinkleuchten sind keine herkömmlichen Leuchtmittel verbaut. Die LED-Lampe ist als eine Einheit zu sehen und kann nur als eine Einheit ersetzt werden.

■ Schalten Sie die Zündung aus und ziehen Sie den Zündschlüssel ab.

■ Kleben Sie das Spiegelgehäuse mit Gewebeklebeband ab, um Lackschäden vorzubeugen.

Aus Sicherheitsgründen ist es sinnvoll, das Spiegelglas bei der Demontage mit Kreppklebeband abzukleben. So ist das Verletzungsrisiko bei Glasbruch erheblich kleiner.

**Fahrzeuge vor dem Facelift in 2006**

■ Drücken Sie das Spiegelglas unten nach innen (Spiegelglas nach unten verstellen).

■ Führen Sie von oben einen geeigneten Montagehebel (VW 80-200) ein und drücken Sie das Spiegelglas vom Halter ab.

■ Ziehen Sie von der Rückseite die Anschlusskabel für die Spiegelheizung ab.

■ Klappen Sie den Außenspiegel über das Spiegelgelenk nach vorne.

■ Drehen Sie die vier Schrauben (1 im Bild 7) heraus.

■ Drehen Sie die Schraube (4) heraus und nehmen Sie sie mit der Kappe (3) ab.

■ Ziehen Sie das Spiegelgehäuse (2) nach oben vom Grundträger (5) ab.

■ Entriegeln Sie die Steckverbindung der Umfeldleuchte (6) im Rückspiegel und ziehen Sie den Steckkontakt ab.

■ Drücken Sie die Umfeldleuchte (6) vorsichtig aus der Verrastung heraus.

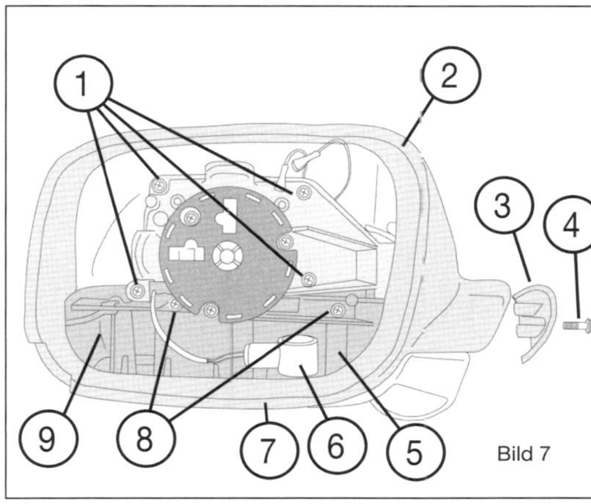


Bild 7

Bild 7
Rückspiegelmontage vor Facelift bis 2006.
1 Schrauben
2 Spiegelgehäuse
3 Abdeckkappe
4 Schraube
5 Spiegelgrundträger
6 Umfeldleuchte
7 Spiegelgehäuse
8 Schrauben
9 Abdeckung unten

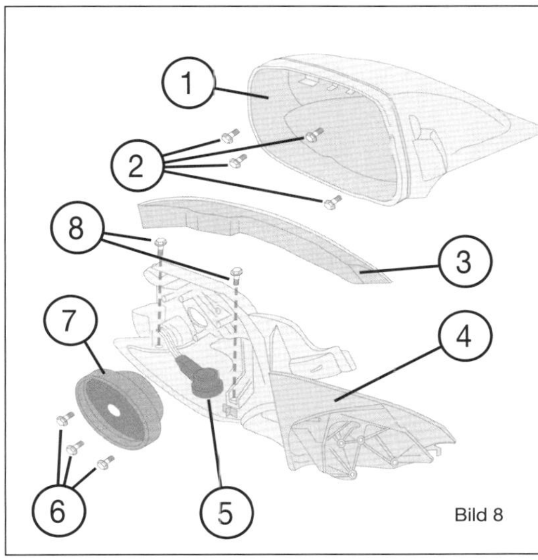


Bild 8

Bild 8
Rückspiegelmontage nach Facelift ab 2006.
1 Spiegelgehäuse
2 Schrauben
3 Seitenblinkleuchte
4 Spiegelgundträger
5 Umfeldleuchte
6 Schrauben
7 Verstellmotor
8 Schrauben

■ Entriegeln Sie die Steckverbindung auf der Vorderseite des Spiegels und ziehen Sie die Steckkontakte ab.

■ Drehen Sie die beiden Schrauben (8) heraus und nehmen Sie das untere Spiegelgehäuse (7) nach unten ab.

■ Drehen Sie die beiden Schrauben heraus und nehmen Sie die Blinkleuchte im Rückspiegel heraus.

**Fahrzeuge nach dem Facelift in 2006**

■ Drücken Sie das Spiegelglas oben nach innen (Spiegelglas nach oben verstellen).

■ Führen Sie von oben einen geeigneten Montagehebel (VW T10383) ein und drücken Sie das Spiegelglas vom Halter ab.

■ Ziehen Sie von der Rückseite die Anschlusskabel für die Spiegelheizung ab.

■ Drehen Sie die drei Schrauben (6 im Bild 8) heraus und nehmen Sie den Verstellmotor (7) für den Rückspiegel heraus.

■ Ziehen Sie von der Rückseite die Anschlusskabel für den Verstellmotor ab.
■ Drehen Sie die vier Schrauben (2) heraus und nehmen Sie das Spiegelgehäuse (1) nach oben vom Grundträger (4) ab.
■ Drehen Sie die beiden Schrauben (8) heraus.
■ Lösen Sie vorsichtig die drei Rasthaken der Seitenblinkleuchte (3) und ziehen Sie die Seitenblinkleuchte heraus.
■ Entriegeln Sie die Steckkontakte und ziehen Sie die Steckverbindung ab.

Der Einbau erfolgt sinngemäß in umgekehrter Reihenfolge.
■ Prüfen Sie die Funktionen der Blinkleuchte und der Umfeldleuchte sowie die Verstellfunktionen des Rückspiegels.

## Heckleuchten

Es sind unterschiedliche Rückleuchten lieferbar. Bei den LED-Rückleuchten können keine einzelnen Leuchtmittel ersetzt werden. Bei einem Defekt muss die komplette Rückleuchte erneuert werden.
■ Zündung und alle elektrischen Verbraucher ausschalten und den Zündschlüssel abziehen.
■ Den Lichtschalter auf die Stellung »0« stellen.
■ Öffnen Sie die Heckklappe.

**Rückleuchte im Seitenteil ausbauen**
■ Ziehen Sie die Stopfen (2 im Bild 9) heraus.
■ Drehen Sie die Schrauben (3) heraus.
Neben den Schrauben im Heckklappenspalt (Übergang zur Heckklappe) ist im Seitenteil jeweils ein Clip verbaut, mit der die Rückleuchte im Seitenteil einrastet.
■ Schwenken Sie die Rückleuchte vorsichtig nach außen und ziehen Sie die Rückleuchte gleichzeitig nach hinten.
Lässt sich der Rastpunkt im Seitenteil nicht lösen, führen Sie über den Spalt vom Übergang zur Heckklappe einen Abziehhaken (VW 3370) ein und ziehen Sie die Rückleuchte aus dem Seitenteil heraus.
■ Entsichern Sie die Steckverbindungen und ziehen Sie die Steckverbindungen von der Rückleuchte ab.
■ Nehmen Sie die Rückleuchte aus der Karosserie heraus.

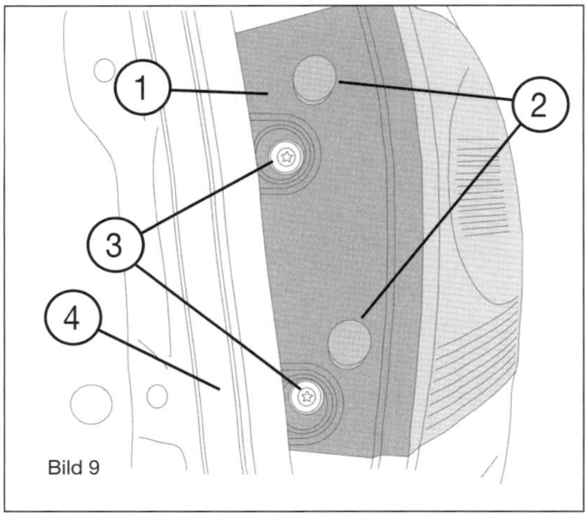

Bild 9

Bild 9
Rückleuchte in der Heckklappe.
1 Rückleuchte
2 Stopfen
3 Schrauben
4 Karosserie Übergang zur Heckklappe

**Rückleuchte in der Heckklappe ausbauen**
■ Clipsen Sie den Servicedeckel in der Heckklappenverkleidung der jeweiligen Rückleuchte aus und nehmen ihn ab.
■ Entsichern Sie die Steckverbindungen und ziehen Sie die Steckverbindungen ab.
■ Schrauben Sie die Muttern am Rückleuchtengehäuse ab und nehmen Sie die Rückleuchte aus der Heckklappe heraus.

Die Montage erfolgt sinngemäß in umgekehrter Reihenfolge.
■ Prüfen Sie die Funktion der Lampe nach der Montage.
■ Beachten Sie die Spaltmaße des Rücklichtes zur Karosserie.

| Funktion | Spaltmaße |
|---|---|
| Rücklicht zu Rücklicht | 4 mm +/- 0,5 mm |
| Rücklicht zur Heckklappe | 2 mm +/- 0,2 mm |
| Rücklichtflächen (Ebene) | 0,5 mm +/- 0,5 mm |

**Glühlampen der Rückleuchten im Seitenteil und in der Heckklappe**

| Funktion | Leuchtmittel |
|---|---|
| Schluss- und Bremslicht (1) | 12V 21/4W |
| Blinklicht | 12V PY21W |
| Nebelschlussleuchte | P 21 W |

■ Bauen Sie die jeweilige Rückleuchte wie bereits beschrieben aus.
■ Entriegeln Sie die Haltelaschen und nehmen Sie den Lampenträger heraus.
■ Drücken Sie die Glühlampe etwas in die Fassung und verdrehen Sie sie gegen den Uhrzeigersinn.
■ Nehmen Sie die Glühlampe heraus.

Die Montage erfolgt sinngemäß in umgekehrter Reihenfolge.
■ Prüfen Sie die Funktion der Lampe nach der Montage.

## Kennzeichenleuchten

Die Kennzeichenleuchten im VW Touareg sind werkseitig bereits als LED-Lampe ausgelegt. Ist eine Kennzeichenleuchte defekt, muss sie ersetzt werden.

**Lampe Kennzeichenleuchte ausbauen**
■ Zündung und alle elektrischen Verbraucher ausschalten und den Zündschlüssel abziehen.
■ Drehen Sie die Kreuzschlitzschrauben der jeweiligen Kennzeichenleuchte heraus.
■ Nehmen Sie die Kennzeichenleuchte heraus.

Die Montage erfolgt sinngemäß in umgekehrter Reihenfolge.
■ Prüfen Sie die Funktion der Lampe nach der Montage.

## 3. Bremsleuchte aus- und einbauen

Tipp: Die hochgesetzte Bremsleuchte ist im Dachkantenspoiler eingebaut. Die Beleuchtung der hochgesetzten Bremsleuchte wird von LED´s (Licht emittierende Dioden) erzeugt. Die hochgesetzte Bremsleuchte ist nicht zerlegbar. Im Schadensfall muss die gesamte Bremsleuchte ersetzt werden.

■ Zündung und alle elektrischen Verbraucher ausschalten und den Zündschlüssel abziehen.
■ Ziehen Sie die Abdeckungen in der Heckklappe ab.
■ Drehen Sie die drei Befestigungsmuttern ab.
■ Heben Sie den Heckspoiler mit der Zusatzbremsleuchte etwas an und ziehen Sie die zweipolige Steckverbindung ab.
■ Legen Sie den Spoiler auf einer weichen Unterlage ab und drehen Sie die beiden Befestigungsschrauben heraus.
■ Lösen Sie die 3. Bremsleuchte aus ihrer Verrastung und nehmen Sie sie ab.

Die Montage erfolgt sinngemäß in umgekehrter Reihenfolge.
■ Funktionen der hochgesetzten Bremsleuchte prüfen.

Achten Sie auf den Sitz des Waschschlauches zur hinteren Spritzdüse.

## Scheibenwischer vorne und hinten

**Servicestellung der Wischerblätter**
■ Schalten Sie die Zündung kurz ein und wieder aus.
■ Ziehen Sie den Wischerschalter innerhalb der nächsten 10 Sekunden (Tippwischen). Die Scheibenwischer laufen nun in die Servicestellung.

Tipp: Bewegen Sie das Fahrzeug nicht oder schalten Sie die Zündung mit abgeklappten Wischer ein. Die Wischerarme können die Motorhaube beschädigen.

**Wischerblattwechsel**

Tipp: Beachten Sie die unterschiedlichen Längen der beiden Wischerblätter. Auf der Fahrerseite wird das lange Wischerblatt und auf der Beifahrerseite das kurze Wischerblatt verbaut.

■ Die Wischerarme müssen wie beschrieben in der Servicestellung stehen.
■ Schalten Sie die Zündung aus und ziehen Sie den Zündschlüssel ab.
■ Bewahren Sie den Senderschlüssel außerhalb der Senderreichweite auf.

Achtung: Den Wischerarm nicht unkontrolliert zurückklappen lassen, ansonsten kann es zu Beschädigungen an der Frontscheibe oder am Wischerblatt kommen.

*Wischerblatt vorne:*
■ Klappen Sie den Wischerarm hoch und klappen Sie das Wischerblatt bis Anschlag vom Wischerarm ab.
■ Nehmen Sie das Wischerblatt vom Wischerarm ab.

*Wischerblatt hinten:*
■ Klappen Sie den Wischerarm hoch.
■ Achten Sie darauf, den Wischerarm und das Wischerblatt nicht zu verbiegen.
■ Entriegeln Sie den Schieber am Wischerblatt.
■ Klappen Sie das Wischerblatt bis zum Anschlag hoch.

Bild 10
Wischerarm abziehen.
1 Scheibenwischerarm
2 Abzieherhülse
3 Abzieherspindel
4 Sicherungsmutter

Bild 11
Wischerendlage auf der Windschutzscheibe.
A Abstand 6 mm
B Abstand 45 mm

■ Nehmen Sie das Wischerblatt vom Wischerarm ab.

Der Einbau erfolgt für alle Wischerblätter sinngemäß in umgekehrter Reihenfolge.
■ Funktionen der Scheibenwischer und deren Endlage prüfen.

**Demontage der Wischerarme**

Bevor die Scheibenwischerarme ausgebaut werden, sicherstellen, dass sich der Scheibenwischermotor in Endstellung befindet. Nur so lässt sich beim Einbau die Endablage der Scheibenwischerarme korrekt einstellen.
■ Zündung und alle elektrischen Verbraucher ausschalten und den Zündschlüssel abziehen.

*Wischerarme vorne demontien:*

Der Wischerarm ist mit zwei Lagerungen und Verschraubungen ausgeführt.
■ Falls vorhanden, Abdeckkappe mit einem Schraubendreher abhebeln.
■ Sechskantmutter (4 im Bild 10) lösen ohne sie ganz abzuschrauben.
■ Den Scheibenwischerarm (1) mit dem Abzieher wie im Bild 10 dargestellt abziehen.
■ Befestigungsmutter (4) ganz abschrauben und den Scheibenwischerarm (1) herunternehmen.

*Wischerarme hinten:*

Die Heckscheibe muss beim Aus- und Einbau geschlossen bleiben.

Bei Fahrzeugen bis 01/2005 und ab 02/2005 wurden unterschiedliche Abdeckkappen über die Wischerlagerung verbaut. Bei den älteren Varianten wurde die Abdeckkappe nach unten entsichert. Die neueren Modelle wurden durch Verschieben nach oben entsichert.

■ Entsichern Sie die Abdeckkappe und ziehen Sie sie dann nach hinten gerade ab.
■ Sechskantmutter lösen, ohne sie ganz abzuschrauben.
■ Klappen Sie den Wischerarm hoch und kippeln Sie den Wischerarm vorsichtig zur Seite hin und her. Er wird so vom Konus gelöst.
■ Befestigungsmutter (4) ganz abschrauben und den Scheibenwischerarm (1) herunternehmen.

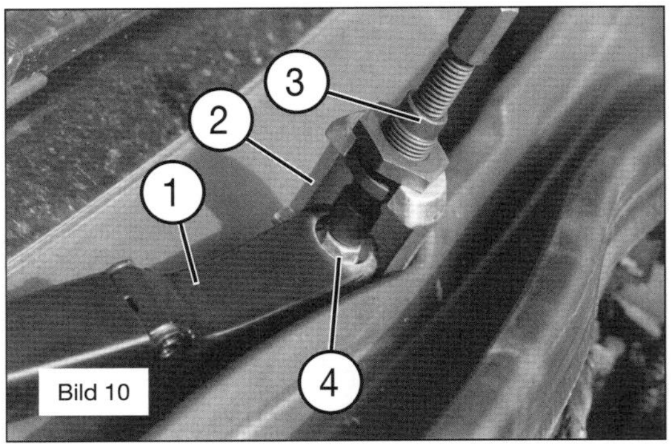

Bild 10

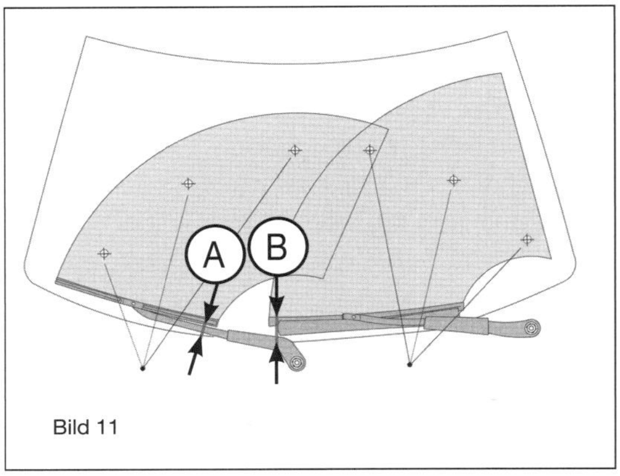

Bild 11

Der Einbau erfolgt sinngemäß in umgekehrter Reihenfolge.
■ Die Scheibenwischerarme der Fahrer- und Beifahrerseite in der ungefähren Endablage auf ihre Wellen aufstecken.
■ Die Befestigungsmuttern locker auf die Scheibenwischerarmwellen aufschrauben.
■ Die Scheibenwischerblätter-Endablage wie im Folgenden beschrieben einstellen.
■ Befestigungsmuttern festziehen.
■ Kontrollieren Sie, dass die Wischerblätter nicht über die Frontscheibe hinaus wischen.

**Endlage der Wischerarme vorne**

| Position | Spaltmaß |
|---|---|
| Rücklicht zu Rücklicht | 4 mm +/- 0,5 mm |
| Rücklicht zur Heckklappe | 2 mm +/- 0,2 mm |

■ Gegebenenfalls Endablage durch Versetzen des Scheibenwischerarms einstellen.
■ Die Befestigungsmuttern der Scheibenwischerarme mit 32 Nm festziehen.

**Endlage der Wischerarme hinten**

■ Den Heckscheibenwischer in seine Endablage laufen lassen.
■ Der Abstand zwischen Scheibenwischergummi und Scheibenseitenkante muss zwischen 55 mm betragen.

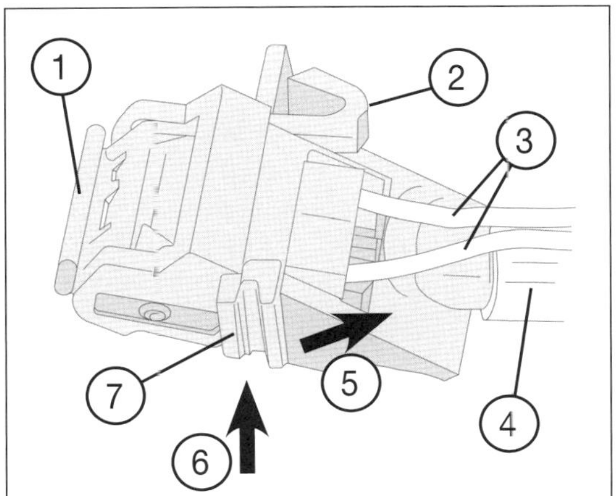

Bild 12

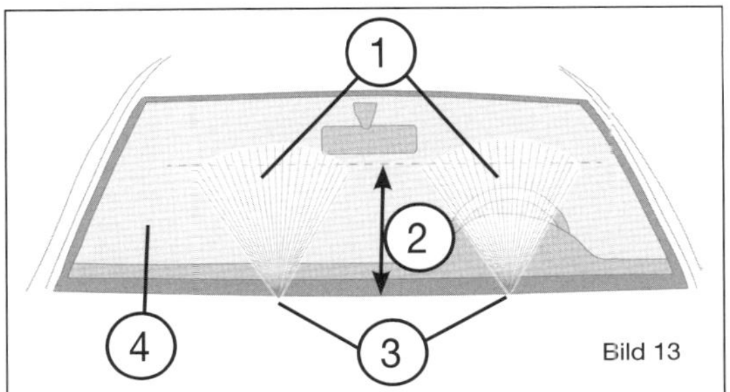

Bild 13

■ Gegebenenfalls Heckscheibenwischer-Endablage durch Versetzen des Scheibenwischerarms einstellen.
■ Befestigungsmutter des Scheibenwischerarms mit 12 Nm festziehen.

## Waschdüsen vorne und hinten

### Waschdüsen vorne de- und montieren

■ Schalten Sie die Zündung aus und ziehen Sie den Zündschlüssel ab.
■ Bewahren Sie den Senderschlüssel außerhalb der Senderreichweite auf.
■ Öffnen Sie die Motorhaube und drücken Sie die Waschdüse nach links (6).
■ Schwenken (5) Sie die Spritzdüse am Wasseraustritt zum Motorraum.
■ Nehmen Sie die Waschdüse heraus.
■ Entsichern Sie die Sicherungsklammer am Waschschlauch (4) und ziehen Sie ihn ab.
■ Entsichern Sie den Steckkontakt an der Waschdüsenheizung und ziehen Sie ihn ab.
■ Nehmen Sie die Waschdüse heraus.

Der Einbau erfolgt sinngemäß in umgekehrter Reihenfolge.
■ Stecken Sie die Schlauchverbindung und den elektrischen Anschluss auf.
■ Spritzdüse in der Motorhaube einrasten.
■ Spritzbild und Einstellung der Spritzdüsen bei geschlossener Haube prüfen.
■ Den Fehlerspeicher auf Einträge zur Waschdüse prüfen und diese löschen.

### Waschdüsen vorne einstellen

Die Waschdüse vorne ist voreingestellt. Eine Veränderung der Einstellung ist nicht vorgesehen. Es können aber kleine Höhenunterschiede ausgeglichen werden.
■ Schließen Sie die Motorhaube.
■ Richten Sie die einzelnen Waschdüsen im gleichmäßigen Abstand auf die im Bild 13 gekennzeichneten Flächen (1) aus.
■ Soweit erforderlich, verstellen Sie den Einsteller (1 im Bild 12) nach oben oder unten.

### Waschdüsen hinten de- und montieren

Die Waschdüse hinten ist Bestandteil der hochgesetzten Bremsleuchte (3. Bremsleuchte). Es ist weder eine Einstellung noch ein Ersatz der Waschdüse vorgesehen. Im Schadensfall muss die hochgesetzte Bremsleuchte (3. Bremsleuchte) ersetzt werden.

## Einstellung Scheinwerferreinigung (Waschdüsen)

■ Schalten Sie die Zündung ein und lassen Sie einen Helfer für mehr als 1,5 Sekunden den Scheibenwischerhebel in »Wischstellung« halten.
■ Beobachten Sie die Auftreffpunkte auf dem Scheinwerfer. Beachten Sie die Abmessungen im Bild 14.

Eine Einstellung ist nicht vorgesehen. Bei Fehleinstellung muss die entsprechende Waschdüse ersetzt werden.

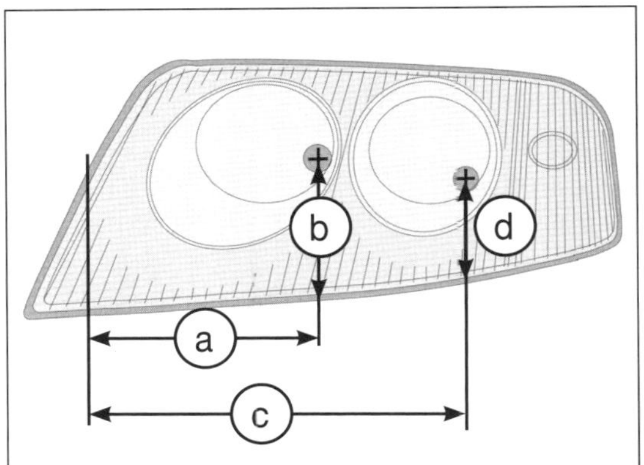

Bild 14

Bild 12
Waschdüse vorne.
1 Einsteller
2 Rastfeder
3 Anschlusskabel Waschdüsenheizung
4 Anschluss Waschschlauch
5 Richtung zum Herrausschwenken
6 Richtung zum Ausschwenken
7 Haltenut

Bild 13
Waschdüse vorne.
1 Auftrefffläche Fächerdüse
2 Gleichmäßige Höhe
3 Waschdüse
4 Frontscheibe

Bild 14
Waschdüse Scheinwerfer.
a Abstand zum Scheinwerferrand 100 mm
b Abstand von unten 75 mm
c Abstand zum Scheinwerferrand 230 mm
d Abstand von unten 50 mm

# 15 Stromlaufpläne

## Sicherungen und Sicherungshalter

Damit Sie die Elektrik Ihres Autos einfach, zuverlässig und sicher nutzen können, gibt es Schaltstellen, Leitungsstränge und Sicherheitsvorkehrungen.

Prüfen Sie vor jeder Fehlersuche immer die verbauten Sicherungen.

Überprüfen Sie auch, ob die Sicherungsbelegung bei Ihrem Fahrzeug identisch ist (siehe Fahrerhandbuch). Herstellerbedingt werden zwar bestimmte Belegungen ausgewählt, diese aber müssen nicht unbedingt Ihrer Variante entsprechen. Schließlich werden oft genug Ausstattungsvarianten ergänzt und erweitert. In den meisten Fällen erkennen Sie schon an der verbauten Sicherungsstärke, um welche Anschlussvariante es sich handelt. Einige wenige Sicherungen sind neben dem Sicherungskasten verbaut. Auch diese werden je nach Belegung in der Fahrzeugbedienungsanleitung beschrieben. Vergessen Sie nicht, dass viele »Kleinsicherungen« durchaus im Sicherungskasten zusätzlich abgesichert sein können! Solche Sicherungen werden auch »Vorsicherung« genannt. Die freien Sicherungsplätze und ihre Schaltfunktionen können sehr hilfreich bei der Erweiterung der Ausrüstung Ihres VW Touareg sein.

**Vorsicherungen und Batterie unter dem Fahrersitz (6 und 7 im Bild 1)**
Die Vorsicherungsbox ist unter dem Fahrersitz verbaut und wie die Batterie unter dem Fahrersitz zugänglich. Eine Beschreibung hierzu haben wir Ihnen am Anfang dieses Kapitels zur Verfügung gestellt. Die Belegung der Sicherungsplätze erfragen Sie mit Ihrer Fahrgestellnummer bei Ihrem VW-Partner. Die Starthilfe erfolgt über den Starthilfepunkt im Motorraum und einem Massepunkt.

**Der Sicherungsträger im Türeinstieg in der Armaturentafel (1 und 3 im Bild 1)**
Rechts und links jeweils im Türeinstieg sind unter einer Abdeckung die Sicherungsträger für die Sicherungen der unterschiedlichen Verbraucher verbaut. Beide sind für die erste Überprüfung bei Störungen der elektrischen Anlage besonders wichtig, weil sie die meisten Stecksicherungen enthalten, die schnell zugänglich sein müssen.
Die genaue Belegungsliste entnehmen Sie Ihrem Bordbuch (Heft »Rat und Tat«)oder über die Fahrgestellnummer Ihres Fahrzeugs aus den Unterlagen, die Sie bei Ihrem VAG-Partner erhalten können. Die Variantenanzahl ist zu umfangreich, um sie in diesem Buch vorzustellen.

**Die E-Box im Wasserkasten (2 im Bild 1)**
Neben diversen Relaissteckplätzen, die je nach Ausstattung Ihres Fahrzeugs und der Bauvariante belegt sind, finden Sie hier weitere Sicherungen für einzelne Systeme. Auch hier ist die Variantenvielfalt so groß, dass Sie eine zuverlässige Auflistung für Ihr Fahrzeug lediglich über VAG-Partner erhalten können.

**Der Relaisträger Fußraum (4 im Bild 1)**
In der Schalttafel links (Fahrerseite) ist der Relaisträger verbaut. Dieser Sicherungsträger ist nach dem Ausbau der Verkleidungen im Fahrerfußraum zugänglich. Die genaue Belegung ist von der Fahrzeugausstattung abhängig. Zusatzsicherungen für Sonderaustattungen und Nachrüstungen werden oftmals in dieser Einbauposition abgesichert. Auch das Bordnetzsteuergerät ist in dieser Position verbaut.

**Die Zweit- oder Heckbatterie (5)**
Soweit die Batterie im Kofferraum verbaut worden ist, befindet sie sich in der Reserveradwanne. Im Bereich der Batterie ist auch das Relais zur Batterieparallelschaltung untergebracht.

Bild 1

Bild 1
Einbauposition der Sicherungskästen.
1 Sicherungsträger im Armaturenbrett rechts (im Türeinstieg)
2 E-Box im Wasserkasten
3 Sicherungsträger im Armaturenbrett links (im Türeinstieg)
4 Relaisträger Fußraum
5 Batterie 2 in der Reserveradwanne im Kofferraum
6 Batterie 1 unter dem Fahrersitz
7 Vorsicherungsträger unter dem Fahrersitz

## Sicherungen wechseln

Durchgebrannte Sicherungen müssen durch gleichwertige Sicherungen (erkennbar an Farbe und Ampere-Zahl) ersetzt werden, die auch in der Sicherungsbelegung für Ihr Fahrzeug durch den Hersteller empfohlen werden.

Wechseln Sie Sicherungen nur im geparkten Fahrzeug.

- Schalten Sie alle Stromverbraucher und die Zündung aus.
- Anhand der Sicherungsbelegung feststellen, welche Sicherung zu dem ausgefallenen Verbraucher gehört.
- Die entsprechende Sicherung herausziehen.
- Die defekte Sicherung durch eine neue mit der gleichen Amperezahl ersetzen.

Die Vorsicherungen im Halter »A« können nicht einzeln ersetzt werden. Sie sind lediglich als Sicherungseinheit erhältlich.

## Kabelfarben und Kabelquerschnitt

**Kabelfarbe**
Im Schaltplan werden die Informationen über die Kabelfarbe und die Kabelstärke angegeben.

| Kürzel | Farbe |
|---|---|
| sw | Schwarz |
| br | Braun |
| bl | Blau |
| gn | Grün |
| gr | Grau |
| or | Orange |
| rs | Rosa |
| ro | Rot |
| li | Violett (Lila) |
| ws | Weiß |
| ge | Gelb |

Die Farben werden als Kürzel dargestellt. Die Farbangaben, die in Kombination mehrerer Farben bezeichnet werden, stellen Kabelkennzeichnungen mit einer Farblinie dar. Die Kabelbezeichnung sw/ws ist beispielsweise die Bezeichnung für ein schwarzes Kabel mit einer weißen Linie. Die Grundfarbe des Kabels wird immer zuerst genannt. Wir stellen Ihnen in der Tabelle die gängigsten Farben und Abkürzungen im Schaltplan vor.

**Kabelquerschnitt**

Auch der Kabel-(Leitungs)Querschnitt ist im Schaltplan angegeben. Er wird durch eine Zahl über der Angabe der Kabelfarbe dargestellt. Beim Suchen der entsprechenden Anschlusskabel kann das die Arbeit sehr erleichtern.
Beispiel: 1,5 YE/BK = 1,5 mm², gelbes Kabel mit schwarzer Kennlinie.

## Kabelinstandsetzungsarbeiten

**Reparatur von Airbag- und Gurtstrafferleitungen**
Das Airbag- und Gurtstraffersystem kann ausfallen. Fehlerhafte Reparaturen am Airbag- und Gurtstrafferleitungsstrang können zur Fehlfunktion des Insassenschutzes führen. Bei Reparaturen am Airbag- und Gurtstrafferleitungsstrang dürfen nur die dafür vorgesehenen Kontakte, Stecker und Leitungen verwendet werden. Leitungen des Airbag- und Gurtstrafferleitungsstrangs dürfen nur mit dem Leitungsstrang-Reparaturset und den Vorgängern repariert werden.

Bei Reparaturen an Leitungen des Airbag- und Gurtstraffersystems dürfen maximal zwei Reparaturstellen ausgeführt werden. Reparaturstellen erhöhen den elektrischen Widerstand in der Leitung und können Fehler in der Eigendiagnose des Systems auslösen. Bei Reparaturen am Airbag- oder Gurtstrafferleitungsstrang müssen die Quetschverbinder grundsätzlich geschrumpft werden, um Korrosion zu verhindern (Bild 2).

Wickeln Sie die Reparaturstelle nicht wieder in den fahrzeugeigenen Leitungsstrang ein und kennzeichnen Sie die Reparaturstelle gut sichtbar mit gelbem Isolierband. Reparaturen im Bereich von Airbag oder Gurtstraffer sollten maximal 30 cm vom nächsten Kontaktgehäuse entfernt ausgeführt werden. Zusammen mit der Kennzeichnung durch das gelbe Isolierband ermöglicht diese Vorgehensweise einen schnellen Überblick über vorangegangene Reparaturen. Die Leitungen zu den Auslöse-

Sichtprüfung Messen

Bild 2
Reparatur CAN-Bus.
1 Leitungen verdrillt
2 Lötstelle (oder Lötverbinder)
3 Isolierung (oder Schrumpfschlauch)
A Verdrillungslänge 20 mm
B Maximale Gerade 50 mm

Bild 3
Es dürfen maximal zwei Reparaturstellen ausgeführt werden.
1 CAN-High
2 CAN-Low
3 Reparaturstelle

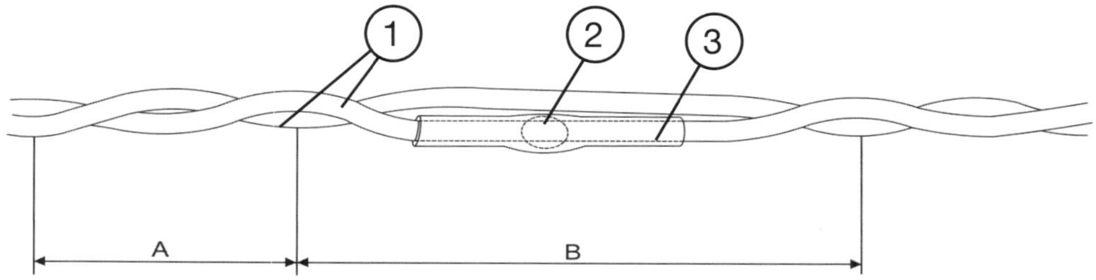

Bild 2

einheiten (Airbags) haben in der Serie die Verdrillung mit der Schlaglänge 20 mm ±5. Diese Schlaglänge ist für die Serienfertigung über Normteilnummern für die Leitungspaare sichergestellt und muss bei den Reparaturlängen der verdrillten Leitungen zwingend eingehalten werden. Bei Reparaturarbeiten müssen die Leitungen zu den Auslöseeinheiten (Airbags) die gleiche Länge aufweisen. Beim Verdrillen der Leitungen (1) und (2) muss die Schlaglänge von A = 20 mm ±5 zwingend eingehalten werden. Es darf dabei kein Leitungsstück, zum Beispiel im Bereich von Quetschverbindern, größer als B = 50 mm ohne Verdrillung der Leitungen entstehen (Bild 3).

### Reparaturmöglichkeiten CAN-Bus

Als CAN-Busleitung wird eine ungeschirmte Zweidrahtleitung (1) und (2) mit einem Querschnitt von 0,35 mm² oder 0,5 mm² verwendet. Die Leitungen sind zur Vermeidung von Störeinflüssen grundsätzlich verdrillt.

☞ Die Farbcodierungen der CAN-Busleitungen entnehmen Sie der folgenden Tabelle:

| CAN Datenbus | Kabelfarbe |
|---|---|
| CAN-High Antrieb | or/sw |
| CAN-Low Antrieb | or/br |
| CAN-High Komfort | or/gn |
| CAN-Low Komfort | or/br |
| CAN-High Infotainment | or/vi |
| CAN-Low Infotainment | or/br |

☞ Die Reparatur von CAN-Busleitungen kann sowohl mit Reparaturleitung in passendem Querschnitt als auch mit den gedrillten Leitungen »grün/braun« bzw. »weiß/blau« aus dem Zubehörhandel ausgeführt werden.

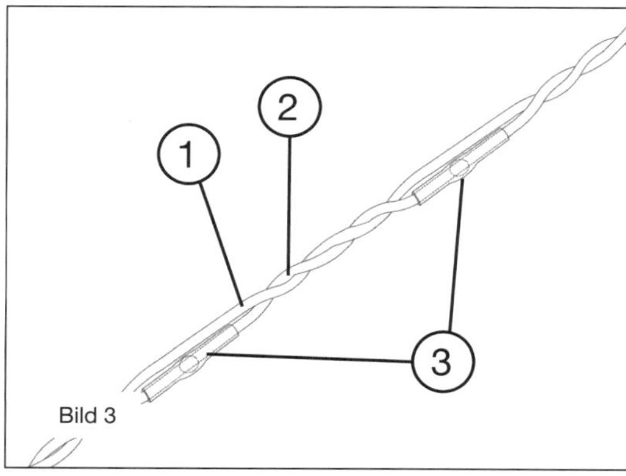

Bild 3

Bei Reparaturarbeiten (wie im Bild 2) müssen beide Busleitungen die gleiche Länge aufweisen.

■ Beim Verdrillen der Leitungen (1) und (2) muss die Schlaglänge von A = 20 mm eingehalten werden. Es darf dabei kein Leitungsstück, zum Beispiel im Bereich von Quetschverbindern (Pfeil), größer als B = 50 mm ohne Verdrillung der Leitungen entstehen.

■ Versehen Sie die Reparaturstelle mit gelbem Klebeband, um eine vorangegangene Reparatur zu kennzeichnen.

## Messgeräte und Diagnosetester

### Geeignete Messmittel in der Elektrik

☞ Verwenden Sie nur geeignete Messmittel wie Multimeter und Mess- und Prüfsysteme. Prüflampen mit Glühlampe können Schäden in der Elektronik verursachen und können zudem keine Messwerte ausgeben.

### Vorgaben zur Diagnose am Fahrzeug

Vor unseren Hinweisen zum Umgang mit den Stromlauf- oder Schaltplänen möchten wir, weil dazu ein enger Zusammenhang besteht, nochmals kurz auf das Fahrzeugdiagnose-, Mess- und Informationssystem eingehen.

Wird das Diagnose- und Informationssystem während einer Prüf- oder Messfahrt im Aktionsbereich eines Airbags deponiert, besteht im Falle einer Airbag-Auslösung das Risiko von schweren bis tödliche Verletzungen! Deshalb zu Prüf- oder Messfahrten stets einen Helfer mitnehmen, der auf einem Rücksitz das System bedient.

Zum Anschließen des Diagnose- und Testsystems schreibt VW wie die meisten Hersteller folgendes Vorgehen vor:

- Die Handbremse anziehen.
- Das Fahrzeug mit einem Erhaltungsladegerät versehen (Batterie laden).
- Den Wählhebel bei Automatikfahrzeugen in die Stellung »P« oder »N« bringen.
- Den Fahrzeugdiagnosetester bei ausgeschalteter Zündung mit der Diagnoseleitung am Diagnoseanschluss des Fahrzeugs anschließen.
- Die Zündung einschalten.
- Alle elektrischen Verbraucher ausschalten.

## Info zu den Schaltplänen

Die Bordelektrik wird in Aufbau und Vernetzung durch Stromlaufpläne (auch Schaltpläne genannt) dargestellt, die für Ihren VW Touareg in gedruckter Form schon in der Grundausführung mehrere Hundert Seiten umfassen, also einen Ordner von ganz beträchtlichem Umfang füllen.
Das Schaltplanangebot enthält neben den einzelnen Stromlaufplänen für die Basisausstattung, die Elektrik für jeden der einzelnen Motoren bis hin zu Sonderausstattungen (z. B. für Klimaanlage, Einparkhilfe, Rückfahrkamera) auch zeitliche Überarbeitungen.
Die Volkswagengruppe verwendet sehr übersichtlich gestaltete Schaltpläne, in denen Details bis zur Kabelfarbe und -stärke angegeben sind. Es macht sachlich wenig Sinn und der begrenzte Umfang dieses Buches lässt das auch nicht zu, einzelne Stromlaufpläne aus der Fülle herauszugreifen und in diesem Ratgeber darzustellen.
Hinzu kommt noch, dass in den wenigsten Fällen tatsächlich der Fehler in der Verkabelung zu finden sein wird. Die Schaltfunktionen erfolgen heute überwiegend lastfrei. Zumindest nicht über die Tasten und Schalter, die der Fahrer bedient. Das Bordnetzsteuergerät übernimmt die Schaltfunktion.

**Die Beschaffung der Schaltpläne**
Am sinnvollsten ist es die Schaltpläne über die Plattform »https://erwin.volkswagen.com« zu erwerben.

- Wählen Sie in der oberen Leiste »Produkte und Dienstleistungen« an.
- Über den Button »Fahrzeugreparatur« gelangen Sie in die nächste Maske. Hier wählen Sie »Reparatur und Wartungsinformationen Flatrate erwerben« an.
- Um die Schaltpläne herunterzuladen, reicht in der Regel eine Flatrate über eine Stunde mit Druckrecht.

Die Schaltpläne sind in der Volkswagengruppe mit »Grundausstattung« benannt. Die Unterlagen laden Sie als PDF herunter und können sie dann auch, soweit im Schaltplan vorgesehen, in Farbe auf dem PC betrachten.

**Zum Gebrauch der Stromlaufpläne**
Damit Sie sich besser zurechtfinden, stellen wir Ihnen wichtige Merkmale der Pläne vor.

- *Kennzahl Kapitel und Seitenzahl:*
Die Schaltpläne werden mit einer dreistelligen Nummer bezeichnet. Die Nummer nach dem Schrägstrich bezeichnet dann die Seitenzahl zu diesem Schaltplanteil.
- *Bauteilbezeichnung:*
Die Bezeichnung wird entweder im Bauteil (meist bei Steuergeräten) oder neben dem Bauteil platziert. In der Schaltplanlegende wird das Kürzel dann benannt.
- *Der Strompfad:*
Über alle Strompfade eines Kapitels wird in der untersten Zeile eine fortlaufende Zahlenfolge dargestellt. Die jeweilige Zahl beschreibt die Leitungen, die senkrecht über der Zahl eingezeichnet worden sind.
- *Anschlussbezeichnung:*
Über die Anschlussbezeichnung kann der Anschluss am Bauteil identifiziert werden. Üblich sind auch Steckerbezeichnungen. Die Bezeichnung »T9/5« bezeichnet ein Steckergehäuse mit neun Anschlusspins. Die Zahl hinter dem Schrägstrich bedeutet, dass das Anschlusskabel am »PIN 5« des Steckergehäuses angeschlossen ist.

Sichtprüfung

Messen

# 16 Technische Daten

Im VW Touareg finden sich durchaus noch bewährte Antriebs- und Motorenkonzepte, die aber stetig überarbeitet wurden. Verschleißwerte sind wichtig, um eine Schadensursache genau untersuchen zu können. So kann dann die Entscheidung zur Revision oder zum Austauschmotor leichter getroffen werden.

| **Bezeichnung** | **5-Zylinder 2,5-l-TDI** | **6-Zylinder 3,0-l-TDI** |
|---|---|---|
| Kraftstoff (Einspritzsystem) | PD Elemente | Commonrail EDCCP34 |
| Hubraum | 2461 cm³ | 2967 cm³ |
| Zylinderzahl (Ventile pro Zylinder) | 5 (2) | 6 (4) |
| Bohrung Ø mm<br>(maximale Abweichung) | 81,01 mm<br>(0,08 mm) | 83,006 mm bis 83,014 mm |
| Bohrung Ø mm Reparaturstufe | - | 83,046 mm bis 83,054 mm |
| Hub mm | 95,50 mm | 91,4 mm |
| Kompressionsdruck<br>Verschleißgrenze<br>Druckunterschied | 25 bar bis 31 bar<br>19,0 bar<br>5 bar | 28 bar bis 33 bar<br>21,0 bar<br>5 bar |
| Kolbendurchmesser (Übermaß) | 80,97 mm ( - ) | 82,939 mm bis 82,951 mm<br>(82,979 mm bis 82,991 mm) |
| Kopfdichtung mit einem Lochmarker<br>Kopfdichtung mit zwei Lochmarkern<br>Kopfdichtung mit drei Lochmarkern | 1,27 mm<br>1,35 mm<br>1,43 mm | 0,39 mm bis 0,49 mm (Kolbenüberstand)<br>0,49 mm bis 0,54 mm (Kolbenüberstand)<br>0,54 mm bis 0,65 mm (Kolbenüberstand) |
| Laufspiel | 0,04 - 0,12 mm | |
| Stoßspiel 1. Ring<br>Verschleißgrenze | 0,25 mm bis 0,40 mm<br>1,0 mm | 0,25 mm bis 0,38 mm<br>0,8 mm |
| Stoßspiel 2. Ring<br>Verschleißgrenze | 0,30 mm bis 0,50 mm<br>1,0 mm | 0,70 mm bis 0,90 mm<br>1,3 mm |
| Höhenspiel 1. Ring<br>Verschleißgrenze | 0,04 mm bis 0,08 mm<br>0,25 mm | 0,12 mm bis 0,16 mm<br>0,175 mm |
| Höhenspiel 2. Ring<br>Verschleißgrenze | 0,09 mm bis 0,13 mm<br>0,25 mm | 0,02 mm bis 0,09 mm<br>0,115 mm |
| Höhenspiel Ölabstreifring<br>Verschleißgrenze | 0,03 mm bis 0,07 mm<br>0,15 mm | 0,02 mm bis 0,09 mm<br>0,115 mm |
| Aufladesystem | VTG-Turbolader | |
| Nockenwellenantrieb | Stirnrad | Steuerkette |
| Ölfilter | Filtereinsatz | |
| Ölmenge mit Filter (Filter) | 8,9 l (ca. 0,5 l) | 8,3 l (ca. 0,5 l) |
| Kühlmittelmenge | ca. 9,0 l | |
| Kühlerdeckel Öffnungsdruck | 1,4 bar bis 1,6 bar | |
| Getriebeöl 6-Gang-Schaltgetriebe | 1,8 l (Ölwechsel) | |
| Automatikgetriebe (mit ATF Kühlsystem) | 9,0 l (12,0 l) | |
| Verteilergetriebe vorne | 0,85 l | |
| Getriebeöl Hinterachsgetriebe (Kapitel 10) | 1,25 l bis 1,6 l | |
| Getriebeöl Vorderachsgetriebe | 1,0 l | |
| Bremsflüssigkeit | DOT 4 | |
| Klimaanlage Klimamittel | R134a | |
| Servolenkung (Füllmenge) | G004 000 (ca. 0,75 l) | |

# 17 Anzugsdrehmomente

In diesem Kapitel stellen wir Ihnen die Anzugsmomente für die wichtigsten Verschraubungen am Fahrzeug zur Verfügung. Diese sind zum einen alphabetisch und zum anderen nach den Motorentypen sortiert. Sie sind zur Orientierung gedacht. Natürlich konnten wir nur jene Motoren und Daten darstellen, die bis zum Redaktionsschluss bekannt waren. Anzugsdrehmomente können durch Veränderungen der Bauteile durch den Hersteller verändert worden sein. Alle Daten sollten Sie im Zweifel bei der Teilebestellung hinterfragen und wenn erforderlich korrigieren. Selbiges gilt auch für neue Motortypen. Übernehmen Sie niemals einfach Werte oder Daten eines anderen Motors ohne diese zu überprüfen. Hier können leicht Schäden entstehen, die vermeidbar wären und oft recht teuer sind.

## Motor

| VW Touareg Motorbezeichnung | 5-Zylinder 2,5-l-TDI | 6-Zylinder 3,0-l-TDI |
|---|---|---|
| Abgaskrümmer Stufe 1 / Stufe 2 | 25 Nm | 25 Nm |
| Abgaskrümmer zum Zwischenrohr Stufe 1 | - | 10 Nm |
| Abgaskrümmer zum Zwischenrohr Stufe 2 | - | 30 Nm |
| Abgaskrümmer zum Zwischenrohr Stufe 3 | - | 90° |
| Abgastemperatursonde 1 (nachTurbolader) | - | 45 Nm |
| Abgastemperatursonde 2 (vor Partikelfilter) | - | 45 Nm |
| Abgastemperatursonde 4 (Katalysator) | - | 45 Nm |
| Anlasser am Getriebe | 75 Nm | 65 Nm |
| Anlasser Klemme 30 | 15 Nm | 15 Nm |
| Anlasser Klemme 50 | 8 Nm | 8 Nm |
| Ansaugkrümmer Stufe 1 | 20 Nm | 9 Nm |
| Auspuffrohr am Krümmer/Turbo Schelle | 8 Nm | - |
| Auspuffrohr am Krümmer/Turbo Stufe Flansch | 40 Nm | 25 Nm |
| Einspritzdüse (Düsenhalter) Stufe 1 | 12 Nm | 10 Nm |
| Einspritzdüse (Düsenhalter) Stufe 2 | 270° | - |
| Einspritzleitung Überwurfmutter (am Injektor) | - | 28 Nm |
| Generator Verschraubung | 20 Nm | 22 Nm |
| Hallgeber Nockenwelle | 10 Nm | 9 Nm |
| Halter Generator | - | 40 Nm |
| Hauptlagerdeckel Stufe 1 | 30 Nm (Zugankerschraube) | 30 Nm |
| Hauptlagerdeckel Stufe 2 | - | 50 Nm |
| Hauptlagerdeckel Stufe 3 | - | 90° |
| Hochdruckpumpe | - | 75 Nm |
| Hochdruckpumpe (Flansch) | - | 22 Nm |
| Hochdruckpumpe (Halter) | - | 22 Nm |
| Hochdruckpumpe Pumpenrad | - | 70 Nm |
| Klimakompressor Schrauben | 25 Nm | 25 Nm |
| Klimakompressor Schrauben hinten | | 40 Nm |
| Kraftstoffverteilerrohr | - | 22 Nm |

Sichtprüfung

Messen

| VW Touareg Motorbezeichnung | 5-Zylinder 2,5-l-TDI | 6-Zylinder 3,0-l-TDI |
|---|---|---|
| Kühlmitteltemperaturgeber Halter | - | 10 Nm |
| Kupplungsdruckplatte (7-mm-Schrauben) | 22 Nm | 22 Nm |
| Kurbelwinkelsensor | 10 Nm | 9 Nm |
| Lagerdeckel Nockenwellen Stufe 1 | 8 Nm | 9 Nm |
| Lagerdeckel Nockenwellen Stufe 2 | 90° | - |
| Nockenwellenlagergehäuse Stufe 1 | 8 Nm | 9 Nm |
| Nockenwellenlagergehäuse Stufe 2 | 90° | |
| Nockenwellenrad Einlass | - | 24 Nm |
| Nockenwellenrad Rad auf Nabe | - | 24 Nm |
| Nockenwellenrad Stufe 1 | 150 Nm | - |
| Nockenwellenrad Stufe 2 | 90° | - |
| Nockenwellenrad Zahnriemen | | |
| Ölablassschraube | 30 Nm | 30 Nm (M24 50 Nm) |
| Öldruckschalter (Sensor) | 25 Nm | 20 Nm |
| Ölfilter | 25 Nm | 35 Nm |
| Ölpumpe am Motorblock | 10 Nm | 24 Nm |
| Ölwannenschrauben 6 mm Stufe 1 | 15 Nm | 8 Nm |
| Ölwannenschrauben 6 mm Stufe 2 | - | 90° |
| Ölwannenschrauben Oberteil Stufe 1 | - | 5 Nm |
| Ölwannenschrauben Oberteil Stufe 2 | | 15 Nm |
| Pleuellager Stufe 1 | 30 Nm | 30 Nm |
| Pleuellager Stufe 2 | 90° | 90° |
| Riemenscheibendämpfer Stufe 1 | - | 20 Nm |
| Riemenscheibendämpfer Stufe 2 | - | 90° |
| Schwungrad Stufe 1 | 60 Nm | 30 Nm |
| Schwungrad Stufe 2 | 90° | 90° |
| Umlenkrolle Generator | - | 22 Nm |
| Unterdruckpumpe/Tandempumpe | 20 Nm | 9 Nm |
| Ventildeckel (Zylinderkopfhaube) Stufe 1 | 15 Nm | 9 Nm |
| Wasserpumpe Riemenscheibe | - | 22 Nm |
| Wasserpumpe Stufe 1 | 20 Nm | 9 Nm |
| Wasserpumpe Stufe 2 | 90° | - |
| Zentral-Riemenscheibe Stufe 1 | 20 Nm | - |
| Zentral-Riemenscheibe Stufe 2 | 90° | - |
| Zündkerzen/Glühkerzen | 15 Nm | 15 Nm |
| Zylinderkopf (im Steuerkasten) | 20 Nm | - |
| Zylinderkopf Stufe 1 | 60 Nm | 35 Nm |
| Zylinderkopf Stufe 2 | 90° | 60 Nm |
| Zylinderkopf Stufe 3 | 90° | 90° |
| Zylinderkopf Stufe 4 | 90° | 90° |
| Zylinderkopf Stufe 5 | 90° lösen | - |

## Antrieb

| Verschraubung | Anzugsdrehmoment |
|---|---|
| Abschirmblech Gelenkscheibe M6 | 10 Nm |
| Abschirmblech Gelenkwelle 8 mm | 10 Nm |
| ABS-Sensor | 8 Nm |
| Achsgetriebe hinten Stufe 1 (Stufe 2) | 90 Nm (90°) |
| Achsgetriebe vorne Stufe 1 (Stufe 2) | 90 Nm (90°) |
| Antriebswelle getriebeseitig (M10) Stufe 1 (Stufe 2) | 50 Nm (90°) |
| Antriebswelle getriebeseitig (M12) Stufe 1 (Stufe 2) | 90 Nm (90°) |
| Antriebswelle radseitig 16˝-Fahrwerk | 200 Nm |
| Antriebswelle radseitig ab 17˝-Fahrwerk | 500 Nm |
| Bremsscheibe an Radnabe | 15 Nm |
| Domlager Stoßdämpfer vorne | 60 Nm |
| Fahrschemel (Aggregateträger) vorne Stufe 1 (Stufe 2) | 120 Nm (180°) |
| Fahrschemel hinten Stufe 1 (Stufe 2) | 120 Nm (180°) |
| Führungsgelenk oberer Querlenker | 95 Nm |
| Getriebe am Motor M10 | 45 Nm |
| Getriebe am Motor M12 (M12 x 120, M12 x x165) | 65 Nm |
| Getriebe am Motor M12 (M12 x 80, M12 x x155) | 80 Nm |
| Heckspoiler Mutter | 4,5 Nm |
| Kardan Achsgetriebe nach vorne Stufe 1 (Stufe 2) | 30 Nm (90°) |
| Kardan Halter Zwischenlager am Aufbau | 60 Nm |
| Kardan Verteilergetriebe nach vorne Stufe 1 (Stufe 2) | 30 Nm (90°) |
| Kardan Verteilergetriebe zur Hardyscheibe nach hinten | 75 Nm |
| Kardan zur Hardyscheibe | 60 Nm |
| Kardan Zwischenlager zum Halter | 20 Nm |
| Koppelstange | 110 Nm |
| Lagerbock oben zum Stoßdämpfer Stufe 1 (Stufe 2) | 50 Nm (90°) |
| Lenkgetriebe am Fahrschemel Stufe 1 (Stufe 2) | 90 Nm (90°) |
| Lenkgetriebe Halter Druckleitungen | 9 Nm |
| Lenkgetriebe Überwurfmutter Druckleitungen | 30 Nm |
| Lenkrad | 50 Nm |
| Lenksäule Kreuzgelenk unten Stufe 1 (Stufe 2) | 40 Nm (90°) |
| Luftfederbein vorne am Lagerbock | 30 Nm |
| Motorhaube und Scharnier | 21 Nm |
| Motorlager am Motor rechts Stufe 1 (Stufe 2) | 50 Nm (90°) |
| Motorlager am Rahmen links 5-Zylinder (6-Zylinder) | 70 Nm (60 Nm) |
| Motorlager am Rahmen rechts Stufe 1 (Stufe 2) | 50 Nm (90°) |
| Motorträger am Rahmen | 120 Nm (180°) |
| Querlenker oben am Lagerbock Stufe 1 (Stufe 2) | 50 Nm (90°) |
| Querlenker vorne unten (Exzenter) Aggegateträger | 180 Nm |

Sichtprüfung Messen

| Verschraubung | Anzugsdrehmoment |
|---|---|
| Radschraube | 180 Nm |
| Restdruckhalteventil hinten | 10 Nm |
| Restdruckhalteventil vorne | 10 Nm |
| Spurstange Exzenterschrauben hinten | 180 Nm |
| Spurstange hinten Stufe 1 (Stufe 2) | 150 Nm (+90°) |
| Spurstangenkopf vorrne | 90 Nm |
| Stabilagerung vorne | 60 Nm |
| Stoßdämpfer hinten unten Stufe 1 (Stufe 2) | 90 Nm (90°) |
| Stoßdämpfer vorne unten | 150 Nm (90°) |
| Stoßdämpferdomlager hinten | 60 Nm |
| Stoßdämpferlagerung hinten oben | 60 Nm |
| Tilgergewicht am Verteilergetriebe | 32 Nm |
| Traggelenkbolzen vorne unten | 105 Nm |
| Verteilergetriebe am Getriebe | 45 Nm |

## Karosserie

| Verschraubung | Anzugsdrehmoment |
|---|---|
| Anhängekupplung am Rahmen Stufe 1 (Stufe 2) | 100 Nm (90°) |
| Geräuschdämmung von unten Schnellverschluss | Handfest |
| Geräuschdämmung Unterfahrschutz | 2 Nm |
| Haubenscharnier an der Karosserie | 21 Nm |
| Kunststoffschrauben | 8 Nm |
| Radhausschalen | 2 Nm |

## Elektrische Anlage

| Verschraubung | Anzugsdrehmoment |
|---|---|
| Batteriepol (M6) | 6 Nm |
| Massepunkt am Getriebe | 20 Nm |
| Massepunkt an der Karosserie M6 (M8) | 8 Nm (15 Nm) |
| Plusanschluss M5 / M6 / M8 | 4 Nm / 6 Nm / 15 Nm |
| Scheinwerfer | 4,5 Nm |
| Scheinwerferträger | 4,5 Nm |

## Sonstige Verschraubungen

| Schraubengröße | M4 | M5 | M6 | M8 | M10 | M12 | M14 | M16 |
|---|---|---|---|---|---|---|---|---|
| Anzugsdrehmoment | 0,5 Nm | 3 Nm | 10 Nm | 20 Nm | 45 Nm | 60 Nm | 100 Nm | 200 Nm |